U0321862

本书获得国家国际科技合作专项(2012DFR80540)资助

● 侯建文 阳 光 满 超 贺 亮 等编著

刘付成 主审

深空探测
——月球探测

Deepspace Exploration
— Lunar Exploration

国防工业出版社

·北京·

内 容 简 介

本书首先对月球进行了介绍,包括月球的地形地貌、成分资源以及与月球相关的天文现象,阐述了月球探测的科学以及工程目标;然后对各国进行的月球探测活动进行了详细地介绍,主要包括探测器概述、科学目的、飞行器设计、总体方案设计;最后根据未来月球探测"三步走计划"介绍了未来月球探测规划以及相关关键技术,主要包括载人登月的关键技术、月球前哨站的建立、月面探测机器人以及月球基地的建立。

本书可以作为航天爱好者的参考用书,也可以作为航天器总体及有关专业的科技人员和高校师生进行航天任务分析时的参考资料。

图书在版编目(CIP)数据

深空探测 : 月球探测 / 侯建文等编著. —北京:
国防工业出版社,2016.8
ISBN 978 - 7 - 118 - 10069 - 3

Ⅰ. ①深… Ⅱ. ①侯… Ⅲ. ①月球探索－普及读物
Ⅳ. ① V1 - 49

中国版本图书馆 CIP 数据核字(2016)第 152462 号

※

国防工业出版社出版发行
(北京市海淀区紫竹院南路23 号 邮政编码100048)
国防工业出版社印刷厂印刷
新华书店经售

*

开本710×1000 1/16 印张26¾ 字数530 千字
2016 年 8 月第 1 版第 1 次印刷 印数1—2000 册 定价108.00 元

(本书如有印装错误,我社负责调换)

国防书店:(010)88540777   发行邮购:(010)88540776
发行传真:(010)88540755   发行业务:(010)88540717

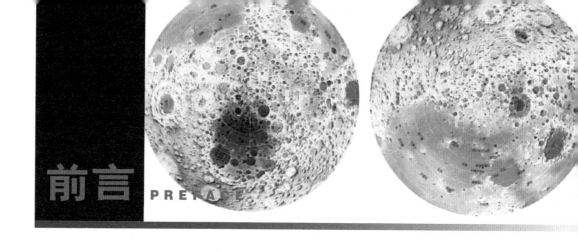

前言 PREFACE

月球探测经历了天文观测和空间探测两个阶段。1959年以前为天文观测阶段，那时人类只能用望远镜和裸眼观察月球。在那个阶段，观测的空间分辨率大于10km。1959年以后为空间探测阶段，其进展可划分为以下三个时期。

第一时期：第1次探月高峰自1959—1976年，冷战时期，美国和苏联展开了以月球探测为中心的空间竞赛，掀起了第1次月球探测高峰。自1958—1976年，进行了与月球探测相关的发射探测活动121次，其中成功45次。1969年7月，美国"阿波罗"11号飞船实现了人类首次登月，此后"阿波罗"12、14、15、16、17和苏联的"月球"16、20和24相继进行了载人和不载人登月取样，共获得了382kg的月球样品和难以计数的科学数据，促进了一系列航天科学技术的新发展，带动了一系列新技术的创新与推广应用，大大提高了人类对月球、地球和太阳系的认识，月球探测取得了划时代的成就。

第二阶段自1976—1994年，是月球探测的宁静期，此阶段未进行过任何成功的月球探测活动。其原因是：随着冷战形势的缓和，空间霸权的争夺有所缓解；需要总结探测活动耗资大、效率低、探测水平不高的经验与教训，提出新的探测思路和战略；需要将月球探测技术向各领域转化、推广和应用；需要加速研制新的空间往返运输系统和高效探测的装备；需要较长时间进行探测资料的消化、分析与综合，将月球科学研究提高到更高理性认识的阶段。

第三阶段，自1994年开始，月球探测重新成为空间探测的热点。"克莱门汀"和"月球勘探者"探测器的成功发射，拉开了重返月球的序幕。其目的是：①空间应用与空间科学发展需求不断加大；②载人航天和空间往返运输系统等主要空间技术日益成熟,建立月球基地等工程已成为可能;③满足空间军事活动发展的需要;④月球将能作为人类进行深空探测的前哨站和转运站;⑤月球潜在的矿产资源和能源的开发利用前景,可为人类社会可持续发展提供资源储备,这一因素是重返月球最主要的源动力。

本书共分 12 章,由侯建文统稿。第 1 章由侯建文、阳光、满超编写,介绍了月球的地形、地貌和成分资源以及起源等,月球探测的科学目标和工程目标以及对月球探测过去的概述和未来的构想。第 2 ~ 7 章由满超、贺亮、曹涛、冯建军、周杰编写,详细介绍了各国的月球探测器。其中,第 2 章介绍了美国月球探测器,第 3 章介绍了苏联月球探测器,第 4 章介绍了欧洲月球探测器,第 5 章介绍了日本月球探测器,第 6 章介绍了印度月球探测器,第 7 章介绍了中国月球探测器。第 8 ~ 12 章由满超、阳光、王卫华、朱东方、郭彦余编写,介绍了月球探测的规划。其中,第 8 章介绍了月球探测未来路线图,第 9 章介绍了月球前哨站,第 10 章介绍了机器人探月,第 11 章介绍了未来载人登月的关键技术,第 12 章介绍了月球基地。结束语由侯建文编写。最后还列有各国月球探测器发射情况附表。

希望本书能够为我国月球探测任务提供有力的借鉴和佐证,促进探测任务的圆满完成;并且能够对中国未来的深空探测发展战略的制定、月球探测技术的发展发挥有力的支撑作用。

限于编者的水平,书中难免有不妥之处,恳请专家和读者批评指正。

编著者

2016 年 2 月

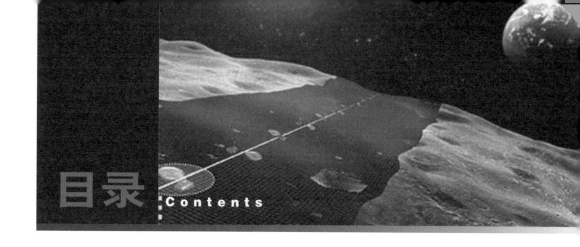

目录 Contents

第2章　美国的月球探测器　　40

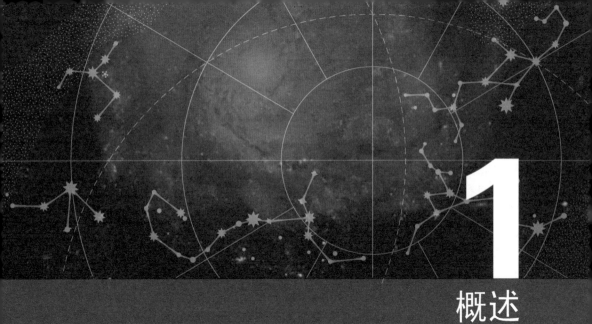

1 概述

1.1 月球探测的入门

月球(图1-1),俗称月亮,古称太阴,是环绕地球运行的一颗卫星。它是地球唯一的一颗天然卫星,也是离地球最近的天体(与地球之间的平均距离是38.4万km)。1969年尼尔·阿姆斯特朗和巴兹·奥尔德林成为人类最先登陆月球的先

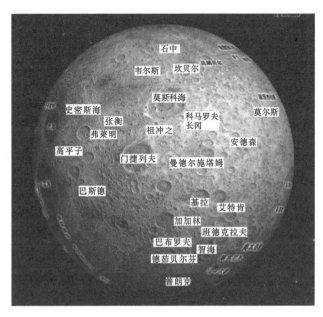

图1-1 月球

驱者。1969年9月,美国"阿波罗"11号宇宙飞船返回地球,美国"阿波罗"登月计划至"阿波罗"17号结束。另有2009年发行的美国同名电影《月球》。

1.1.1 月球概况

月球是被人们研究得最彻底的天体。人类至今第二个亲身到过的天体就是月球。月球的年龄大约有46亿年。月球与地球一样有壳、幔、核等分层结构。最外层的月壳平均厚度约为60~65km。月壳下面到1000km深度是月幔,它占了月球的大部分体积。月幔下面是月核,月核的温度约为1000℃,很可能是熔融状态的。月球直径约3474.8km,大约是地球的3/11、太阳的1/400,月球到地球的距离相当于地球到太阳的距离的1/400,所以从地球上看去月亮和太阳一样大。月球的体积大概有地球的1/49,质量约7.35×10^{22}kg,差不多相当于地球质量的1/81左右,月球表面的重力约是地球重力的1/6。月球的结构示意图如图1-2所示。

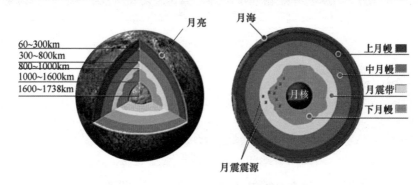

图1-2　月球结构示意图

月球永远都是一面朝向我们,这一面习惯上被我们称为"月球的正面"。另外一面,除了在月球表面边沿附近的区域因天秤动而中间可见以外,月球的背面绝大部分不能从地球看见。在没有探测器的年代,月球的背面一直是个未知的世界。月球背面的一大特色是几乎没有月海这种较暗的月球表面特征。而当人造探测器运行至月球背面时,它将无法与地球直接通信。

月球27.321666天绕地球运行一周,而每小时相对背景星空移动0.5°,即与月球表面的视直径相若。与其他卫星不同,月球的轨道平面较接近黄道面,而不是在地球的赤道面附近。

相对于背景星空,月球围绕地球运行(月球公转)一周所需时间称为一个恒星月;而新月与下一个新月(或两个相同月相之间)所需的时间称为一个朔望月。朔望月较恒星月长是因为在月球运行期间,地球本身也在绕日的轨道上前进了一段距离。

严格来说,地球与月球围绕共同质心运转,共同质心距地心4700km(即地球半径的3/4处)。由于共同质心在地球表面以下,地球围绕共同质心的运动好像是

在"晃动"一般。从地球南极上空观看,地球和月球均以顺时针方向自转;而且月球也是以顺时针绕地运行;甚至地球也是以顺时针绕日公转的,形成这种现象的原因是地球、月球相对于太阳来说拥有相同的角动量,即"从一开始就是以这个方向转动"。

月球本身并不发光,只反射太阳光。月球亮度随日、月间角距离和地、月间距离的改变而变化。平均亮度为太阳亮度的 1/465000,亮度变化幅度从 1/630000 至 1/375000。满月时亮度平均为 -12.7 等。它给大地的照度平均为 0.22lx,相当于 100W 电灯在距离 21m 处的照度。月球表面不是一个良好的反光体,它的平均反照率只有 7%,其余 93% 均被月球吸收。月海的反照率更低,约为 6%。月球表面高地和环形山的反照率为 17%,看上去山地比月海明亮。月球的亮度随月球的背面地图变化,满月时的亮度比上下弦要大十多倍。

由于月球上没有大气,再加上月球表面物质的热容量和热导率又很低,因而月球表面昼夜的温差很大。白天,在阳光垂直照射的地方温度高达 +127℃;夜晚,温度可降低到 -183℃。这些数值,只表示月球表面的温度。用射电观测可以测定月球表面土壤中的温度,这种测量表明,月球表面土壤中较深处的温度很少变化,这正是由于月球表面物质热导率低造成的。

从月震波的传播了解到月球也有壳、幔、核等分层结构。最外层的月壳厚60~65km。月壳下面到1000km深度是月幔,占了月球大部分体积。月幔下面是月核。月核的温度约 1000℃,很可能是熔融的,据推测大概是由 Fe - Ni - S 和榴辉岩物质构成的。

1.1.2 月球的地形

月球表面有阴暗的部分和明亮的区域,亮区是高地,暗区是平原或盆地等低陷地带,分别被称为月陆和月海。早期的天文学家在观察月球时,以为发暗的地区都有海水覆盖,因此把它们称为"海"。著名的有云海、湿海、静海等。而明亮的部分是山脉,那里层峦叠嶂,山脉纵横,到处都是星罗棋布的环形山,即月坑,这是一种环形隆起的低洼形。月球上直径大于 1km 的环形山多达 33000 多个。位于南极附近的贝利环形山直径 295km,可以把整个海南岛装进去。最深的山是牛顿环形山,深达 8788m。除了环形山,月球表面上也有普通的山脉。高山和深谷叠现,别有一番风光。

月球背面的结构和正面差异较大。月海所占面积较少,而环形山则较多。地形凹凸不平,起伏悬殊最长和最短的月球半径都位于背面,有的地方比月球平均半径长 4km,有的地方则短 5km(如范德格拉夫洼地)。背面未发现"质量瘤"。背面的月壳比正面厚,最厚处达 150km,而正面月壳厚度只有 60km 左右。其地形地貌示意图如图 1 - 3 所示。

湾 悬崖

洋

环形山

月球盆地

湖

海

山脉

盆沿

图1-3 月球的地形地貌示意图

1. 环形山

环形山(图1-4)这个名字是伽利略起的,是月球表面的显著特征,几乎布满了整个月球表面。最大的环形山是南极附近的贝利环形山,直径295km,比海南岛还大一点。小的环形山甚至可能是一个几十厘米的坑洞。直径不小于1000m的大约有33000个,占月球表面表面积的7%~10%。

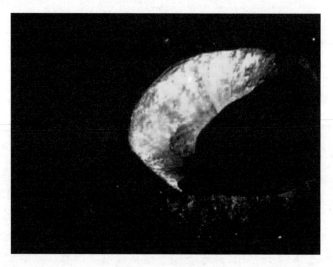

图1-4 月球环形山

有位日本学者1969年提出一个环形山分类法,分为克拉维型(古老的环形山,一般都面目全非,有的环山中有山)、哥白尼型(年轻的环形山,常有"辐射纹",内壁一般带有同心圆状的段丘,中央一般有中央峰)、阿基米德型(环壁较低,可能从哥白尼型演变而来)、碗型和酒窝型(小型环形山,有的直径不到3m)。

环形山的形成现有两种说法:"撞击说"与"火山说"。

撞击说是指月球因被其他行星撞击而产生现在人类所看到的环形山。

火山说是指月球上本有许多火山,最后火山爆发而形成了环形山。

但是,现在的科学家主张的是撞击说。

2. 月海

在地球上的人类用肉眼所见月球表面上的阴暗部分实际上是月球表面上的广阔平原。由于历史上的原因,这个名不副实的名称保留了下来,如图1-5所示。

图1-5 月海

月球已确定的月海有22个,此外还有些地形称为"月海"或"类月海"的。公认的22个月海绝大多数分布在月球正面。背面有3个,4个在边缘地区。在正面的月海面积略大于50%,其中最大的"风暴洋"面积约500万平方千米,差不多九个法国的面积总和。大多数月海大致呈圆形,椭圆形,且四周多为一些山脉封闭住,但也有一些海是连成一片的。除了"海"以外,还有五个地形与之类似的"湖"——梦湖、死湖、夏湖、秋湖、春湖,但有的湖比海还大,比如梦湖面积7万平方千米,比汽海等还大得多。月海伸向陆地的部分称为"湾"和"沼",都分布在正面。湾有五个:露湾、暑湾、中央湾、虹湾、眉月湾。沼有三个:腐沼、疫沼、梦沼。其实沼和湾没什么区别。

月海的地势一般较低,类似地球上的盆地,月海比月球平均水准面低 1~2km,个别最低的海如雨海的东南部甚至比周围低 6000m。月球表面的反照率(一种量度反射太阳光本领的物理量)也比较低,因而看起来显得较黑。

3. 月陆和山脉

月球表面上高出月海的地区称为月陆,一般比月海水准面高 2~3km,由于它反照率高,因而看起来比较明亮。在月球正面,月陆的面积大致与月海相等,但在月球背面,月陆的面积要比月海大得多。从同位素测定知道月陆比月海古老得多,是月球上最古老的地形特征。

在月球上,除了犬牙交错的众多环形山外,也存在着一些与地球上相似的山脉(图 1-6)。月球上的山脉常借用地球上的山脉名,如阿尔卑斯山脉、高加索山脉等,其中最长的山脉为亚平宁山脉,绵延 1000km,但高度不过比月海水准面高三四千米。山脉上也有些峻岭山峰,过去对它们的高度估计偏高。现在认为大多数山峰高度与地球山峰高度相仿。1994 年,美国的"克莱门汀"月球探测器曾得出月球最高点为 8000m 的结论,根据"嫦娥"一号获得的数据测算,月球上最高峰高达 9840m。月球表面上 6000m 以上的山峰有 6 个,5000~6000m 的有 20 个,3000~6000m 的则有 80 个,1000m 以上的有 200 个。月球上的山脉有一普遍特征:两边的坡度很不对称,向海的一边坡度甚大,有时为断崖状,另一侧则相当平缓。

图 1-6　月球山脉

除了山脉和山群外,月球表面上还有四座长达数百千米的峭壁悬崖。其中三座突出在月海中,这种峭壁也称"月堑"。

4. 月球表面辐射纹

月球表面上还有一个主要特征是一些较"年轻"的环形山常带有美丽的"辐射纹",这是一种以环形山为辐射点的向四面八方延伸的亮带,它几乎以笔直的方向穿过山系、月海和环形山。辐射纹长度和亮度不一,最引人注目的是第谷环形山的辐射纹,最长的一条长 1800km,满月时尤为壮观。其次,哥白尼和开普勒两个环形山也有相当美丽的辐射纹。据统计,具有辐射纹的环形山有 50 个。

形成辐射纹的原因至今未有定论。实质上,它与环形山的形成理论密切联系。现在许多人都倾向于陨星撞击说,认为在没有大气和引力很小的月球上,陨星撞击可能使高温碎块飞得很远。而另外一些科学家认为不能排除火山的作用,火山爆发时的喷射也有可能形成四处飞散的辐射形状。

5. 月谷

地球上有着许多著名的裂谷,如东非大裂谷。月球表面上也有这种构造——那些看来弯弯曲曲的黑色大裂缝即是月谷(图 1-7),它们有的绵延几百到上千千米,宽度从几千米到几十千米不等。那些较宽的月谷大多出现在月陆上较平坦的地区,而那些较窄、较小的月谷(有时又称为月溪)则到处都有。最著名的月谷是在柏拉图环形山的东南连接雨海和冷海的阿尔卑斯大月谷,它把月球上的阿尔卑斯山拦腰截断,很是壮观。从太空拍得的照片估计,它长达 130km,宽 10~12km。

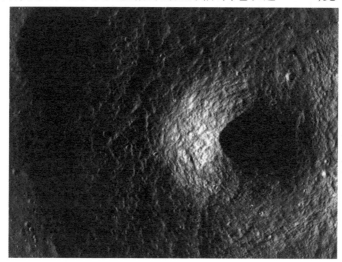

图 1-7　月谷

6. 火山分布

月球的表面被巨大的玄武熔岩(火山熔岩)层所覆盖。早期的天文学家认为,月球表面的阴暗区是广阔的海洋,因此,他们称之为 mare,这一词在拉丁语中的意思就是"大海",当然这是错误的,这些阴暗区其实是由玄武熔岩构成的平原地带。除了玄武熔岩构造,月球的阴暗区还存在其他火山特征。最突出的,例如蜿蜒的月球表面沟纹、黑色的沉积物、火山圆顶和火山锥。不过,这些特征都不显著,只是月球表面火山痕迹的一小部分。

与地球火山相比,月球火山可谓老态龙钟。大部分月球火山的年龄在 30~40

亿年之间；典型的阴暗区平原，年龄为35亿年；最年轻的月球火山也有1亿年的历史。而在地质年代中，地球火山属于青年时期，一般年龄皆小于10万年。地球上最古老的岩层只有3.9亿年的历史，年龄最大的海底玄武岩仅有200万岁。年轻的地球火山仍然十分活跃，而月球却没有任何新近的火山和地质活动迹象，因此，天文学家称月球是"熄灭了"的星球。

地球火山多呈链状分布。例如安底斯山脉，火山链勾勒出一个岩石圈板块的边缘。夏威夷岛上的山脉链，则显示板块活动的热区。月球上没有板块构造的迹象。典型的月球火山多出现在巨大古老的冲击坑底部。因此，大部分月球阴暗区都呈圆形外观。冲击盆地的边缘往往环绕着山脉，包围着阴暗区。

月球阴暗区主要出现在月球较远的一侧。几乎覆盖了这一侧的1/3面积。而在较远一侧，阴暗区的面积仅占2%。然而，较远一侧的地势相对更高，地壳也较厚。由此可见，控制月球火山作用的主要因素是月球表面高度和月壳厚度。

月球的月心引力仅为地球的1/6，这意味着月球火山熔岩的流动阻力，较地球更小，熔岩行进更为流畅。这就可以解释，为什么月球阴暗区的表面大都平坦而光滑。同时，流畅的熔岩流很容易扩散开，因而形成巨大的玄武岩平原。此外，月心引力小，使得喷发出的火山灰碎片能够落得更远。因此，月球火山的喷发，只形成了宽阔平坦的熔岩平原，而非类似地球形态的火山锥。这也是月球上没有发现大型火山的原因之一。

月球上没有溶解的水。月球阴暗区是完全干涸的。而水在地球熔岩中是最常见的气体，是激起地球火山强烈喷发的重要因素之一。因此，科学家认为缺乏水分，也对月球火山活动产生巨大影响。具体地说，没有水，月球火山的喷发就不会那么强烈，熔岩或许仅仅是平静流畅地涌到月球表面上。

1.1.3　月球成分及资源

45亿年前，月球表面仍然是液体岩浆海洋。科学家认为组成月球的克里普（KREEP）矿物展现了岩浆海洋留下的化学线索。KREEP实际上是科学家称为"不兼容元素"的合成物——那些无法进入晶体结构的物质被留下，并浮到岩浆的表面。对研究人员来说，KREEP是个方便的线索，说明了月壳的火山运动历史，并可推测彗星或其他天体撞击的频率和时间。

月壳由多种主要元素组成，包括铀、钍、钾、氧、硅、镁、铁、钛、钙、铝及氢。当受到宇宙射线轰击时，每种元素会发射特定的伽马辐射。有些元素，例如铀、钍和钾，本身已具放射性，因此能自行发射 γ 射线。但无论成因为何，每种元素发出的 γ 射线均不相同，每种均有独特的谱线特征，而且可用光谱仪测量。直至现在，人类仍未对月球元素的丰度做出全面性的测量。现时太空船的测量只限于月球表面一部分。

月球有丰富的矿藏，据介绍，月球上稀有金属的储藏量比地球的还多。月球上的岩石主要有三种类型:第一种是富含铁、钛的月海玄武岩;第二种是斜长岩,富含钾、稀土和磷等,主要分布在月球高地;第三种主要是由 0.1～1mm 的岩屑颗粒组成的角砾岩。月球岩石中含有地球中全部元素和 60 种左右的矿物,其中 6 种矿物是地球没有的。

月球的矿产资源极为丰富,地球上最常见的 17 种元素,在月球上比比皆是。以铁为例,仅月球表面表层 5cm 厚的沙土就含有上亿吨铁,而整个月球表面平均有 10m 厚的沙土。月球表层的铁不仅异常丰富,而且便于开采和冶炼。据悉,月球上的铁主要是氧化铁,只要把氧和铁分开就行;此外,科学家已研究出利用月球土壤和岩石制造水泥和玻璃的办法。在月球表层,铝的含量也十分丰富。

月球土壤中还含有丰富的氦－3,利用氘和氦－3 进行的氦聚变可作为核电站的能源,这种聚变不产生中子,安全无污染,是容易控制的核聚变,不仅可用于地面核电站,而且特别适合宇宙航行。据悉,月球土壤中氦－3 的含量估计为715000t。从月球土壤中每提取 1t 氦－3,可得到6300t 氢、70t 氮和1600t 碳。从目前的分析看,由于月球的氦－3 蕴藏量大,对于未来能源比较紧缺的地球来说,无疑是雪中送炭。许多航天大国已将获取氦－3 作为开发月球的重要目标之一。

月球表面分布着 22 个主要的月海,除东海、莫斯科海和智海位于月球的背面(背向地球的一面)外,其他 19 个月海都分布在月球的正面(面向地球的一面)。在这些月海中存在着大量的月海玄武岩,22 个海中所填充的玄武岩体积约 1010km,而月海玄武岩中蕴藏着丰富的钛、铁等资源。若假设月海玄武岩中钛铁矿含量为8%,或者说二氧化钛含量为4.2%,则月海玄武岩中钛铁矿的总资源量约为 $1.3 \times 10^{15} \sim 1.9 \times 10^{15}$ kg,尽管这种估算带着很大的推测性与不确定性,但可以肯定的是月海玄武岩中丰富的钛铁矿是未来月球可供开发利用的最重要的矿产资源之一。

克里普岩是月球高地三大岩石类型之一,因富含钾、稀土元素和磷而得名。克里普岩在月球上分布很广泛。富含钍和铀元素的风暴洋区的克里普岩被后期月海玄武岩所覆盖,克里普岩混合并形成高钍和铀物质,其厚度估计有 10～20km。风暴洋区克里普岩中的稀土元素总资源量约为 225～450 亿吨。克里普岩中所蕴藏的丰富的钍、铀也是未来人类开发利用月球资源的重要矿产资源之一。

此外,月球还蕴藏有丰富的铬、镍、钠、镁、硅、铜等金属矿产资源。

1.1.4　月球运动

月球是距离地球最近的天体,它与地球的平均距离约为 384401km。它的平均直径约为 3476km,是地球直径的 3/11。月球的表面积有 3800 万平方千米,还不如亚洲的面积大。月球的质量约 7.35×10^{22} kg,相当于地球质量的 1/81,月球表面重力则差不多相当于地球重力的 1/6。月球表面的直径大约是地球的 1/4,月球的体积大约是地球的 1/49。然而,月球以每年 13cm 的速度,远离地球。这就意味着,总有一天月球会离开我们,但需要几十亿年时间。

1. 轨道运动

月球以椭圆轨道绕地球运转。这个轨道平面在天球上截得的大圆称"白道"。白道平面不重合于天赤道,也不平行于黄道面,而且空间位置不断变化。周期173日。月球轨道(白道)对地球轨道(黄道)的平均倾角为5°09′。

2. 月球自转

月球在绕地球公转的同时进行自转,周期27.32166日,正好是一个恒星月,所以我们看不见月球背面。这种现象我们称"同步自转",几乎是卫星世界的普遍规律。一般认为是行星对卫星长期潮汐作用的结果。天平动是一个很奇妙的现象,它使得我们得以看到59%的月球表面。主要有以下原因:

(1) 在椭圆轨道的不同部分,自转速度与公转角速度不匹配。

(2) 白道与赤道的交角。

3. 月球章动

月球的轨道平面(白道面)与黄道面(地球的公转轨道平面)保持着5.145396°的夹角,而月球自转轴则与黄道面的法线成1.5424°的夹角。因为地球并非完美球形,而是在赤道较为隆起,因此白道面在不断进动(即与黄道的交点在顺时针转动),每6793.5天(18.5966年)完成一周。期间,白道面相对于地球赤道面(地球赤道面以23.45°倾斜于黄道面)的夹角会在28.60°(即23.45°+5.15°)至18.30°(即23.45°−5.15°)之间变化。同样地,月球自转轴与白道面的夹角亦会介乎6.69°(即5.15°+1.54°)及3.60°(即5.15°−1.54°)。月球轨道这些变化又会反过来影响地球自转轴的倾角,使它出现±0.00256°的摆动,称为章动。

4. 地月作用

地球与月球互相绕着对方转,两个天体绕着地表以下1600km处的共同引力中心旋转。月球的诞生,为地球增加了很多的新事物。

月球绕着地球公转的同时,其特殊引力吸引着地球上的水,同其共同运动,形成了潮汐(图1-8)。潮汐为地球早期水生生物走向陆地,帮了很大的忙。

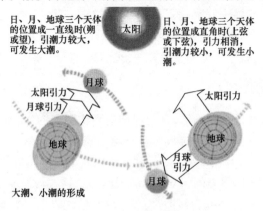

日、月、地球三个天体的位置成一直线时(朔或望),引潮力较大,可发生大潮。

日、月、地球三个天体的位置成直角时(上弦或下弦),引力相消,引潮力较小,可发生小潮。

太阳

月球

太阳引力
月球引力

地球

太阳引力

地球

月球引力

月球

大潮、小潮的形成

图1-8 月球引力引起潮汐

地球在很久很久以前,昼夜温差较大,温度在水的沸点与凝点之间,不宜人类居住。然而月球其特殊影响,对地球海水的引力减慢了地球自转和公转速度,使地球自转和公转周期趋向合理,带给了我们宝贵的四季,减小了温度差,从而适宜人类居住。

地震和月球到底有没有关系?这是近百年来始终困扰科学家的问题。如今,日本地球科学与防灾研究所和美国加州大学洛杉矶分校的研究人员组成的联合研究小组终于证实:月球引力影响海水的潮汐,在地壳发生异常变化积蓄大量能量之际,月球引力很可能是地球板块间发生地震的导火索。

海水的自然涨落现象就是人们常说的潮汐。当月亮到达离地球最近处(我们称之为近地点)时,朔望大潮就比平时还要更大,这时的大潮被称为近地点朔望大潮。图1-9所示为潮汐分类。

科学家已经就潮汐对地震的影响猜测了很长的时间,但到目前为止还没有人论证过它对全球范围的影响效果,以前只发现在海底或火山附近,地震与潮汐才呈现出比较清楚的联系。研究者发现,地震的发生与断面层潮汐压力处于高度密切相关,猛烈的潮汐在浅断面层施加了足够的压力从而会引发地震。当潮很大,达到2~3m时,3/4的地震都会发生,而潮汐越小,发生的地震也越少。

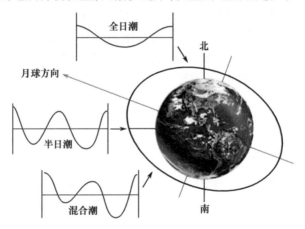

图1-9　潮汐分类

该文章的作者伊丽莎白·哥奇兰说:"月球引力影响海潮的潮起潮落,地球本身在月球引力的作用下也发生变形。猛烈的潮汐在地震的引发过程中发挥了很大的作用,地震发生的时间会因潮汐造成的压力波动而提前或推迟。"

该文章另一位作者、加州大学洛杉矶分校地球与空间科学系教授约翰·维大说:"地震起因还是一个谜,而这一理论可以说是其中的一种解释。我们发现海平面高度在数米范围内的改变所产生的力量会显著地影响地震发生的几率,这为我们向彻底了解地震的起因迈出了坚实的一步。"

哥奇兰等人首次将潮的相位和潮的大小合并计算,并对地震和潮汐压力数据进行了统计学分析,采用的计算方法来自于日本地球科学与防灾研究所的地震学家田中。田中从 1977 年至 2000 年间全球发生的里氏 5.5 级以上的板块间地震中,调查了 2207 次被称为"逆断层型"地震发生的地点、时间等记录,以及与发生地震时月球引力的关系,结果发现:地震发生的时间,与潮汐对断层面的压力有很高的关联性,月球引力作用促使断层错位时,发生地震次数较多。图 1 - 9 为潮汐分类。

田中认为:"月球的引力只有导致地震发生的地壳发生异常变化的作用力的千分之一左右,但它的作用是不可小视的,它是地震发生的最后助力,相当于压死骆驼的最后一根稻草。"

5. 天秤动

因为月球的自转周期和它的公转周期是完全一样的,所以地球上只能看见月球永远用同一面向着地球。自月球形成早期,地球便一直受到一个力矩的影响导致自转速度减慢,这个过程称为潮汐锁定。亦因此,部分地球自转的角动量转变为月球绕地公转的角动量,其结果是月球以每年约 38mm 的速度远离地球。同时地球的自转越来越慢,一天的长度每年变长 15μs。

从地球上看月亮,看到的月球表面并不是正好它的一半,这是因为月球像天平那样摆动。地球上的观测者会觉得:在月球绕地球运行一周的时间里,月球在南北方向来回摆动,即在纬度的方向像天平般的摆动,这被称为"纬天平动",摆动的角度范围约 6°57′;月球在东西方向上,即经度方向上来回摆动的现象,被称为"经天平动",摆动角度达到 7°54′。除去这两种主要的天平动(又称天秤动),月球还有周日天平动和物理天平动,前三种天平动都并非月球在摆动,是因为观测者本身与月球之间的相对位置发生变化而产生的现象。只有物理天平动是月球自身在摆动,而且摆动得很小。

由于月球轨道为椭圆形,当月球处于近地点时,它的自转速度便追不上公转速度,因此我们可见月球表面东部达东经 98°的地区,相反,当月处于远地点时,自转速度比公转速度快,因此我们可见月球表面西部达西经 98°的地区,这种现象称为经天秤动。又由于月球轨道倾斜于地球赤道,因此月球在星空中移动时,极区会做约 7°的晃动,这种现象称为天秤动。再者,由于月球距离地球只有 60 倍地球半径之遥,若观测者从月出观测至月落,观测点便有了一个地球直径的位移,可多见月球表面经度 1°的地区。

月球对地球所施的引力是潮汐现象的起因之一。月球围绕地球的轨道为同步轨道,但所谓的同步自转并非严格。

1.1.5 月球的起源

月球的起源说众说纷纭,莫衷一是。对月球的起源,大致有四大派,但仍未有定论。

1. 分裂说

这是最早解释月球起源的一种假设。早在 1898 年,著名生物学家达尔文的儿子乔治·达尔文就在《太阳系中的潮汐和类似效应》一文中指出,月球本来是地球的一部分,后来由于地球转速太快,把地球上一部分物质抛了出去,这些物质脱离地球后形成了月球,而遗留在地球上的大坑,就是现在的太平洋。这一观点很快就受到了一些人的反对。他们认为,以地球的自转速度是无法将那样大的一块东西抛出去的。再说,如果月球是地球抛出去的,那么二者的物质成分就应该是一致的。可是通过对"阿波罗"12 号飞船从月球上带回来的岩石样本进行化验分析,发现二者相差非常远。

2. 俘获说

这种假设认为,月球本来只是太阳系中的一颗小行星,有一次,因为运行到地球附近,被地球的引力所俘获,从此再也没有离开过地球。还有一种接近俘获说的观点认为,地球不断把进入自己轨道的物质吸积到一起,久而久之,吸积的东西越来越多,最终形成了月球。但也有人指出,像月球这样大的星球,地球恐怕没有那么大的力量能将它俘获。

3. 同源说

这一假设认为,地球和月球都是太阳系中浮动的星云,经过旋转和吸积,同时形成星体。在吸积过程中,地球比月球相应要快一点,成为"哥哥"。这一假设也受到了客观存在的挑战。通过对"阿波罗"12 号飞船从月球上带回来的岩石样本进行化验分析,人们发现月球要比地球古老得多。有人认为,月球年龄至少应在53 亿年左右。

4. 碰撞说

这一假设认为,太阳系演化早期,在星际空间曾形成大量的"星子",先形成了一个相当于地球质量 0.14 倍的天体星子,星子通过互相碰撞、吸积而长合并形成一个原始地球。这两个天体在各自演化过程中,分别形成了以铁为主的金属核和由硅酸盐构成的幔和壳。由于这两个天体相距不远,因此相遇的机会就很大。一次偶然的机会,那个小的天体以 5000m/s 左右的速度撞向地球。剧烈的碰撞不仅改变了地球的运动状态,使地轴倾斜,而且还使那个小的天体被撞击破裂,硅酸盐壳和幔受热蒸发,膨胀的气体以极大的速度携带大量粉碎了的尘埃飞离地球。这些飞离地球的物质,主要由碰撞体的幔组成,也有少部分地球上的物质,比例大致为 0.85:0.15。在撞击体破裂时与幔分离的金属核,因受膨胀飞离的气体所阻而减速,大约在 4h 内被吸积到地球上。飞离地球的气体和尘埃,并没有完全脱离地球的引力控制,通过相互吸积而结合起来,形成全部熔融的月球,或者是先形成几个分离的小月球,再逐渐吸积形成一个部分熔融的大月球。图 1-10 为月球碰撞产生的示意图,分为 6 个过程。

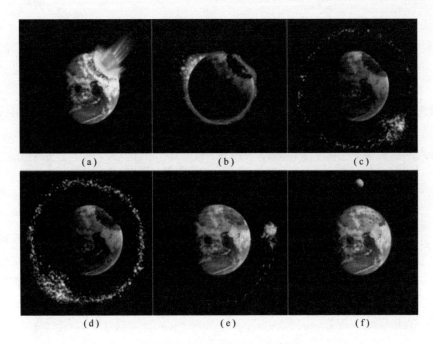

图 1 - 10 月球碰撞产生示意图

5. 空心的太空船

  1970 年,俄国科学家柴巴可夫(Alexander Scherbakov)和米凯威新(MihKai Vasin)提出一个令人震惊的"太空船月球"理论,来解释月球起源。他们认为月球事实上不是地球的自然卫星,而是一颗经过某种智慧生物改造的星体,加以挖掘改造成太空船(图 1 - 11),其内部载有许多该文明的资料,月球是被有意地置放在地球上空,因此所有的月球神秘发现,全是至今仍生活在月球内部的高等生物的杰作。

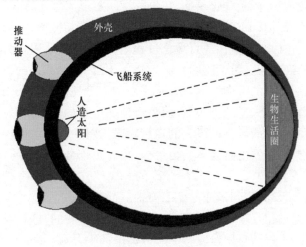

图 1 - 11 空心太空船

当然这个说法被科学界嗤之以鼻,因为科学界还没有找到高等智慧的外星人。但是,不容否认的,确是有许多资料显示月球应该是"空心"的。

最令科学家不解的是,登月太空人放置在月球表面的不少仪器,其中有"月震仪",专用来测量月球的地壳震动状况,结果,发现震波只是从震中央向月球表层四周扩散出去,而没有向月球内部扩散的波,这个事实显示月球内部是空心的,只有一层月壳而已!因为,若是实心的月球,震波也应该朝内部扩散才对,怎么只在月球表面扩散呢?

1.1.6 月食

月食是一种特殊的天文现象。指当月球行至地球的阴影后时,太阳光被地球遮住。所以每当农历 15 日前后可能就会出现月食(图 1 – 12)。

图 1 – 12 月食

也就是说,此时的太阳、地球、月球恰好(或几乎)在同一条直线,因此从太阳照射到月球的光线,会被地球所遮盖。

以地球而言,当月食发生的时候,太阳和月球的方向会相差 180°,所以月食必定发生在"望"(即农历 15 日前后)。要注意的是,由于太阳和月球在天空的轨道(称为黄道和白道)并不在同一个平面上,而是有约 5°的交角,所以只有太阳和月球分别位于黄道和白道的两个交点附近,才有机会连成一条直线,产生月食,如图 1 – 13所示。

月食可分为月偏食、月全食两种。当月球只有部分进入地球的本影时,就会出现月偏食;而当整个月球进入地球的本影之时,就会出现月全食。至于半影月食,是指月球只是掠过地球的半影区,造成月球表面亮度极轻微的减弱,很难用肉眼看出差别,因此不为人们所注意。

月球直径约为 3476km,地球的直径大约是月球的 4 倍。在月球轨道处,地球的本影的直径仍相当于月球的 2.5 倍。所以当地球和月亮的中心大致在同一条直

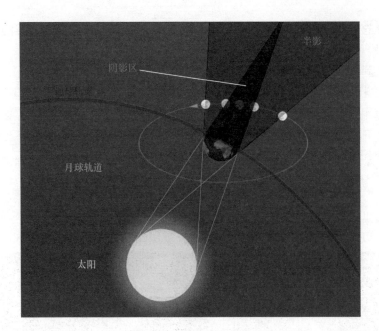

半影

阴影区

月球轨道

太阳

图1-13 月食产生示意图

线上,月亮就会完全进入地球的本影,而产生月全食。而如果月球始终只有部分为地球本影遮住时,即只有部分月亮进入地球的本影,就发生月偏食。月球上并不会出现月环食,因为月球的体积比地球小得多。

太阳的直径比地球的直径大得多,地球的影子可以分为本影和半影。如果月球进入半影区域,太阳的光也可以被遮掩掉一些,这种现象在天文上称为半影月食。由于在半影区阳光仍十分强烈,月球表面的光度只是极轻微减弱,多数情况下半影月食不容易用肉眼分辨。一般情况下,由于较不易为人发现,故不称为月食,所以月食只有月全食和月偏食两种。

另外由于地球的本影比月球大得多,这也意味着在发生月全食时,月球会完全进入地球的本影区内,所以不会出现月环食这种现象。

每年发生月食数一般为2次,最多发生3次,有时一次也不发生。因为在一般情况下,月亮不是从地球本影的上方通过,就是在下方离去,很少穿过或部分通过地球本影,所以一般情况下就不会发生月食。

据观测资料统计,每世纪中半影月食、月偏食、月全食所发生的百分比约为36.60%、34.46%和28.94%。

月球这个炽热的星球形成以后,当月球慢慢冷却,月球表面就形成了一个整体的壳,当这个壳体固定下来,壳体内的岩浆会慢慢冷却收缩,慢慢地壳内的岩浆就会和壳体脱离,随着时间的推移,内部就会形成很大的空间,岩浆在壳体内部会自然形成一个球体,由于物体的万有引力,球体的一侧没能和壳体脱离,这样月球就形成一个偏心的球体,随着月球的重心偏离一侧,月球发生快慢自转,

快慢转变的能量被月球内部流动的岩浆摩擦吸收,慢慢月球就形成月球的一面朝向地球。

1.1.7 月球磁场

早期的月球专家表示,月球的磁场很弱或根本没有磁场,而月岩的样品显示它们被很强的磁场磁化了。这对 NASA 的科学家们又是一次冲击。因为他们以前总是假设月岩是没有磁性的。这些科学家后来发现了月球曾有过磁场,但现在没有了。

在对美国"阿波罗"号航天员从月球上带回的岩石的研究中,科学家们发现,月球周围的磁场强度不及地球磁场强度的 1/1000,月球几乎不存在磁场。但是,研究表明,月球曾经有过磁场,后来消失了。

月球磁场(图 1 – 14)从其诞生之后的 5 ~ 10 亿年开始,直至 36 ~ 39 亿年期间,是有磁场的。但是,当它出现了 6 ~ 9 亿年之后,磁场却突然消失了。地球的磁场起源于地球内部的地核,科学家认为,地核分为内核和外核,内核是固态的,外核是液态的。它的黏滞系数很小,能够迅速流动,产生感应电流,从而产生磁场。也就是说,所有的行星其磁场都是通过感应电流作用才产生的。

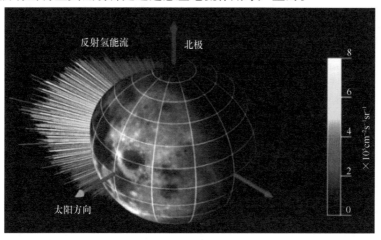

图 1 – 14 月球磁场

对月球表面岩石的分析结果表明,月球不存在可以产生感应电流作用的内核。相反,所有的证据表明,月球的表面是一个已经溶解的外壳,是由流动的熔岩流体形成的"海",后来因冷却变成了现在这副模样。最初,几乎所有的天文学者都以为人类在月球上找到了海,其实月球上发暗的部分,正是熔岩流体冷却形成的。那么,磁场到底是从哪里产生的呢? 美国加利福尼亚大学地球行星系的思德克曼教授率领的物理学专家组针对这一专题进行了三维模拟试验。经试验,他们终于得出了结论。据该小组介绍:体轻且流动的岩石,形成了熔岩的"海洋",它们在从下面漂向月球表面的时候,在其表面之下残留了大量的类似钍和铀一样的重放射性元素。这些元素在崩溃时放出大量的热,这些热量就像电热毯一样,加热了月球的内核。被加热的物质与月球的表面形成对流,从而产生了感应电流作用。此时,也就产生了月球磁场。但是,当放射性元素崩溃超越一定时点时,对流现象中止,于是感应电流作用也随之消失。正是由于这样的变化,才最终导致月球磁场的消失。

1.1.8 月球的神话传说

1. 嫦娥奔月

相传,远古时候有一个人叫后羿娶了个美丽善良的妻子,名叫嫦娥。后羿除传艺狩猎外,终日和妻子在一起,人们都羡慕这对郎才女貌的恩爱夫妻。一天,后羿到昆仑山访友求道,巧遇由此经过的王母娘娘,便向王母求得一包不死药。据说,服下此药,能即刻升天成仙。然而,后羿舍不得撇下妻子,只好暂时把不死药交给嫦娥珍藏。嫦娥将药藏进梳妆台的百宝匣里,不料被蓬蒙看到了。三天后,后羿率众徒外出狩猎,心怀鬼胎的蓬蒙假装生病,留了下来。待后羿率众人走后不久,蓬蒙手持宝剑闯入内宅后院,威逼嫦娥交出不死药。嫦娥知道自己不是蓬蒙的对手,危急之时她当机立断,转身打开百宝匣,拿出不死药一口吞了下去。嫦娥吞下药,身子立时飘离地面、冲出窗口,向天上飞去。由于嫦娥牵挂着丈夫,便飞落到离人间最近的月亮上成了仙。傍晚,后羿回到家,侍女们哭诉了白天发生的事。后羿既惊又怒,抽剑去杀恶徒,蓬蒙早逃走了。悲痛欲绝的后羿,仰望着夜空呼唤爱妻的名字。这时他惊奇地发现,今天的月亮格外皎洁明亮,而且有个晃动的身影酷似嫦娥。后羿急忙派人到嫦娥喜爱的后花园里,摆上香案,放上她平时最爱吃的蜜食鲜果,遥祭在月宫里眷恋着自己的嫦娥。百姓们闻知嫦娥奔月成仙的消息后,纷纷在月下摆设香案,向善良的嫦娥祈求吉祥平安。从此,中秋节拜月的风俗在民间传开了。

2. 吴刚折桂传说

相传月亮上的广寒宫前的桂树生长繁茂,有五百多丈高,下边有一个人常在砍伐它,但是每次砍下去之后,被砍的地方又立即合拢了。几千年来,就这样随砍随合,这棵桂树永远也不能被砍倒。据说这个砍树的人名叫吴刚,是汉朝西河人,曾跟随仙人修道,到了天界,但是他犯了错误,仙人就把他贬谪到月宫,做这种徒劳无功的苦差使,以示惩处。李白诗中有"欲斫月中桂,持为寒者薪"的记载。

3. 朱元璋与月饼起义

中秋节吃月饼相传始于元代。当时,中原广大人民不堪忍受元朝统治阶级的残酷统治,纷纷起义抗元。朱元璋联合各路反抗力量准备起义。但朝廷官兵搜查得十分严密,传递消息十分困难。军师刘伯温便想出一计策,命令属下把藏有"八月十五夜起义"的纸条藏入饼子里面,再派人分头传送到各地起义军中,通知他们在八月十五晚上起义响应。到了起义的那天,各路义军一齐响应,起义军如星火燎原。起义成功了。后来徐达就攻下元大都,消息传来,朱元璋高兴得连忙传下口谕,在即将来临的中秋节,让全体将士与民同乐,并将当年起兵时以秘密传递信息的"月饼",作为节令糕点赏赐群臣。此后,"月饼"制作越发精细,品种更多,大者如圆盘,成为馈赠的佳品。以后中秋节吃月饼的习俗便在民间传开了。

4. 布农族的月亮神话

太古时代,天上有两个太阳,轮流地在天空照射大地,致使大地没有昼夜之分,炙热的天气,让人类的生活十分不便。有一对夫妇勤奋地在耕地工作,将睡着的婴儿稳稳放在树荫底下的石堆旁,并用棕叶遮蔽妥当。不料仍然被残酷的太阳活活晒死,变成蜥蜴躲进石堆缝里去。父亲知道这件事情,十分悲愤,发誓将太阳射下为孩子报仇。踏上旅途之前,父亲事先在住家门口种了橘子树,就出发前往太阳上升之处,准备在太阳升空之前将它封死,射术精准的父亲果然射中太阳的一只眼睛,太阳的光芒顿时消失变成月亮,月亮闭着双眼,胡乱的伸手抓人,由于手掌太大,父亲从指缝中挣脱逃跑。由于一个太阳被人射伤成月亮,另一个太阳怕得不敢升空照耀大地,于是大地陷入一片漆黑,大家无法出外工作,更寻不到食物,生活非常地困苦。如果族人不得已一定要出门,都必须先投掷石头,由石头落地的声音判断前方是路还是深渊,一只出外觅食的山羌,被人们丢出去的石头击中头部,血流如注,山羌受不住疼痛,发出生气的吼叫声,这时奇怪的事情发生了,躲藏的太阳竟然被山羌的吼叫声,吓得到空中重新照耀大地,人们又恢复正常的起居,但是山羌的额头从此留下一个美丽的疤痕。后来,月亮传授射日的父亲各种祭典的仪式及禁忌,例如:狩猎察及播种祭时不可贪吃甜食,否则会有荒年或打射不中猎物等;月圆时候要举行孩童祭,否则孩童会生病、死亡。父亲返回部落之后,开始教导族人办理祭祀事宜,当大家学会所有的祭典仪式,那棵橘子树已经长成大树。所以布农族有几个社群在进行祭典仪式的时候,都会以橘子树叶作为祭器。

5. 阿美族的月亮传说

原住民口传文学中的月亮就纯然是有活泼生命气息的存在个体;在阿美族的神话中,日月是一对夫妇,他们常拜访由天降生为人类祖先的神人。

另一则阿美族的神话,月亮教导幸存于洪水之后的兄妹如何亲近,方能产下正常的子女,因为这对兄妹听从太阳的建议,结合成为夫妻,却生下一些怪异的生物;月亮告诉他们:"因为你们是兄妹,本不应婚配,所以要在席子挖孔,摆在你们之间,这样才能生出好子嗣。"后来兄妹夫妇果然生育出四个子女,那就是人类的祖先。

还有一故事叙述一位常受继母虐待的女孩,为了阻止众人替她讨回公道,宁愿升天,五日后,众人果然在月亮上看见女孩的身影。

另有阿美族的传说提及两兄弟和妹妹因为已经完成母亲要安慰父亲在天之灵的交代,不觉兴高采烈地跳舞;三人跳着跳着,渐渐往地底陷入。他们齐声说:"我们该做的都做了,今天晚上的月亮是哥哥,明早东边天空的太阳是弟弟,而在黑暗的空中闪闪发光的星星是妹妹,我们永远造福人类,妈妈再见了。"这些情节清楚呈现这些族群认为日月与星辰是人所变成的。

6. 泰雅族的月亮传说

许多族群的射日神话均将月亮视为太阳被射中后所变成的。譬如泰雅族的月亮故事。

故事叙述昔日天上有两个太阳,天地无日夜之分,人类生活极苦,故此选出三青年分别背负婴儿踏上遥远的射日旅途,后来,所背婴儿皆已成年,才到射日之地;一人射箭,命中太阳,太阳淌血,逐渐失去光热,成为月亮,黑影即为箭伤的痕迹。邹族的神话与此类似而又更进一步说地上看见的红色石头,就是太阳流下来的血染成的。部份族群的故事有一些变动,其内容是过去只有月亮,而月亮并非日日出现,加上月亮上有黑影,每到夜晚,大地一片晦暗,草木无法生长,人们也极感不便,于是派遣两名年轻勇士,前往射月,数十年后,其中一名以箭射中月亮,除去黑影,于是大地才有正常的光亮。

7. 吉普赛的月亮传说

从前有位吉普赛女子,和先生结婚多年都没有生下孩子。某天夜里她向月亮祈祷,祈求月亮能赐给她一个孩子。不久之后她如愿怀孕,但是,当小孩生下时,他们发现这孩子没有吉普赛人的黝黑肤色与深褐色眼睛,竟是灰色的眼睛与银白色的肌肤,吉普赛男子非常生气,认为是妻子背叛了他,决心要杀掉这个孩子。

吉普赛女子不忍,便将小孩子带到山上,遗弃了他。月亮于是从此照顾起这个孩子。每当月圆之际,就是这个孩子行为良好,而每当月亮转亏为新月,便是这个孩子哭泣,月亮为他做了个摇篮,哄他停止哭泣。

8. 外星人说

1969 年 7 月 20 日,美国东部时间 22 时 56 分,"阿波罗"11 号成功登月,航天员阿姆斯特朗成为人类历史上第一个踏上月球的地球人。

在令全世界沸腾的电视直播中,人们突然听到航天员阿姆斯特朗说了一句:"……难以置信!……这里有其他宇宙飞船……他们正注视着我们!"此后信号突然中断,美国宇航局对此从未做出任何解释。不久之后,美国政府宣布终止一切登月计划,这一决定背后的原因至今仍是人类航天史上终极秘密。

阿姆斯特朗说那句话的时候在月球上遭遇了什么?

美国宇航局向我们隐瞒了什么?打消其他国家登月研究、开采月球资源等的念头?(内幕消息:美国政府其实一直在秘密频繁登月!)

世界上大科学家大部分都知道但是不敢公开,会乱的,那就是月球是某种文明制作的飞船

NASA 的"阿波罗"13 号到过月球内部,发现其是一个超级文明让人惊叹的制造的巨型空间站,月亮来历不明,它有那么多令科学家不解的谜团:为什么月

球背面的环形山密密麻麻,而正面却平坦如镜? 为什么环形山不论大小深浅都一样? 为什么说月亮好像一个中空体? 为什么美国突然停止了"阿波罗"登月计划?

我们将月球表面岩石用"钾-氩测定法"测定后发现,有的月球表面岩石竟然达 70 亿年。在"阿波罗"12 号飞船带回来的岩石中,有两块岩石的年龄高达 200 亿年,而这 200 亿年相当于地球年龄的 4 倍。科学家认为,这是我们宇宙中所发现的最古老的东西,因为我们现在所知宇宙的年龄其上限也不超过 200 亿年。那也就是说,月球不但比地球、太阳更古老,它几乎与宇宙同龄。

在宇宙的某一个区域里,居住着比我们地球文化不知高出多少倍的高级智慧生命,他们出于某种目的,使用了某种技术,将一颗小行星的内部挖空,改造成一艘巨大的宇宙飞船,经过漫长的岁月,穿越了无数星系,才来到了我们太阳系。

9. 月亮雅称

1) 月亮的美称与雅号

玉兔、夜光、素娥、冰轮、玉轮、玉蟾、桂魄、蟾蜍、顾兔、婵娟、玉弓、玉桂、玉盘、玉钩、玉镜、冰镜、广寒宫、嫦娥、玉羊等。

玉兔(著意登楼瞻玉兔,何人张幕遮银阙——辛弃疾);

夜光(夜光何德,死则又育? ——屈原);

素娥(素娥即月亮之别称——《幼学琼林》);

冰轮(玉钩定谁挂,冰轮了无辙——陆游);

玉轮(玉轮轧露湿团光,鸾佩相逢桂香陌——李贺);

玉蟾(凉宵烟霭外,三五玉蟾秋——方干);

桂魄(桂魄飞来光射处,冷浸一天秋碧——苏轼);

蟾蜍(闽国扬帆去,蟾蜍亏复团——贾岛);

顾兔(阳鸟未出谷,顾兔半藏身——李白);

婵娟(但愿人长久,千里共婵娟——苏轼);

玉盘(小时不识月,呼作白玉盘——李白)。

2) 歇后语

初二三的月亮——不明不白。

初七八的月亮——半边阴。

大年初一没月亮——年年都一样。

大年三十盼月亮——妄想。

三十晚上盼月亮——没指望。

上弦的月亮——两头奸(尖)。

十五的月亮——完美无缺。

月亮跟着太阳转——借光。

八月十五的月亮——光明正大。

月亮跟着日头走——惜光。

航天员上月球——破跳高世界纪录。

坐火箭上月球——远走高飞。

1.2 月球探测的科学目标

1. 探测区月貌与月质背景的调查与研究

利用着陆器机器人携带的原位探测分析仪器,获取探测区形貌信息,实测月球表面选定区域的矿物化学成分和物理特性,分析探测区月质构造背景,为样品研究提供系统的区域背景资料,并建立起实验室数据与月球表面就位探测数据之间的联系,深化和扩展月球探测数据的研究。探测区月貌与月质背景的调查与研究任务主要内容包括:

(1) 探测区的月球表面形貌探测与月质构造分析;

(2) 探测区的月球土壤特性、结构与厚度以及月球岩石层浅部(1~3km)的结构探测;

(3) 探测区矿物/化学组成的就位分析。

2. 月球土壤和月岩样品的采集并返回地面

月球表面覆盖了一层月球土壤。月球土壤包含了各种月球岩石和矿物碎屑,并记录了月球表面遭受撞击和太阳活动历史;月球岩石和矿物是研究月球资源、物质组成与形成演化的主要信息来源。采集月球土壤剖面样品和月球岩石样品,对月球表面资源调查、月球物质组成、月球物理研究和月球表面过程及太阳活动历史等方面都具有重要意义。月球土壤岩芯明岩样品的采集并返回地面的任务主要内容包括:

(1) 在区域形貌和月质学调查的基础上,利用着陆器上的钻孔采样装置钻取月球土壤岩芯;

(2) 利用着陆器上的机械臂采集月岩/月球土壤样品;

(3) 在现场成分分析的基础上,采样装置选择采集月球样品;

(4) 着陆器和月球车都进行选择性采样,月球车可在更多区域选择采集多类型样品,最后送回返回舱。

3. 月球土壤与月岩样品的实验室系统研究与某些重要资源利用前景的评估

月球土壤与月岩样品的实验室系统研究与某些重要资源利用前景的评估任务主要内容包括:

(1) 对返回地球的月球样品,组织各相关领域的实验室进行系统研究,如物质成分(岩石、矿物、化学组成、微量元素、同位素与年龄测定)、物理性质(力学、电学、光学、声学、磁学等)、材料科学、核科学等相关学科的实验室分析研究。

(2) 月球蕴含丰富的能源和矿产资源,进行重要资源利用前景的的评估,是人类利用月球资源的前导性工作,可以为月球资源的开发利用以及人类未来月球基地建设进行必要的准备;根据月球蕴含资源的特征,测定月球样品中 He-3、H、钛铁矿等重要资源的含量,研究其赋存形式。

（3）开展 He-3 等太阳风粒子的吸附机理和钛铁矿富集成矿的成因机理研究。

（4）开展 He-3、H 等气体资源提取的实验室模拟研究。

4. 月球土壤和月壳的形成与演化研究

月球土壤的形成是月球表面最重要的过程之一,是研究大时间尺度太阳活动的窗口。月球演化在 31 亿年前基本停止,因此月球表面岩石和矿物的形成与演化可反映月壳早期发展历史;月球表面撞击坑的大小、分布、密度与年龄记录了小天体撞击月球的完整历史,是对比研究地球早期演化和灾变事件的最佳信息载体。

5. 月基空间环境和空间天气探测

太阳活动是诱发空间环境与空间天气变化的主要因素,对人类的航天等活动有重大影响。空间环境与空间天气探测包括以下内容:

（1）空间环境探测器。记录宇宙线、太阳高能粒子和低能粒子的通量和能谱,分析与研究太阳活动和地月空间环境的变化;探测太阳风的成分与通量,为月球土壤成熟度和氦-3 资源量的估算提供依据。

（2）甚低频射电观测。在月球表面安置由两个天线单元组成的甚低频干涉观测阵,长期进行太阳和行星际空间的成因和时变研究,建立能够观测甚低频电磁辐射的长久设施。

1.3　月球探测的工程目标

1. 按月球探测任务划分其工程目标

1) 撞击月球

（1）解决发射运载能力;

（2）解决并验证转移轨道设计能力;

（3）解决从地球至月球距离内的航天器通信及控制能力。

2) 绕月飞行探测

（1）解决月球轨道设计及控制能力;

（2）解决航天器热控制设计和能力问题;

（3）解决航天器在月球轨道与地球的通信能力问题;

（4）开展环月飞行对月球表面调查的实验研究工作为月球着陆做准备。

对于有些国家在实施月球探测计划时,直接进入绕月飞行探测阶段,则需要开展的重点工作包括撞击月球阶段主要目标所需要的工作。

3）月球着陆但不返回

（1）着陆过程制动及控制能力问题；

（2）与月球表面撞击时缓冲能力问题；

（3）月球车与地球的通信问题；

（4）月球车或机器人在月球表面展开问题；

（5）月球车在月球表面行走问题；

（6）月球车在月球表面工作时的电源问题；

（7）月球车在月球表面特殊环境的防护问题；

（8）月球车在月球表面上开展的一系列科学实验。

4）月球着陆并采样返回

（1）采样器离开月球表面并逃逸月球的发射能力问题（这是核心问题）；

（2）采样器离开月球轨道进入转移轨道、最终到达地球的推进及轨道/姿态的控制问题；

（3）采样器在月球表面采样工作机理的研究；

（4）采样器对样品的自动封装问题。

2. 按人类对月球的利用开发划分其工程目标

1）月球环境资源开发和利用

对人类可利用的月球环境资源包括真空、低温、低重力、弱震动和丰富的太阳能等资源。

（1）利用月球的超高真空和低重力环境，可以进行材料的制备，如生产特殊强度和塑性等性能优良的合金材料、超纯金属、单晶硅、光衰减率低的光导纤维和高纯度药品等；

（2）利用月球超高真空、低温和弱震动等环境，可以在月球上建造高精度天文台，用于对太阳系、银河系中的其他天体进行天文观测和研究；

（3）利用月球$\frac{1}{6}g$重力场环境资源，把月球作为中继站，可以考虑从月球上发射航天器向更深空间推进；

（4）利用月球上丰富的太阳能资源，开展太阳能发电技术研究。

2）月球物质资源的开发和利用

（1）月球风化层中含有丰富的氦元素，可用于核聚变来发电；

（2）月球风化层中氧含量占40%，可以就地生产推进剂；

（3）月球风化层中硅含量占20%，可以为航天器制作太阳能电池阵；

（4）月球风化层中含有如铝、镁等轻金属，可以为航天器制作各种部件设备。

3）地球 – 月球系统的演变研究

月球是开展地球/月球起源和演变、太阳系以至整个宇宙起源和演变研究的一个理想平台。

（1）月球表面含有能够追溯到数十亿年前被彗星和小行星碰撞的记载,通过月球上没有被人为改造和破坏的某些特征历史信息研究来了解月球的成因、演变和构造;

（2）通过月球某些特征的信息与地球的远古状态信息进行比对,以了解月球与地球的关系;

（3）通过搞清楚地球与空间天体、空间现象的关系,以了解地球与整个宇宙的关系(指起源和演变)。

为了月球开发和月球演变历史的研究,在月球上建立生产和居住基地。在实施月球探测工程的初期,大量的物质直接来自地球的发射运至月球上,通过遥操作机器人的工作在月球表面上建立一些设施,开展一些实验研究工作,为人类在月球长期居住创造条件。最终通过人类在月球上的工作,建立生产和居住基地,以及人类全面开发月球的物质基础。

在实施月球探测工程中,需要一个国家的全面和综合实力。美国也想通过21世纪的月球探测工程计划,来刺激和全面提升国家的创新能力。美国在制定国家的发展战略时,一般有三个大的模块内容:一是从现实情况(或工程任务)和国家安全(经常的做法是炮制"来自……威胁论"来获得国会的拨款支持)的需要出发,来构建未来的发展;二是为了持续地提升国家的创新能力,从一个想象(Vision)的角度来构想未来的发展(在制定航天发展战略中,常采用这种方法,如探索火星上水的存在、地外生命存在等);三是通过一些科教实验项目的开展,以期培养国家的人才战略需求。

实施月球探测工程是一项高度复杂的系统工程,与实施月球探测任务相比,更具挑战性。

1.4　月球探测的过去概述

各国迄今共探月 129 次 成功率仅 51% 。

自 1958 年以来,世界各国迄今共进行了 130 次月球探测活动,包括美国 59 次,苏联 64 次,日本 2 次,中国 3 次,欧空局和印度各 1 次;其中成功或基本成功 67 次,失败 63 次,成功率仅有 51% 。

迄今只有美国实现了载人登月,苏联开展了两次月球表面无人巡视探测任务。美苏两国成功共实施了 13 次无人月球表面软着陆。

1.4.1　第一轮探月热潮

1958 年至 1976 年冷战期间,美国和苏联曾展开一场以月球探测为中心的空间科学技术竞赛,美国共发射"先驱者"等 7 个系列 54 个月球探测器,成功 35 次,成功率 65% ;苏联共发射 4 个系列 64 个月球探测器,成功 21 次,成功率 32.8% 。

1959 年,苏联的无人登月器"月球"2 号成为第一个到达月球的人造物体。

1964 年,美国的"徘徊者"7 号月球探测器在月球上成功硬着陆。

1969 年 7 月 20 日,美国航天员阿姆斯特朗和同伴奥尔德林成功登上了月球,并留下了人类在外层空间的第一个脚印。

1970 年 9 月 12 日,苏联发射"月球"16 号探测器,这是第一个实现在月球上自动取样并送回地球的探测器。

1970 年 11 月 10 日,苏联发射"月球"17 号探测器,该探测器携带的第一辆无人驾驶月球车——月球车 1 号第一次在月球表面行驶并进行科学探测,最终在月球上工作了 11 个月。

1977 年至 1993 年间,人类没有成功发射过一颗专门用于探测月球的卫星,使这 20 多年成为探月的寂静期。

自 1976 年美国与苏联的探月工程告一段落以后,没有国家再到月球上进行落月探测。

1.4.2 第二轮探月热潮

20 世纪 90 年代以来人类再掀探月热潮,中国强势入围。

20 世纪 90 年代以后,日本、欧洲、中国与印度等国家或地区加入到第二轮探月活动中来,美国与俄罗斯等老牌航天强国也提出新的探月计划。

在第二轮探月高峰中,各国迄今共实施 11 次探月计划,其中 1 次失败,1 次部分成功,其余全部成功,成功率大大提高,显示出人类的探月技术已经获得极大提高。

1990 年 1 月,日本发射"缪斯"A 号卫星,进入太空后更名"飞天"号,向月球轨道释放一颗小型探测卫星,成为第三个探月的国家。但"飞天"号接近月球后与地面失去联系,未获得探测成果,最终于 1993 年 4 月坠毁在月球上。

1994 年 1 月与 1998 年 1 月,美国先后发射克莱门汀号、"月球勘探者"号,对月球形貌、资源、水冰等进行了探索。

2003 年 9 月 27 日,欧洲成功发射首个月球探测器"智慧"1 号(SMART – 1),进入月球轨道绕月飞行,成功完成预期月球探测任务,并于 2006 年 9 月撞月。

2007 年 9 月 14 日,日本发射首个月球探测器"月女神"号,包括一个主轨道器和两颗小卫星。2009 年 6 月,"月女神"受控撞月,结束为期 2 年左右的探测任务。

2007 年 10 月与 2010 年 10 月,中国先后成功发射首颗月球探测卫星"嫦娥"一号,以及探月工程二期技术先导星"嫦娥"二号,进入世界上具有深空探测能力的国家行列。

2008 年 10 月,印度发射"月船"1 号卫星,获得一批科学成果,对月球进行了全球成像。2009 年 8 月,"月船"1 号在轨工作 312 天后,与地面失去联系。

2009年6月，美国一箭双星发射月球勘测轨道器和月球陨坑观测和传感卫星。10月9日月球陨坑观测和传感卫星成功撞击月球，发现了水。

2011年9月，美国发射"圣杯"号月球探测器，对月球重力场系统进行精细探测。

2013年9月7日，美国发射月球大气与尘埃环境探测器（LADEE），以探测月球大气层的散逸层和周围的尘埃，携带了尘埃探测器、中性质谱仪、紫外与可见光光谱仪，还进行激光通信技术验证试验。

1.4.3 苏联探月历史及重大成就

苏联是首个进行绕月探测的国家。

在人类探月初期，苏联领先于其他各国。1959年1月2日，苏联成功发射"月球"1号，9月12日，再次发射"月球"2号，受控首次撞击月球，成为第一个到达月球的人造物体。

1959年10月，苏联又发射"月球"3号，首次拍摄到月球背面照片。从1958到1976年，苏联先后发射"月球"号、"探测器"、"宇宙"号、"联盟"号等系列月球探测器共64次，21次成功，成功率32.8%。

此外，苏联还发射了其他型号的月球探测器，如1968年9月，首次实现无人飞船绕月飞行并成功返回地球。

1970年11月，苏联无人驾驶的"月球车"1号搭载"月球"17号探测器在月球表面"雨海"地区着陆，这是人类航天史上第一辆月球车。此后苏联送上月球的"月球车"2号行驶了37km，向地球发回了88幅月球表面全景图。

在美国成功载人登月后，苏联的登月计划于1976年取消。

1.4.4 美国探月历史及重大成就

美国是迄今为止唯一实现载人登月的国家，共将12名航天员送上月球。

1958年至1976年冷战期间，美国共发射"先驱者"等7个系列54个月球探测器，成功35次，成功率65%，虽然探测次数少于苏联，但成功率为苏联的2倍。

美国从1958年8月起，几次向月球发射"先锋"系列探测器，但直到1959年3月的"先锋"4号才勉强成功，成为美国第一个脱离地球重力的探测器。后来美国又发射了"艾布尔"、"徘徊者"、"勘测者"、"月球轨道器"、"探险者"以至后来的"阿波罗"等系列月球探测器。

在美国乃至全世界的探月史上，"阿波罗"计划是具有标志性的工程，使人类的脚步首次踏上了月球。

在经历多次失败后，1969年7月，美国"阿波罗"11号首次载人登月成功，航天员阿姆斯特朗和奥尔德林成功登上月球，后续的"阿波罗"飞船又5次成功载人登月，共有12名航天员登上月球。

1971 年 7 月，"阿波罗" 15 号登上月球"雨海"地区后，两名航天员执行了航天史上第一次有人驾驶月球车的任务，月球车行驶 27.9km，收集月岩样品 77kg。

1.5 月球探测的未来构想

人类进行月球探测的最终目标是走向太空，开发与利用太空资源，最终实现人类太空移民，早期的探月活动取得了重大的突破和瞩目的成就，但未来探月任务依然困难重重，各种未知的任务等待我们去解决。下面归纳了人类未来月球探测的阶段性任务和规划。

1.5.1 月球探测工程概念

从美国和苏联月球探测概况的介绍，可以看到两个国家在实施月球探测任务的阶段过程。美国的大致阶段过程分为绕月飞行探测、月球着陆及采样返回、载人登月并返回；苏联的主要阶段过程分为撞击月球、绕月飞行探测、月球着陆、月球着陆及采样返回。

在整个月球探测任务的实施过程中，主要工作是解决每个阶段的能力问题，另外包括每个阶段都为下一阶段任务发射的准备工作（如绕月飞行探测，通过拍摄月球表面地质形貌为着陆做准备；月球着陆又是为采样返回做准备）和一些初步科学实验工作。

中国目前启动的月球探测计划，在整个计划中要解决的是月球探测的能力问题。但中国目前的月球探测计划还未涉及月球开发的问题，仍属于月球探测任务的范畴，还不属于月球探测工程的范畴。

美国在 20 世纪末提出了月球探测任务，在这些任务中，包括 30～180 天的月球表面长期调查任务、建立一个月球轨道空间站、建立一个永久的月球前哨站、开展多人登月长期月球探测任务等。从这些月球探测任务计划中，已经看到美国在着手考虑月球开发问题，这标志着美国实施月球探测工程的开端。

建立月球探测工程概念的实质主要是基于月球探测的目的，即月球探测任务的工作归属问题。月球探测目的主要包括月球开发和地球 - 月球系统的演变研究，而月球开发又主要包括月球环境资源和月球物质资源的开发。目前，所有月球探测任务所做的一些工作是实施月球探测工程的手段。

1.5.2 实施月球探测工程初期的基础任务构想

实施月球探测工程初期任务的目的是如何降低大量物质直接从地球发射至月球的成本？影响月球探测工程实施，技术是关键因素，但工程成本是重要的制约因素。

38 万千米多距离，如果在月球建立设施所需要的所有物质都直接从地球发射

至月球,考虑到工程规模的需要,则需要大大地提升运载能力(则现有的运载能力完全不能满足要求),必将导致发射成本剧增。

从降低工程成本的角度出发,来探索一个地球–月球的往返运输系统。

1. 在近地轨道建立一个基础设施系统

在 NASA 领导下正致力于构建一个近地轨道基础设施系统计划,即轨道聚合与空间基础设施系统计划(Orbital Aggregation & Space Infrastructure Systems,OASIS)。轨道聚合与空间基础设施系统的基本构成单元如下:

(1)电源、制冷剂、推进剂等储箱模块群:通过加注服务平台系统为在轨航天器进行物质补给,为深空探测航天器加注推进剂。

(2)电子设备、有效载荷等存储库区:通过轨道转移平台为在轨航天器更换失效的或工作寿命已到的电子设备、有效载荷,以延长任务的寿命。

(3)深空探测或月球开发所需物质存储库区:通过空间转移运载器(Orbital Transfer Vehicle)把物质运送到深空探测目的地(如月球)。

(4)生活设施聚集区:通过航天员转移运载器(Crew Transfer Vehicle)在空间站间往返运送航天员,向其他载人空间基础设施单元中或更深空间探测运送航天员,还可以进行空间救生活动,当然也能进行一些军事活动(如破坏或移走敌方的航天器)。

(5)一些空间服务平台和轨道转移工具:一个可重复使用的化学推进剂和电推进剂混合舱(Hybrid Propellant Module,HPM)(存储推进剂)、在轨流体补给服务平台(进行流体物质的补给加注服务)、化学推进剂空间传输舱(Chemical Transfer Module,CTM)(是一个自动的轨道机动运载器,可进行燃料补给加注和有效载荷维修服务)、太阳电推进平台(Solar Electric Propulsion Stage,SEP)(是一个低推进力转移平台,可用于大型构件单元的预定位,也可以用于有些单元维修更新或燃料补给之后的缓慢返回原来轨道位)、航天员转移空间运载器(Crew Transfer Vehicle,CTV)(航天员运送)、轨道转移运载器(Orbital Transfer Vehicle,OTV)(可用于货物运送)等。

2. 在第一拉格郎日点(L1)建立地球–月球间转移平台或中转港口(Gateway)

由于各天体在拉格郎日点的万有引力达到平衡,则航天器无需经常机动以克服重力影响(只需做一些小小机动以克服光压或其他弱扰动的影响),因此在拉格郎日点保持航天器轨道及其姿态所需的物质消耗最少。

建立一个拉格郎日点地球–月球间中转港口的主要目的如下:

(1)支持月球探测任务的物质补给:一是航天器从地球上发射至中转港口,然后进行燃料补给加注,继续向月球飞行;二是从月球返回的航天器在中转港口加注燃料,继续向地球返回再入。

(2)用于支持其他深空探测任务(如火星探测)的物质补给。

(3)用于支持空间大型构件或设施(如大型天文观测设施)的在轨装配。

（4）利用拉格朗日点地球－月球间中转港口，则可以提供一个连续发射窗口（包括从港口向月球发射和从月球向港口返回）。

（5）利用拉格朗日点地球－月球间中转港口，花费与地球－月球直接发射任务相同的发射成本，则可以到达所有的月球纬度区。

3. 地球－轨道间的可重复使用运输系统

为了在空间建立一个空间基础设施体系，需要从地球上发射运送大量的消耗性推进剂、制冷剂等物质，需要从地球发射运送大量的仪器设备、后勤保障所需的各种有效载荷。地球－轨道间的可重复使用运输系统将承担大量的运输任务。

4. 建立一个月球表面－月球轨道之间物质运输系统

主要目的包括：

（1）用于提供月球开发活动所需物质；

（2）用于月球探测器及月球运载器的消耗物质补给。

系统的主要构成：

（1）月球驻留轨道上中继通信月球卫星；

（2）月球驻留轨道货物空间站；

（3）往返于月球表面－空间站之间的运载器（Lunar Transfer Vehicle，LTV）。

1.5.3 实施月球探测工程的第一阶段任务构想

人类月球活动的基础设施建设可由大量的无人任务去完成，利用现有成熟技术把无人系统发射到月球上，然后在月球上建立月球基地基础设施，最后实现人类的永久居住。

到目前为止，也只有苏联和美国实现了登月，而且也只局限于月球的某些区域。而对于绝大部分区域，对其地质形貌不了解或了解甚微。虽然在 20 世纪实现了载人登月，但人在月球上停留的时间非常短暂，所获取的经验非常有限。如果要实现长期和多人在月球探测任务，许多技术需要突破，能适应在月球环境条件下长期有效运行的生命保障技术和航天员防护技术也不具备。另外需要在月球上建立一些永久设施。

第一阶段的任务是在月球上建立一个无人值守的永久月球前哨站。由于在第一阶段还没有获得人在月球长期作业的经验，建立月球前哨站的工作由遥操作机器人来承担。

1. 研制能适应于月球表面长期作业的遥操作智能机器人

表面巡游遥操作机器人是一个重要工具，它可以大大地提高现场作业效率并降低成本。机器人在月球工作具有下列优势：①被送到月球上的所有机器人都是执行单程任务，它们不必返回地球；②它们不需要生命保障系统；③通过与地球直接通信联系，它们可以连续工作；④与人相比，它们能携带更多的传感器和背负更大的样品载荷；⑤它们有更大的工作范围和更长的工作时间；⑥它们能在危险的环

境区域工作;⑦它们可配合航天员的工作;⑧它们的零件可以重复应用。

遥操作智能机器人的能力:能长期(有资料说半年)在月球表面作业并具备自主管理能力,能绕开各种障碍物,有一定的操作和安装能力,能与地球上专家进行交互,辅助地球上专家选择前哨站地址(一般选择一些天然风化层洞穴)。

到了20世纪90年代,用虚拟现场技术实现现场作业仿真地质学家是完全可能的。这项技术已在地球上远程医疗/外科手术应用,也在水下机器人作业中得到应用。

使用机器人所获得的经验和探测数据将有助于组织更加广泛的月球探测任务。

2. 建立一个能适应月球表面环境的月球表面运输车

在真空和低重力环境下,能在月球土壤上行走(需要解决月球尘扬起和防护问题)并具备一定货物量运输能力的月球运输车,主要用于月球前哨站建设所需物质的运输。

3. 建立一个小型太阳能发电和输配电系统

遥操作机器人要在月球上承担设施建设的操作工作,需要解决其动力问题即电力供应问题。完全依靠从地面所携带的能源是不可能解决这些问题的,只有考虑在月球上建立太阳能发电技术。

月球上的太阳能资源很丰富。月球上有充足的太阳光,光照度基本为一个常量,而且无遮挡。几十年来,用太阳能电池给航天器提供电能技术很成熟,在月球探测任务中也成功地被应用。

在月球探测的初期,往往选择的是月球极地区域,主要考虑有充足的、持续的阳光条件。在极地的高地区域,有利于铺设太阳能发电设施。但如果需要对月球的全域进行探测,则必然会面临一个月球黑夜问题。那黑夜所需的电能如何解决?一个是采取电能存储技术,另一个是沿着月球的圆周方向布置太阳能发电网络(确保总有一部分被照射)。

在月球探测工程初期,布设发电网络所需的设施都需要从地球运至。在月球探测工程中后期,可以考虑利用月球上存在的硅元素用于制造太阳能电池。

4. 建立一个无人值守的永久月球前哨站

国外有文献报道,考虑利用月球表面上风化层材料或月球表面火山喷发后形成的溶洞作为月球前哨站的首选方案,因为风化层具有很好的辐射屏蔽能力,溶洞具有恒定温度条件。

选择前哨站建设地址后,重要的工作是前哨站的内部建设:包括航天员在月球上生活和工作所需的基本设施(气、水、电等)的安装,初步具备航天员生活和工作的条件,也包括一些实验设备的建设。

无人值守的永久月球前哨站建成后,利用遥操作机器人与地球上专家互动,可开展一些实验验证工作,如能适应在月球环境条件下长期有效运行的生命保障技术的现场验证。

建立一个无人值守的永久月球前哨站是月球探测工程实施的第一阶段最终目标,也是为建立一个有人值守的永久月球前哨站做准备。

1.5.4 实施月球探测工程的第二阶段任务构想

经过第一阶段的工作,建立了月球前哨站。第二阶段的工作目标是利用月球前哨站开展多人登月长期月球探测任务(如 30 ~ 180 天的月球表面长期调查任务)。

人类对月球的认识是通过过去的月球探测任务、地球观测和科学家的研究工作来获得的,在过去探测过程所获得的认识和经验是间接的、局部的(或月球某点上的)。对于下一步的月球开发,这些经验是不够的,只有派人到月球上参与调查和实践,由此获得的经验才是最直接、最符合实际的。美国在 20 世纪就实现了载人登月,但到 21 世纪又启动载人登月计划,其为未来月球的开发欲获取直接的、宝贵的经验。

1. 建立一个有人值守的永久月球前哨站

对无人值守永久月球前哨站中的一些设施(如气、水、电等),在航天员直接操作下,使这些设备达到正常的工作状态并投入使用。

由航天员在前哨站里完成生命保障系统的设施的安装、调试、试运行、正常运行等工作,为下一阶段的任务创造条件。

2. 开展航天员直接参与下的月球探测任务

在月球探测任务阶段(尤其是绕月飞行的一些月球探测任务)的一些任务所获得的数据和经验基本是间接的(如月球地质形貌的测绘,月球土壤或月岩采样返回后的实验室分析研究等)。为了获得更真实和直接的数据与经验,需要航天员在月球环境下的直接参与。

为了在月球上建立人类永久基地,需要对月球进行广泛调查。现场工作是对月球表面和次表面地质结构做实地调查,包括描绘、样品钻探、岩石样品采集、现场分析和记录等。现场工作的目的是全面获得地质形成过程的了解并找到一些重要的资源(如水/冰、挥发性物质、矿石)。大部分的工作仍可由机器人去完成,但有些重要现场作业仍需要航天员的现场作业。

3. 航天员直接参与下的月球探测工程实验任务

这些任务主要是为月球探测工程第三阶段任务的实施(即建立大型的月球生活和工作基地)做准备。

月球探测工程面临许多工程学的挑战,需要研究新技术能够以最小的成本和副作用在月球上有效地运行。在月球探测上所取得的新技术也可用于太阳系其他地方的探测研究,也可用于地球自身问题的解决。

由于在月球上空没有空气,意味着对有害的辐射和微流星没有防护,设备产生的排热无法通过空气对流进行排放,如润滑油(或脂)在月球真空环境中很容易挥发,另外还遭受温度极差的影响(热应力),这些条件为设备的设计提出了严峻的挑战。在月球风化层的最上层是月球尘埃,月球尘埃容易与航天服、机器人和其他设备粘接,月球尘埃污染对设备的正常运行带来危害,如使运动件磨损和光学件模糊等。一般来说,月球是寂静的,不会出现月球尘埃弥漫现象,但是当出现扰动(如开采中的爆破、火箭排气)都会扬起月球尘埃飞溅(速度高、影响范围大)。因此,月球尘埃对人构成了极大威胁(容易得呼吸疾病)。

由于月球重力低,所以在月球上建造各种设施所需的材料远低于地球上建造相似结构所需的量;在月球上发射航天器所需能量也远少于地球上发射所需能量;人在月球上行走感觉比较轻松;在月球上物质运输非常方便。NASA 约翰逊空间中心的 Tom Sullivan 博士在低重力环境下做气动传输实验,NASA 也在 KC – 135飞机上进行了飞行实验,空气垂直提升传送技术在 $0.16g$ 重力加速度下(为月球的重力加速度)只需约一半的压力(与 $1g$ 的重力场下相比)。另外,在 $0.16g$ 重力加速度下,"窒息"速度低 2~3 倍,水平跳跃速度也低 2~3 倍,这意味着需要比较低的流动速度。因此,在 $0.16g$ 重力加速度下,以不到在 $1g$ 重力加速度下的流量的一半值就能够传送 2 倍的质量。

由于月球特殊的环境,许多在地球上成熟的技术在用于月球开发前都需要进行一定的改进并在月球上进行验证。

4. 开展各项研究工作

1)月球表面开采技术的研究

大家普遍认为相对于月球岩石来说,月球土壤是一种很好的加工原料,因为土壤无需爆破和碾碎。因此在月球上开采的问题就变为如何采挖月球土壤并把它运送到传输系统中。但从 Apollo 钻孔和采样的数据表明,要在月球表面凿孔是一件很困难的事,因为月球土壤的黏性很大。在开始采挖时,上面只有几厘米很容易凿挖,当达到 15cm 深度时,土壤开始板结,开挖所需的动力激增。因此在月球风化层开采中所遇到的问题需要进行深入的研究。但由于月球重力较小,不存在锈蚀和地下水,月球地下温度不会像地球一样随着深度增加而增加。月球上没有"坚固的岩床",一般来说,月球岩石比地球岩石易碎。由于月球无空气,易采用压缩气体来产生脉冲气动力。从上述因素分析来看,绝大多数情况下,在月球进行开采比在地球上开采来得容易。在月球上具有良好前景的开采技术:旋转钢丝刷技术、钢丝钻探技术等。由美国的 Los Alamos National Laboratory 于 1985 年成功地研制一种称为"subselene"的设备可用于风化层的钻孔,当在钻孔的过程中使孔壁烧结。

2)月球表面运输技术的研究

需要建立一个运输系统,负责把原材料运到月球基地的加工场所。在一个未经处理的月球表面进行挖掘和托运作业时,考虑到月球尘埃问题,要求限制作业载荷和速度。可用风化层原料生产砖块,并用砖块修筑一些道路和作业现场。

第一种可能的运输工具是遥操作轮式机器人,通过遥操作翻斗卡车把原材料从挖掘现场运送到传送系统中,再由传送系统运送到基地的加工现场。

第二种可能的运输工具是月球铁路,可实现原材料长距离的运输。铁路运输具有如下优点:运量大、速度快、成本低、运行距离长和最少的遥操作。

第三种可能的运输工具是气动传输系统。像铲斗升降机、螺旋进料机、传送带和其他机械传送机构很难适应风化层的黏性,而且这些机械在真空中的润滑问题也很难解决。而气动传输可满足这样的环境要求。在物质运输过程中只需保持管路系统的压力要求。在气动传输系统中只需几磅的空气就可将物质传送很远的距离,如在一个直径为2英寸的管路中,只需3.4kg的空气就可在4584英尺长上维持$14.7lbf/in^2$的压力。在气动传输系统中可配置一台气动式粒度分级器,可用于物料的粒度分级。气动式粒度分级器替代振动筛。在气动式粒度分级器系统中,强迫空气流经放置在来料进口下方的不同目数的筛网,由于在整个沿程中压力逐渐下降,尺寸过大的粒子在开始段就沉降下来,而较细的粒子在后续段沉降下来,以达到物料粒度分级的目的。

第四中可能的运输工具是机械弹道运输系统。机械弹道运输也称弹弓式运输或先进罗马式飞机弹射器运输。在开采场地和加工场地之间只有几千米的距离情况下,可采用高强度绳系(如KEVLAR)或带货篮的刚性旋转臂的展开来运送原材料或小包裹货物。在月球盆地上进行开采,也可以采用机械弹道运输方式把开采到的矿物质或冰块运到月球高地上。

3) 从月球矿石或月球土壤中提取物质的技术或方法研究

氧是一种最重要的元素之一,它是生命保障系统的基本物质,也可用做火箭推进剂。氧可从月球岩石和土壤的氧化物原料提取。必须强调的一点就是从风化层中提取氧的过程中也会产生非常重要的元素,如硅、铝、铁、钛等。另外,还将产生由太阳风沉积在风化层中的元素,如碳、氢和氮。用风化层来制取氧和金属的技术有还原和电解技术。

另一种有效方法是离子溅射技术,它是一种高温、一步精炼的方法,能够从风化层原料中直接提取纯元素。离子溅射能够获得的元素有硅、铝、铁、氢和碳等,而这些元素又将成为生产计算机、电缆、建筑材料、塑料等的原材料。但是离子溅射要求很高的温度,需要消耗大量的电能。为了要获得高温的要求,首先在月球上生产聚光镜并制造月球太阳炉。也可用月球材料生产太阳能电池,把太阳能电池所生产的电能传送到太阳能电网上。随着月球太阳能电网的发展,电能的供应足以满足还原和电解技术的需要。

4) 月球制造加工技术

在月球探测工程初期,所有的设施都是从地球发射而至,如遥操作机器人、遥操作太阳能电池生产设施等。在月球探测工程的中后期,应该考虑在月球上生产一些生产和生活设备。

在开始时,人类没有在月球环境中的生产经验,最初的生产制造方法有烧结、冶炼技术等。在使用这些方法时,应该考虑一些加热和冷却设备适应月球环境。如把月球风化层加热至1000K,太阳风轻质气体(如氢气)将释放出来;加热温度到1500K可用于陶瓷生产的烧结方法;加热温度到2000K可用于冶炼方法。首先可以用冶炼方法来生产各种模具和玻璃产品。

一旦在月球上获得了生产制造的经验,我们才可能生产大量的不同产品,如车床、钻床、电动机和其他的生产工具。当我们可以从风化层中提取原材料并能在月球上制造生产工具,实现完全自给自主,就再无需从地球上运送任何生产设备。我们可以用月球机器人生产机器人、计算机和建筑材料等。

5)月球环境下的有机化合物合成技术研究

要实现人类在月球上生活,在化学工程需要有许多的创新。在地球上很丰富的有机化合物而在月球上不知是否存在。当风化层被开采用于金属和氧的加工,风化层中也截获了太阳风的碳和其他元素,这些元素成为月球化学工业的原材料。在此阶段,可以开展一些简单的有机化合物合成技术的研究,如用碳、氧和氢可制造简单的有机化合物,如甲醛($HCHO$)和乙烯(C_2H_4)。我们知道这两种化合物可用于生产基础食物(如糖、脂肪酸和氨基酸)和塑料。

6)月球环境下的卫生保健技术研究

在月球基地建设中,需要人类的大量参与。由于受医疗条件的限制,即使我们选用健康的年轻人和中年人参加月球基地建设,但在月球上人的卫生保健也是迫切的。为了实现一种基本的全天时的全面的医疗服务,一是考虑在月球上配备一支数量最小的医务人员队伍,开展现场的医疗服务;二是充分考虑利用地球医疗专家资源,发展远程医疗技术即在月球上工作的医生和技术人员能够实时地与地球上的专家进行通信联系,如完成一些外科手术和其他复杂的医疗任务。另外考虑发展卫生医疗自动监控系统以部分地取代医务人员的工作。

还有一项重要工作是避免传染疾病感染月球的生态圈。要做到这一点,我们应该采用传染病诊断技术对要前往月球之前的人和货物进行严格检查。

7)月球环境下的生命保障系统技术研究

在地球上进行长达90天的局部再生闭环居住试验,但是完全能在月球环境中可靠运行的生命保障系统是一个巨大的系统工程,需要大量的技术支持。利用现有的生命保障技术,要实现大于60~90天的人登月任务需要定期地从地球上进行可消耗物质补给。

要实现人在月球长期居住,需要采用先进的控制和监控技术对包括空气、水、种植再生系统和垃圾管理系统实施长期监控(也称之为受控生态生命保障系统)。受控生态生命保障系统(Controlled Ecological Life Support Systems,CELSS)设计关键技术是在月球建立种植系统。在地球空间站上进行植物和其他农作物的微重力环境生长实验,这只是一些阶段性实验,还没有完成植物成熟周期的实验(即从种子到果实)。另外在月球土壤上进行大量的植物种植实验(包括整个成熟周期),在实验过程中开展多环境变量对植物生长影响的研究,包括湿度、温度、大气成分、空气气流、照明和施肥等,同时也必须开展月球重力对植物生长影响的评价研究。

在月球基地开发初期,在月球风化层的开采和加工过程中将产生大量的碳、氢、氧、磷、硫磺和其他元素,这些是生命保障系统所必需的物质。我们可以利用这些物质给月球种植系统补充空气和植物生长的营养。

在月球上建立小规模的受控生态生命保障系统,开展植物和动物在受控生态生命保障系统的联合生长实验,也开展多物种实验,并进行物种优化工作,验证环境参数(湿度、温度、大气成分、空气气流、照明)的哪种设置将有利于物种的生长。

培养适应月球环境的新物种和开发空气、水和垃圾的月球再生技术是建立受控生态生命保障系统的关键技术,这些技术在建立月球生产和生活基地之前,应该进行充分的月球环境实验,以评价生命保障系统技术的有效性和可靠性。只有在月球上建立了可靠的受控生态生命保障系统后,才能考虑大规模的人类月球居住计划。

8) 在月球上开展天文探测技术的研究

地球基地望远镜天文观测受到大气的严重限制,出现使图形扭曲和主要电磁谱段削弱。而在地球轨道空间进行天文观测是一种最有效的手段。因为技术进步使在空间进行天文观测成为现实,已经把各种谱段天文望远镜放到地球轨道上,如IRAS 天文观测卫星、开普敦望远镜和哈勃望远镜等,这些望远镜的分辨能力高于地球基地望远镜,图像质量远高于地球基地望远镜。但是,地球轨道仍不是一个理想的天文观测场所,不是一个完全稳定的观测平台,它本身需要运动,受到太阳系重力场的作用位置会漂移。另外,它还受到其他扰动力的影响,如地球大气的弱扰动和太阳光压。尽管我们可以采取措施使这种轨道望远镜的不定运动做到最小,如陀螺仪或反应控制射流等措施,但是地球轨道望远镜的分辨能力受到由于姿态校正力所诱发的运动的影响,对于轨道望远镜,当观测物体处于日食情况下,则天体观测工作中断。地球轨道望远镜维修很困难,工作寿命也有限,它们的寿命受到可消耗工作介质的影响,如液氮制冷介质。而且它们也容易受到碎片或微流星体的撞击、热应力、宇宙射线、太阳耀斑和高能粒子等损害。最后,把望远镜运送到轨道上成本很高。

月球是一个开展天文观测的理想场所,是人类进行天文观测的首选科学研究基地。在月球上进行天文观测的最大好处之一就是能够完全使用干涉测量技术,而干涉测量的综合分辨率比任何单台望远镜的分辨率高几个数量级。在月球上还可以组建望远镜干涉测量网(指在月球上某一经度上以某一间隔布置望远镜),其综合分辨率的极大提高不仅可用来对某一恒星周围的行星进行探测,而且还可就该行星的地质特征进行探测。

在月球南极和北极区域,长期处于阴影下的坑底温度很低而且基本不变(达到$-230℃$),这为红外望远镜所需的低温环境提供了一个理想的条件。在月球的远侧没有来自地球的无线电干涉,是无线电望远镜工作的理想场所。

尽管在月球上进行天文观测有众多优势,但是由于距离太远,发射成本非常之高,这限制了它的发展。除了发射成本之外,还有电源和通信问题。在月夜期间,太阳能电池板不能向望远镜供电。工作在月球远侧的望远镜通信非常困难。望远镜发射成本问题可以有最好的解决办法,如在月球上建造月球基地,利用月球上的材料(风化层材料)研制望远镜,如无线电望远镜的主结构可用月球上的铁或铝制造,可见光望远镜的镜子可用月球的玻璃和沙子制造。如果在月球基地所有的基础设施(运输、通信和电源供应等)都齐备,那么望远镜就可在月球上制造、工作和维护等。

9)月球上的电力技术研究

电能是月球开发的血液。如果在月球上没有电力系统,每个任务都由本身的电源供应(即由航天器携带),那运输成本非常之高,任务的范围和寿命也受到约束。只有月球电力的供应有富余并能持续供应,那月球探测的物质和科学两个方面的利益才有可能实现。因此月球工程的首要目标是在月球上建立月球电力网络和有关的应用系统。在月球上电力供应有两个方案:核反应堆和光电池。太阳能电池是近期和长期月球探测与开发的可能电力来源。

月球上发电的第一个方案可能是核反应堆。首先,在核反应堆设计与安全运行上积累了许多知识和经验,这些知识可直接用于月球核反应堆的设计和安全运行;其次,核反应堆能够提供$100kW \sim 1mW$电能的持续供应,可满足月球基地开发初期的电力要求;第三,一个核反应堆的所有部件可在地球制造和试验,并用现有的火箭技术运送到月球上。但是一个能够飞行的核反应堆的设计、试验、制造和发射运输成本是非常昂贵的,而且研制周期很长。也存在潜在的风险,当出现发射事故,会污染大气和海洋。

月球上发电的第二个方案是太阳能电池。月球上有充足的太阳光,光照度基本为一个常量,而且无遮挡。可以利用月球上丰富的资源生产太阳能电池。月球太阳能发电基地产生的电能可达万亿瓦,等于或超过目前地球所有电厂发电量的总和。

研究沿着月球圆周方向建立电力网络技术的研究。沿着月球圆周方向、以一定的间隔布置太阳能电池板,组建太阳能电力网络,在该网络中,在任一时间里确保50%的太阳能电池板在太阳光照射区,目的是实现持续的发电。

开展向地球输送电力的传输技术研究。先把太阳能转变为电能,然后把电能转变为微波能,再把微波束向地球接收站发送,微波能再转变为电能,电能向地球电网输送。

10)月球上通信技术的研究

目的是研究月球基地内、基地间、基地与地球的通信问题。另一个目的是解决月球远侧与地球通信难的问题。可以在月球基地上利用月球当地资源来生产各种电信设备,以建立起一个集数据、语音和视频为一体的月球电信网络,如光纤、微波通路和激光通路等。月球电信网络建设可与电力网、铁路网的建设同步进行。

11)开展月球上热力传输和存储技术的研究

月球表面当受太阳照射时温度将达到一百多度,而在月坑中由于处于阴影区其温度在负一百多度,这是一个天然的热源和冷源。

应该研究在月球环境下的热泵和热管技术,把热能收集起来,为基地的生产服务。

12)开展宇宙射线辐射学的研究

由于在月球上无大气,宇宙射线和太阳风将毫无阻挡地到达月球表面。我们可以把传感器直接放置在月球表面以探测宇宙射线和太阳风。

13)开展粒子物理学研究

在月球上可能建造的大型科学研究项目是一个超导粒子加速器,用于亚原子的研究。在月球表面下建造一个直径20~100km的结构,充分利用月球风化层的防护和风化层中恒温的优势。碰撞机的运行可大大地简化,因为月球本身为真空环境。

14)开展月球心理学和社会学的研究

第一批来到月球上的人由于遭受空间限制、孤独和有限的供应等影响(这种感觉犹如在地球南极基地开展科学探险)出现紧张。月球基地承担人在月球环境下心理反应的研究工作,随着探月任务的深入,我们心理学研究工作重点转移到如何使人适应月球环境上,如何改进居住环境和工作条件。在群体行为上也开展相似的科学研究,对来自不同的文化、宗教、民族和其他背景的人们在月球基地建造和月球探测中的相互关系开展研究。通过在月球基地上人口的增加,为社会科学家进行群体行为评价提供了条件,研究的结果有助于改进人类月球定居的结构(方式)。

1.5.5　实施月球探测工程的第三阶段任务构想

月球探测工程实施的第三阶段任务主要目标是建立月球生活和生产基地。

经过第二阶段工程技术的攻关和实验验证后,将进入月球生活和生产基地的全面建设。

在月球基地开发初期,建筑蔽体为半封闭式,以方便设备的运输。在月球基地开发的成熟期,把建筑蔽体建成封闭式地下室,底下室充满惰性气体(如氦-4或氖),以创造一个最佳的机器人工作环境。密封的地下室也可充含氧气的空气以供人居住需要,或充气体的混合物以供农业生产之用。

1. 月球生产车间的建设

月球生产车间的建设包括选矿、采矿、运输、加工等设备的安装建设,达到生产要求;另外还包括各种设备的运行、控制、维护以及生产管理等。

2. 生活和生产基地的气、水、电等配套系统的建设

该建设包括气和水的各种管路系统建设,满足生产设备的工作要求;另外还包括各系统的运行调度、控制、维护等管理。

3. 航天员生活健身设施的建设

该建设为生命保障系统的建设,包括生存环境的生成、再生、废弃物处理、监视和控制等设施。

4. 工程实验室的建设

在月球实验室的设计中,还应考虑月球白天和黑夜温度极差的防护,由于明暗过渡、蚀月和月球尘的累积所导致的热冲击条件。在实验室内,除了一些搬运设备、工具和材料之外,实验室里还有配套了照相机和机械臂的遥操作机器人。这些设备和机器将承担探测、采矿和材料的运送,还承担设备的展开或移位等工作。

主要用于开展有关采矿、材料加工的技术或工艺研究(或验证)。

另外,实验室还有一个运行管理的问题,在整个管理活动中,涉及到大量的数据分发、计划协调以及指挥控制等活动,可以考虑借助 Internet 网络通信技术来进行实验室的管理。

5. 月球农作物生产车间的建设

经过月球环境下验证的受控生态生命保障系统,用于月球农作物生产车间的建设,完成包括湿度、温度、大气成分等环境成分的生成和控制,完成空气气流、照明和施肥等工作控制,同时开展对农作物生长监控和评价。

包括农作物的采摘、加工、食物封装等,为航天员提供食物。

也包括垃圾再生处理,以处理加工后的废弃物。

经过月球生活和生产基地的建设,已具备了月球开发的能力,并进入月球基地建设后期的大开发阶段。

1.5.6 月球大开发阶段构想

经过月球基地的全面建设,具备了航天员在月球生活、生产和实验的各项能力,标志着人类进入了月球大开发阶段即向全月球探测推进。

在向全月球探测推进阶段,还伴随着许多工程建设工作。

(1)月球铁路运输网络的建设及运行管理;

(2)月球电力网络(沿月球圆周方向或向月球赤道)建设及运行管理;

(3)月球通信网络的建设及运行管理;

(4)月球热力管路网络的建设及运行管理;

(5)月球天文观测网络的建设及运行管理。

美国的月球探测器

美国是世界上最早开展月球探测的国家之一,早在20世纪60年代,在美苏航天竞争的推动下,美国的"阿波罗"计划成功将航天员送上了月球。到目前为止,"阿波罗"登月工程是唯一成功实现载人登月的航天项目。

1958年至1976年间美国共发射了7个系列54个探测器,包括"先驱者"(Pioneer)系列、"徘徊者"(Ranger)系列、"月球轨道器"(Lunar Orbiter)系列以及"勘察者"(Surveyor)系列。

2.1 "先驱者"系列

"先驱者"(Pioneer)系列(1958.8—1959.3)共5个探测器,均为月球轨道器,只有"先驱者"4号远距离飞越月球。这几个飞行器的任务主要是围绕月球飞行,并且拍摄月球表面的相片。"先驱者"0~2号是先驱项目的前奏,是美国最早离开地球的飞行器。"先驱者"3、4号各自只携带了一个仪器来检测宇宙辐射。计划让两个飞船都经过月球,研究地月之间的辐射环境。

严格意义上说,所发射的5个"先驱者"探测器都没有成功,主要原因是火箭(采用的火箭为"雷神—艾布尔")的设计问题,火箭的推动力不够。其中"先驱者"0(火箭在16km高度一级发生爆炸)、"先驱者"1号(没有达到地球的逃逸速度,飞行43h17min,高度达到113854km)和"先驱者"2号(火箭的第三级发生爆炸)由于没有足够的推力使探测器达到逃逸速度并到达月球。"先驱者"3号和"先驱者"4号由于采用新型火箭"朱诺"Ⅱ,发射都取得成功,但是都未进入月球轨道。

虽然它们都没有完成任务,但是还是带回了一些有用的数据。"先驱者"3号在发射过程中出现问题,但是发现了地球的第二个辐射带。"先驱者"4号发射取得成功,成为美国发射的第一个摆脱地球引力的飞行器。"先驱者"项目采取了跳跃式的发展方式,其目标没有完全局限于月球,后来也被用来探测其他星球,虽然它不是成功的月球探测系列,但对解决载人登月的许多问题起到了很大的帮助。"先驱者"系列发射情况汇总如表2-1所列。

表2-1 "先驱者"发射情况表

名称	发射时间	运载火箭	任务目标	成功或失败原因
"先驱者"0	1958	雷神—艾布尔	绕月飞行,拍摄月球表面	火箭在16km,一级发生爆炸
"先驱者"1	1958	雷神—艾布尔	绕月飞行,拍摄月球表面	没有达到逃逸速度
"先驱者"2	1958	雷神—艾布尔	绕月飞行,拍摄月球表面	火箭三级发生爆炸
"先驱者"3	1959	"朱诺"Ⅱ	研究地月间辐射环境	发射成功,但未进入月球轨道
"先驱者"4	1959	"朱诺"Ⅱ	研究地月间辐射环境	发射成功,但未进入月球轨道

2.2 "徘徊者"系列

"徘徊者"(Ranger)探月项目是美国早期(1961—1965年)为"阿波罗"飞船登月做准备而发射的一个探月项目。从1961年8月到1965年3月共有9次航天器升空,各重300~370kg,采用地月轨道,中间校正一次轨道。其主要目的是直接飞向月球,在即将硬着陆(撞毁)于月球表面之前的短时间内获取并发回高分辨率的月球表面图像,测量月球附近的辐射和星际等离子体等。探测器上装有电视摄像机、发送和传输装置、γ射线分光计等。它的特点是探测器姿态要很稳定,这样才能成功地对月进行摄影。

"徘徊者"项目分为三个阶段。

第一阶段包括"徘徊者"1号和"徘徊者"2号,它们是在1961年先后升空,完全是试验性质的航天飞行,飞行方向没有针对月球方向发射。

第二阶段包括"徘徊者"3~5号,它们在1962年先后升空,试图进行探测器在月球表面硬着陆的各种试验,包括测试由探测器与地球进行电视和图像传输的技术。但实际上"徘徊者"3号偏离了对月球的航行方向,而4号和5号在硬着陆之前,由于探测器硬件问题而失败了。

第三阶段是在1964—1965年进行,它包括"徘徊者"6~9号,这些探测器总的设计目标是在月球表面硬着陆并在飞行最后阶段发回月球表面高分辨率影像。"徘徊者"6号在月球硬着陆前,摄像机突然停止运行。"徘徊者"7~9号,则比较顺利地完成了规定的任务。各有6台摄像机,其中2台装有广角镜头,这些相机性能基本相同,只是在曝光时间、视场、透镜和扫描速率上有差别,提供了当时从未有过的高分辨率月球表面影像。"徘徊者"7号和8号分别提供了它们的硬着陆地区——两个不同类型月海的地形影像,一个是月球表面环形山的辐射条纹地区,另一个是月球表面环形山的山脊状的综合地形地区。7 号向地球传送了 4300 多幅电视图像，其中最后的一些图像是在离月球表面只有 300m 处拍摄的，显示出月球上的一些直径小至 1m 的月坑和几块不到 24.99cm 宽的岩石。而"徘徊者"9 号则提供了月球巨大的中央高地 Alphonus 环形山的影像。

"徘徊者"项目返回的照片证明 Apollo 地带非常平坦，适于月球着陆舱降落；Ranger 9 还实现了对月球表面形貌进行了电视直播，在公众面前展示了一个揭示月球奥秘的新时代，也为 Lunar Orbiter 和 Surveyor 项目开辟了道路。"徘徊者"发回的影像对以后的探月项目如"勘测者(Surveyor)"和""阿波罗"(Apollo)"的着月地点的选择，有很大帮助。这些详尽的月球表面图像在地球上是决不可能看到的，没有"徘徊者"航天器所获取的这些照片，"阿波罗"航天器是不可能选到比较平坦的登月地点的。这些高分辨率月球表面图像摄影时的高度通常为 600m。像片的实际分辨率达到了 30cm，比当时地基的月球照片的分辨率高 1000 倍。

图 2 - 1 为"徘徊者"探月航天器，由"宇宙神 - 阿金纳 B"火箭发射，先射入近地停泊轨道，再通过宇宙神—阿金纳 B(真空推力 71.1kN)的二次点火，转入奔月轨道。这种停泊轨道二次点火上升方式，可以使轨道设计师改变转动中地球上方的发射点，从而能瞄准月球上更宽广的目标点，并连续补偿天体的运动，扩大发射窗口，增加发射机会。通过改变火箭发射方位角和"宇宙神 - 阿金纳"B 在停泊轨道上的滑行时间，并计入地球、月球和太阳的运动和引力，借助中段轨道校正补偿飞行轨道偏差，即可保证探测器在预定的时间和地点到达月球，初始飞行轨道如图 2 - 2所示。

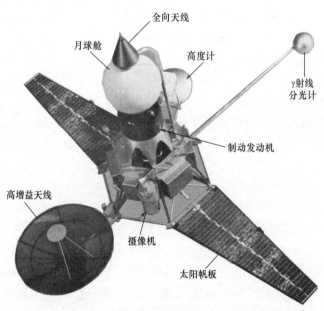

图 2 - 1 "徘徊者"探月航天器

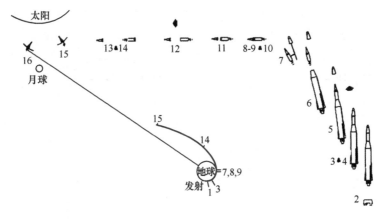

图 2-2 "徘徊者"初始飞行轨道

1—发射；2—主引擎关机并分离；3—主机关机；4—游标关机；5—覆盖发射；
6—上面级分离；7—二级火箭点火；8—进入停泊轨道；9—二级火箭点火；
10—二级火箭分离；11—航天器分离；12—启用火箭制动机动；13—火箭制动完成；
14—火箭反向机动；15—飞船太阳捕获；16—飞船地球捕获。

现将"徘徊者"1 号至"徘徊者"9 号简介如下。

1）"徘徊者"1 号

发射时间：1961 年 8 月 23 日。预定探测任务：地月空间探测。

美国的"徘徊者"系列探测器主要任务是获取月球的近距离图像。因当时美国的航天水平的限制，为了完成这些任务，设计师们采取了一个较低科技水平的办法，那便是将"徘徊者"探测器向月球表面发射，在撞击月球前的几分钟打开相机和仪器，高速拍摄一系列月球表面的近距离照片。"徘徊者"工程的第一阶段原计划由"徘徊者"1 号、2 号完成。用来测试新研制的"擎天柱-爱琴娜"B 运载火箭与"徘徊者"探测器的设备，次要任务是探测地月空间的粒子。预定从近地球停泊轨道转到一个 60 万至 110 万英里（1 英里=1609.344m）的高地球轨道，但火箭的"爱琴娜"B 级未完成第三次点火，星箭分离后"徘徊者"进入一个不稳定的近地轨道，于 8 月 30 日在地球大气层中烧毁。

2）"徘徊者"2 号

发射时间：1961 年 11 月 18 日。预定任务：地月空间探测。

此次任务主要用来测试新研制的"擎天柱-爱琴娜"B 运载火箭与"徘徊者"探测器的设备，次要任务是探测地月空间的粒子。本预定从近地球停泊轨道转移到一个 60 万到 110 万英里的高地球轨道，但火箭的"爱琴娜"B 级未完成第三次点火，星箭分离后"徘徊者"2 号进入近地轨道，20 日在地球大气层中烧毁。

3）"徘徊者"3 号

发射时间：1962 年 1 月 26 日。预定任务：硬着陆。实际完成任务：近月飞行。

"徘徊者"3 号是美国"徘徊者"工程第二阶段的第一颗探测器。由"擎天柱-

爱琴娜"B运载火箭发射升空,在撞击月球前的数分钟,打开相机和仪器并释放搭载着月震仪的月球硬着陆器。在脱离地球停泊轨道时,火箭"爱琴娜"B级的制导系统出现故障,导致"爱琴娜"B–"徘徊者"3号合体的速率过高。地控工程师们尝试反方向燃烧为合体制动,结果制导系统把合体推向更高高度,使"徘徊者"3号的天线指向错误,与地控失去联络。探测器以距离36800km的高度从月球上空掠过,未能释放月球硬着陆器,也没有传回任何有科学价值的信息。"徘徊者"3号进入日心轨道,成为人造行星。

4)"徘徊者"4号

发射日期:1962年4月23日。预定任务:硬着陆。实际任务:硬着陆。

"徘徊者"4号是美国"徘徊者"计划第二阶段的第二颗探测器,构造和任务与失败的"徘徊者"3号基本一致,成功发射后,"徘徊者"4号主计算机出现故障,太阳能板未能展开,10h后,"徘徊者"4号关机,而后没有再传回任何有效信息,地控而后利用随同的月球硬着陆器跟踪探测器的位置,26日12h49min53s在约东经229.3°、南纬15.5°的位置坠月,使美国称为继苏联"月球"2号任务后第二个完成月球硬着陆的国家。因为"徘徊者"4号无电源而被迫关机,所以附载的月球硬着陆器也未能释放。虽然没有从这次任务中获得任何有效数据,但这标志着美国的"擎天柱–爱琴娜"B运载火箭"徘徊者"计划合体首次的硬件过关。

5)"徘徊者"5号

发射时间:1962年10月18日。预定任务:硬着陆。实际完成任务:近月飞行。

"徘徊者"5号是美国"徘徊者"工程第二阶段的最后一颗探测器,构造和任务与"徘徊者"3、4号基本一致。转入地月转移轨道后探测器上发生不明故障,导致探测器上的能源供给由太阳能帆板切换到电池供应,在转移轨道飞行8h44min后,电池耗尽,"徘徊者"5号关机,而后没有再传回任何有效数据。地控依靠附近的月球硬着陆器跟踪探测器的飞行。21日探测器从724英里的月球上空掠过,进入日心轨道,成为人造行星。

6)"徘徊者"6号

发射时间:1964年1月30日。预定任务:硬着陆。实际任务:硬着陆。

"徘徊者"6号是美国"徘徊者"工程第三阶段的首发探测器,构造和任务与"徘徊者"7~9号基本一致。预定撞毁在宁静海附近前传回月球表面的近距离电视视频与图像,但摄像设备的电源在探测器与"擎天柱–爱琴娜"火箭分离时电弧放电导致短路。2月2日9h24min32s,探测器运行65.5h后坠毁于北纬9.358°、东经21.480°,宁静海东部边缘,未能传回任何图像数据。

7)"徘徊者"7号

"徘徊者"7号于1964年7月28日升空,在轨有效载荷为361.8kg。该探测器在飞行68.6h后,以2.62km/s速度于当年7月31日硬着陆于月球表面 Mare Nubium 和 Oceanus Procellarum(Mare Cognitum)之间的地区。在最后飞行的 17min 内，传输发回 4300 帧高分辨率月球表面影像。

图 2-3(a)是美国航天器第一次传回的月球表面影像,它由"徘徊者"7 号于 1964 年 7 月 31 日世界时 13h9min 摄得。"徘徊者"7 号的硬着陆地区在照片之外,应是在照片上左角外更左的地方。影像纵向覆盖宽度为 360km,此影像中心偏右处是一个直径为 108km 的一个环形山 Alphonsus。此图中心的月球地理位置是(130°S,100°W)。影像中心偏左的阴暗区就是 Mare Nubium。图 2-3(b)是"徘徊者"7 号发回的第二张影像,它是在月球表面硬着陆 17.2min 前发回的照片。"徘徊者"7 号的硬着陆地为(10.7°S, 339.3°E),若将此影像划为四个象限,则该地点位于右上象限中心位置。影像纵向覆盖宽度为 950km。

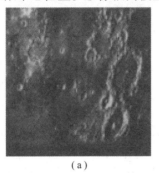

(a)

(b)

图 2-3 "徘徊者"7 号发回的月球表面影像

8)"徘徊者"8 号

"徘徊者"8 号于 1965 年 2 月 17 日升空。该探测器在飞行 64.9h 后,于当年 2 月 20 日在月球表面 Mare Iranguillitatis 地区硬着陆。在轨有效载荷为 361.8t,"徘徊者"8 号在最后飞行的 23min 内,发回 7137 帧高分辨率月球表面影像。

9)"徘徊者"9 号

"徘徊者"9 号于 1965 年 3 月 21 日升空。该探测器在飞行 64.5h 后,于当年 3 月 24 日在月球表面 Alphonsus 环形山地区硬着陆。在轨有效载荷为 361.8t,在它最后飞行的 19min 内,发回 5814 帧 0.3m 高分辨率的月球表面影像。

"徘徊者"探月项目航天器发射运行情况见表 2-2。

表 2-2 "徘徊者"探月项目航天器发射运行情况表

名　称	发射日期 年/月/日	类型	主要成果
"徘徊者"1	1961/08/23	绕地球轨道航行	在地球卫星轨道上做性能测试
"徘徊者"2	1961/11/18	绕地球轨道航行	在地球卫星轨道上做性能测试
"徘徊者"3	1962/01/26	绕月飞行	在离月球 37000km 处掠过

名　称	发射日期 年/月/日	类型	主要成果
"徘徊者"4	1962/04/23	月球表面硬着陆	美国第一颗月球表面硬着陆的空间探测器
"徘徊者"5	1962/10/18	绕月飞行	在离月球700km处掠过
"徘徊者"6	1964/01/30	月球表面硬着陆	1964/02/02撞毁于月球表面
"徘徊者"7	1964/07/28	月球表面硬着陆	发回4300帧月球表面影像,1964/07/31硬着陆于月球表面
"徘徊者"8	1965/02/17	月球表面硬着陆	发回7137帧月球表面影像,1965/02/20硬着陆于月球表面
"徘徊者"9	1965/03/21	月球表面硬着陆	发回5814帧月球表面影像,1965/03/24硬着陆于月球表面

2.3 "月球轨道器"系列

　　"月球轨道器"(Lunar Orbiter)(1966—1967年)也是为"阿波罗"登月做准备的,共发射了五个不载人航天器对月球进行研究,它们是研究月球环境和表面结构的小型人造月球卫星,起飞时全重仅390kg。主要任务有三个:一是在绕月轨道飞行时拍摄月球正面和背面的详细地形照片,绘制0.5m口径火山口和其他细微部分的月球表面图,获得月球表面不同类型地区详细的地形和地质信息,以评估它们是否适合于"阿波罗"和"探索者"项目中航天器的登月场所,同时也增加人类对月球的科学了解;二是进行月球大地测量,研究月球表面的结构,提供精确的轨道和弹道信息,以改善人类对月球重力场的知识;三是分析月球环境,探测月球周围的环境参数,研究和提供月球表面微陨石流和放射性物质流的情况,以供航天器登月时的各种安全装备和预防的考虑。

　　"月球轨道器"上装有两台带有特殊跟踪机构的摄像机,拍摄时不会导致因为运动而引起图像模糊,一台用于普察,另一台用于详察,图像记录在胶片上,再通过无线电传输到地球站。1~3号都在月球赤道附近的低纬度轨道上飞行。4~5号在绕月球的极轨道上运行。这些"月球轨道器"对月球表面99%的地区都拍摄了高分辨率照片,借助这些照片为"阿波罗"飞船提供了8个较为平坦的候选着月点。同时,还获得了月球表面的放射性、矿物含量和有关月球引力场数据等探测结果。轨道器飞行轨道如图2-4所示,轨道器在飞行结束后都撞击在月球表面上。

　　在"月球轨道器"项目中通过月球大地测量的实验求定月球重力场。从地球上若干个追踪站发射高频无线电信号传给在环月轨道上运行的探测器,然后航天器将此信号转发到地球追踪站,以提供多普勒(Doppler)频移值(由此可以测得二者间距离改变速率)和信号传输时间值(二者间距离)。在地球对环月轨道上运行的探测器的可视期间,数据传输不会中断,可以记录到多普勒频移、数据传输所需时间、航天器的视角和赤纬等。

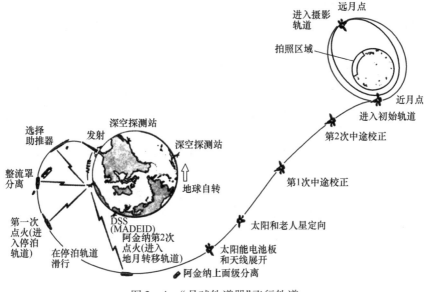

图 2 - 4 "月球轨道器"飞行轨道

"月球轨道器"1、2、3 号是依据地面观测所预先确定的 20 个可能软着陆的区域进行高精度测绘而设计的探测器,"月球轨道器"3 号是第六个月球轨道器,近月点 55km,远月点 1845km,进行了摄影测量,发回了 211 张电视照片;"月球轨道器"4、5 号则更多是从科学目标角度上考虑而设计的月球极轨探测器,其中"月球轨道器"4 号完成了全部月球正面和 95% 月球背面的拍摄任务,而"月球轨道器"5 号所拍摄的照片覆盖了整个月球背面,而且在分辨率上也比前 4 次高得多(最高达到 2m)。"月球轨道器"项目所获取的照片使科学家得以选择"阿波罗"载人登月的着陆点。

(1)"月球轨道器"1 号于 1966 年 8 月 10 日升空,是第二个月球轨道器,在轨有效载荷为 385.6kg。"月球轨道器"1 号主要是对月球表面的平坦地区进行摄影,发回 207 张电视照片。它也装备了进行月球大地测量(主要是测定月球重力场),测定月球放射强度和统计微陨石流数据的相应装备。"月球轨道器"1 号绕月飞行 3 天后进行轨道机动,近月点距月球表面 58km。"月球轨道器"1 于同年 10 月 29 日接到指令后,撞毁于月球(7°S,161°E)。

(2)"月球轨道器"2 号于 1966 年 11 月 6 日升空,是第五个月球轨道器,在轨有效载荷为 385.6kg。探测器分别在近月点和远月点对月球表面进行了摄影,分辨率 1m 至 8m 不等,发回 211 张电视照片。"月球轨道器"2 号的近月点距月球表面达 39km,用望远镜头和广角镜头拍摄到了清晰的月球表面照片,其中几幅近距照片科学价值尤高。此外也进行了月球重力场测定的多普勒频移的试验。同年 11 月 11 日"月球轨道器"2 号按指令硬着陆于月球表面(3°S,119.1°E)。

(3)"月球轨道器"3 号于 1967 年 2 月 5 日升空,是第六个月球轨道器,在轨有效载荷为 385.6kg。"月球轨道器"3 号的月球轨道倾角由 12°改为 21°,扩大了摄影区域,近月点55km,远月点1845km,发回了211张电视照片。拍下了10个可能被"勘测者"号探测器和"阿波罗"号飞船选用的着月点。同年10月9日按指令硬着陆于月球表面(14.3°S,97.7°W)。

(4)"月球轨道器"4号于1967年5月4日升空,在轨有效载荷为385.6kg。"月球轨道器"4在绕月球的极轨道上运行,从北极上空飞往南极上空,加大了拍摄月球表面的面积,完成了全部月球正面和95%月球背面的拍摄任务,并探测了近月空间的微流星体和电离辐射。同年10月6日硬着陆于月球表面。

(5)"月球轨道器"5号于1967年8月1日升空,在轨有效载荷为385.6kg。"月球轨道器"5号同"月球轨道器"4号一样在绕月球的极轨道上运行,从北极上空飞往南极上空,加大了拍摄月球表面的面积,所拍摄的照片覆盖了整个月球背面,而且在分辨率上也比前4次高得多(最高达到2m)。并探测了近月空间的微流星体和电离辐射。同年1月31日硬着陆于月球表面(2.8°S,83°W)。

"月球轨道器"5号次发射情况汇总如表2-3所列。

表2-3 "月球轨道器"发射情况表

名称	发射日期	类型	主要成果
"月球轨道器"1	1966/08/10	月球表面硬着陆	发回207张照片,测定月球重力场
"月球轨道器"2	1966/11/06		发回了211张照片,进行了月球重力场测定的多普勒频移试验
"月球轨道器"3	1967/02/05		发回211张照片,探测"阿波罗"的着陆环境
"月球轨道器"4	1967/05/04		完成月球全部正面和95%背面的拍摄
"月球轨道器"5	1967/08/01		更大面积、更高分辨率拍摄月球表面,探测了近月空间的微流星体和电离辐射

2.4 "探索者"系列

"探索者"(Surveyor)于1966—1968年间实施的软着陆试验,主要用于包括月球表面软着陆在内的、以工程为主要目的的系列飞船,先后发射7次不载人的月球表面软着陆探测器(表2-4),有5次(即"探索者"1、3、5、6、7号)成功地着陆在月球表面。"探索者"的探月舱是美国第一次成功在月球表面软着陆的航天器,主要目标是获取逼近月球表面的影像,以探索月球表面何处对载人航天器(即以后的"阿波罗"号)登月是安全的,并且要直接测试月球表面岩土的机械和物理性质,为后续航天器计划提供许多重要的科学技术信息与资料,这就是设计"探索者"航天器为软着陆的主要目的。其中有4次(1、3、5、6号)着陆在月海区域,返回了大量着陆区的科学探测数据,如防震性、黏性、月球表面硬度、温度等资料;而"探索者"7号则着陆于月球高地区域,也提供了该地区的重要数据,特别是月球表面的物理特性资料。

表 2-4 月球"探索者"系列探测器

参数＼探测器	"探索者"1	"探索者"2	"探索者"3	"探索者"4	"探索者"5	"探索者"6	"探索者"7
发射时间	1966.05.30	1966.09.20	1967.04.17	1967.07.14	1967.09.08	1967.11.07	1968.01.07
着陆时间	1966.06.02	1966.09.22 撞击在月球南部 Copernicus 坑中	1967.04.20	着陆前 2.5 分钟失去联系	1967.09.11	1967.11.10	1968.01.10
飞船质量/kg	1000	1000	1000	1000	1000	1000	1000
在轨净重/kg	292		302	283	303	299.6	305.7
着陆点	Flamsteed (2.45°S, 316.79°E)		Oceanus Procellarum (2.94°S, 336.66°E)		Mare Tranquillitatis (1.41°S, 23.18°E)	Sinus Medii (0.46°N, 358.63°W)	Tycho crater
携带仪器	2 台摄像机, 100 多个传感器		1 台摄像机,一个月壤采样器,一个弹性计量器,大量传感器	1 台摄像机,一个月壤采样器,一个弹性计量器,大量传感器	1 台摄像机;一台 α 粒子散射分析仪;一个传感器等工程所需仪器	1 台摄像机;一台 α 粒子散射分析仪;一根磁棒;传感器等工程所需仪器	1 台摄像机;一台 α 粒子散射分析仪;1 根磁棒采样仪;三根磁棒和反光镜
工程目标	软着陆实验	软着陆实验	软着陆实验	软着陆实验	软着陆实验	软着陆实验	软着陆实验
科学目标	月表雷达反射率、温度、强度		确定月面物质的各种特征,为阿波罗载人登月提供科学依据	确定月面物质的特征,获取月表照片	获取着陆后月面图像;进行发动机侵蚀实验;确定月壤元素丰度;对化学元素丰度;获取着陆过程动力学特征和热、雷达反射率信息	获取着陆后月面图像;确定月壤化学元素丰度;进行月面侵蚀实验;获取着陆过程动力学特征和热、雷达反射率信息	获取着陆后月面图像;确定月壤丰度;在月面上的操作过程;获取着陆过程动力学特征和热、雷达反射率信息
完成情况	10000 多张照片;有关着陆器温度(即月表温度)及月面硬度等信息		三次着陆才成功,前两次着陆时飞船反弹。获取大量月面物质的强度、结构构造和图像		完成了预期目标,而且比目前几次的质量高	完成了预期目标,并成功地进行跳跃(4m)与移动(2.5m)实验	完成了预期目标

"探索者"1 是美国发射的第一个软着陆探测器,于 1966 年 5 月 30 日发射,并于 1966 年 6 月 2 日着陆于月球表面 Flamsteed(2.45°S,316.79°E),持续工作了 15 天,即一个月球白天,最后一次发回数据的时间是 1966 年 6 月 17 日。整个探测器在轨有效载荷为 1000 kg,携带 2 台摄像机,100 多个传感器,其主要任务是获取月球表面雷达波反射率、温度、强度。获取了 11 237 张照片和有关着陆器温度(即月球表面温度)及月球表面硬度等数据。同一年,美国又发射了"探索者"2,但由于软着陆系统出故障,于 1966 年 9 月 22 日撞击在月球正面南部的 Copernicus 坑中。

"探索者"3 于 1967 年 4 月 17 日进入月球轨道,在绕月运行近 3 天后,着陆舱于 1967 年 4 月 20 日成功地着陆于月球表面 Oceanus Procellarum(2.94°S,336.66°E)。在着陆过程中,由于游标发动机在前两次持续点火使着陆器又离开月球表面,第三次触地才真正着陆。着陆后持续工作了 15 天,即一个月球白天,整个着陆器最后一次发回数据的时间是 1967 年 5 月 4 日。整个探测器有效载荷为 1000kg,除了同以前一样携带有电视摄像机以外,还装置了测试月球表面岩土性质的仪器,包括月土承压测试仪,月土挖掘装置(可挖掘至月球表面以下 17.5cm)。共计发回 6326 帧影像,还发回了对月球表面岩土层承压强度、结构勘探的资料。"探索者"3 在 Oceanus Procellarum 所留下的上述月土挖掘装置,两年后,1969 年 11 月,"阿波罗"12 号登月的地点只离这一装置 156m 远,"阿波罗"12 号的航天员将这一装置带回地球,这对于研究地球上所制造的装置裸露在月球空间环境下会发生何种变化有重要意义。不到两个月后,美国又发射了"探索者"4,遗憾的是,"探索者"4 下降至月球表面原定的降落点 Sinus Medii 前 2 ~ 2.5min 前,无线电联系中断,再也没有任何信息反馈,宣告失败。

"探索者"5 号于 1967 年 9 月 8 日发射,于 1967 年 9 月 11 日在月球表面 Mare Tranquillitatis(1.41°S, 23.18°E)的一个小坑、坡度大约 20°的边环上着落。这次探测工程在着陆点上实现了新的突破。

"探索者"6 号于 1967 年 11 月 7 日发射,于 1967 年 11 月 10 日于月球表面 Sinus Medii(0.46°S, 358.63°E)软着陆。该着陆点位于近月球表面中部,是供以后发射的"阿波罗"号四个登月处中的最后一个被研究的地点,这意味着"探索者"项目当时已完成了它的最重要的任务。"探索者"6 号共发回 30,065 帧电视图像,并用阿尔法散射仪对月球表面物质的化学构成进行了 30h 的数据采集和回传,它工作至同年 12 月 14 日。"探索者"6 号的登月舱在月球表面上曾做了一次 2.5m 远的"跳跃",这对于软着陆处的月土研究有很大意义,例如,在软着陆地点的月球表面,受到近距离火箭喷射和燃烧的影响,受到有很大重量挤压月球表面的反应等,这些资料连同摄像都发回地球,供以后登月参考研究。

"探索者"7 号于 1968 年 1 月 7 日发射,于 1968 年 1 月 10 日在 Tycho 环形山北沿软着陆(41.01°S, 348.59°E)。对选择"阿波罗"项目中登月地区的研究,在前面几个"探索者"航天器已经圆满完成了,因此"探索者"7 号是单纯为了科学目的而发射的航天器,它选择了一个美、苏航天器从未登月过(软着陆或硬着陆)的地点进行软着陆。它是一个崎岖不平,岩石遍布的地区,但仍成功地完成软着陆。"探索者"7第一次工作时间从着陆后即1968年1月10日到1968年1月26日,共80h;第二次工作时间是从2月12日到2月21日,即第二个月球白天,共发回21274帧电视影像。这次探测的主要目标有:软着陆及行走演示;获取照片;确定化学元素的相对丰度;月球物质的处理技术;获取着陆区动力学数据;获取热和雷达反射率。相比"探索者"6号,"探索者"7号又有一个新的进步,即进行了月球表面动力学方面的探测与研究。

"探索者"项目非常成功,在1966年5月至1968年2月的21个月中,不但检测了月球赤道带月海用于载人登月着陆的地点,传回了87000张图片,而且完成了许多月球土壤样品的化学分析,在月球表面进行了挖掘试验,测试了月球次表层的物质,测量了月球表面物质的机械性质,极大地增加了人们对月球的认识,并为"阿波罗"载人登月的实施完成了技术准备。"探索者"项目的探测任务、探测方式的主要特点可概括为以下几个方面:

(1)7次"探索者"系列探测器无论从探测目标还是从技术性能上都是循序渐进的。表现在探测目标上:从纯粹探测月球表面物质物理机械特征、表面温度("探索者"1、2号),到探测月球表面引力、结构构造("探索者"3、4号),月球表面侵蚀实验、月球土壤化学元素相对丰度和月球表面热传导的测量("探索者"5、6号),最后发展到进行了月球表面动力学实验。在着陆点上:从平坦表面到斜坡上。在工作时间上:从1个月球日到几个月球日。在着陆器性能上:从着陆后完全不动、弹跳上爬到行走。

(2)7次"探索者"系列基本上以工程任务为主,体现在探测目标基本上是探测月球表面的物理与机械特征为主要任务、为"阿波罗"工程积累经验和技术储备;7次"探索者"系列探测器都属于小型着陆器,所携带的科学仪器简单、小型化,没有对月球表面进行复杂的科学研究任务。

(3)完成了区域性月球表面物质(月球土壤、岩石)的物理与机械特征的探测,获取了大量有关着陆区月球表面物质硬度、温度、引力、结构构造以及侵蚀、动力学特征等数据;进而根据这些数据,进行了月球表面软着陆的可行性分析,并实施了初步的跳跃与简单而短距离的行走实验,从而为以后"阿波罗"工程月球车行走的可行性提供了充分的证据。

(4)获取了大量着陆区的相片,并完成了区域性地形地貌的精细制图,为后来的"阿波罗"载人登月的工程技术提供了着陆点信息。

"探索者"系列探测器主要任务为可分为技术试验和科学探测两个部分。

(1)技术试验:试验"大力神-半人马座"运载火箭(Atlas Centaur LV-3,Atlas Centaur SLV-3)、减速火箭的控制,试验新的航天器设计技术,试验机器人着陆方法,为载人登月选址等。

（2）科学探测：拍摄高分辨率的照片（1mm分辨率）；月球表面的温度和热特征（传感器）；月球表面的电磁特性测量（粒子监测器）；月球表面的力学特性测量（根据着陆遥测数据估算，3号、7号在月球表面跳跃）；月球土壤机械性能（3、7号有取样器）；月球土壤的组成（α散射计，5、6、7号）。

"探索者"系列进行了如下重要科学探测活动。

（1）电视观察：每个"探索者"飞行器都携带了一个电视摄像机，获得了68000多幅70mm的超高分辨率（达到1mm）图像。这种摄影提供了飞行器附近的表面地形的自然信息，包括数量、分布和区域内的坑地和漂石的大小。除了可以研究月球地形之外，这种摄影可以支持土壤力学、磁性质和表面物质的成分研究。

（2）月球表面力学性质分析：通过解译着陆遥测数据和上述电视图像的结果进行月球表面力学性质分析；通过分析来自安装在飞行器着陆装置上的应力测量仪的测量值和采样器获得的一些力学性质方面的数据，估计月球表面的力学性质；在着陆后，通过操作游标发动机和姿态喷气推力器使探测器跳跃，用来研究土壤侵蚀影响和确定土壤性质，并使用电视摄像机进行结果观察。

（3）月球表面土壤力学研究：通过"探索者"3和7号携带的表面采样器进行月球表面土壤力学研究。使用这个设备，可以进行一些承力和撞击试验及挖沟操作。所有的这些操作都使用电视摄像机监视。

（4）月球表面温度和热特性分析：利用探测器外表面上、太阳能电池板上温度传感器，探测局部热辐射环境。

（5）月球表面电磁特性分析：通过"探索者"5、6和7号在飞行器的底板上的磁体确定磁场性质和土壤成分。"探索者"7号在第二个底板上和表面采样器上也有磁体。磁体上覆盖着的一些尘土的照片表明：在土壤中有一些磁性微粒，并且，通过比较相关任务中各种成分地形土壤中的磁体试验照片，可以估计月球土壤的成分。

（6）α散射化学分析：可以根据α散射仪器所获得的数据来确定表面物质构成。"探索者"5、6和7号携带了这个仪器，它可以对月球表面物质进行化学分析。共检测了6次月球采样。"探索者"5、6和7号的任务提供了月球表面物质的第一次化学分析。"探索者"系列探测器共研制发射了7个。探测器所用平台完全一致，只是根据任务要求其携带的有效载荷不同。探测器所携带的有效载荷见表2-5。

使用Atlas LV-3C（Atlas SLV）/Centaur D（"大力神-半人马座"）运载火箭，在卡纳维拉尔角肯尼迪航天发射中心发射。Atlas LV-3C可把1800 kg有效载荷送入地球同步转移轨道。Centaur D作为上面级把探测器送入地月转移轨道。Atlas LV-3C（Atlas SLV）"大力神"运载火箭在约96 km（60英里）高度与Centaur D"半人马座"上面级及探测器分离。在与Centaur D级分离前，展开着陆机构和全向天线。在分离时自动展开太阳能电池阵。运载测控由路易斯研究中心（Lewis Research Center）和戈达德飞控中心（Goddard Space Flight Center）共同完成。地面金

表 2-5 "探索者"系列探测器的有效载荷

载荷名称		"探索者"1~4	"探索者"5~7	用　途
传感器	热/J	11+63		探测月球温度环境
	应变/N	7		探测着陆冲击
	电流/A	2		
	加速度/(m/s²)	4		监测着陆过程
接近摄像机		1	1	在最终着陆过程中摄像
摄像机		1	2	25~100mm焦距,360°旋转机构,拍摄全景图像(分辨率达1mm)
土壤力学试验装置			1	探测月球土壤硬度、强度
α散射计			1	探测月球土壤化学组成
粒子监测装置			1	检测月球表面着陆点附近粒子的通量、能量、轨迹等
月震仪			1	测量月震
着陆动力学试验装置			1	监测着陆撞击力、缓冲器的工作情况等

石站(美国 GOLDSTONE)负责上行指令的发送,由南非的约翰内斯堡(DSIF)深空探测中心完成,其后与澳大利亚堪培拉和加利福尼亚的金石站共同完成跟踪。JPL(位于加利福尼亚)空间飞行操作站进行飞行控制计算、在轨操作分析和应用数据接收。其飞行程序和测控网络分别如图 2-5 和图 2-6 所示。

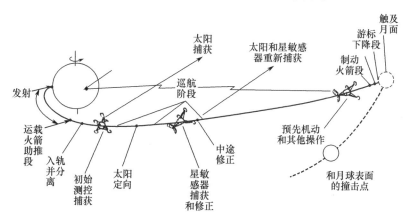

图 2-5 "探索者"系列飞行程序简图

探测器组成框图如图 2-7 所示。

探测器的主要总体技术指标见表 2-6。

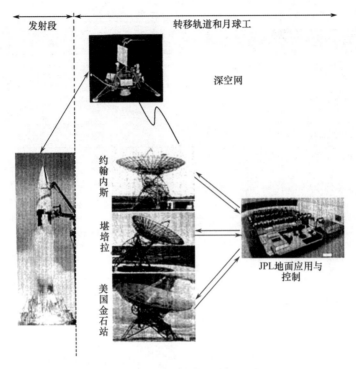

图 2 - 6 "探索者"系列的测控网络

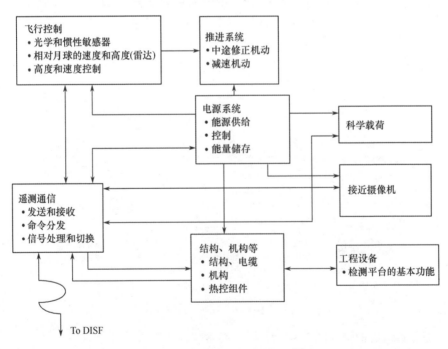

图 2 - 7 "探索者"探测器组成模块

表 2 - 6 "探索者"主要技术参数

质量特性	起飞重量/kg	1008
	平台干重/kg	317.3
	有效载荷/kg	40.9
	推进剂/kg	650(固体579,液体71)
	氮气/kg	4.1
	着陆质量/kg	284
寿命		90 个地球日 实际 14 个地球日(1 个月球日)
探测器轮廓尺寸		着陆支架宽4.27m,高3m
飞行时间/h		66
中途修正速度增量/(m/s)		30
着陆条件		速度:纵向速度小于6m/s,横向(取决于着陆角度)最大2m/s 对地形要求:倾斜小于15°,凸起小于10cm,摩擦因数0.1
结构与机构		采用三只着陆脚式,桁架结构;着陆脚发射状态折叠,进入地月转移轨道后展开 太阳电池阵单轴转动,定向天线三轴转动
推进系统		固体火箭:提供22700kg·s的总冲 液体可变推力发动机:推力133~463N可调
电源系统		对日定向太阳阵:81W 银—锌蓄电池:3375W·h
温控		被动和半被动式热控方式
测控通信		全向天线:增益0dB,S波段 板式定向天线:增益约27dB

探测器在月球表面工作状态构形如图 2-8 所示。发射状态构形如图 2-9 所示。

结构机构包括结构框架、着陆脚、着陆缓冲吸收器、天线/太阳阵定位器、火供品、电缆、热控组件。结构框架由铝管制成,铰点上连接其他设备。着陆脚由中间框、脚盘、冲击吸收器、锁组成,上面装有冷气姿态推力器。脚盘由铝蜂窝材料制成,冲击吸收器是液压式,着陆后锁死,发射时用锁折叠锁紧。铝蜂窝材料安装在着陆器下面,用于吸收着陆脚大变形时的大着陆冲击。全向天线安装在1、3着陆

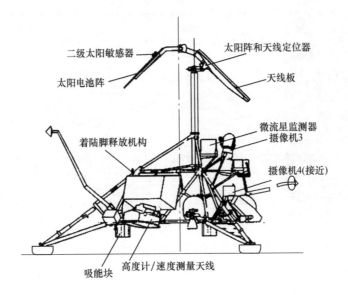

二级太阳敏感器

太阳电池阵

太阳阵和天线定位器

天线板

着陆脚释放机构

微流星监测器
摄像机3

摄像机4(接近)

吸能块

高度计/速度测量天线

图 2 - 8 "探索者"工作状态构形

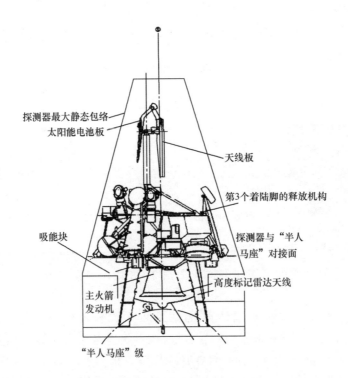

探测器最大静态包络
太阳能电池板

天线板

第3个着陆脚的释放机构

吸能块

探测器与"半人
马座"对接面

主火箭
发动机

高度标记雷达天线

"半人马座"级

图 2 - 9 "探索者"发射状态构形

脚的折叠处。用步进电动机驱动太阳阵单轴转动和高增益天线三轴转动。

工程设备包括大量温度和加速度传感器,用于检测航天器的状态和性能。

温度传感器包括:飞行控制组件上 7 个;力学传感器上 3 个;雷达组件上 6 个;电源组件上 3 个;转发器上 2 个;接近摄像机上 1 个;结构上 25 个;推进组件上 15 个;勘测摄像机上 1 个。

加速度传感器 3 个,最大测量范围 $15g$。电位计用于测量着陆脚的位置。

推进系统包括一台固体发动机用于预减速,由三台变推力游标液体双组元发动机用于中途修正和着陆机动。推进系统的工作由预飞行程序、飞控传感器信号和地面指令共同控制。

主固体发动机呈球形,总重 605kg,平均推力 40042N,点火工作时间 40.5s。

游标发动机用于中途修正、主制动发动机开机期间的姿态控制和最终着陆时的姿态、速度控制,包括 6 个带有排挤囊的储箱,一个高压氦气瓶。共三台推力器,推力 133~463N 可调。所用推进剂:氧化剂为 90% 的 N_2O_4 + 10% NO,燃烧剂为 72% MMH + 28% H_2O。

电源系统包括对日定向太阳能电池阵和银锌蓄电池。29V 调制母线和 22V 非调制母线供电。

蓄电池:14 个串连,3375W·h(放电电流 0.5A)。

太阳电池阵面积为 $0.83m^2$,至少提供 81W 电能。

通信系统包括 2 个发射机、2 台异频雷达接收/收发机、2 个全向天线、1 个宽波段板式天线、中央记录器(信号处理器)。数据链组包括两个发射机、两个接收机、两个全向天线、一个高增益天线板,PCM – FM – PM 体系。高增益天线高功率模式:带宽 220kHz(低功率模式 2kHz)。全向天线:1000kHz/10kHz。两个同样的发射机:70W/7W 电源,发射功率 40dBm(10W)/20dBm(0.1W)(高功率/低功率模式)。两个接收机:共需 2.82W 电源。指令记录组:324 条直接指令。

惯性参考基准:提供航天器的三轴转动基准,并提供航天器飞行加速度基准。

初步太阳敏感器:提供太阳捕获控制。

二级太阳敏感器:用于初始确定太阳和其后的太阳电池阵对日跟踪。

老人星敏感器:姿态测量。

惯性转换:用于预报制动火箭在标称 g 值时关机。

飞行控制电路:处理导航信号用于稳定和机动。

姿态喷气系统:用于姿态定向,使用球形储箱中的 2kg 氮气,推力 0.026kg。

滚动激励:由 1 号游标发动机提供在游标发动机工作期间的滚动控制。

接近电视系统:提供距月球表面 1600km 至 128km 高度范围内的图像。

遥测加速度计:提供导航信息。

雷达高度计和多普勒速度敏感器:从主减速发动机关机到最终降落过程中,测量可见距离和三轴速度。包括:①速度敏感天线,装在 1 和 3 脚之间;②高度/速度天线,安装在脚 1 和 2 之间;③安装在脚 1 的全向天线上的 r-f;④信号转换装置,在 3 脚上,1 和 3 之间。由游标发动机控制下降的比例和高度,装在主发动机喷管边缘。

热控采用被动和半被动式温控系统。①开发了航天器外表面的特殊处理技术,具有最优的吸收和辐射特性;②把特殊设备放入超隔离舱;③研制了自行开关的热控转换开关——半被动热控;

中途修正:三个安装在三个着陆脚上的喷气推力器用于航天器的太阳及老人星(Canopus)的捕获与跟踪。DSIF(位于南非)跟踪站完成测轨,SFOF(JPL)计算中途修正。由金石站把需要的中途修正幅值和方向上行命令发送给航天器。三个液体游标发动机负责执行中途修正。中途修正后航天器重新对太阳和老人星定向。

最终的软着陆:发射后约 66h,航天器接近月球。从金石跟踪站发命令,航天器调姿,使制动发动机的推力器与速度矢量共线。电视摄像机向地面传送着陆点附近的影像。当航天器与月球相对速度为 2745m/s 时,雷达高度计产生信号指示高度在 96km 范围左右时,经过一段时间,固体主制动发动机点火,航天器开始减速。在 12.200km 高度时,制动火箭关闭,8s 后与航天器分离。在这个高度上,航天器覆盖足够大的月球表面,可以可靠地接收来自高度计和多普勒速度雷达系统的控制信号。这些信号被飞行控制电路处理后,用于控制三个游标发动机在适当的高度和速度时开机,航天器继续下降,直到距月球表面 4.27m 时,游标发动机关闭。此时纵向和横向相对速度都很小,航天器自由下落在月球表面,其在月球表面的工作状态如图 2-10 所示,下降和着陆过程示意如图 2-11 所示。

图 2-10　"探索者"在月球表面工作状态

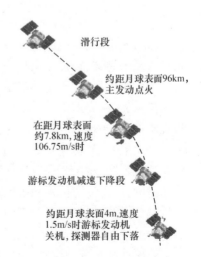

滑行段

约距月球表面96km,主发动点火

在距月球表面约7.8km,速度106.75m/s时

游标发动机减速下降段

约距月球表面4m,速度1.5m/s时游标发动机关机,探测器自由下落

图 2-11　"探索者"着陆示意图

2.5 美国"阿波罗"计划

在"阿波罗"计划(Project Apollo,1961—1972 年)中,美国有四种备选方案,分别是"新星"号运载火箭直接登月方案(Nova DF)和"土星"5 号运载火箭直接登月方案(C-5 DF),地球轨道交会方案(EOR)和月球轨道交会方案(LOR)。最终选用月球轨道交会对接实现载人登月。

"新星"号运载火箭直接登月方案和"土星"5 号运载火箭直接登月方案都是直接登月方案,两种方案的飞行过程基本相同。"土星"5 号火箭相比新星号火箭规模较小,其登月飞行器的规模和尺寸也相应缩小。

地球轨道交会方案需要两次"土星"5 号火箭发射。第一次发射的"土星"5 号火箭没有第三级,其有效载荷是一个装满氧化剂的大型储箱,发射入轨后在轨等候直至第二次发射;第二次发射的"土星"5 号也没有第三级,其有效载荷为一个组合体,从上到下依次为控制舱(CM)、服务舱(SM)、月球表面着陆段、月球制动段和地球逃逸加速级。地球逃逸加速级具有完成任务的足够燃料;发射入轨后,组合体与在近地轨道等候的大型储箱对接;对接后大型储箱里的氧化剂转移到组合体的地球逃逸加速级;转移完成后组合体与储箱分离,地球逃逸加速级发动机启动加速,组合体进入地月转移轨道后抛掉地球逃逸加速级;组合体临近月球时,月球制动段开始工作使登月飞行器减速,不进入绕月轨道而直接逼近月球表面,月球制动段完成使命后被抛掉;接着月球表面着陆段开始工作,继续制动减速最后在月球表面着陆;月球表面任务完成后,控制服务舱从月球表面发射,并逃离月球引力,最后返回地球。

月球轨道交会方案只需要一次"土星"5 号运载火箭发射,火箭第三级(S-IVB)把绕月飞船送入地月转移轨道后分离;临近月球时,绕月飞船通过制动减速后进入绕月轨道;指令服务舱(CSM)与登月舱(LAM)分离,登月舱(LAM)制动实现月球表面着陆;完成任务后航天员乘登月舱(LAM)上升段与指令服务舱对接,航天员再乘坐指令服务舱返回地球。

NASA 研究人员从方案本身、质量冗余、制导精度、测控需求、可靠性、安全性、灵活性、复杂性、时间进度、费用、生长空间和军事运用等方面对上述四种方案进行了比较,得出如下结论:

(1) 如果时间和费用允许,从技术上讲,以上四种方案都可行。

(2) "土星"5 号直接登月方案具有很高的风险,该方案冗余度很低,改动的可能性很小,不具有灵活性。

(3) "新星"号运载火箭直接登月方案需要研制比"土星"5 号火箭运载能力还要大的运载火箭,尽管该方案系统最简单,而且其可靠性、安全性比月球轨道交会方案要高,但是根据美国当时的技术条件,不能在规定时间内实现载人登月的目标。

（4）地球轨道交会方案需要两次火箭发射，还需要实现在轨推进剂转移，该方案成功率最低，而且也最复杂。

（5）月球轨道交会方案和地球轨道交会方案充分继承了美国当时已有的"土星"5号运载火箭和"阿波罗"飞船技术。

通过分析对比，得出月球轨道交会（LOR）方案是最佳方案，它具有以下优点：

（1）成功率较高；

（2）在时间上能较早实现载人登月的目标；

（3）成本较低，能节省10%～15%的费用；

（4）继承性好，需要攻关的新技术最少。

"阿波罗"计划选用了在月球轨道上交会对接的飞行方案，其飞行过程大致如下（图2-12）：

（1）"土星"5号火箭第一次点火将"阿波罗"飞船送入地球停泊轨道；

（2）"土星"5号火箭第二次点火加速将"阿波罗"飞船送入地月转移轨道；

（3）"阿波罗"飞船与第三级火箭分离，其指令-服务舱掉头并与登月舱对接，再从第三级火箭中拖出登月舱，重新转变方向，把登月舱顶在指令舱头上飞向月球；

（4）飞船沿过渡轨道飞行，经中途修正轨道后接近月球；

（5）飞船服务舱主发动机减速，使飞船进入环月轨道；

（6）飞船的初始轨道为94.4km×316.6km，调整到109.2km×27.7km；

（7）飞船进入圆轨道，登月舱和母船（指令-服务舱）分离；

（8）指令-服务舱在100.5km×130.2km轨道上运行；

（9）巡航段；

（10）进入月球捕获轨道；

（11）发动机制动减速进入最终下降段，降低轨道高度；

（12）登月舱制动火箭点火并降落在月球表面；

（13）登月舱在月球着陆并完成任务后，登月舱上升舱起飞，其下降舱留在月球表面；

（14）登月舱上升舱与母船（指令-服务舱）对接，登月航天员回到指令舱；

（15）登月舱上升舱与母船再次分离，登月舱在绕月轨道上继续飞行；

（16）母船进入绕地球轨道；

（17）指令舱与服务舱分离；

（18）指令舱在海上溅落。

"阿波罗"飞船由指令舱、服务舱和登月舱三个部分组成。在发射阶段，指令舱和服务舱是连接在一起的，如图2-13所示。登月舱放在服务舱下面的第三级火箭顶部的金属罩里，如图2-14所示。

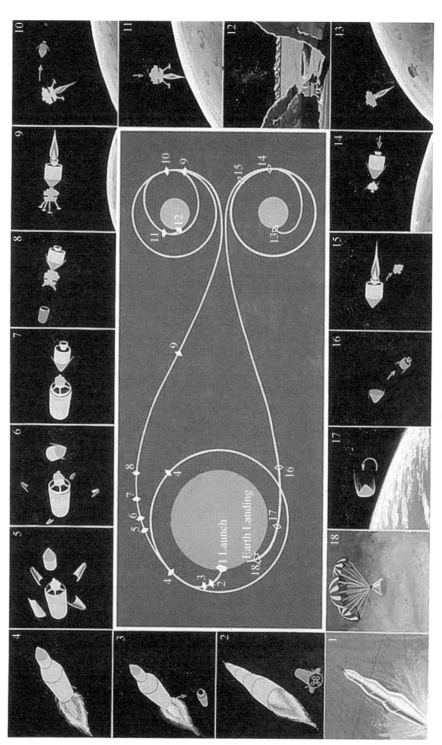

图2-12 "阿波罗"飞船载人登月飞行过程

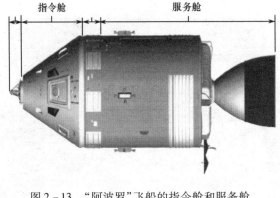

图 2 - 13　"阿波罗"飞船的指令舱和服务舱

"阿波罗"登月飞船指令 - 服务舱由指令舱和服务舱两部分组成,指令 - 服务舱构造如图 2 - 15 所示。

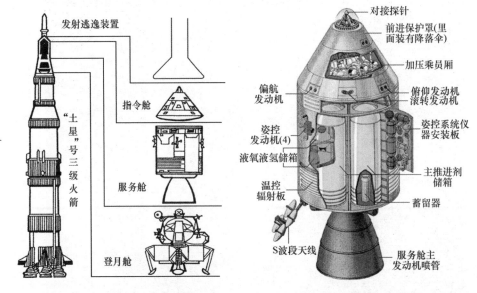

图 2 - 14　登月舱的安放位置　　　　图 2 - 15　"阿波罗"指令 - 服务舱构造

指令舱是航天员在飞行中生活和工作的座舱,也是全飞船的控制中心,指令舱为圆锥形,高 3.2m,地面直径 3.1m,发射时重 5.9t,返回时重 5.3t,在登月任务时乘坐 3 名航天员,如图 2 - 16 所示。

服务舱前端与指令舱对接,它为航天员提供电、氧气和其他的生保功能,以及发动机所需的推进剂,后端有推进系统主发动机喷管,如图 2 - 17 所示。舱体为圆筒形,高 7.4m,直径 4m,重约 25t。其推进系统推力 9300kgf,推进剂用甲肼和 N_2O_4。服务舱中有一台主发动机,主发动机可以多次快速启动和关闭,用于飞船的机动飞行。姿态控制系统由 16 台火箭发动机组成,它们还用于飞船与第三级火箭分离、登月舱与指令舱对接和指令舱与服务舱分离等。整个登月飞行结束时,指令舱脱离服务舱,进入大气层,打开减速伞,在海面完成着陆。

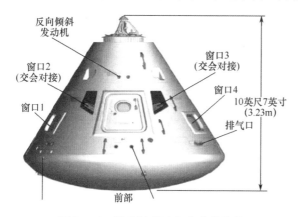

图 2-16　"阿波罗"飞船指令舱结构　　　　图 2-17　"阿波罗"飞船服务舱

登月舱的主要任务是:

(1) 从月球轨道上将两名航天员送到月球表面;

(2) 支持月球上的探险活动和各项科学实验的安置;

(3) 运送航天员和所采集的月球样品返回月球轨道上的母船(指令 - 服务舱)。

登月舱由下降级和上升级组成,地面起飞时重 14.7t,宽 4.3m,最大高度约 7m,干重 4.1t,由 4 根可收缩的悬臂式登月支柱(支脚)支撑整个登月舱。登月舱的下降舱由着陆发动机、4 条着陆腿和 4 个仪器舱组成,如图 2-18 所示;登月舱的上升舱为登月舱主体,主要由航天员座舱、返回发动机、推进剂储箱、仪器舱和控制系统组成。航天员座舱可容纳 2 名航天员(无座椅),有导航、控制、通信、生命保障和电源等设备。

图 2-18　登月舱外形

"土星"5 号运载火箭主要任务是将"阿波罗"飞船送入地月转移轨道,是"阿波罗"计划的重要组成部分,1967 年到 1973 年共发射 13 次"土星"5 号运载火箭,其中 6 次是载人登月飞行。6 次载人飞行任务如表 2-7 所列。

表 2-7 "阿波罗"计划 6 次载人登月任务实际飞行结果

飞行任务	着陆情况
"阿波罗"-11	首次载人登月任务,着陆于宁静海区域,落点误差约 7.4km,剩余推进剂几乎为零
"阿波罗"-12	首次载人登月定点着陆任务,着陆于月球表面风暴洋地区;与"勘探者"3 号无人月球探测器相距 0.163km
"阿波罗"-14	首次载人月球表面高地着陆探测任务,距离预定着陆点约 0.5km,剩余推进剂可供悬停飞行 70s
"阿波罗"-15	首次载人月球表面采样返回任务,着陆于哈德利-亚平宁平原地区,首次使用"月球车"在月球表面行走探测,距离预定着陆点约 0.55km,剩余推进剂可供悬停飞行 103s
"阿波罗"-16	第二次载人月球表面采样返回任务,并首次使用摄像机记录上升级从月球表面起飞的过程,距离预定着陆点西北约 0.27km,剩余推进剂可供悬停飞行 100s
"阿波罗"-17	最后一次载人登月任务,精确着陆于陶拉斯-利特罗月谷,距离预定着陆点小于 0.2km,剩余推进剂可供悬停飞行 117s

"阿波罗"计划仅为"登月"而登月,没有制定一个长远的目标。"阿波罗"计划是冷战时期美、苏太空竞争的产物,虽然实现了美国赶超苏联的政治目的,扭转太空竞争的劣势,但后来还是停止了"阿波罗"计划,转向航天飞机的计划任务。

"阿波罗"计划的成功实施不仅实现了美国赶超苏联的政治目的,还创造了大工程的先进管理方法——系统工程,同时也带动了美国科学技术,特别是推进、制导、结构材料、电子学和管理科学的发展。

2.5.1 概述

1961 年 5 月 25 日,美国正式宣布实施"阿波罗"登月工程,该工程历时 10 年多时间,于 1972 年 12 月底"阿波罗"登月工程结束。在执行"阿波罗"登月工程的 10 年时间里,共进行了 17 次飞行试验,包括 6 次无人亚轨道和地球轨道飞行、1 次载人地球轨道飞行、3 次载人月球轨道飞行、7 次载人登月飞行(其中 6 次成功,1 次失败)。"阿波罗"登月工程把 12 名美国航天员送上了月球,在月球表面上进行了一系列的考察,包括采集月球土壤和岩石样本、驾驶"月球车"试验等,累计在月球表面停留了 302h20min、行程 90.6km,并收集月球土壤和岩石样品 381kg。到目前为止,"阿波罗"登月工程是唯一成功实现载人登月的计划。

2.5.2　辅助计划

为了登月飞行的顺利实施,美国进行了 4 项辅助计划,分别为:

1)"徘徊者"号探测器计划(1961—1965 年)

共发射了 9 个探测器,这些探测器的首要任务是近月拍摄、测量月球表面辐射,为登月计划完成前期勘探。它们向地面传回了约 2 万张高清晰月球表面照片,为飞船着陆点的选择提供了宝贵的资料。

2)"勘测者"号探测器计划(1966—1968 年)

"勘探者"号探测器主要是进行月球表面软着陆试验,探测月球并为"阿波罗"登月飞船载人登月选择着陆点。共发射了 7 个自动探测器,其中 5 个在月球表面软着陆,通过电视发回 8.6 万张月球表面照片,并探测了月球土壤的理化特性数据。

3)"月球轨道环行器"计划(1966—19677 年)

共发射了 3 个绕月飞行的探测器,对 40 多个预选着陆区拍摄高分辨率照片,获得 1000 多张小比例尺高清晰度的月球表面照片,据此选出约 10 个预计的登月点。

4)"水星"号和"双子星座"号飞船计划(1961—1966 年)

为了了解人在太空环境中能否长期生活,在失重条件下能否工作,能否走出舱外活动,美国在 1961—1966 年实施了载人宇宙飞行的"水星"号计划(25 次飞行)和"双子星座"号计划(2 次不载人飞行和 10 次载人飞行),航天员在太空中进行了医学与生物学的研究和操纵飞船机动飞行、对接和进行舱外活动的训练,为"阿波罗"登月飞行提供了宝贵的经验和资料。

2.5.3　"阿波罗"计划飞行流程

"阿波罗"登月采用月球轨道对接(LOR)方案,"阿波罗"飞船典型的载人飞行过程如图 2 - 19 所示,大致分为如下步骤:

(1)"土星"5 号运载火箭起飞;

(2)当飞行到一定高度后,发射逃逸系统分离,接着火箭第 1 级分离,第 2 级发动机点火;

(3)当火箭第 2 级推进剂消耗完后,火箭抛除第 2 级,第 3 级发动机点火,将飞行器送入地球停泊轨道后发动机熄火,航天员检查飞船系统;

(4)检查确认飞船系统正常后,火箭第 3 级发动机再次点火,将飞行器送入地月转移飞行轨道;

(5)飞船适配器结构分离,露出登月舱;

(6)指令 - 服务舱与登月舱分离,指令 - 服务舱掉头;

(7)掉头完成后,指令 - 服务舱与登月舱对接;

(8)对接完成后,火箭第 3 级分离,"阿波罗"登月飞船飞向月球,在飞行过程

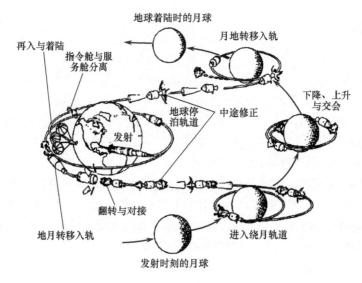

图 2 - 19   "阿波罗"任务飞行方案

中由指令 – 服务舱完成若干次中途轨道修正;

（9）当登月飞船飞近月球后,指令 – 服务舱主发动机启动,制动减速,进入绕月轨道飞行;

（10）登月准备工作完成后,登月舱与指令 – 服务舱分离;

（11）登月舱下降级发动机工作,着陆月球表面,指令 – 服务舱绕月飞行;

（12）登月舱着陆月球后,航天员执行月球表面任务;

（13）月球表面任务完成后,航天员乘登月舱上升级离开月球表面;

（14）之后,上升级与在轨飞行的指令 – 服务舱交会对接;

（15）航天员转移完成后,抛掉上升级,指令 – 服务舱发动机起动,逃离月球引力,进入地球返回轨道,在返回飞行过程中由指令 – 服务舱完成若干次中途轨道修正;

（16）指令 – 服务舱飞近地球后,服务舱完成定向,选定再入窗口,之后指令舱与服务舱分离;

（17）指令舱再入大气;

（18）指令舱降落伞打开,导引着陆。

飞船飞行 75h 左右,地面发出开始进入月球轨道通知。约 10min 后,飞船在离月球 500 ~ 600km 处以 2.5km/s 的速度进入月球背面。受月球阻挡,无线电信号中断。中断时间为 33 ~ 40min,待飞船飞过月球背面转入正面时,通信恢复。

飞船一旦进入月球背面,飞船主计算机便发出指令,启动服务舱主发动机,喷射约 6min,燃料消耗约 1.1t,制动的速度增量为 1700m/s,使飞船进入约 100km ×300km 轨道。在这条椭圆轨道上飞行几圈后,飞船变轨进入到高度 100 ~ 122km

高度的圆轨道上。变轨时需要再启动主发动机十几秒,使速度减少 1250m/s 左右。"阿波罗"登月飞行后来几次轨道高度降得更低,形成近月点只有 15km 左右的椭圆形,这样对精确着陆十分有利。

飞船在月球轨道上飞行时,还要再次对飞船的各系统设备进行检查,因而指令长和登月舱驾驶员还要第二次进入登月舱。这次进舱的任务是从指令-服务舱储存室内取出必要的仪器设备送到登月舱;对登月舱进行检查;接通电源,对即将应用的通信设备、环境控制系统和其他仪器设备加热。这些工作要花 2h 的时间,任务完成后回到指令舱,作 8~9h 较长时间的休息。

检查并测试第一制导与导航系统后,接着要安装可调方向的 S 波段定向天线,并于地面站进行通信实验。最后还要测试第二制导与导航系统,它有一台专用计算机,从三台固定陀螺仪和三只相同的加速度计上获得有关方位信号。第二导航系统是在登月舱发生紧急事故时负责导航,引导它向指令舱靠近。

当飞船在月球轨道上飞行 10 圈左右,一切检查准备工作结束,休斯顿控制中心就发出与指令舱分离的指令。最初几次飞行时,登月舱与指令舱分离是在约 107km 的高度,从"阿波罗"14 号开始,改在距月球表面 18km 的高度进行分离。这样使登月舱寻找降落地点的时间可以延长 15s,而登月舱从月球表面起飞与指令舱会合的时间约可缩短 1h。

登月舱下降发动机启动后,登月舱在向前飞行的同时也逐渐下降。发动机工作约 28min,使飞行速度降低到约 22m/s,进入近月点为 15km、远月点为 102km 左右的椭圆形轨道。

当登月舱从远月点沿着椭圆轨道急速下降时,速度为 1400m/s,在到达近月点时,速度上升最高,超过 1600m/s。此时休斯顿指挥中心和月球轨道上的指令舱相继发出准备登月的指令,于是登月舱在规定时间点燃下降发动机,进入制动和着陆阶段。

下降发动机启动时,登月舱与垂线呈 93° 角向下降落,即舱身完全处于水平状态,从而它的推进矢量能达到最大的制动效率。登月舱下降段上的着陆雷达,在向月球表面降落时提供姿态与速度的数据,自动送入主制导与导航系统。然后由计算机计算下降速度,发出滑翔、软着陆等控制信号。大约在月球上空 7600km 处,雷达开始测算飞行高度数据;到 5500km 开始测算速度数据。登月舱的电子计算机根据雷达测量的位置和速度,不断计算未来的飞行轨迹,同时计算机还不断计算进入制动阶段后所需的发动机推力,以便在火箭制动结束时能准确到达预定的位置和速度的数值。

下降发动机启动后约 8.5s,雷达和导航计算机指示已经达到制动阶段结束时所需的位置和速度。此时登月舱速度为 180m/s,飞行高度 2300m,继续开始第二阶段的滑翔阶段飞行。飞船继续下降,下降速度为 39m/s,推力减小至 12.4kN。1.5min 后,航天员启动姿态和方位控制小火箭,使登月舱慢慢竖起。

在最后着陆阶段,登月舱既向前又向下飞行,下降发动机不断减速,姿态控制发动机不断改变登月舱的姿态,使之慢慢与垂直线平行,呈直立状态。登月舱高度降至1500m时,降落速度降为42m/s。

登月舱离月球表面约150m时,离着陆点水平距离大约为400m,开始进入最后的着陆阶段。此时登月舱的垂直下降速度减到8.1m/s,水平速度为14m/s。这个阶段可以使用自动控制系统或半自动控制系统驾驶登月舱着陆,也可用手动操作着陆。在最后降至月球表面61~23m时,登月舱已呈垂直状态,速度继续下降,到触及月球表面的瞬间,速度约为0.9m/s。

2.5.4 月球轨道飞行方案

"阿波罗"计划采用环月轨道交会对接的飞行模式。登月舱月球表面着陆由下降轨道进入(DOI)和动力下降两个过程组成,如图2-20所示。DOI是一个典型的霍曼转移轨道,目的是将登月舱从111km高环月停泊轨道转移到动力下降初始(PDI)位置。PDI高度确定为15.24km,过高则动力下降飞行推进剂利用率不高,过低则不利于飞行安全。

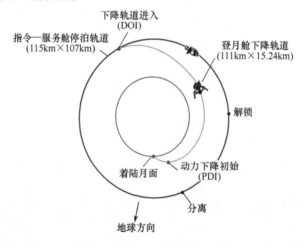

图2-20 "阿波罗"下降及着陆飞行方案

动力下降基本分为三个阶段(图2-21),分别为:

(1)主减速段:从15.24km高度开始,以推进剂最优方式降低登月舱轨道速度,进入接近段飞行的初始状态。

(2)接近段:登月舱以基本固定的轨迹和姿态斜向下飞行,为航天员观察月球表面提供视场,进入着陆段飞行的初始状态,其间航天员可重新选定着陆点。

(3)着陆段:航天员保持对月球表面着陆点地形的观察,最终着陆时可以进行手动控制。

"阿波罗"登月舱上升级从月球表面起飞后,要求准确进入与指令-服务舱交

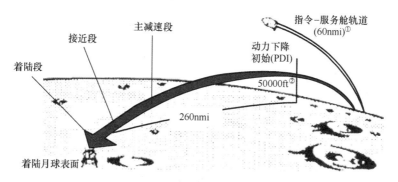

图 2-21 "阿波罗"动力下降飞行过程

会对接的初始轨道。目标轨道高度设计为 16.7km(83.3km,入轨点高度为 18.3km、真近点角为 18°,而且月球表面起飞点要满足交会相位要求。

月球表面动力上升分为两个阶段(图 2-22),分别为:

(1)垂直上升段:消除起飞处月球表面地形的影响,将上升级本体 Z 轴调整到目标轨道面内。

(2)轨道进入段:以推进剂最优方式到达交会对接所需初始状态,如有需要可进行轨道机动以消除轨道平面误差。

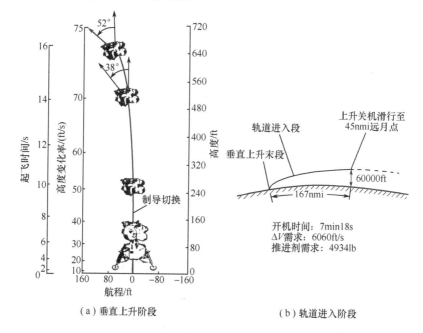

(a)垂直上升阶段   (b)轨道进入阶段

图 2-22 "阿波罗"动力上升飞行过程

① 海里的单位符号按 GB 3100—93 应为 n mile。1n mile = 1852m。

② ft 为非法定计量单位。1ft = 0.3048m。

针对"阿波罗"–11号任务进行了动力下降轨迹散布的蒙特卡罗仿真,得到了概率为99%的落点散布椭圆(图2-23),其中轨道面内误差为±6.67km,横向为2.41km。

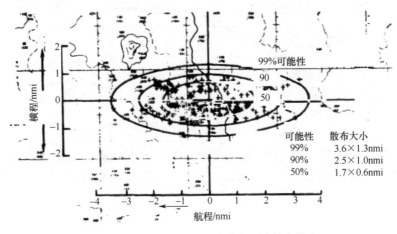

图2-23 "阿波罗"–11号动力下降落点散布

在月球表面动力上升轨迹散布分析中,主要考虑月球表面地形估计的误差,仿真表明入轨时间3σ误差为±17s(图2-24)。

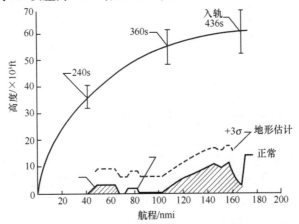

图2-24 "阿波罗"–11号动力上升轨迹散布

"阿波罗"计划中有6次载人登月任务获得成功,各次任务飞行方案基本一致,但在很多细节进行了持续的改进。

2.5.5 "阿波罗"登月飞行器系统组成

1961年5月,"阿波罗"登月工程制定后,美国花费一年多的时间对登月方案进行了论证,于1962年7月确定了月球轨道交会飞行方案。

该方案的飞行器系统主要由"土星"5号运载火箭和"阿波罗"登月飞船组成,

其中"阿波罗"登月飞船包括指令－服务舱CSM和登月舱LM,如图2－25所示。

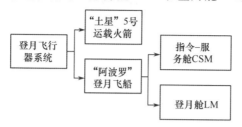

图2－25 "阿波罗"登月工程登月飞行器系统

在登月飞行任务中,"土星"5号火箭发射乘有3名航天员的"阿波罗"登月飞船至奔月轨道,接近月球时利用飞船制动进入环月轨道,之后指令－服务舱与登月舱分离,2名航天员乘登月舱下降着陆月球表面,月球表面任务完成后航天员乘登月舱上升段返回环月轨道与在轨运行的指令－服务舱对接。

1. "土星"5 号运载火箭

"土星"5号运载火箭(图2－26)是"阿波罗"登月工程的重要组成部分,其主要任务是将"阿波罗"登月飞船送入地月转移轨道。1967年11月,"土星"5号火箭首次试飞成功,为将"阿波罗"登月飞船送往月球奠定了基础。从1967年到1973年共发射13次"土星"5号运载火箭,其中6次将"阿波罗"飞船送上月球。

"土星"5号是3级运载火箭,由一子级(S－IC级)、二子级(S－Ⅱ级)、三子级(S－IVB级)、仪器舱、发射救生系统等组成,如图2－26所示。一子级直径10.06m,采用液氧煤油推进剂,动力装置由5台F－1大推力发动机组成;二子级直径10.06m,采用5台氢氧发动机,储箱共底;三子级直径6.6m,使用1台J－2发动机,储箱共底。"土星"5号运载火箭全长85.6m,包括"阿波罗"登月飞船在内总长为110.6m,其总质量达2910t,仅液体推进剂就占了2640t,起飞推力达3400t,近地轨道的运载能力为127t,月球转移轨道的运载能力为50t。

2. "阿波罗"飞船

"阿波罗"登月飞船由指令舱、服务舱和登月舱等三部分组成,其中登月舱由上升级和下降级组成,两级相对独立。登月舱着陆月球表面时由4套悬臂式着陆腿支撑,在轨飞行期间着陆腿处于收拢状态。上升级为航天员提供工作和生活的支持条件,航天员完成月球表面考察任务后返回上升级,上升级与下降级分离并以其为支撑从月球表面起飞进入环月轨道;下降级是登月舱的无人部分,提供下降着陆过程中的减速、机动、悬停和着陆缓冲等功能。

"阿波罗"指令－服务舱见图2－15。在整个飞行过程中,指令－服务舱是一整体飞行器,仅在飞船返回地球再入大气层之前几分钟,指令－服务舱才分为指令舱与服务舱两部分。指令舱最后穿过大气层,实现软着陆,是整个飞船唯一返回地球的部分。

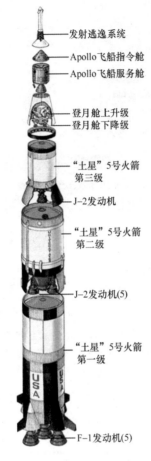

发射逃逸系统

Apollo飞船指令舱

Apollo飞船服务舱

登月舱上升级
登月舱下降级

"土星"5号火箭
第三级

J-2发动机

"土星"5号火箭
第二级

J-2发动机(5)

"土星"5号火箭
第一级

F-1发动机(5)

"土星"5号运载火箭主要技术性能			
级数	3	起飞质量	2945.95t
全长	110.6m		
(包括有效载荷长度)		起飞推力	34,029kN
最大直径	10.06m	推重比	1.18
翼展	19.2m	运载能力	50t(逃逸轨道)

第一级(S-IC)			
级长	42.06m	推进剂质量	2148t
直径	10.06m	推进剂	液氧/煤油
起飞质量	2279t	发动机	5×F-1
结构质量	131t	海平面总推力	34029kN
海平面比冲	2607N·s/kg	工作时间	主机168s

第二级(S-II)			
级长	24.87m	发动机	5×J-2
直径	10.06m	推进剂	液氧/液氢
起飞质量	493t	真空推力	5148kN
结构质量	36t	真空比冲	4186N·s/kg
推进剂质量	457t	工作时间	366s

第三级(S-IVB)			
级长	18.1m	发动机	1×J-2
直径	6.6m	推进剂	液氧/液氢
起飞质量	122t	真空推力	902kN
结构质量	11.47t	真空比冲	4217N·s/kg
推进剂质量	110.53t	工作时间	144+336s

图2-26 "土星"5号运载火箭

指令舱是航天员在飞行中生活和工作的座舱,也是全飞船的控制中心,指令舱为圆锥形,高3.2m,地面直径3.1m,发射时重5.9t,返回时重5.3t,在登月任务时乘坐3名航天员。服务舱前端与指令舱对接,后端有推进系统主发动机喷管,服务舱呈圆筒型,直径3.9m,高7.37m,舱重5.2t,装上燃料和设备后总重25t,主发动机用于轨道转移和变轨机动。

登月舱由下降级和上升级组成,地面起飞时重14.7t,宽4.3m,最大高度约7m。下降级由着陆发动机、4条着陆腿和4个仪器舱组成。上升级为登月舱主体,由航天员座舱、返回发动机、推进剂储箱、仪器舱和控制系统组成。航天员完成月球表面活动后驾驶上升级返回环月轨道与指挥舱会合。

登月舱由下降段和上升段组成,地面起飞时重14.7t,宽4.3m,最大高度约7m。下降级由着陆发动机、4条着陆腿和4个仪器舱组成。上升级为登月舱主体,由航天员座舱、返回发动机、推进剂储箱、仪器舱和控制系统组成。航天员完成月球表面活动后驾驶上升级返回环月轨道与指令舱会合。登月任务时,2名航天员乘登月舱LM月球表面着陆并返回月球轨道与指令–服务舱对接。"阿波罗"登月舱如图2-27所示。表2-8所列为"阿波罗"登月舱总体参数。图2-28所示为"阿波罗"登月舱外形及主要设备。

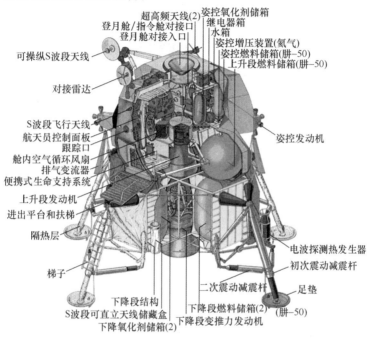

图2-27 "阿波罗"登月舱

表2-8 "阿波罗"登月舱总体参数

项　目	参　数
高度/m	7
着陆腿展开时跨度/m	9.5
密封舱容积/m³	4.5
乘员人数	2
月球表面停留时间/d	3
地面起飞重量/t	16.5t("阿波罗"-17参数)
姿控发动机	445N×16台
上升主发动机	15.5kN×1台
下降主发动机	46.7kN×1台

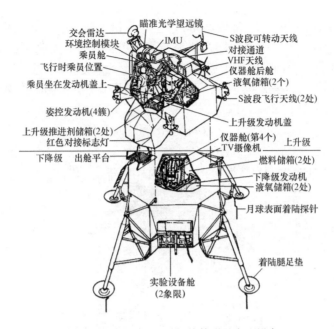

図2-28 "阿波罗"登月舱外形及主要设备

2.5.6 GNC 系统

"阿波罗"登月舱制导、导航与控制（GNC）系统主要组成如图2-29所示。
表2-9为登月舱着陆与起飞入轨阶段GNC方案。

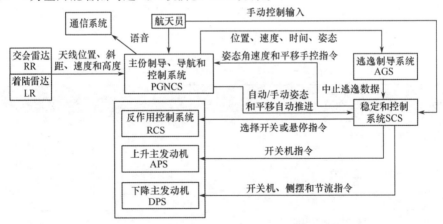

图2-29 "阿波罗"登月舱GNC系统组成

主份制导、导航和控制系统（PGNCS）：在登月舱全飞行周期内进行自动控制，标称工况下引导登月舱下降并安全着陆于预定月球表面着陆点，然后从月球表面起飞并进入交会对接初始轨道，故障工况下引导登月舱进入与指令-服务舱轨道相交的停泊轨道。

表 2-9 "阿波罗"登月舱着陆与起飞入轨阶段 GNC 方案

软、硬件 GNC		硬件配置	软件算法
制导	下降着陆	下降主发动机额定推力 46.7kN,10∶1 变推比	制导律由加速度表示,加速度设计为飞行时间的二次函数。推力大小控制由发动机变推实现,指向控制则由登月舱姿态调整加上主发动机侧摆实现
	起飞上升阶段	上升主发动机额定推力 15.5kN,恒定推力	通过调整上升级姿态来获得期望的推力指向。"垂直上升"段维持起飞姿态,"轨道进入段"采用条件线性制导
导航	下降着陆	惯性测量单元(IMU)	惯性导航加测距测速修正
		制导计算机(LGC)	
		光学瞄准望远镜(AOT)	
		着陆雷达(LR)	
		着陆点指示器(LPD)	
	起飞上升	惯性敏感组件	惯性导航
		制导计算机	
		数据综合与控制组件	
控制	下降着陆	下降级主发动机 TVC + 16 台 445N 姿控发动机	TVC 控制俯仰和偏航姿态,RCS 控制滚动姿态;TVC ±6°侧摆,伺服带宽为 0.13~0.18Hz
	起飞上升	16 台 445N 姿控发动机	RCS 控制三轴姿态

逃逸制导系统(AGS):在动力上升阶段和飞行中止逃逸时作为 PGNCS 的备份,为乘员显示和显式制导提供信号,可控制主发动机开关。

稳定和控制系统(SCS):接收 PGNCS、AGS 以及航天员手动输入的指令,控制推进系统工作。

动力飞行阶段,主发动机侧摆进行推力矢量控制(TVC)可以获得大量级的姿态控制力矩,而且对轨控的影响很小。"阿波罗"的指令-服务舱和登月舱均使用了 TVC 技术。

服务舱主发动机(SPS)推力恒定为 91kN,具备双向侧摆功能,可在中途修正、环月轨道进入等主发动机工作时进行姿态定向和稳定控制。由于单台发动机 TVC 只能控制俯仰和偏航姿态,滚动姿态则由服务舱 RCS 控制。滚动方向的 RCS 可以完全由 GNC 系统自动控制,或者完全由航天员手动控制,或者两者组合。

"阿波罗"登月舱下降级主发动机也可进行双向侧摆,"阿波罗"-9、10、11、12 等型号的侧摆角度范围均为 ±6°,侧摆伺服控制带宽为 0.13~0.18Hz。

美国"阿波罗"飞船指令服务舱、登月舱的 GNC 分系统典型配置如表 2 – 10 所列,上升舱的 GNC 分系统回路如图 2 – 30 所示。

表 2 – 10 "阿波罗"GNC 系统典型配置

舱段	GNC 配置
服务舱	GNC 计算机、惯测单元、VHF 测距仪、六分仪、光学扫描镜、相关线路盒、脉冲控制器、CSM 推力器、多种指示器、雷达应答机、手动控制器
登月舱	GNC 计算机、惯测单元、光学瞄准望远镜、交会雷达、相关线路盒、脉冲控制器、LM 推力器

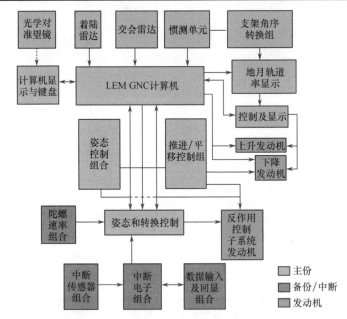

图 2 – 30 "阿波罗"登月舱 GNC 系统回路图

1. 控制计算机(CSS)

1)"阿波罗"制导计算机(AGC)

AGC(图 2 – 31)包括指令舱计算机(CMC)和着陆舱计算机(LGC)。采用相同的硬件,不同的软件,

2)显示屏和键盘(DSKY)

指令和服务舱(CSM)有两个,一个在主面板上,另外一个在分隔舱内。

着陆舱有一个,在主面板上。

2. 惯性分系统(ISS)

1)惯性测量单元(IMU)

惯性参考积分陀螺(IRIG)敏感飞船姿态变化。这是在北极星导弹积分陀螺基础上改进的,陀螺漂移率为 0.00765°/h,设计指标为 0.030°/h。

脉冲积分摆式加速度计(PIPA)敏感速度变化。在惯性测量单元(图 2-32)中装有三个 PIPA,分别装在三个轴上,加速度计平均测量误差为 0.000728m/s²,测量范围为 0~16g。

图 2-31 "阿波罗"制导计算机

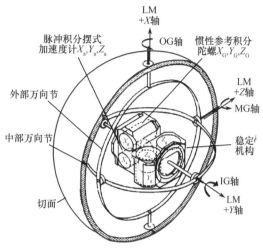

图 2-32 "阿波罗"惯性测量单元

2) 导航基座(NB)

NB 用于安装惯性测量单元和光学导航设备的刚性基座。指令和服务舱的导航基座安装在隔离舱内(图 2-33)。着陆舱的导航基座安装在着陆舱上升级的顶部(图 2-34)。

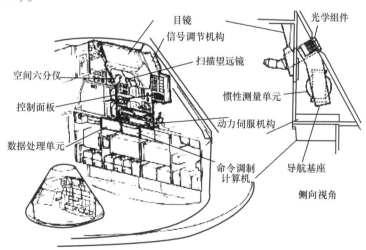

图 2-33 指令和服务舱的导航基座位置

3) 耦合数据单元(CDU)

CDU 包括 5 个模数和数模转换器,是计算机和 IMU、光学系统和各种控制器的数据接口。

4）电源伺服装置（PSA）

PSA 用于电源供应,放大器和其他电子设备。

5）脉冲力矩装置（PTA）

PTA 与 IMU 加速度计的指令和数据接口。

6）信号调节装置（SCA）

SCA 与仪表的接口。

图 2-35 所示为"阿波罗"惯性分系统。

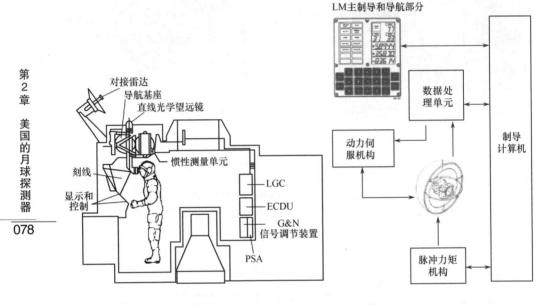

图 2-34　着陆舱的导航基座位置　　　　图 2-35　"阿波罗"惯性分系统

3. 光学分系统（OSS）

1）六分仪（SXT）

SXT（图 2-36）有 28 倍放大倍数,1.8°视场,双视线（LOS）。收集恒星的 LOS 数据用于 IMU 对准,收集恒星和水平线数据用于绕月轨道的导航,收集着陆舱 LOS 数据用于交会导航。

2）扫描望远镜（SCT）

SCT（图 2-37）有 1 倍放大倍数,60°视场。确定恒星位置用于 SXT 瞄准,收集地标 LOS 数据用于轨道导航。

3）最小脉冲控制器

微型转动控制器,给光学瞄准提供精确的 RCS 指向控制。

图 2-38 所示为着陆舱光学分系统。

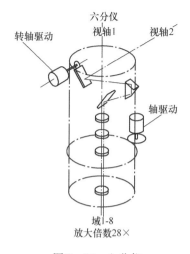

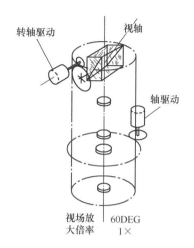

图 2-36　六分仪　　　　　图 2-37　扫描望远镜

4）光学对准望远镜（AOT）

AOT（图 2-39、图 2-40）有 1 倍放大倍数,60°视场。收集恒星 LOS 数据用于 IMU 对准。固定高度,在月球表面时可以移动方位角定位 6 个方向覆盖天空。

图 2-38　着陆舱光学分系统　　　　　图 2-39　着陆舱对准光学望远镜

5）计算机控制十字线调光器（CCRD）

CCRD（图 2-41）为光学望远镜的标记调节按钮,可以调整十字线的光照强度。

2.5.7　"阿波罗"自主导航方法

为了实现"阿波罗"号飞船飞行的登月目标,使用了两级飞船——指令舱和

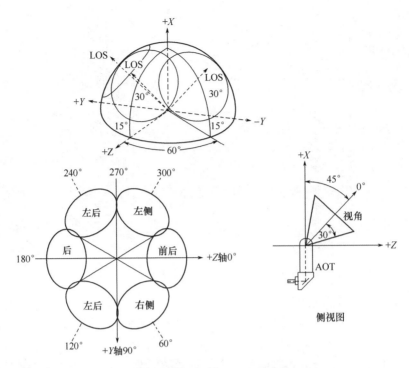

图2-40 光学望远镜可移动的方位角示意图

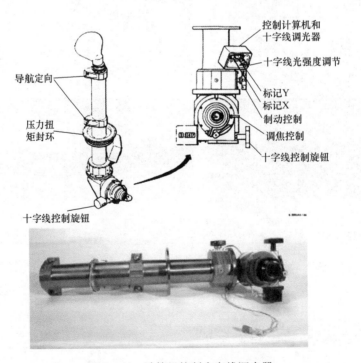

图2-41 计算机控制十字线调光器

登月舱。每一级飞船都装有采集导航测量数据的探测装置和进行信息处理以及轨道预报的微处理器。恰当地使用这些设备,"阿波罗"号飞船航天员可以解决登月飞行任务滑行段的3个主要导航问题:①飞向月球和离开月球的地月中程导航;②指令舱在近月轨道上的导航;③指令舱和登月舱在月球道交会阶段的导航。

在指令舱中,装在飞船上并被称为导航基座的刚性结构,为六分仪、扫描望远镜以及惯性测量框架系统的基座提供公共的安装结构。指令舱下面有一圆柱形的服务舱,服务舱存放"阿波罗"火箭发动机的推进剂,并为航天员提供电、氧和其他的生命维持功能。

"阿波罗"号飞船的六分仪是一个双视线28倍率窄视场的角度测量装置。六分仪的视线之一瞄准某一近天体,例如地球的地平(近天体的边缘)或陆标;视线之二指向一个被假设位于很远距离的恒星,测量星视线与地平视线之间在飞船上所张的角。根据这个测量角,建立飞船在顶点为该近天体位置的圆锥体表面上的位置。该圆锥体的轴为至星的视线方向,锥体的角为测量角补角的两倍。

包含同一个近天体——地球(称为主近天体)和不同恒星的第2次角度测量旨在建立具有不同轴和顶点角的第2个位置圆锥面。以上两个圆锥面在两条直线上相交,其一为飞船的位置线。因为两条位置线一般相隔甚远,利用关于飞船近似位置的知识,已足以确定哪一条位置线合适。

第3次测量需要求出飞船距离主近天体——地球的径向距离。为此,可以选择第2个近天体,例如月球,测量到这两个近天体视线的夹角将提供一个飞船位置曲面,这个曲面是利用旋转在两个近天体连线附近的一段圆弧产生的。这段圆弧的端点为两个近天体,中心位于两个近天体连线的中垂线上,半径可以视为该测量角和两个近天体已知距离的函数。利用这个位置曲面同已经获得的位置线的交点建立一个定位,从而求出飞船相对于主近天体——地球的位置,如图2-42所示。

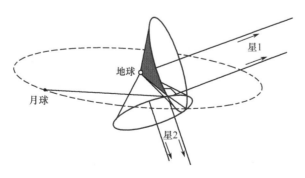

图2-42　六分仪导航定位原理

扫描望远镜是一个单视线单倍率的宽视场装置,用以协助恒星和陆标的识别。两个飞船间有甚高频链路,它通常用于船际间的音频通信,但是由指令舱到登月舱再返回指令舱通过其甚高频链路的信号行程,可以自动地测量两舱间的距离,以补充在交会制导期间人工采集的光学数据。

在登月舱中不需要光学导航瞄准,但为了帮助其同指令舱成功地交会,提供了一种交会雷达。由此设备可以将指令舱相对于登月舱的距离、接近速度以及方向提供给登月舱,以便进行飞船状态的修正。

指令舱和登月舱的微处理器应付相当大量各种各样的飞船数据处理和控制功能。这种微处理器具有简单的键盘和显示器,有 16 位二进制字长(含一位奇偶校验位),36864 字的只读区和 2048 字的可擦区,数据字为带符号的 14 位二进制字长,矩阵和向量计算使用带符号的 28 位二进制字长。显示器的基本部分为 3 个寄存器,每个寄存器保存一个 5 位的十进制数,使得一个 15 位二进制的字可以被显示在由 5 个八进制数组成的一个寄存器中,使用 3 个寄存器是因为经常需要显示一个向量的 3 个分量。

导航滑行飞行中的"阿波罗"航天器包括两个过程:①频繁地进行导航测量,以改进航天器位置和速度的估计;②周期地进行轨道预报,一旦发现航天器脱离预定轨道,即可使用推力系统实施运动速度和方向的微小修正。

1. 轨道上的导航

飞船上的导航依靠对恒星、地球和月球的观测。该系统由麻省理工学院设计。在指令舱舱门对面,装有飞船光学仪器的壳体上有两个光学孔径。较小的一个用于所谓的望远镜,只有 1 倍放大倍数。第二个光学孔径是一个带缝盘的圆盘,下面装有六分仪的物镜,放大倍数为 28 倍,指令舱驾驶员用它来测量角度。同水手用的六分仪一样,它有两条视线,一条可以相对另一条移动。

六分仪的作用是测量角度。固定的视线也叫做路标视线,必须通过控制整个飞船的姿态才能瞄准。

太空任务的环绕段和中途修正段,惯性导航不再能够提供飞船的位置信息。必须使用外部的敏感器来更新飞船的位置信息。有六种测量方式:已知地标的方位角测量;未知地标的方位角测量;掩星测量;恒星地平线测量;已知地标的恒星测量。

1)已知地标的方位角测量(图2-43)

2)未知地标的方位角测量(图2-44)

3)恒星地平线测量(图2-45)

表 2-11 所示为几种导航方式的对比。

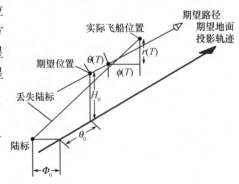

图 2-43 已知地标的方位角测量

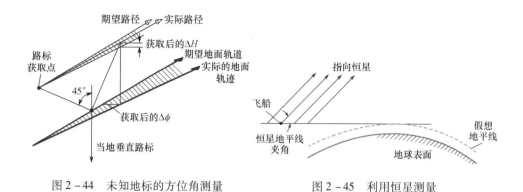

图 2 - 44　未知地标的方位角测量　　　　图 2 - 45　利用恒星测量

表 2 - 11　几种导航方式的对比

性能 ＼ 方式	已知地标的方位角测量	未知地标的方位角测量	恒星地平线测量	掩星测量
优点	• 误差敏感度很低; • 人造设备的敏感性要求不高; • 能够在地球的光照区和阴影区使用无线电信标	• 误差敏感度较低; • 无论是否有太阳光都可以使用; • 无需地图; • 在月球背面也可以使用	• 误差敏感度较低; • 不需要参考系	• 误差敏感度很低; • 不需要设备
缺点	• 地标的选择必须易于辨认; • 云层可能导致地标无法应用; • 需要较大地图; • 在月球无法使用,因为地图信息不充分; • 需要一个参考系	• 需要较高精度的设备; • 需要一个参考系	• 在地球或月球的背阳面需要高精度的设备; • 需要自动星敏感器和光度计	• 只能在月球上使用

2. 中途段的导航

中途段的导航与轨道上的导航一样需要使用光学测量。但是精度需求更高,因为此时惯性坐标系中的方位角测定已经不再能用。可以考虑的导航方式有:恒星地标角度测量、恒星水平线角度测量以及掩星测量。前两种测量方式属于六分仪测量,只需测量一个角度,第三种测量方式不需要任何测量方式,只需在恒星被月球遮掩时进行。

1) 恒星地标角度测量(图 2 - 46)

2) 恒星水平线角度测量(图 2 - 47)

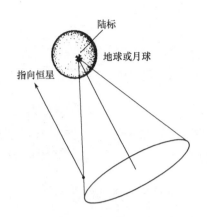

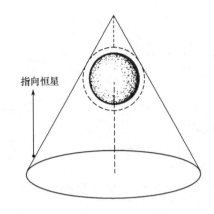

图2-46　恒星地标测量法示意图　　　图2-47　恒星水平线角度测量法示意图

3）掩星测量（图2-48）

3. "阿波罗"-8号自主导航实践

"阿波罗"-8号飞船第1次载人绕月飞行是对"阿波罗"飞船导航能力一次非常好的检验。这次飞行计划检查了在地球邻近所做的六分仪角度测量以及基于地面跟踪实时导出的"阿波罗"-8号飞船指令舱使用的地平高度（地平在地球表面之上的常数高度）。在距地球大约55560km距离处最初的11次瞄准地球，指令舱驾驶使用了18.2km的高度，并以这个新值重新加载飞船微处理器（地面模拟选择高度为32.8km）。在地平高度校准后，实行了几乎7.6m/s的第1次中程校正。

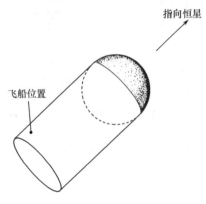

图2-48　掩星测量法
示意图

实行这种大尺度校正的目的在于克服为使飞船安全远离第3级运载火箭所做机动而导致的轨道慢动。

在此次中程修正之后，飞船状态向量的指令舱微处理器形式与地面追踪所获得的值一致，此时预报的近月点高度为130km，非常接近127.4km的实际估计值。其后的31次导航测量仍使用了18.2km高度的地球地平。由于在这期间距离地球和月球都充分远，好的初始状态向量退化，从而显示的近月点在月球表面以下58km。此后9次瞄准仍使用地球地平预报的近月点提高到172km，大约高出43km。由于现在离地球的距离大约为277800km，地球地平的精确高度对于这些瞄准已不重要，而六分仪的精度则成为此时占支配地位的误差源。

其后一组16次的瞄准在距月球大约92600km处使用了月球地平。如所期望的，只有最初几次瞄准对状态向量的估计产生了相当大的变化，其余各次瞄准只有很小的影响。在这一组测量的末了，所显示的近月点为124km。最后15次奔月轨

道的瞄准大约是在离月球64820km处进行的,对于近月点的估计只有很少的附加影响。最后一次的近月点估计为125km,比以后由地面追踪数据重新构造的数据值低2.4km。在此时刻,飞船估计和地面追踪数据实际上是一致的,并考虑使用飞船预先装定的状态向量将飞船经过减速机动送入月球轨道。

"阿波罗"-8号飞船在经过10圈的月球轨道飞行之后,服务舱推力系统适时启动进行返地轨道的入轨机动,它利用地面追踪数据瞄准目标,并在月球背面由飞船数字驾驶仪和导航系统执行。这个1071m/s的机动之后的14.7h,用一次1.5m/s的中程修正在距地球122km的高度处进入再入状态。

虽然在此期间,主导航还是地面追踪网,但此后138次飞船导航测量是由指令舱驾驶监控进行以备急用。实际的飞船测量均被并入仿真,并用当飞船从地球背面射出时就有的预装状态向量将仿真初始化,一次飞向地球的中程校正根据惯性导航系统的实际测量也适时地加入这个仿真,此刻仿真初始值改用地面追踪值。

最后的这138次测量是在再入前的16h完成的。并入仿真的这些测量使在122km处的再入轨迹角的估计值为 −6.38°与地面追踪估计值 −6.48°相当。这0.1°的差恰好在安全容限0.5°的范围内。再入界面上涉及的另一个参数为高空速度误差。这个量的飞船仿真估计与地面追踪估计的差别为72m/s,但保守的允许容限为60m/s,这似乎与所使用的地平高度有关。

因此,飞船自主导航系统使飞船由月球安全返回地球的能力应该认为已被证实。

2.5.8 "阿波罗"交会对接

与地球轨道上的"双子座"交会不同,"阿波罗"月球巡游舱(LEM)与指令 – 服务舱(CSM)的交会是在月球轨道上进行的。这一阶段包括LEM追踪CSM的上升段,共椭圆轨道调相段,以及邻近运作与对接段。这是为了在返回地球前,乘员由LEM回到CSM。类似"双子座"飞船,"阿波罗"LEM装备有数字制导计算机、惯性测量单元、光学设备,以及交会雷达。图2 – 49所示为组合体飞船三轴姿态控制。

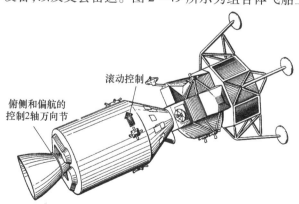

图2 – 49 组合体飞船三轴姿态控制

"阿波罗"交会雷达在相对距离740km到24m之间运作(比"双子座"交会雷达运作范围广),提供测距、测距率,以及相对CSM的方位角。在整个交会过程中,从监测LEM离开月球表面的发射,到LEM与CSM对接,航天员起重要作用。在导向两舱交会的TPI机动之前,月球巡游舱反作用控制系统先执行1.04m/s的定差高度机动,在地面时间104:31到达CSM下方27.8km处的共椭圆轨道上(图2-50),为38min后的LEM执行TPI点火做准备。当CSM处于LEM视线角(仰角)266°时,LEM开始执行TPI机动。LEM持续对CSM进行雷达追踪,并且星上计算机为机动进行解算。标称状况下,TPI机动沿朝向CSM视线方向,速度7.5m/s。途中修正及制动机动将使LEM与CSM处于交会与位置保持状态。在106:20,LEM与CSM两舱对接。在105:09,LEM反作用控制系统点火,提供机动速度。

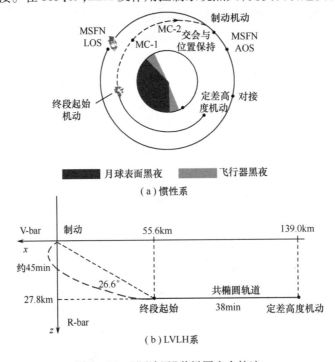

图2-50 "阿波罗"共椭圆交会轨迹

2.5.9 着陆选址与避障控制技术

载人月球表面着陆时,月球表面地形障碍是着陆安全的最大威胁,可能会引起月球表面着陆器倾斜、倾覆,甚至损毁。"阿波罗"计划中,月球表面着陆选址和避障均由航天员手动完成。航天员通过舷窗观察月球表面地形,并基于着陆点指示器(LPD)进行瞄准和判断。在接近段如果预定着陆点地形不满足要求,则由航天员手动输入避障机动指令;在着陆段航天员可以清晰地观察月球表面地形,并直接手动控制登月舱避障。在月球南北纬20°以内且光照条件良好的地区着陆时,航天员手动避障成功率较高。但在光照条件较差而且发动机羽流激起月尘较高时,这种完全人工的选址避障方式存在风险。

接近段和着陆段的 LPD 视线角对于航天员准确了解月球表面地形信息非常重要,"阿波罗"轨迹设计中对 LPD 视线角进行重点分析。着陆时登月舱相对于月球表面的接近角大约是 16°,能够确保航天员对目标着陆区域的视线角高于太阳角(正常是 10.9°,最大 13.6°)。

"阿波罗"-11 号是首次载人登月飞行任务,月球表面着陆时出现了危险情况。如果一直采用自动制导和控制,将着陆在一片崎岖不平的地区。受到制导程序报警的干扰,高度降至 125m 时航天员才发现这个问题并采取手动避障控制,最终降落在平坦区域。

"阿波罗"-12 号是首次载人月球表面定点着陆任务,接近飞行中航天员进行了 7 次着陆点重新选定和机动,然后进行直接手动控制(图 2 - 51)。接触月球表面时,登月舱垂直加速度不超过 1g,侧向加速度不超过 0.2g,纵轴与当地月球重力方向夹角不超过 4°,所以整个着陆过程非常平稳。

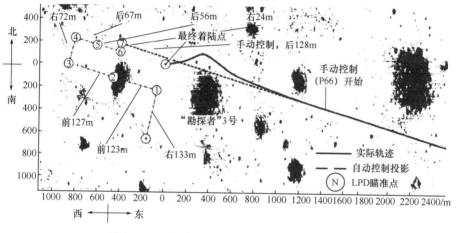

图 2 - 51 "阿波罗"-12 号接近段的避障机动

"阿波罗"-14 号下降至 2.4km 高度时,航天员很轻易就辨认出预定着陆点。在 822m 高度航天员进行了着陆点重新规划,下降至 110m 高度时航天员开始进行手动控制,此次着陆飞行充分体现了航天员训练的重要作用。"阿波罗"-15 号动力下降点火后 95s,航天员手动进行了一次着陆点重新定位,到达 120m 高度时航天员开始手动控制,一共进行了 18 次避障机动。"阿波罗"-16 号动力下降点火后 2min,沿航程方向进行了 244m 的修正,在 6m 高度上航天员发现了一个直径 15m 的月球坑,然后进行了手动避障机动。"阿波罗"-17 号动力下降到 90m 高度时,航天员开始进行手动控制,之前也进行了过多次着陆点重新定位。

尽管进行了大量方案和技术上的改进,"阿波罗"月球表面着陆中还是多次出现了危险情况(图 2 - 52):"阿波罗"-14 号着陆后下降级发动机边缘距离月球表面只有0.34m,整器倾斜11°(安全极限为12°);"阿波罗"-15号着陆于小型月球坑边缘,发动机受损且整器倾斜10°;"阿波罗"-17号着陆于一块大型岩石附近,给航天员出舱活动带来了很大不便。

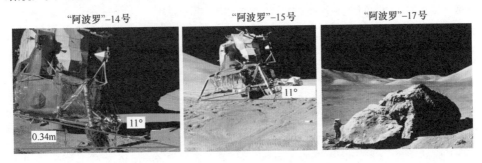

图2-52 "阿波罗"-14、15、17号月球表面着陆情况

在"阿波罗"任务中,手动控制(图2-53)主要参与着月点的重新选址,利用航天员通过舷窗观察在着陆过程中进行地形识别,发现和躲避月球表面障碍物。

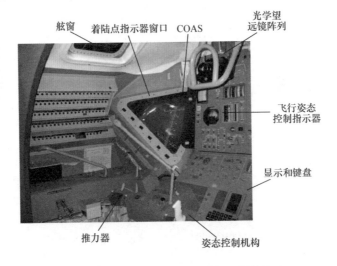

图2-53 "阿波罗"登月舱航天员控制界面

"阿波罗"舷窗制导方案的组成硬件:一个带有刻度的舷窗,刻度范围10°~60°;控制手柄,可前后左右移动,用以告诉计算机新着月点的调整方向;显示系统,用以显示当前着月点在舷窗上的刻度值;2名航天员,其中1名指令员,1名辅助航天员。指令员多次手动控制,通过舷窗观察月球表面,其观察能力受到舷窗约束,并且"阿波罗"限定了每次调整的幅度。手柄每向前或向后1次,对应舷窗刻度上的调整量为0.5°,向左或向右调整时,对应舷窗刻度调整量为2°。制导律多次跟踪人的选址操作,进行自动导引。计算机实时计算当前着月点的视线角,并显示在屏幕上,向该位置导引。

2.5.10 稳定着陆控制技术

"阿波罗"登月舱软着陆系统设计过程中,进行了着陆稳定性分析,以得到软着陆系统的稳定边界和各种条件下稳定着陆的概率分布。分析采用蒙特卡罗统计分析方法,进行了大量的系统动力学仿真分析。在建模分析中进行了一定程度的简化:包括①足垫固定在着陆腿(图 2 – 54)主支柱下端,自由度为零;②分析着陆器倾倒稳定性时忽略足垫在月球表面上的滑移,作为卡住处理;③分析缓冲器的缓冲能力时将月球表面作为刚性面处理;④月球表面主要考虑最恶劣的地形地貌。

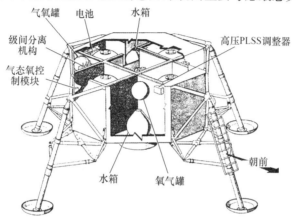

图 2 – 54 "阿波罗"四腿着陆装置

在进行着陆过程稳定性分析时,选取最恶劣的工况进行分析。设计的 4 种极端关键工况主要考察着陆器 4 种主要性能参数。分别分析得到辅助支柱的受压缩时的行程、抗倾倒稳定性、辅助支柱受拉伸时的行程和主支柱受压缩时的行程的边界曲线。图 2 – 55 为分析得到的着陆器的稳定性临界条件示意图。

"阿波罗"登月舱的着陆缓冲子系统由多套着陆缓冲机构组成,在综合考虑重量分配和着陆稳定性等因素后,选用了 4 套着陆缓冲机构均布的方案(图 2 – 56)。

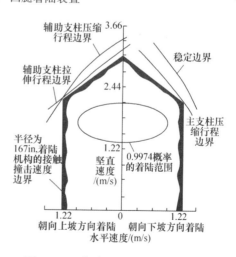

图 2 – 55 着陆器稳定性临界条件

为了满足发射包络的要求,"阿波罗"登月舱着陆缓冲机构具备收拢展开功能。发射时着陆缓冲机构处于收拢状态,一方面可以减小发射时的包络尺寸,另一方面可以增强着陆缓冲机构的刚度,增强其承受发射过载的能力。

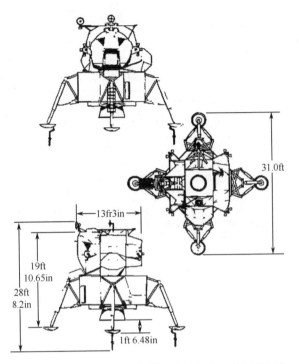

図 2-56 "阿波罗"登月舱设计方案中的 4 腿均布方案

单套"阿波罗"登月舱着陆缓冲机构主要由主连杆、辅助连杆、缓冲器、展开锁定机构和足垫几部分组成。主支柱是主要的能量吸收部件,着陆时两段支柱相互挤压,使得中间填充的铝蜂窝材料受到压缩,从而将登月舱的着陆冲击能量转化为铝蜂窝的塑性变形能,着陆缓冲曲线如图 2-57 所示。

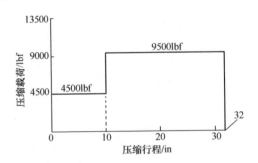

图 2-57 主支柱蜂窝的缓冲吸能曲线

2.5.11 月球表面起飞定位与对准技术

1. 对准技术

惯导系统误差方程的导出方法有两种:一种称为 Φ 角法或扰动法;另一种称

为 Ψ 角法。Benson 指出,运用这两种方法建立的模型是等效的,导出的结果是相同的。描述惯导系统误差特性的微分方程分为平动误差方程和姿态误差方程,平动误差方程包括位置误差方程和速度误差方程,Bar – Itzhack 指出了这两种误差模型在本质上是一致的。常用的捷联惯导系统的姿态算法有欧拉角法、四元数法、方向余弦法和等效转动矢量法等。

Miller 提出了等效旋转矢量更新和四元数姿态更新分开考虑的新捷联姿态算法,该方法对系统的性能有很大改善。Bar – Itzhack 和 Berman 提出了一种比较理想的静基座下的惯导系统误差模型,指出可采用一种线性变换,在初始对准和标定阶段将 INS 误差模型的状态向量变换为速率状态向量。它从新的动态矩阵观测到的速率状态向量可分成彼此完全解耦的可观测和不可观测部分,这就免除了确定系统不可观测空间的繁冗的经典算法。Goshen – Meskin 和 Bar – Itzhack 提出了推导惯导系统误差模型的统一方法,这个方法说明可以用几条扰动规则、导航变量、误差变量、参数坐标及实现线性化坐标系等几种选择求出现有的误差模型。这种方法有三个优点:①能够容易推导出适合个人需求的 INS 误差模型;②在此研究的这类惯性系统的全部误差模型是等价的;③将这个系统的已知和将来的 INS 误差模型放进相同的结构内。

Savage 提出了现今的捷联惯导系统所用的姿态、速度和位置积分算法的设计方法,并给出了总的设计要求。这些算法由本来是用于姿态更新的双速更新算法构成,精确的解析方程用于输入中更新积分参数(姿态、速度或位置),这些输入是由参数更新时间间隔内用测量修正后的动态高速算法提供的。Litmanovich 提出了与 Savage 提出的算法不同的两种新的比力变换算法:一种是平滑捷联姿态算法,这一方法的关键点是用推导角速率/比力多项式模型系数作为最小二乘估计;另一种是与迭代速率有关的对加速度频带没有限制的新的通用公式,称为加速度不变算法。这两种算法均能精确计算摇摆效果并衰减由陀螺/加速度计高频噪声引起的伪摇摆误差,这两种算法的重要特点是使用辅助陀螺/加速度计的输出信号(角速率/比力在迭代间隔上的多重积分增量)。Roscoe 研究了姿态和速度算法的等效性,并给出了姿态算法变换为速度算法的转换公式。

在惯导系统初始对准过程中,若采用状态反馈控制就必须对状态进行估计。常用的状态估计器就是卡尔曼滤波器。Baziw 和 Leondes 建立了惯性测量单元空中对准和标定用的符合最小方差估计的误差模型。Schneider 提出了用于捷联惯导系统传递对准用的卡尔曼滤波器公式。

Grewal 研究了卡尔曼滤波器用于在惯导系统对准与标定中所遇到的一些问题,通过引入陀螺与加速度计的未知参数,使基本的误差向量状态方程得以扩展,从而将参数估计转变为状态估计。文中对双卡尔曼滤波器的结构、工作原理给予完整描述,为了减少计算量,采用了一种"预滤波"技术。

在进行卡尔曼滤波器设计时,由于所采用的数学模型不够准确和对噪声特性了解不全面而导致的噪声误差模型不准确,容易造成滤波器发散。为克服这一问题,采用自适应卡尔曼滤波或对滤波器估计误差验前协方差矩阵进行加权处理。采用自适应卡尔曼滤波不仅估计状态向量,而且估计对象的参数或系统及量测噪声的统计特性。对滤波器估计误差验前协方差进行加权处理可以增强量测信息的修正作用以抑制滤波器的发散。H_∞滤波器对抑制模型和噪声中不确定性误差的影响十分有效,可以实现快速对准且具有较高的精度。

由于卡尔曼滤波器的运算时间与系统阶次的三次方成正比,因此当系统的阶次较高时,卡尔曼滤波器就失去实时性。由于神经网络具有较好的函数逼近性能,利用神经网络技术,以多个观测值为输入样本值,通过神经网络的学习能力,使神经网络的输出逼近系统所需的状态估计,然后利用"分离定理"实现系统反馈控制,以补偿初始对准系统的误差,是实现惯导系统快速对准的有效手段。Hecht 利用神经网络实现惯导系统的初始对准,其对准精度与卡尔曼滤波精度相当,实时性大大优于卡尔曼滤波器。

2. 月球表面起飞定位

月球表面起飞前要进行初始定位和对准,定位对准精度对于上升级入轨精度的影响很大,而且要求具有高度自主性。

"阿波罗"计划中的月球表面定位主要依靠地面深空网完成。借助地面三个以上测控站与上升级的定向天线,确定登月舱到各个地面测控站的距离,然后建立距离方程解算登月舱在地惯坐标系中的表示,再利用星历信息确定登月舱在月固坐标系中的表示(即月球经度和月球纬度)。深空网的三个地面主站分别位于美国加州金石村、澳大利亚堪培拉以及西班牙马德里,三站之间经度相隔120°,并覆盖南北半球,可以较好地完成月球表面定位任务。

此外,"阿波罗"计划中还设计了两种辅助定位方式:由登月舱着陆段导航推算落点位置;通过登月舱远程交会雷达与飞跃头顶的指令 – 服务舱进行相对测量,从而估计月球表面位置。

3. 月球表面起飞对准

"阿波罗"计划中的月球表面对准采用了三种方案:

(1)由加速度计测量的当地重力矢量确定俯仰和偏航姿态,结合预先存储的方位角确定滚动姿态;

(2)由加速度计测量的当地重力矢量确定俯仰和偏航姿态,通过 AOT 观测单颗恒星来确定滚动姿态;

(3)利用 AOT 观测两颗恒星,结合几何推算获得三轴姿态。

"阿波罗" – 11 号停留月球表面期间一共进行了 5 次 PGNCS 对准,前三种方案均有使用;利用 PGNCS 信息进行了 9 次 AGS 对准;利用自带加速度计测量以及外部输入方位角进行了 3 次 AGS 对准。"阿波罗"的对准方法具有实现简单、计算量小的特点,但要求上升级所受外部振动干扰小,而且需要对多次对准结果进行平滑以减小误差。

2.5.12 羽流导流与防护技术

目前在"阿波罗"登月舱研制资料中并未找到针对导流装置的构型做深入分析的介绍,在已有介绍"阿波罗"登月舱的资料中也极少提及上升级发动机导流装置。但根据"阿波罗"登月舱的试验文献和分析来看,美国极其重视月球表面起飞过程中上升级发动机羽流力、热效应的研究。目前,从登月舱的各种报告和图纸资料中,基本可以确认"阿波罗"登月舱在上升级和下降级之间采用了类似于球面的凹形导流装置,用于对上升级起飞过程中上升主发动机的羽流导流,如图2-58所示。从其发动机试验结果来看,凹形导流装置降低了激波产生的位置,对发动机的可靠工作和降低起飞扰动起到了重要作用。

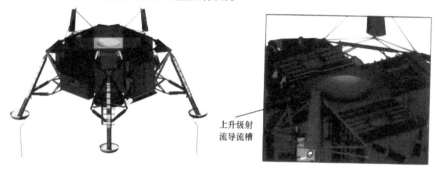

上升级射流导流槽

图2-58 "阿波罗"登月舱上升级射流导流槽

"阿波罗"-16号任务中,首次利用遥控摄像机获得了上升级从月球表面起飞上升的过程,如图2-59所示。可以清楚看到发动机工作时会产生强烈的羽流喷焰,而这些喷焰又会直接作用在下降级顶部表面。如果没有适当的导流装置,羽流经起飞平台顶部反射后,将对登月舱上升级产生复杂的气动力、热作用,对起飞安全带来威胁。美国人将起飞初期主发动机羽流效应及其防护作为登月舱上升级起飞上升的关键技术加以了研究。

图2-59 "阿波罗"上升级起飞过程

受计算机发展以及数值模拟技术的制约,加之真空羽流计算的复杂性以及载人飞行任务固有的高安全性要求,在"阿波罗"登月舱的研制中主要通过试验的手段对月球表面起飞羽流效应进行了重点研究。针对这一问题先后开展了缩比地面试验、全尺寸地面试验、起飞综合试验,并在"阿波罗"-5号的飞行中对级间分离进行了试验研究。在缩比模型羽流导流试验中初步确定了选用基于导流装置的侧向导流方式,在全尺寸发动机试验中验证了发动机能够经受月球表面起飞初期有限导流空间内近距离激波的各种影响,并开展了地面综合试验验证了羽流扰动对上升级飞行在姿态控制系统可控范围内,发动机可正常工作,最后在"阿波罗"-5号搭载试验中完成了两级分离试验获得了真空条件下的试验数据,对羽流效应及其防护措施的有效性进行了充分的验证。

2.5.13 仿真实验系统

"阿波罗"计划开始初期,NASA就开展了多种仿真验证工作,包括大量的数值仿真计算、环境测试以及航天员训练,登月舱相关的仿真验证工作安排如图2-60所示。研制了两个登月舱飞行模拟器,第一个(Ⅲ-B)配备了驾驶舱,用于月球表面着陆和对接阶段的机动模拟。第二个(Ⅱ-B)则可进行下降、上升以及逃逸机动仿真,与Ⅲ-B模拟器只能模拟近距离飞行不一样,Ⅱ-B可以对飞行全过程进行仿真分析。Ⅱ-B的乘员舱后来被改造升级为全任务工程模拟器(FMES)。

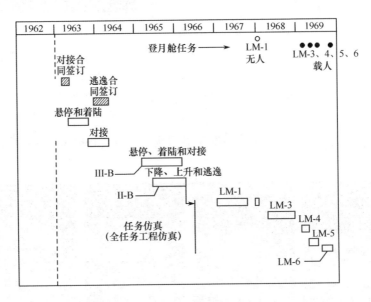

图2-60 "阿波罗"登月舱仿真验证工作

FMES是一个大型综合模拟器,能模拟舱外场景,而且可以和飞行控制中心的GNC系统硬件进行交互,包括IMU、下降级发动机侧摆伺服机构、下降级发动机推

力节流阀驱动器、登月舱制导计算机以及逃逸制导计算机。FMES 主要任务就是针对无人登月任务的 GNC 系统进行测试验证。

针对载人登月任务,NASA 研制了两个登月模拟飞行器(LLRV 与 LLRF)。LLRV 在爱德华兹空军基地进行了多次试飞,其目的是为了验证"阿波罗"登月舱的飞行性能,包括控制能力和飞行策略等。兰利研究中心的 LLRF 飞行模拟器则是为了完成不适在 LLRV 上开展的飞行验证。

2.6 克莱门汀

2.6.1 概述

1994 年 1 月,美国发射的"克莱门汀"(Clementine)探测器,又名深空计划科学实验室(DSPSE)。在发射之后,航天器一直留在临时轨道上,直到 1994 年 2 月 3 日通过固体助推火箭点火将其送入飞往月球的轨道,并于 2 月 19 日成功进入椭圆形月球极轨道,该轨道周期为 5 天,近月点为 400km。在两个月左右的时间内,"克莱门汀"探测器向地面发回了约 160 万幅月球表面的数字图片,让科学家首次看到了包括极区在内的月球全景。在绕月飞行 297 次之后,"克莱门汀"探测器完成了其月球探测计划任务。图 2-61 给出了其轨道示意图。

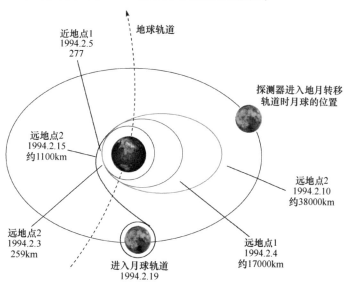

图 2-61 "克莱门汀"任务轨道示意图

2.6.2 任务需求

此次任务的主要目的是试验一系列微小型敏感器技术,诸如小型成像遥感器技术,以用于未来国防部的低成本任务。

2.6.3　飞行器设计

"克莱门汀"卫星总干重为 317kg,其中有效载荷仅占 8kg。"克莱门汀"科学有效载荷的组成如表 2-12 所列。

表 2-12　"克莱门汀"科学有效载荷

敏　感　器	质量/kg	功耗/W
星跟踪器(2台)	0.3	4,5
紫外/可见光导航敏感器	0.5	5.0
近红外摄像机	1.9	17.4
长波红外摄像机	1.8	17.4
高分辨率摄像机	1.3	13.0
激光发射机(测距仪)	0.6	5.0
带电粒子望远镜	0.2	1.0
剂量计(4台)	0.1	0.1
辐射试验	0.7	2.4
轨道陨石和碎片统计试验	0.6	2.0
总计	8.0	67.8

控制系统重量仅有 13kg,功耗 42W,姿态控制精度 0.03°。

月球探测器在地球轨道上的结构如图 2-62 所示。探测器前后端各装一个固体变轨发动机和双组元机动推力器。在探测器当中有一个过渡段,装有各种粒子探测仪,在进入月球轨道之前,被留在地球轨道上,用于测量空间粒子和碎片。探测器上下两侧为太阳能帆板(图中标示收缩状态),发电功率 360W。当进入月球轨道后,伸展太阳能帆板,然后把固体发动机抛掉(图 2-63)。

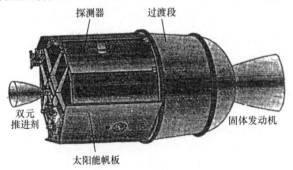

图 2-62　在地球轨道上月球探测器外形结构图

图 2-63　在月球轨道上
月球探测器结构图

表 2-13 列出了探测器在各种轨道的质量和转动惯量。

表 2-13 探测器在各种轨道的质量和转动惯量

轨道 参数		地球轨道 （图 2-63 结构）	月球轨道结构 （含发动机）	月球轨道 （图 2-64 结构）
质量/kg		1647	456	233
转动惯量 /(kg·m²)	I_{xx}	199	93	66
	I_{yy}	733	80	56
	I_{zz}	736	107	77

探测器推进系统提供速度增量 $\Delta V = 4865\,\text{m/s}$，其中双元推力器提供速度增量 1090m/s（包括进入月球轨道需要 540m/s）。双元推力为 489N，单元推力器中有两个推力为 22.7N，有 10 个推力为 5.3N。遥测数传率范围 0.125 ~ 128kb/s。星上天线直径 1.1m。热控为主—被动组合方式。

2.6.4 任务设计

1. "克莱门汀"月球探测器飞行轨道和相应控制方式

（1）探测器于 1994 年 1 月 25 日由美国大力神-2G 火箭发射进入地球停泊轨道（远地点 300km，近地点 255km，倾角 67°）。姿态为喷气三轴稳定。探测器在停泊轨道大约运行 1 周时间，目的是选择合适时刻进入地月转移轨道。

（2）在合适时刻，探测器起旋，把姿态三轴稳定变为自旋稳定，以便固体发动机点火，把探测器送入转移轨道。由三轴稳定变为自旋稳定大约需要经过 4h 准备。固体发动机点火时间为 63s。探测器为细长体，自选稳定需要主动章动控制。

（3）探测器进入月球轨道，在 2 月 3~5 日测量初始轨道参数：近地点 169km，远地点 128095km，倾角 66.8°。探测器由自旋稳定再变为三轴稳定，然后经过一系列轨道修正。在 4 月 26 日测出轨道参数：近地点 435km，远地点 2904km，倾角 89.5°。此时探测器由三轴互相垂直的反作用飞轮来控制，保证高精度姿态指向，以满足绘制月球地形图和数据采集的需要。在月球轨道探测器大约运行两个月左右，然后脱离月球轨道飞向近地小行星。

（4）探测近地小行星——月球星的轨道。这是一条绕地球的高椭圆轨道。月球星距地球 500km，探测器经过月球星最近距离 100km。在此轨道探测器姿态又变为喷气三轴稳定。由于 5 月 7 日星上计算机发生故障，导致喷气紊乱，把剩余燃料全部消耗掉，以致近地小行星科学探测任务没有完成。

2. 姿态确定和姿控系统

根据月球探测器的飞行任务和对姿态控制的要求，美国海军研究实验中心研制一套姿态确定和控制系统，工作寿命 2 年。主要包括姿态确定、自旋稳定、三轴稳定。

（1）姿态确定：为满足变轨固体发动机点火姿态需求，要求地球轨道姿态测量范围为3°，精度为0.25°。由于需要成像和绘制月球地图，在月球轨道的姿态测量精度要求为0.03°。

姿态确定由具有冗余的两套惯性测量装置（IMU）组成。第一套IMU-1有微型环状激光陀螺，第二套IMU-2有光纤陀螺。惯性测量装置测出飞行器在各轴线加速度和角加速度；然后经过积分和数据处理变为所需要的轨道和姿态信息。由于陀螺存在漂移，通过高精度性跟踪器来修正，从而得到高精度姿态测量结果。

（2）自旋稳定：探测器在地月轨道转移阶段采用自旋稳定。共有四种自旋稳定模式：

① 细长体自旋稳定，采用主动章动控制，确保章动角稳定在所要求范围内；

② 自旋轴进动，用于控制自旋轴在所要求的指向精度内；

③ 自旋速度闭路控制，保证自旋轴转速；

④ 自旋速度开路控制，用于改变自旋转速，包括起旋和消旋。

这里最主要的是细长体自旋稳定。主动章动控制是通过惯性测量装置测出章动角，然后由垂直于自旋轴的两个推力为22.7N的推力器来抑制章动角的增长。

（3）三轴稳定：探测器三轴姿态稳定共有六种制导模式和两种控制结构模式。六种制导模式是：地球指向、月球指向、星指向、惯性指向、星跟踪和末端制导（进入近地小行星轨道）。两种控制结构形式为：三轴喷气和三轴零动量反作用飞轮。所有六种制导模式的控制系统输入量随着模式不同而改变，但是输出量都是系列化，这些系列化输出量被送到喷气推力器或者反作用飞轮。图2-64为控制系统原理方块图。

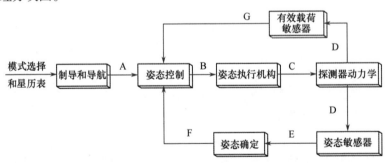

图2-64 姿态确定和控制系统原理图

A—Q_c，W_c；B—反作用飞轮；C—作用于星体力矩；D—星本体运动；
E—ω，q，a，t_{rel1}，t_{rel2}；F—q_{IMU}，q_{STC}；G—图像中心。

地球指向模式主要使探测器姿态指向地心或者所选定地面站，从而提高探测器天线增益。这种控制模式也可转换为月球指向。星指向模式是由敏感器测出星图，然后与存储在计算机中的星历表进行辨识和对比，找出所要指向的星球并以它作姿态基准，然后进行星指向姿态控制。其他制导控制模式，例如星跟踪、末端制导都是根据有效载荷敏感器要求,提供姿态基准,例如星光、地球、月球、近地小行星,然后进行姿态控制。

反作用轮三轴姿态控制规律采用 PID。三轴喷气控制规律为比例与微分 PD 的棒—棒开关控制。图 2-65 表示三轴喷气控制结构图。图上顶部为双元机动推力器,冲量为 595600N·s。图中 P1 和 P2 为推力 22.7N 的单元推力器,图中其他以 YR 表示(共有 10 个)的均为推力 5.3N 的单元推力器。采用喷气和飞轮控制结构形式是为了既能满足有效消除初始姿态偏差和轨道扰动力矩,同时又能达到高的控制精度。喷气和反作用轮提供的控制力矩相差将近 2 个数量级,有了这样大的控制力矩变化范围才能满足上述多种飞行过程对姿态控制的要求。

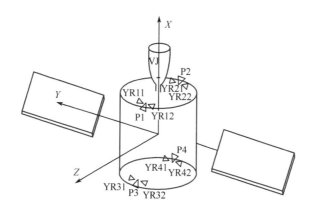

图 2-65　喷气三轴姿态控制结构图

1）姿态测量单机

（1）星跟踪器（Star Tracker Camera,STC）:两个宽视场的三轴微型星跟踪器,每台质量仅为 0.29kg（或 370g）,视场为 29°×43°,焦面阵（FPA）为硅 CCD,像素为 384×576,每一像素尺寸为 23μm×23μm,敏感器光圈为 14.4mm,焦距为 17.7mm,精度 100~300mrad 工作帧频为 10Hz,安装精度优于 0.01°,功耗 7W。指标如表 2-14 所列。

表 2-14　星跟踪器指标

参数	数值	参数	数值
质量/kg	0.364	瞬时视场	0.0073°
体积/in³	4.6×4.6×5.2	精度/μrad	150×150×450
功耗/W	4.5	像素数量	576×384
光谱/μm	0.4~1.1	积分时间/ms	200
视场	43.2°×28.4°	灵敏度	信噪比=20(在 MV=4.5 时)

（2）惯性敏感单元（IMU）:LN200 型 IMU,包含干涉光纤陀螺（IFOG）和硅加速度计;Honey-well 公司的 IMU 包含一个环形激光陀螺（RLG）和 Sundstrand

RBA-500加速度计。陀螺漂移速度为1°/h,IMU组件的安装精度优于0.01°。参数见表2-15。

① 环形激光陀螺:数量1,质量500g,研制公司Honey-well,功耗10~11W,漂移1°/h。

② 干涉光线陀螺:数量1,质量650g,研制公司LITTON,功耗10~11W,漂移1°/h。

两个部件均采用轻型外壳和ASIC电路技术。

表2-15 惯性测量单元参数

参数	数值	参数	数值
质量/kg	<1	陀螺最小有效值	5″
体积/cm³	<815	最大加速度	±30g
功耗/W	<10	加速度偏置精度	10mg
陀螺最大速度	±600°/s	加速度比例因子精度	1×10⁻⁴
陀螺比例因子精度	1×10⁻⁴	加速度噪声/(mm/s²)	1
陀螺随机漂移	0.25°/h(室温)	加速度最小有效位/(m/s²)	9.144×10⁻⁴
陀螺噪声	1.5″		

2)姿态控制执行机构

(1)轻型反作用飞轮:数量4个,质量2kg每个,研制公司BALL,平均功耗9W,驱动电路集成在飞轮体内,寿命大于3年。参数见表2-16。

表2-16 反作用飞轮指标

参数	数值	参数	数值
总质量/kg	11.2	角动量/(mN·s)	2
每个体积/(in³)	150	力矩/(N·m)	7.2×10⁻³
(三个工作)/平均功耗/W	28	飞轮速度/(r/min)	±2500
(三个工作)峰值功耗/W	64		

3)导航敏感器

(1)紫外/可见光成像敏感器(Ultraviolet-Visible Camera,UVVC):质量仅为0.4kg,角面阵(FPA)为硅CCD,像素384×288,每一像素尺寸23μm×23μm,视场(FOV)为4.2°×5.6°,敏感器光圈46mm。敏感器工作帧频为30Hz。

(2)其他:LIDAR(激光),长波和短波红外相机,长波红外相机波长8~9.5μm,短波近红外相机视场为5.6°×5.6°。

"克莱门汀"探测器主要采用多个深空站包括NASA的深空网DSN的三个站点CAN、MAD、GDS和NRL的一个站点POM来测轨和定轨。克莱门汀探测器在地月转移和环月段进行了自主导航试验,其轨道控制是基于地面测控完成的。

地月转移飞行时,利用紫外/可见光成像敏感器获得地球/月球的方向矢量作为导航滤波的观测量,每隔1h紫外敏感器在地球和月球间切换一次,观测频率为2min一次,当太阳进入敏感器视场范围的时候,观测不可行,采用四阶龙格库塔外推,得到系统的导航精度 $5 \sim 1000\mathrm{km}(2\sigma)$。

环月飞行阶段,此时利用紫外/可见光相机可获得探测器到月球中心的单位方向矢量,通过月球在紫外相机里成像的大小可得探测器到月球表面的高度信息,以这两个量作为系统的观测量进行导航滤波得到探测器的位置和速度信息。由于月球受光照条件的限制,紫外相机不是任何时候都可以获得月球的紫外边缘图像,此时就无法得到自主导航需要的观测信息,所以自主导航试验只在探测器环绕飞行的一小段内进行(近月点角在 $100° \sim 140°$ 范围内),这样得到的导航精度为 $5 \sim 20\mathrm{km}(2\sigma)$。

主要步骤如下:

(1)图像处理。通过获取的月球或地球的图像边缘,提取中心,根据成像半径,获得地心距。

(2)建立观测方程(目标矢量方向、地心距)。

(3)采用扩展卡尔曼(EKF)滤波估计算法。

2.7 月球勘探者

2.7.1 概述

"月球勘探者"(Lunar Prospector,1998)探测器是美国宇航局按照"较快、较好、较省"原则研制航天器的范例。"月球勘探者"亦属"轻量、小型、低成本卫星"之列,质量约300kg,见图2-66。

图2-66 "月球勘探者"探测器

2.7.2　任务需求

"月球勘探者"(图2-66)的主要任务是在环绕月球运行的过程中,对月球表面及内部进行全面勘探。它携带了五种探测仪器:

(1)中子光谱仪。它用于探测氢,通过确认氢的存在,证明月球表面有水。其探测原理为:月球表面在宇宙射线的轰击下,不断有中子从岩石和土壤成分中逃逸出。这些中子如果曾经与水的主要成分氢相互作用过,那么就具有特定能量水平,中子光谱仪测出这类中子,也就相当于探测到氢,从而判断水的存在。

(2)γ射线光谱仪。它用于测量月球表面的化学成分,如铀、铁、钛、铝以及其他元素。

(3)α粒子光谱仪。它用来测量月球表面是否有从内部泄漏出来的氮、一氧化碳和二氧化碳等气体,以此来确定月球内部是否有板块或火山活动。

(4)磁强计/电子反射计和射频仪。这两种仪器用于测量月球的磁场和引力场,以研究月球内部结构和月核。

2.7.3　飞行器设计

"月球勘探者"呈圆柱状,直径1.22m,高1.37m,用洛克希德·马丁公司的"雅典娜"-2(Athena-2)火箭发射,"雅典娜"-2是一枚三级固体火箭,高30.5m,总质量为66t。第一、第二级各采用1台卡斯托-120(Castor-120)固体火箭发动机,推力为1933kN;第三级采用1台奥巴斯-21D(Orbus-21D)固体火箭发动机,推力为194kN;火箭第三级的前端有一个轨道调整舱,内装姿态控制系统、电子仪器和指令与自毁系统。这个轨道调整舱提供最后的轨道修正,使火箭连同探测器一起进入预定的离地面高度为180km的圆形停泊轨道。其主要性能指标如表2-17所列。

表2-17　"月球勘探者"的主要性能参数

参数	数值	参数	数值
高度/m	1.37	电源	硅太阳能电池
直径/m	1.22	推进剂	137kg 肼
质量/kg	300	姿控方式	自旋稳定
支杆长度/m	2.44	数据率/(kbit/s)	3.6

2.7.4　任务设计

火箭起飞后55min15s,"月球勘探者"及其轨道转移级与运载火箭分离。紧接着,轨道转移级的起旋发动机点火,使转移级连同探测器一起以51r/min的速度自旋,保持姿态稳定。20s以后,轨道转移级的主发动机点火,工作64s,将探测器的速度从原来的 7.8km/s 提高到 10.9km/s。然后,"月球勘探者"与轨道转移级分离,进入奔向月球的轨道。分离后 109min,探测器向外伸出 3 根各 2.4m 长的杆子,使探测器的自旋速度降低到 12r/min,探测器上的 5 种仪器开始工作。

探测器在 1 月 7 日、8 日两天内,各进行了一次中途轨道修正。1 月 11 日,探测器抵达月球附近,进入一条环绕月球、周期为 12h 的大椭圆轨道。然后,它逐渐降低轨道高度,于 1 月 12 日进入离月球表面高度为 100km 的圆形工作轨道,运行周期为 113min。

"月球勘探者"将在 100km 的工作轨道上进行为期 10 个月以上的对月观测。在携带的燃料即将耗尽之前,它将把轨道高度降低到 10km,以便对月球表面进行高分辨率的观测。

在地月轨道期间,"月球勘探者"有两个主要的任务:①给任务提供预计星历;②为执行机动提供近实时估计。在地月轨道期间,深空网(Deep Space Network,DSN)对"月球勘探者"进行连续跟踪。每次机动执行之后,对测距、多普勒测速、XY 角信息进行采集处理,以确定新的轨迹。

在巡航段期间,规划了 3 次轨迹修正机动(TCM)。第一次轨迹修正机动是在进入地月转移轨道(Translunar Injection,TLI)4h 之后执行,这次轨迹修正机动是为了对发射误差进行修正。第二次轨迹修正机动是进入地月转移轨道 28h 之后执行,第三次轨迹修正机动是在进入月球轨道 12h 之前执行。进入月球轨道由三次点火完成。第一次点火是将"月球勘探者"捕获进入 12h 的椭圆极轨,两次经过近月点之后执行第二次月球入轨机动,将"月球勘探者"周期降低到 3.5h。一天之后,执行第三次月球入轨机动,圆化"月球勘探者"轨道,使其进入 100km 的圆轨道,整个过程轨道示意见图 2-67。

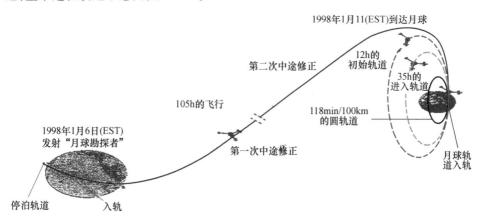

图 2-67 "月球勘探者"的飞行轨迹

在环月轨道过程中,定轨之前进行协方差分析。由于"月球勘探者"上的动力学模型是简化的,执行机动的时候会偏离近月点,所以在巡航阶段,需要时间获得精确的收敛结果。"月球勘探者"一旦捕获进入月球轨道,轨道确定时间与轨道周期有很大的关系。表2-18列出了每次机动之后获得完整的轨道确定所需要的时间。

在每次机动之后获得更新状态之后,都会基于更新状态进行初步机动规划。在执行下次机动几个小时前进行状态更新,执行的机动规划非常符合所需值。下次机动时刻,希望速度的不确定度至少比机动施加的速度增量小一个数量级,从而确保机动规划不会因为定轨误差而导致失败。

表2-18 轨道机动后的定轨

机动	定轨时间	机动	定轨时间
地月转移轨道(TL1)	30min	月球入轨1(LOI-1)	4h
轨迹修正1(TCM1)	6h	月球入轨2(LOI-2)	3h
轨迹修正2(TCM2)	8h	月球入轨3(LOI-3)	2h
轨迹修正3(TCM3)	12h		

由于直接进入月球轨道,所以实时的机动估计是至关重要的。在执行一次机动之后,确定航天器状态的时间越多,偏离轨迹之后执行的修正机动大小会越大。而且,两次关键的机动TL1和LOI-1应急机动包括基于状态估计的机动指令。

通过对深空网的多普勒残差进行检测完成实时状态估计。一旦在执行原先规划机动之前的几个小时获得最终的机动规划,利用预测机动星历产生模拟多普勒测量值。通过定轨软件获得多普勒测量值,将标称机动与实际机动进行对比,绘制出期望的多普勒残差。开始执行机动之后,多普勒残差将会以近实时方式得到。残差与希望的曲线进行比较之后,迅速地估计出需要执行的速度增量。执行任务之前的分析结果比残差的不确定度要大,由于测量和动力学模型误差导致了残差的不确定度,于是,对于所有确定性机动,执行机动如果偏离5%就会被观测到。

"月球勘探者"的环月轨道任务比预期的要好,并没有必要执行第三次TCM,从而取消这次机动。"月球勘探者"每次执行机动的时间如表2-19所列,其中包含了姿态和旋转机动。

表2-19 "月球勘探者"机动

机动	日期	开始(GMT)	终止(GMT)
Reorient	1/7	05:51:52	06:00:47
Despin	1/7	06:30:09	06:30:15
Spin-up	1/7	07:45:53	07:46:00
Reorient	1/7	09:22:57	09:30:57
TCM-1	1/7	11:55:23	11:56:19
TCM-1	1/7	12:00:45	12:23:33
TCM-1	1/7	12:25:55	12:27:47

（续）

机动	日期	开始(GMT)	终止(GMT)
TCM - 2	1/8	08:25:22	08:25:28
TCM - 2	1/8	08:36:23	08:39:55
Att. Trim	1/9	06:30:23	06:45:23
LOI - 1	1/11	11:44:54	12:17:07
LOI - 2	1/12	10:58:30	11:25:35
Spin Trim	1/12	12:03:29	12:03:34
LOI - 3	1/13	11:37:38	12:04:40
Spin Trim	1/13	13:11:23	13:11:25
MOC - 1	1/15	21:43:49	21:45:06
MOC - 1	1/15	22:32:05	22:32:22
Att. Trirm	1/15	23:57:25	00:08:55
Att. Trim	1/26	17:18:00	17:18:55
Spin Trim	1/26	17:54:01	17:54:02
MOC - 2	3/8	03:49:37	03:50:24
MOC - 2	3/8	04:53:40	04:54:26
Att. Trim	3/13	21:26:23	21:27:27
Spin Trim	3/13	21:50:22	21:50:23
Att. Trim	3/31	22:58:00	22:59:55
Att. Trim	4/24	15:31:00	15:31:00
Att. Trim	4/27	15:08:02	15:11:22
MOC - 3	5/1	15:50:06	15:50:45
MOC - 3	5/1	16:54:27	16:55:04
Spin Trim	5/1	17:35:00	17:35:01
Att. Trim	5/20	22:54:22	22:54:47

　　"月球勘探者"发射后进入低轨停泊轨道,进行了42min的滑行之后,地月转移轨道机动执行3142m/s的速度增量,使"月球探勘者"进入奔月轨道。在地月转移机动之后的头20min内,通过跟踪和数据中继卫星系统(Tracking & Data Relay Spacecraft System,TDRSS)获得的跟踪支持。然而,由于"月球勘探者"转发器能力的限制和TDRSS的扫描限制,根本不可能将信号锁住。

　　在月球转移机动执行25min之后,位于金石的测控站接收到相干多普勒信息。期望残差以及实际残差如图2-68所示。偏离标称值的情况为:地月转移机动大

小误差为 −20m/s 和 −35m/s,真近点(AP)角误差为 ±0.8° 和 −2.4°。真近点角误差是由于地月转移机动时点火时间误差而导致的。如果地月转移机动偏差为 20m/s,需要在地月转移机动之后立即执行一次紧急修正机动。如果地月转移机动大小偏差为 35m/s,需要执行一次应急相位环路。

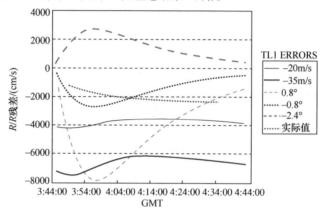

图 2−68　地月转移机动后的残差

对地月转移机动的机动大小误差和真近点角误差造成的残差进行抵消是比较困难的。当金石站获得"月球勘探者"信号后的几分钟内,地月转移机动的大小残差估计值为 −5m/s。10min 后,残差估计值为 −11m/s。实际的校准地月转移机动大小误差为 −9.6m/s。虽然发射过程中的 2s 延时增加到残差中,真近点角误差只小于 0.1°。

由于丢失了 TDRSS 的跟踪数据,直到地月转移机动执行 1h 之后才得到了完整的状态估计值。人们希望通过 TDRSS 数据得到地月转移机动后 30min 的规划。地月转移机动 1h 之后的规划是基于金石站的测距、多普勒测速以及 XY 角得到的,虽然 1h 的规划是收敛的,但是人们对其精度却不满意。由于遥测噪声数据,直到航天器达到一个较好的位置"月球勘探者"才开始收发指令,直到地月转移机动 8.5h 之后,才执行了第一次轨迹修正。

图 2−69 给出了地月转移机动后 1h、2.5h 和 6.5h 的规划。位置速度误差会在执行第一次轨迹修正之前的过程中进行传递。显然,2.5h 的情况显然要优于 1h 的规划结果,其第一次轨迹修正的速度误差小于 2m/s。TCM−1 的速度大小为 50.2m/s,所以定轨误差不是影响 TMC−1 有效性的主要因素。6.5h 的规划结果精度比较差,这是由于在 2h 和 6.5h 规划之间进行了两次重定向姿态机动和两次旋转机动,由于没有对这些机动进行建模,对轨道产生的扰动是比较明显的。

在地月转移机动的 8.5h 之后,即 1 月 7 日 11:55GMT 执行了 TCM−1。TCM−1 的轴向推力和切向推力分开执行。由于每部分推力的执行时间都小于

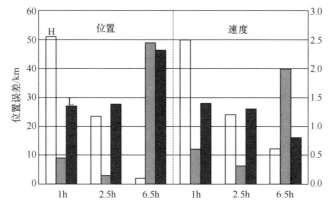

图 2-69　地月转移机动后定轨

3min,所以没有足够的时间对点火期间的机动进行估计。多普勒估计值是基于点火之后的航天器状态得到的。

　　在 TCM-1 之前,轴向推力和切向推力产生的偏离标称状态产生了多普勒残差。由于切向推力产生的速度增量比轴向推力产生的速度增量大一个数量级,所以切向推力残差比轴向推力残差大一个数量级。仿真得到的残差与实际得到的残差如图 2-70 所示。TCM-1 的实际效率为 99%,由于 TCM-1 比规划的执行时间晚 1min,所以产生了一定的误差。

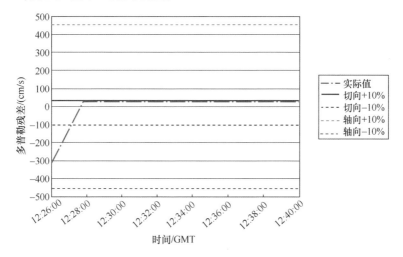

图 2-70　TCM-1 多普勒估计

　　TCM-1 4h 之后第一次得到了轨道数据,通过对这些数据进行分析,确定执行 TCM-2。TCM-1 执行 4h 之后的定轨进行了更新,这些定轨的位置和速度误差如图 2-71 所示。在 TCM-1 和 TCM-2 之间由于航天器没有受到扰动,在 TMC-2 能够提高估计值。最后一种情况的 TCM-2 速度误差小于 17cm/s,而

TCM-2 的大小为 7.4m/s,定轨误差不会对机动产生明显的影响。

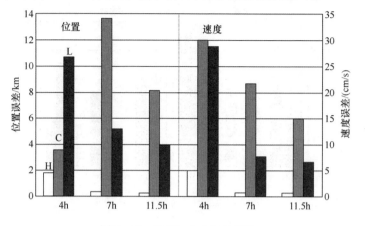

图 2-71   TCM-1 之后的定轨

TCM-1 执行之后的 10h,即 1 月 8 日 08:25GMT 执行 TCM-2。TCM-2 也分为轴向机动和切向机动两部分,这两部分的机动时间小于 4min。TCM-2 之后多普勒估计有约 1% 的热烧,实际的标定误差为 1% 的冷烧,这主要是由于 TCM-2 启动时间的误差而导致的。TCM-2 实际多普勒残差和仿真多普勒残差如图 2-72 所示。

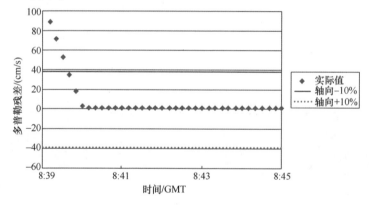

图 2-72   TCM-2 多普勒估计

1 月 11 日 11:44GMT 执行第一次月球进入机动(Lunar Orbit Insertion,LOI), 这一次机动非常关键。两台发动机用于 LOI-1。如果一台发动机失效,则另外一台不能完成机动任务,"月球勘探者"将不能被捕获进入月球轨道。LOI-1 期间的多普勒估计就非常关键。

LOI-1 刚开始点火,即 11:45GMT,金石测控站丢失了"月球勘探者"的相关信号。随后确定,是由于比较大的机动导致天线指向不够精确而导致的。直到 12:04GMT 才得到多普勒数据。金石测控站利用 2~3min 接收和存储多普勒数据,然后再利用 2~3min 处理数据得到残差。直到 12:10GMT 才得到了真实的残差。得到的有限残差数据证明在恰当的方位执行了机动,并且接近标称状态。12:17GMT 时,LOI-1 结束点火。点火后的残差在 1% 以内,校正机动误差为 0.7%。

执行 LOI-1 机动 1.5h 之后,得到了完整的轨道状态,比预期提前了几个小时。得到的轨道状态用于规划 LOT-2,并且和 11h 的规划结果非常吻合,如图 2-73 所示。

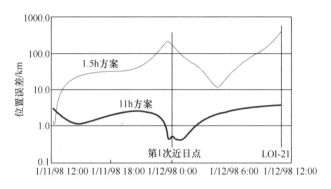

图 2-73   LOI-1 定轨精度

LOI-2 和 LOI-3 分别在 LOI-1 之后的 1 天和 2 天执行,每次机动的时间约 30min,在每次机动期间进行多普勒估计,以此估计机动的有效性。LOI-3 点火期间的实际残差和期望的残差如图 2-74 所示。

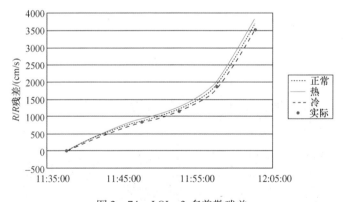

图 2-74   LOI-3 多普勒残差

LOI-2 之后,"月球勘探者"进入 3.5h 的椭圆轨道,LOI-2 的定轨精度如图 2-75所示。

执行 LOI-3 机动后一天,执行最后的成像轨道修正(Mapping Orbit Correction, MOC)机动,对初始的月球成像轨道进行优化。

MOC-1 机动之后,"月球勘探者"于 1 月 15 日 22:33GMT 到达成像轨道,当"月球勘探者"进入 99.7km × 100.9km 的近圆轨道之后开始对月球成像。

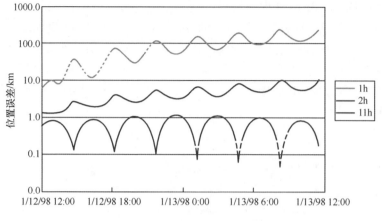

图 2 – 75   LOI – 2 定轨精度

2.8   星座计划

2.8.1   概述

2004 年 1 月,美国总统布什提出了"空间探索新构想"计划,计划在 2020 年之间重返月球。2010 年 2 月,美国宣布中止"星座"计划(Project Constellation,2005—2010 年),但部分工作包括着陆避障研究等还在继续推进。

2005 年 9 月,美国国家航空航天局 NASA 公布了星座计划,使布什总统的"空间探索构想"具体化。由美国传统载人航天器抓总单位——NASA 约翰逊航天中心(JSC)负责 Orion 飞船、Altair 月球表面着陆器以及月球表面舱外活动系统(图 2 –76)的论证、设计以及研制。

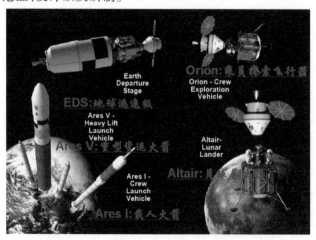

图 2 –76   "星座计划"登月飞行器系统组成

该计划将历时 13 年,耗资 1040 亿美元,目标是在 2018 年前、最迟 2020 年运送航天员重返月球,并在月球南极建立包括生活区和发电厂和通信系统在内的月球基地。

此次重返月球计划不同于"阿波罗"计划,它有更长远的目标。布什的重返月球计划,不仅要实现美国人再次登上月球的目标,更重要的是制定了以载人火星为长远目标的发展计划。

登上月球是为完成 2025 年月球"基地"的建设,并以此为跳板,为其 2037 年前实现首次载人登陆火星做准备。

NASA 最终选择了建立月球基地。这个决定主要是因为它反应了重返月球计划的两大主题:人类文明和探索准备。它还能够促进全球合作,有利于现场资源利用技术的成熟;产生更快捷的路线,用于未来探索。而且,建立月球基地还可以实现很多科学目标。

截至 2009 年年底,JSC 已经完成了 4 轮月球表面着陆器设计工作。尽管"星座计划"在过去的几年里取得一定的成绩,无人探测的结果也令人鼓舞,但 2010 年2 月 1 日,奥巴马政府公布 2011 财年预算,不是提议 NASA 取消星座计划,大力发展商业太空飞行能力,而是对未来探索任务的关键技术进行演示验证,使美国的航天计划更具可持续性、经济性。

2.8.2 任务设计

在美国重返月球计划中,载人飞船与月球登陆器的发射方式与"阿波罗"计划有所不同。"阿波罗"计划是采用环月轨道对接方式,而美国重返月球计划则选用了地球轨道交会对接 – 月球轨道交会对接(EOR – LOR)的方案,即猎户座载人探索飞船(包括乘员舱、服务舱和发射中止系统)和月球登陆器分别由"阿瑞斯" –1 号和"阿瑞斯" – 5 号火箭发射进入近地轨道对接后,利用"阿瑞斯" – 5 号的第二级(地球出发级)动力进入奔月轨道。猎户座和月球着陆器进入环月轨道后,航天员乘坐月球着陆器登陆月球表面,而猎户座将在无人驾驶的情况下留在环月轨道上进行绕月飞行。在月球表面停留 7 天后,登月舱载航天员返回月球轨道,并与猎户座飞船对接,所有航天员返回至猎户座飞船中。猎户座飞船然后通过直接或跳跃再入和着陆,带航天员返回地球,而登月舱最终将坠毁在月球表面。具体步骤如图 2 – 77 所示。表 2 – 20 为重返月球飞行路线图说明。图 2 – 78为月球轨道飞行方案计划。图 2 – 79 为登月舱下降方案。

制动段:在 15km 高度,制动发动机沿速度反方向开机,以最高效率消耗轨道能量。

姿态调整段:制动减速结束之后,着陆器将进行姿态机动调整。近乎垂直的姿态将提供成员组更好的视场,以便发现着陆场周围的障碍物。

接近段:发动机推力调整为最大推力的 40% ~60% 。推力方向将沿着标称轨迹设计的方向。危险探测敏感器将在该阶段开机,成员组可能需要根据危险感知

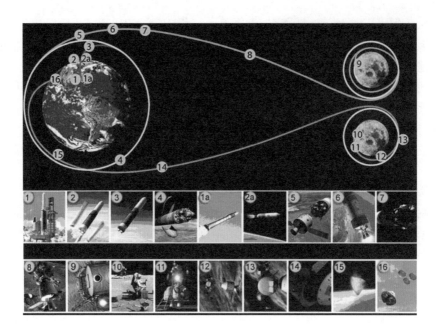

图 2 - 77 重返月球飞行路线图

表 2 - 20 重返月球飞行路线图说明

序号	过　　程	序号	过　　程
1	"阿瑞斯"5号重型运载火箭点火升空	8	猎户座与月球登陆器进入环月轨道
2	"阿瑞斯"5号火箭助推器分离	9	航天员离开猎户座载人飞行器,乘坐月球登陆器登陆月球
3	"阿瑞斯"5号利用第一级动力飞行	10	在月球表面进行科学考察
4	"阿瑞斯"5号火箭将月球登陆器送入地球轨道	11	航天员乘坐月球登陆器上部的飞行舱飞离月球
1a	"阿瑞斯"1号火箭携带"猎户座"发射升空	12	与猎户座自动对接
2a	"阿瑞斯"1号利用第二级飞行	13	月球登陆器分离,猎户座飞向地球
5	到达预定轨道猎户座与月球登陆器和地球出发级对接	14	猎户座服务舱分离
6	利用地球出发级飞向月球	15	猎户座乘员舱再入大气层
7	地球出发级分离	16	使用降落伞和气囊着陆地面

系统提供的信息,重新规划着陆点,该过程也可由机器自主完成。当发生着陆点更改时,GNC系统将规划更新着陆轨迹。

接近段结束于最终着陆点上方30m的高度。该阶段最重要的因素是成员视场角和地形危险感知敏感器的视场。

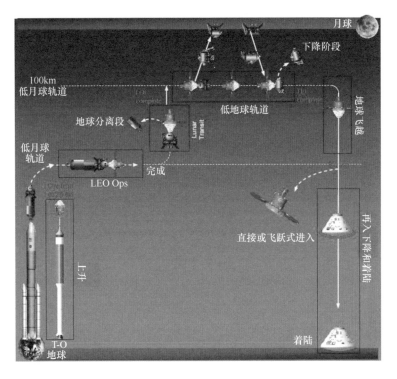

图 2-78　重返月球计划 – 月球轨道飞行方案计划

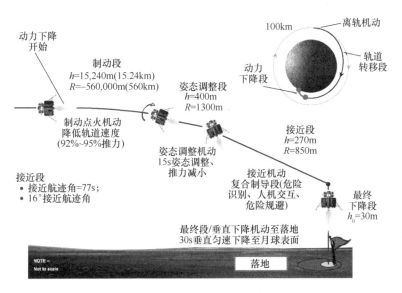

图 2-79　登月舱下降方案

最终下降段:着陆器将在30s内以1m/s的速度受控垂直下降,直至着陆点上方1m的高度。然后主发动机关机,着陆器最终触地速度为2.1m/s。

制导与控制算法如下。

制导算法将为软着陆过程提供参考轨迹,基于"阿波罗"登月舱的制导算法,将参考轨迹的加速度设计为时间的多项式函数,主要用于制动减速段和接近段。

$$a = c_0 + c_1 t + c_2 t^2$$

通过位置速度的解析方程以及初末位置速度信息,可以得到待定系数的数值。

$$c_0 = a_t - 6 \frac{(v_t + v_0)}{t_{go}} + 12 \frac{(r_t - r_0)}{t_{go}^2}$$

$$c_1 = -6 \frac{a_t}{t_{go}} + 6 \frac{(5v_t + 3v_0)}{t_{go}^2} - 48 \frac{(r_t - r_0)}{t_{go}^3}$$

$$c_2 = 6 \frac{a_t}{t_{go}^2} - 12 \frac{(2v_t + 3v_0)}{t_{go}^3} + 36 \frac{(r_t - r_0)}{t_{go}^4}$$

另外,推力时长、大小、飞行时间、期望位置速度和加速度信息需要给出。这样每一轴方向都将可以分别计算。不同的阶段需要给出不同的期望值。

控制算法采用推力矢量控制(Thrust Vector Control, TVC)来操纵登月舱,该算法由自主着陆与障碍规避技术(Autonomous Landing and Hazard Avoidance Technology, ALHAT)实验室开发。推力矢量控制主要控制登月舱的俯仰与偏航两个轴,滚转方向没有控制权限。滚转方向由姿态控制系统的反作用推力器(RCS)控制。

俯仰与偏航方向采用比例微分控制器(PD),反馈控制量为姿态和角速度误差。

该制导律基于参考轨迹和两个反馈项给出控制加速度,第一项是实际位置与标称位置的偏差,另一项是实际速度与标称速度的偏差。

$$\delta_{cmd} = K_p \Theta_{err} + K_D \omega_{err}$$

其中,俯仰与偏航方向的万向节角度,即控制指令由俯仰与偏航方向的角度与角速度误差决定。

登月舱起飞过程可以分为三个阶段:垂直起飞阶段、单轴旋转阶段(程序转弯)和动力显式制导阶段(图2-80)。

垂直起飞阶段:该阶段的目的是使上升级达到足够的高度,来摆脱地形对后续阶段的影响。上升级在大约10s的时间内到达100m的高度。

单轴旋转阶段:通过旋转使上升级尽快获得需要的飞行航迹角,以便减小在后续阶段中的速度增量需求。该阶段完成得越快,最优航迹就能越快实现。该阶段

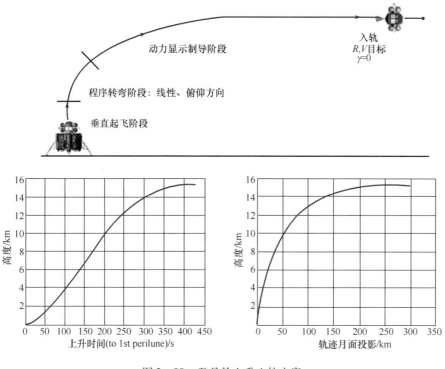

图 2 - 80　登月舱上升入轨方案

一般不超过 15s,最大俯仰转动速率为 5°/s。

　　动力显式制导阶段:从姿态调整为预定航迹角开始,到上升级发动机关机终止。该阶段飞行时间为 380 ~ 385s。推进系统工作能力 430s,可供该阶段的使用时间为 410 ~ 415s。为了最小化上升级入轨所需要的燃料,该阶段需要采用最优控制策略。

　　星座计划月球表面着陆精度要求高:载人登月着陆精度要求为 1km,月球基地任务则为 100m。Altair 在系统设计、器件配置以及 GNC 算法上都进行了研究和改进,具体实现流程如图 2 - 81 所示。表 2 - 21 为 Altair 月球表面着陆与起飞入轨阶段 GNC 方案。

　　Altair 下降级主发动机额定推力为 82.9kN,在环月轨道进入以及月球表面着陆中使用 TVC 进行俯仰和偏航姿态控制,其 TVC 研究主要进行了两方面的工作:一是 TVC 最大侧摆角度的确定,二是 TVC 控制带宽的设计。通过对多个阶段姿态控制任务的深入分析并且考虑了 TVC 伺服中的误差因素,得到了 Altair 下降主发动机侧摆角度的预算(表 2 - 22),最大侧摆角设计为 6°合理。

　　在 TVC 控制带宽的设计上,Altair 充分研究考虑了推进剂液体晃动、月球表面着陆器结构柔性等因素。经过建模与分析,Altair 的 TVC 控制带宽初步确定为 0.12 ~ 0.15Hz(图 2 - 82)。图 2 - 83 为总体 GNC 概略结构。

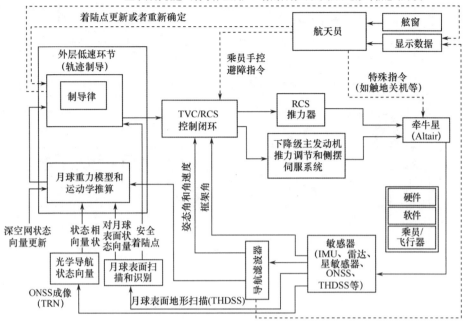

图 2 – 81　Altair 的 GNC 实现流程

表 2 – 21　Altair 月球表面着陆与起飞入轨阶段 GNC 方案

软、硬件 GNC	硬 件 配 置	软 件 算 法
制导	下降主发动机额定推力 83kN，变推比为 10∶1	主减速段采用动力显式制导律，接近段使用四次多项式制导，终端下降段以 1m/s 的速度稳定下降，直至主发动机关机
制导	上升主发动机额定推力恒定，为 24.5kN	垂直上升设计达到 100m 高度时结束，单轴旋转段要求将上升级姿态调整到动力显式制导段初始状态，动力显式制导段控制上升级飞行到达关机点时，关机状态满足入轨要求
导航	惯性测量单元(IMU)	下降着陆段采用惯性导航加测距测速修正，并引入 ONSS 或者 THDSS 测量信息进行地形相对导航
导航	星敏感器(SRU)	下降着陆段采用惯性导航加测距测速修正，并引入 ONSS 或者 THDSS 测量信息进行地形相对导航
导航	光学导航系统(ONSS)	下降着陆段采用惯性导航加测距测速修正，并引入 ONSS 或者 THDSS 测量信息进行地形相对导航
导航	着陆雷达系统(TDRS)	下降着陆段采用惯性导航加测距测速修正，并引入 ONSS 或者 THDSS 测量信息进行地形相对导航
导航	地形障碍探测系统(THDSS)	下降着陆段采用惯性导航加测距测速修正，并引入 ONSS 或者 THDSS 测量信息进行地形相对导航
控制	下降级主发动机 TVC	下降着陆阶段： 　TVC 控制俯仰和偏航姿态，±6°侧摆角，伺服带宽为 0.12~0.15Hz；下降级 RCS 控制滚动姿态 起飞上升阶段： 　上升级 RCS 控制三轴姿态
控制	下降级安装了 16 台 445N 姿控发动机	下降着陆阶段： 　TVC 控制俯仰和偏航姿态，±6°侧摆角，伺服带宽为 0.12~0.15Hz；下降级 RCS 控制滚动姿态 起飞上升阶段： 　上升级 RCS 控制三轴姿态
控制	上升级安装了 20 台姿控发动机	下降着陆阶段： 　TVC 控制俯仰和偏航姿态，±6°侧摆角，伺服带宽为 0.12~0.15Hz；下降级 RCS 控制滚动姿态 起飞上升阶段： 　上升级 RCS 控制三轴姿态

表 2 – 22　　Altair 下降级主发动机侧摆角度预算

角度预算	数值
可确定的侧摆角度	每轴
动力下降初始时推力对准质心所需倾斜角度/(°)	2.37
倾斜角选择时的误差(推进剂分布估计不准确)	0.24
阶段统计	2.61
可能的侧摆角度不确定性	每轴 3σ/(°)
侧摆驱动系统的缺陷:死区、迟滞、发动机安装误差等	1.0
着陆器质心估计误差	1.0
着陆器结构的热性能不稳定引起的偏差	0.25
由于质心漂移(推进剂排放不平衡)引起的侧摆角度不确定	0.24
由于质心漂移(推进剂液体晃动)引起的侧摆角度不确定	0.50
最大侧摆角处的过渡停留(点火时)	1.5
阶段统计	2.21
总计	4.82

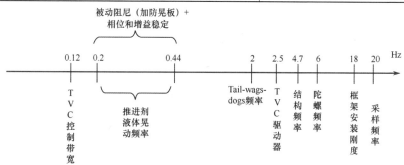

图 2 – 82　　Altair 的 TVC 控制带宽设计

由上述流程图可以看出,光学导航贯穿整个探测过程。

(1)地球接近和再入过程:主要依靠陀螺和星敏进行定姿,依靠光学敏感器对地球轨道卫星或导航星进行跟踪来确定轨道位置。

(2)月球巡航转移段、接近或分离阶段:该阶段通过导航敏感器对月球特征标识进行成像来确定探测器位置。姿态仍然依靠惯性组件和星敏。

(3)月球轨道阶段:同上。

(4)着陆器返回对接阶段:主要依靠雷达和光学敏感器进行导航。

(5)着陆过程:通过激光雷达和光学敏感器进行导航、避障等行为。

(6)月球车:通过星敏感器进行姿态位置的确定,利用光学敏感器进行避障、路径规划等。

另外,无线电测控也贯穿整个任务阶段,包括地面与轨道器、地面与着陆器、轨道器与着陆器、轨道器与月球车。

Altair 登月舱光学导航系统(图 2 – 84)将由专用相机(宽角度和窄角度)组

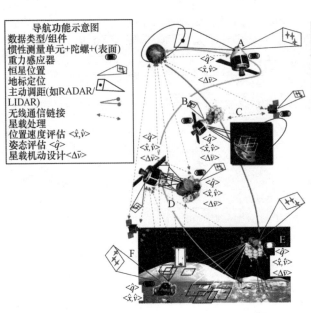

导航功能示意图
数据类型/组件
惯性测量单元+陀螺+(表面)
重力感应器
恒星位置
地标定位
主动调距(如RADAR/LIDAR)
无线通信链接
星载处理
位置速度评估 $\langle \hat{x}, \hat{v} \rangle$
姿态评估 $\langle \hat{q} \rangle$
星载机动设计$\langle \Delta \hat{v} \rangle$

任务阶段图例
A: 地球接近和再入
B: 地月转移巡航，接近和分离
C: 月球轨道
D: RPODU，TEI
E: 下降，着陆和上升
F: 月球表面科学操作

图2-83 总体GNC概略结构

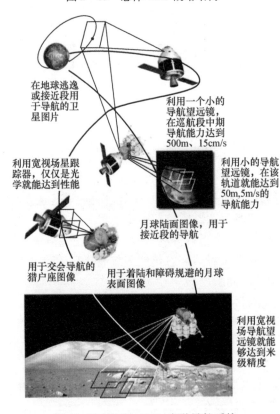

在地球逃逸或接近段用于导航的卫星图片

利用一个小的导航望远镜，在巡航段中期导航能力达到500m，15cm/s

利用宽视场星跟踪器，仅仅是光学就能达到性能

利用小的导航望远镜，在该轨道就能达到50m,5m/s的导航能力

月球陆面图像，用于接近段的导航

用于交会导航的猎户座图像

用于着陆和障碍规避的月球表面图像

利用宽视场导航望远镜就能够达到米级精度

图2-84 星座/Altair光学导航系统

成,它将安装在万向节上,达到最大程度观测机动性(进行表面的选择),并且估计必须的探测器转向去获得光学数据。表 2-23 所列为 Altair 任务阶段利用光学数据进行瞬时几何位置确定。

表 2-23　Altair 任务阶段利用光学数据进行瞬时几何位置确定(3σ)

轨道类型	LEO	LEO	Cis - Lunar	月球轨道	月球轨道
距离	(距离目标 10,000km)	距离目标 30,000km	200000km 距离地球/月球	5m 平台 牵连误差	100m 牵连误差
NAC	25m	75m	0.5km	5m	100m
WAC	357km	1.07km	6.5km	5m	5m

　　星座计划中 NASA 从系统层面进行设计,以实现着陆过程中的选址与避障,并确定由 JSC 主导启动了自主着陆避障项目(ALHAT),目标是"载人、货运或无人月球表面着陆器在任何光照条件下都能识别并规避月球表面地形障碍,并最终安全精确着陆于月球表面任何地点",整个项目的流程如图 2-85 所示。

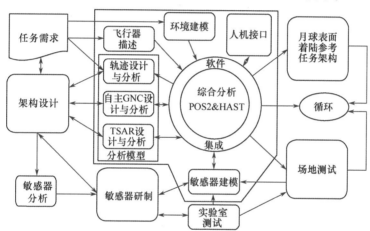

图 2-85　ALHAT 项目流程

　　ALHAT 以安全精确着陆月球表面为目标,研究相关的总体设计、着陆轨迹分析、GNC 方案和避障敏感器,并开发了多种设计分析软件,其月球表面障碍识别目标为:不小于 0.3m 的月岩或坑洞以及不小于 5°的斜坡。重点发展了三项技术:①地形相对导航(TRN)技术,以实现全月球表面高精度导航;②障碍探测与规避(HDA)敏感器系统,以检测着陆点地形障碍并进行避障控制;③障碍相对导航(HRN)技术,为避障机动控制提供高精度导航信息。TRN、HDA 以及 HRN 等与 Altair 自主 GNC 系统(AGNC)结合,可以在无地面测控支持、无月基导航设施、无先验着陆点信息的情况下实现安全精确着陆,而且支持航天员与 Altair 的深度交互。

　　经过对月球表面着陆总体任务和需求的深入分析,ALHAT 认为最关键是检测识别月球表面地形障碍并实现高精度自主导航,要求主动敏感器能实现测高、测速以及 TRN、HDA 以及 HRN 等 5 种功能。JSC 选择了闪光激光雷达(三维成像激光雷达)、多普勒激光雷达和激光高度计等三种激光雷达。闪光激光雷达能够实现所有 5 种功能,多普勒激光雷达测速精度可达 1cm/s,还能提供高精度测距信息以及相对月球表面的姿态信息,而激光高度计测高范围大,测距范围为 20km ~ 100m,三种激光雷达的数据更新频率一般为 30Hz。

POST2 是一款用于轨迹设计和任务规划的仿真系统,可针对任意飞行器进行三自由度、六自由度以及多自由度轨迹仿真。ALHAT 项目基于 POST2 集成了月球重力、自主 GNC 敏感器、HRN 以及 HDA 等模型后,形成了 ALHAT 仿真系统(图 2 - 86)。

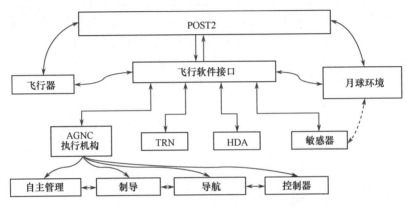

图 2 - 86 基于 POST2 的 ALHAT 仿真系统

ALHAT 已经完成室内仿真验证和多次场地测试,场地测试分为三种类型:直升机搭载测试(FT1、FT2、FT4)、飞机搭载测试(FT3)及着陆火箭搭载测试。实验室内主要是测试 AGNC 算法,六自由度仿真中使用了多条标称轨迹,以测试月球表面着陆正常飞行以及考虑敏感器误差等工况。测试表明算法对于已知误差和轨迹散布是鲁棒的,而且能够实现自主避障,仿真器乘员舱如图 2 - 87 所示。

图 2 - 87 Draper 实验室的月球表面着陆仿真乘员舱

3 次直升机搭载测试于 2008 年 5 月至 2010 年 7 月完成,主要目的是在模拟月球表面着陆的环境中测试闪光激光雷达以及相应的 HDA 和 HRN 算法性能,同时也对基于可见光成像的地形匹配导航技术进行验证。第 1 次搭载测试(FT1)中,闪光激光雷达安装在直升机前端的惯性稳定平台上,测试平台及设备如图 2 – 88 所示。

(a) ALHAT 直升机搭载测试　　(b) 直升机搭载测试框架平台　　(c) 被动光学地形匹配导航相机

图 2 – 88　ALHAT 直升机搭载测试平台及设备(FT1)

飞机搭载测试(FT3)于 2009 年 6 月 20 日至 2009 年 7 月 7 日进行,NASA 兰利研究中心(LaRC)和喷气推进实验室(JPL)为测试准备了两套 TRN 系统,分别用于内华达和加利福尼亚两个试验场。场地测试表明已有 TRN 算法可以达到 AL-HAT 的 90m 着陆精度要求,两次测试中的 TRN 估计误差都在 50m 以内,而且发现导航精度主要与参考月球表面数字高程图(DEM)的质量及分辨率有关。

Draper 实验室建立的 GENIE 综合试验环境验证了高动态状态下 ALHAT 导航与制导算法的高精度、实时性以及融合性,已经进行了 Pixel、睡神号(Morpheus)以及 Masten 宇航公司飞行模拟器的试验,可用于月球以及火星等任务中的模拟飞行闭环控制验证。在 GENIE2013 年的试验规划中,"精确着陆演示"将装备全套的敏感器,以验证飞行平台在 2km 到 5km 航程范围内的闭环精确着陆控制;"避障检测演示"将验证接近段飞行中 ALHAT 的自主障碍检测能力,以及 AGNC 准确选址并且精确避障控制的能力。如果两个测试全部成功,则可认为 ALHAT 系统 TRL 达到 6 级。

为了验证月球表面精确着陆中从接近段到接触月球表面的人控避障操纵品质,NASA 埃姆斯研究中心(ARC)于 2007 年开始进行人控月球表面精确着陆的仿真试验,评价专家包括 8 位航天飞机和"阿波罗"的飞行员以及 3 位 NASA 专业试飞员。所使用的垂直运动模拟器(VMS)已经用于多个载人飞行任务的训练,为满足着陆避障人控要求特别设计了 VMS 座舱,并由 5 块屏幕提供月球表面模拟场景,如图 2 – 89 所示。截至 2009 年 10 月,已经进行了 3 次人在回路仿真试验,后

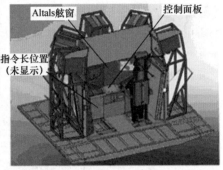

(a) VMS飞行模拟器外观　　　　　　　(b) VMS乘员座舱设计

图 2-89　埃姆斯研究中心的 VMS 飞行模拟器

续仿真将针对多种控制模式展开,包括全自动、半自动和手动。

　　星座计划中,月球表面着陆器在承载人数、月球表面停留时间、登月舱重量有较大的提高,需要研制新的月球表面着陆缓冲机构。

　　Altair 登月舱外形酷似"阿波罗"登月舱,其着陆装置仍为四腿方案,见图 2-90。

图 2-90　Altair 登月舱概念设计参考结构图

　　星座计划多家机构分别提出了各自的月球表面着陆器概念以及方案,其中Boeing 公司提出的月球表面着陆缓冲系统由 4 套着陆缓冲机构构成,其新颖之处在于采用了向上收拢的方式(图 2-91),这种方式能够进一步减小发射包络,并且拥有很好的固定刚度,展开后,着陆缓冲机构的跨度也更大,从而满足 Altair 由于着陆质量增大和着陆重心增高带来的着陆稳定性要求。

　　此外,还在积极探索基于新型缓冲材料的着陆缓冲机构、主动控制缓冲机构以及探索可调节着陆后姿态的着陆机构。

　　星座计划 Altair 月球表面起飞前的初始定位和对准方法与"阿波罗"登月舱基本类似,主要的区别在于 Altair 所用仪器水平大大提高,IMU 由平台式升级为捷联式,光学导航系统(ONSS)取代了瞄准光学望远镜(AOT)。导航设备在功能和性

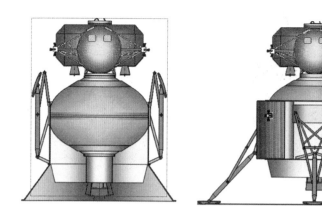

图 2 - 91　Boeing 公司提出的 Altair 着陆缓冲方案

能上的提升使初始定位和对准方法更具多样性,确保了定位与对准的精度。

　　Altair 月球表面起飞前通过深空网实时上传的定位数据与 ONSS 测量数据进行滤波估计来进行定位。在"阿波罗"地面测控网的基础上,星座计划设计新增智利、南非和日本三个测控主站(图 2 - 92),这样测控站在全球覆盖更为均匀。图中,蓝色圆点为"阿波罗"任务地面测控站,浅绿色方块为星座计划地面测控站,橙色菱形为"阿波罗"任务中辅助测量站。

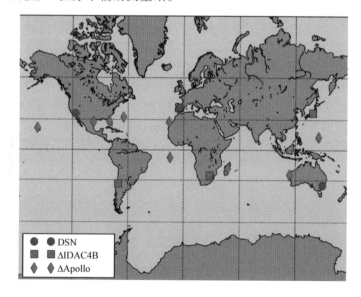

图 2 - 92　"阿波罗"任务和星座计划的测控站分布

　　另外,当无法获得地面测控信息时,能够通过 ONSS 观测恒星方位(或轨道舱方位)来确定自身的位置,可作为一种月球表面定位手段。

　　Altair 月球表面起飞初始对准采用了成熟的算法。根据定位结果,结合星敏感器和 IMU 的测量结果,通过卡尔曼滤波方法解算上升级惯性姿态和相对月球表面的姿态。

2.8.3 "猎户座"(Orion)飞船

2006 年 8 月,美国宇航局选定美国洛克希德·马丁公司设计、制造和测试名为 Orion 的新一代载人飞船,该飞船是一种新型可重复使用飞船。

Orion 飞船由指令舱 CM、服务舱 SM、逃逸救生系统 LAS 和适配器 SA 共 4 个部分组成,见图 2-93。

Orion 指令舱采用"阿波罗"飞船指令舱相同的钝头外形,其舱内空间是"阿波罗"飞船指令舱的 2 倍。与"阿波罗"飞船不同的是,Orion 指令舱可多次重复使用,并且开有更多的窗口,扩大了航天员的视野。

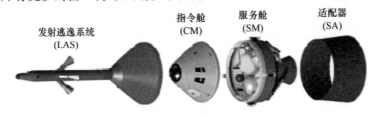

图 2-93   Orion 载人飞船组成图

除此之外,Orion 采用太阳能翼电池发电,而"阿波罗"飞船由燃料电池供电;在 Orion 飞船将首次采用低碰撞对接机构(Low-impact Docking System)。

Orion 飞船可以完成载人月球探测、空间站和未来的载人火星探测任务,可以在轨自主飞行 210 天;执行载人月球探测时可乘载 4 名航天员;执行空间站任务、载人火星探测时乘载 6 名航天员。表 2-24 所列为 Orion 飞船技术指标。

表 2-24   Orion 飞船技术指标

指标参数	数值	指标参数	数值
直径/m	5	月球返回有效载荷/kg	100
乘员舱体积/m³	20	干质量/kg	14045
居住体积/m³	11	推进剂质量/kg	9350
总推进能力(服务舱发动机)/(m/s)	1738	着陆质量/kg	7337
服务舱发动机推力/N	33362		

"猎户座"飞船的 GNC 系统结构如图 2-94 所示,主要包括惯性测量单元、GPS 系统设备、星敏感器、压力传感器、激光雷达、远场光学相机等,执行机构为指令舱和服务舱的姿控推力器、服务舱主发动机。

(1) 惯性测量单元(IMU):采用 Honeywell 公司的 MIMU,如图 2-95 所示,包含三轴速率陀螺,测量飞行器的惯性姿态;三轴加速度计,测量飞行器本体相对于惯性坐标系的三轴加速度。

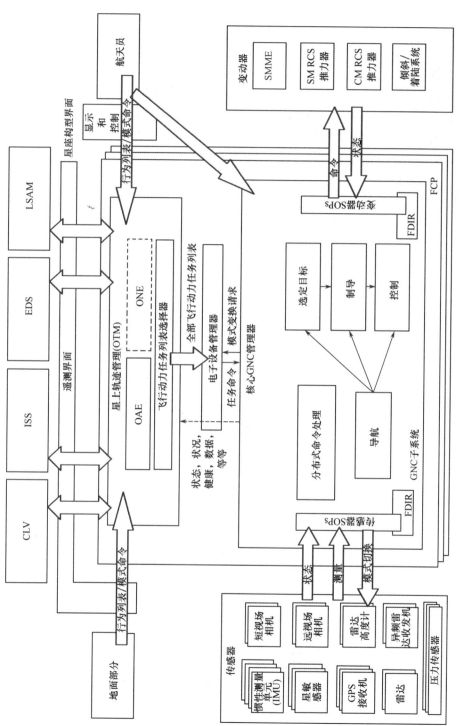

图2—94 "猎户座"飞船GNC系统结构

2.8 星座计划

125

（2）GPS系统设备：包括GPS接收机和天线，如图2-96所示，为飞船提供地球起飞阶段、低地球轨道阶段和地球再入阶段的惯性位置和速度。

图2-95 Honeywell MIMU

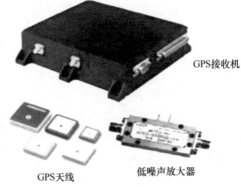

GPS接收机

GPS天线

低噪声放大器

图2-96 GPS系统设备

（3）星敏感器：提供高精度的惯性姿态四元数，周期性修正惯性测量单元。另外，星敏感器也可以在自动交会设备启动之前用作交会对接敏感器，通过目标跟踪，获得目标航天器的相对方位（方位角和仰角）。在远场交会（400nmi～20nmi，1nmi = 1852m）的范围内，星敏的测量量是确定飞船相对状态的关键量。星敏感器采用的是Goodrich HD1005型星敏感器，如图2-97所示。

（4）激光雷达：在接近、操作和锁定阶段，激光雷达通过接收从目标上的反射器反射回的激光信号，提供基于飞行时间的相对位置、姿态和方位测量信息。激光雷达的测量信息可以支

图2-97 Goodrich HD1005型星敏

持航天员手动控制、遥控操作和自动交会对接操作。一旦捕获目标，激光雷达将不再依赖于轨道的光照条件。

激光雷达采用经历XSS-11卫星飞行试验的MDA型激光雷达，如图2-98所示。

图2-98 激光雷达

（5）远场光学相机：地月转移阶段和月球环绕轨道阶段，飞船处于 GPS 导航范围之外，采用天文导航来获取自身的导航信息。在地月转移阶段，远场相机提供星空观测图像，天文导航算法将使用星敏提供的惯性姿态，将星图还原到惯性系统中从而估算本体状态。在月球环绕阶段，远场相机将追踪月球表面地貌，根据地形特征匹配和天文导航算法，通过方位测量确定自身惯性状态。在交会对接过程中，远场相机提供相对距离和方位的测量，扩展自动交会对接敏感器的测量范围。

该相机包含一个 2.0M 像素的光学镜头和一个独立的电子设备箱。电子设备箱中包含图像处理单元、一个通信接口和一套计时与控制设备，其模装图如图 2 – 99 所示。

（6）近场光学相机：在交会对接过程中，为图像处理程序提供目标飞行器的图像序列，计算飞船相对位置、方位和姿态数据信息。同时也兼作监视相机，为人控操作、任务规划、飞行控制提供支持。相机必须在有光照的弧段使用，船载 LED 光源可提供大约 200m 的照明。

"猎户座"飞船的近场相机采用 Altasens SROC，结构组成与远场相机类似。

（7）压力传感器：主要用来提供准确的大气压力数据，支持大气再入时的制导与控制，包括降落伞的展开与着陆。在高度测量方面，其精确性和数据可用性要优于 GPS 和惯性测量单元。

"猎户座"飞船的设计采用了 3 台 Honeywell LG – 1237 Smart PT 压力传感器，如图 2 – 100 所示。

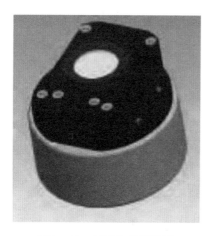

图 2 – 99　远场相机模装图

图 2 – 100　压力传感器

"猎户座"飞船的 GNC 系统关键敏感器概念布局如图 2 – 101 所示。其中 3 号星敏感器安装垂直于飞船本体 x 轴，该星敏主要用于月球轨道保持阶段的惯性姿态测量。姿态控制执行机构概念安装图如图 2 – 102 所示。

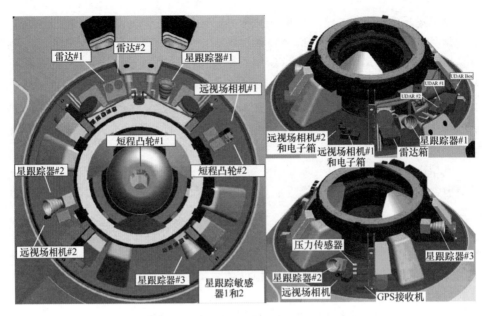

图 2-101　猎户座飞船 GNC 系统敏感器概念布局

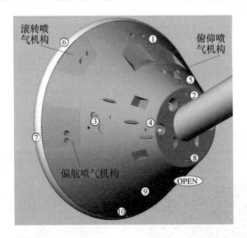

图 2-102　姿态控制执行机构概念安装图

2.8.4　"牵牛星"(Altair)登月飞行器

NASA 重返月球计划中要使用的月球着陆器——月球表面访问舱(LSAM)将沿袭"阿波罗"计划中所用月球着陆舱的设计理念,即由上升段和下降段两部分组成,见图 2-103。下降段带有 4 个支架,支撑航天器和大部分乘员消耗品和科学设备,下降段是一个通过液氧/液氢火箭发动机来实现软着陆的平台;上升段则是航天员完成登月任务后承载他们飞离月球表面的飞行舱。飞行舱上升离开月球时,将使用液氧/甲烷作为推进剂。

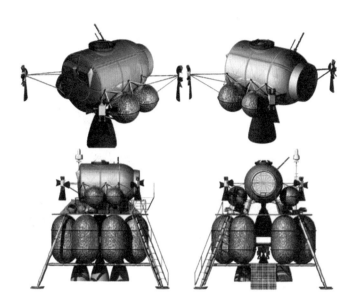

图 2 - 103　月球着陆器基本构型

LSAM 的上升段和下降段能够支持 4 名航天员在月球表面停留 7 天,然后运载航天员从月球表面到达月球轨道。上升级使用了一个集成的压力供给的液氧/甲烷推进系统,同猎户座飞船服务舱的推进系统相似,沿轨道平面上升至 100km 高的月球圆形轨道,在那里与猎户座飞船交会对接。一个 44.5kN 的上升推进系统发动机和 16 个 445N 的反应控制系统(RCS)助推器用于机动(1866m/s)和姿态控制(22m/s)。

经过初步的计算,LSAM 的总质量为 32.6t,其中下降舱中装有 19t 的推进剂,设备、掩体和供给质量约为 2.7t,制动发动机推力 66.9kN。

月球表面着陆器是整个星座计划的关键部分,除了载人月球表面着陆器(Altair)外,NASA 还提出了用于未来月球基地和货运的两种月球表面着陆器。三种任务中月球表面着陆器的基本构型如图 2 - 104 所示。

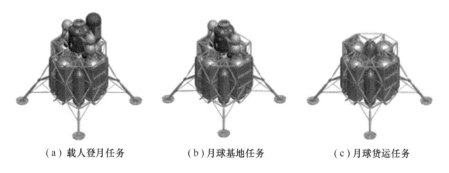

(a)载人登月任务　　　(b)月球基地任务　　　(c)月球货运任务

图 2 - 104　星座计划中提出的三种月球表面着陆器构型

Altair 由上升级、下降级和气闸舱构成,无论是规模还是任务上,Altair 都比"阿波罗"登月舱提升了很多,两者规模对比如图 2 - 105 所示,总体方案对比如表 2 - 25 所列。

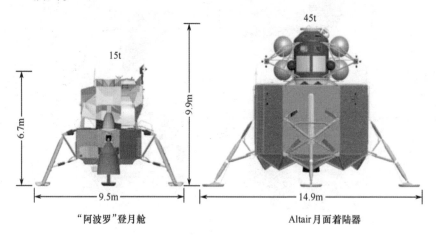

图 2 - 105 "阿波罗"登月舱与 Altair 月球表面着陆器规模对比

表 2 - 25 Altair 与"阿波罗"登月舱总体方案对比

配置参数 ＼ 登月舱	"阿波罗"	Altair
最大乘员数量	2	4
月球表面停留时间	3 天	7 天(载人登月任务) 最长 210 天(月球基地任务)
月球表面到达能力	靠近月球赤道附近	全月球表面
分级	2	2
总高度/m	7.04	9.75
储箱宽度/m	4.22	8.8
着陆腿展开直径/m	9.45	13.5
乘员舱加压空间/m³	6.65	(乘员舱 + 气闸舱)17.5
上升级重量/t	4.805	6.141
上升级推进剂	1 - UDMH - NTO	1 - MMH - NTO
上升级主发动机推力/kN	15.6	24.5
下降级重量/t	11.666	37.045
下降级推进剂	1 - UDMH - NTO	1 - LOX - LH2
下降级主发动机推力/kN	44.1	83.0

重返月球光学导航计划希望一个导航相机组合,尽管是一个功能备份,它包括一个宽角度成像仪(40°~60°视场)和一个窄角度成像仪(1°~3°视场),安装在一个二自由度万向节上(图2-106、图2-107)。两个成像仪是假定具有相对宽的视场和高动态范围去获得在中纬度短曝光的图片和靠近目标点的充足的长曝光的图像。地形标志模型和跟踪方法是讨论过的,包括利用立体成像方法假定去获得高精度的地面成像在月球着陆位置为1~2m,和其他地方精度50~100m,利用这些图像期望去获得月球轨道器的位置。光学自主导航系统的参数是讨论、组织和来自着陆仿真结果,结果显示着陆精度优于10m。表2-26给出了其光学敏感器特性。

图2-106　光学导航敏感器系统(ONSS)

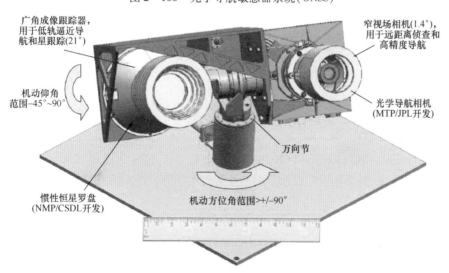

图2-107　宽和窄角度相机和 MOOG/Schaefer 万向支架

表 2 - 26　ONSS 光学敏感器特性

参数 \ 型号	TacSat - 2 ISC	MRO ONC	参数 \ 型号	TacSat - 2 ISC	MRO ONC
阵列尺寸	512 × 512	1024 × 1024	视场/(°)	21	1.4
焦距/cm	3.5	50	功率/W	0.4	4
F 数	1.2	8.3	质量/kg	1.4	2.8
孔径/cm	3	6	敏感器类型	APS	CCD

2.9　月球坑观测和遥感卫星

2.9.1　概述

　　月球坑观测和遥感卫星（Lunar Crater Observation and Sensing Satellite，LCROSS，2009）是美国月球轨道无人飞行器，属于月球先锋机器人计划项目（Lunar Precursor Robotic Program）。由 NASA 戈达德太空中心负责设计研制和任务执行。美国东部时间 2009 年 6 月 18 日 17 时 32 分（北京时间 19 日 5 时 32 分）在卡纳维拉尔角空军基地 41 号发射场，月球勘测轨道飞行器与月球坑观测与遥感卫星（LCROSS）利用"宇宙神"- V401 运载火箭成功发射。

　　2009 年 6 月 23 日 6 时 20 分，LCROSS 借助月球引力完成变轨任务，进入月球极轨，LCROSS 有效载荷开机后通过扫描 3 个已知撞击坑对载荷进行标定。在与 LRO 分离且相互距离足够远后，LCROSS 进行燃料卸载，排出"半人马座"多余燃料以防止污染撞击点。10 月 8 日 21 时 50 分，"牧羊"探测器与"半人马座"上面级分离。约 10h 后，即 10 月 9 日 7 时 31 分，"半人马座"先以 2.5km/s 的速度撞击月球南极凯布斯坑（Cabeus）。"牧羊"探测器进行制动和调整方位，让有效载荷准确捕捉"半人马座"的撞击。在"半人马座"撞月后，"牧羊"探测器有 4min 时间采集样本并进行分析，然后把探测数据传回地面控制中心。最后，"牧羊"探测器以同样的方式撞向月球表面。

2.9.2　任务需求

　　月球坑观测和遥感卫星（LCROSS）的首要任务是在月球极地找水，确定探测月球表面永久阴影区内是否有水存在；如果有水存在，则确定月球土壤中水的含量，确定撞击坑中的月球土壤成分。

2.9.3　飞行器设计

　　月球坑观测和遥感卫星由"牧羊"探测器（Shepherding Space - craft，S - S/C）和"半人马座"火箭（Centaur）两部分组成，如图 2 - 108 所示。其中"牧羊"探测器总质量 834kg,包括干质量 534kg,燃料 300kg。其结构组成如图 2－109、图 2－110 所示。

图 2－108　LCROSS 飞行器组成示意图

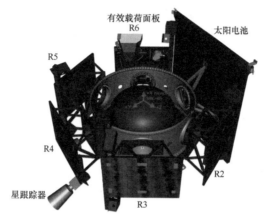

图 2－109　"牧羊"探测器结构组成示意图

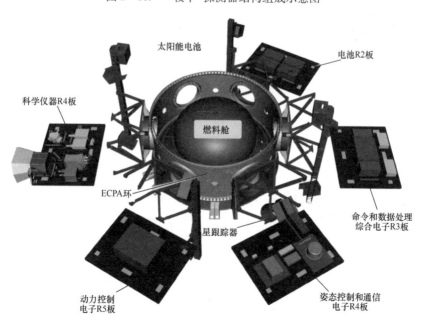

图 2－110　"牧羊"探测器结构组成展开图

姿态控制分系统包括星敏感器、微型惯性测量单元、10台太阳敏感器、推进和展开电子设备,总质量14kg。

卫星的姿态控制分系统由星敏感器(A-STR)、微型惯性测量单元(MIMU)、太阳敏感器和推进控制设备(PDE)组成。

姿态控制分系统主要根据LRO的硬件和软件以同样的独立式串行排列,采用了霍尼韦尔公司的MIMU陀螺仪,并用RS-422总线代替了1553总线,其中,MIMU可以利用内置的加速计测量速度增量,实现星历表的更新。LCROSS的星敏感器是一个自治单元,包括星表和星体跟踪/捕获和计算姿态软件,其输出可以为姿态控制分系统飞行软件提供一组四元数。姿控精度10″。

LCROSS的10通道太阳敏感器包含10个单独的同型传感器与姿控电子设备的指令/数据处理单元相连。S-S/C继承了LRO的推进阀驱动电子设备,重新包装后命名为PDE。

星敏感器和MIMU可以在探测器飞行阶段为姿控提供恒星惯性姿态基准;10通道太阳敏感器能够在星敏感器失去星体追踪后,由PDE启动的推进分系统反作用控制系统推力器提供相应的力矩和速度增量,使太阳能电池阵重新对日定向;C&DH指令与数据处理单元完成相应的姿控基准算法和姿控/速度增量控制算法的运算。除了太阳敏感器的模拟输出用模数(AD)转换接口之外,所有的接口都是1553总线。星敏感器外挂在探测器背对太阳的一面,瞄准EDUS的尾部方向,这是最好的地—日—月指向,有效避免了干扰。

LCROSS推进分系统的推进箱由一个独立的锥体支撑着,沿用了现有的跟踪和数据中继卫星(TDRS)的推进箱,LRO也沿用了这种推进箱。不同的是,S-S/C采用落压式的工作模式,而LRO采用一个独立的压力箱。2台由大西洋研究中心生产的22N推力器可以为EDUS和S-S/C提供机动所需的主要速度增量,8台4.5N推力器主要用于精确姿态控制,并在EDUS撞击月球任务阶段提供精确指向。这10台推力器系统地配置在S-S/C周围,提供充裕的三维精确指向和速度增量。

2.9.4 任务设计

LCROSS任务飞行阶段包括发射段、转移段、巡航段和最终撞击段。为了实现撞击的效果,LCROSS执行了一次月球引力辅助机动,进入了一条月球引力助推回归轨道(Lunar Gravity Assist Lunar Return Orbit),这是一条地心椭圆轨道,半长轴大致为月地距离,但与月球轨道平面具有很大的倾角,如图2-111所示。

该阶段从地面起飞开始,到LCROSS上电激活。LCROSS与LRO发射进入低地球轨道之后,滑行23min,"半人马座"火箭重新点火,将组合体送入地月轨道。3min之后,LRO实现星箭分离,LCROSS与"半人马座"的组合体进行了规避机动。

随后,"半人马座"进行了一系列的轨道机动,提供LCROSS大约31m/s的速

图 2 - 111　LCROSS 飞行轨道

度增量,将其送入指定的转移轨道。

　　该阶段从 LCROSS 激活开始,到月球引力辅助机动完成,持续时间为 4 天。该阶段的任务是确认飞行器的健康状态,修正轨迹保证与月球进行交会,完成引力辅助机动,同时完成有效载荷的校准工作。

　　在转移阶段,LCROSS 一共进行了 10 次轨道修正,如表 2 - 27 所列。其在与LRO 分离 25h 之后进行了第一次中途修正,修正了"半人马座"的入轨偏差,满足月球借力机动的条件。49h 和 84h 之后分别进行了 TCM - 2 和 TCM - 3,来修正前期推力偏差导致的轨道误差。

表 2 - 27　中途修正规划

机动	开始 UTC	时长/s	速度增益/(m/s)
DV Test			0.210
TCM - 1	19 June 2009 23:15	579.6	8.060
TCM - 2	20 June 2009 20:16	112.6	1.502
TCM - 3	22 June 2009 10:30	64.0	0.862
TCM - 4a	取消	—	—
TCM - 4b	取消	—	—
TCM - 5a	21 July 2009 13:00	1790.0	21.124
TCM - 5b	取消	—	—
TCM - 5c	取消	—	—

（续）

机动	开始 UTC	时长/s	速度增益/(m/s)
TCM - 6	取消	—	—
TCM - 7	5 Sep 2009 11:30	39.4	0.324
TCM - 8	30 Sep 2009 15:00	45.8	0.351
TCM - 9	6 Oct 2009 00:00	7.6	0.055
TCM - 10	取消	—	—
Separation	9 Oct 2009 01:50	0.0	0.154
Braking Burn	9 Oct 2009 02:30	240.0	9.030

该阶段从引力辅助机动开始，到 TCM - 8 结束。巡航轨道第一圈是在深空网（DSN）间歇覆盖下的轨迹调整，第一次中途修正是 TCM - 5a，此次修正执行得非常准确，以致 TCM - 5b、TCM - 5c 和 TCM - 6 都可以取消。巡航轨道第二圈，由于惯性测量单元假信号，探测器损失了部分推进剂，导致整个任务处于危险中，因此，探测器进行了紧急机动，以保证尽可能在 DSN 的监测范围内。巡航轨道第三圈也是最后一圈，所有的修正机动被用来准备撞击。

该阶段从 TCM - 8 开始，到 LCROSS 撞击月球结束。为了执行精确的月球表面撞击，在撞击前 24h 引入 DSN 地面跟踪测控和 APL 的测控追踪。TCM - 9 和 TCM - 10 用于精确对准"半人马座"的撞击区域。TCM - 9 用来修正由于撞击点移动产生的误差（9km），这次修正后残余误差降为 950m，因此 TCM - 10 最终被取消。

LCROSS 最终撞击月球阶段如图 2 - 112 所示。

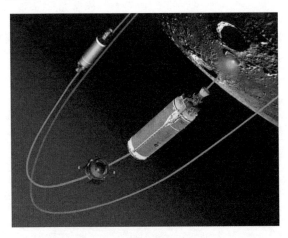

图 2 - 112　LCROSS 最终撞击月球阶段

2.10　月球勘探轨道飞行器

2.10.1　概述

月球勘探轨道飞行器(Lunar Reconnaissance Orbiter，LRO，2009)是美国月球轨道无人飞行器,属于月球先锋机器人计划项目(Lunar Precursor Robotic Program)。由 NASA 戈达德太空中心负责设计研制和任务执行。美国东部时间 2009年 6 月 18 日 17 时 32 分(北京时间 19 日 5 时 32 分)在卡纳维拉尔角空军基地 41号发射场,月球勘测轨道飞行器与月球坑观测与遥感卫星(LCROSS)利用"宇宙神" – V401 运载火箭成功发射,如图 2 – 113 所示。

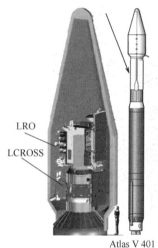

LRO

LCROSS

Atlas V 401

图 2 – 113　LRO 与 LCROSS

火箭发射后约 1h,LRO 与 LCROSS 成功分离,分别飞往月球,奔月过程历时约 4 天。2009 年 6 月 23 日 5 时 43 分,LRO 进入近月点 100km 的绕月椭圆试运行轨道,进行有效载荷状态检查。在该轨道运行 50 多天后,LRO 转移到最终工作轨道——距月球表面约 50km 的圆形轨道。LRO 原计划在 30～70km 的低极地轨道运行 1 年,而后进行为期 3 年的延寿探测和技术试验。

2.10.2　任务需求

月球勘探轨道飞行器(LRO)的首要任务是完成美国的外层空间探索计划,勘探月球的资源,瞄准月球两极开展精细探测,测绘月球永久阴影区的地形,获得与航天员登月安全和月球基地选址相关的精细地形、辐射、光照、温度、水冰等重要信息。

2.10.3　飞行器设计

月球勘探轨道飞行器(LRO)总发射质量1916kg,其中探测器质量1018kg(含载荷质量100kg),燃料质量898kg。飞行器总功耗685W,其中有效载荷功耗100W。能源为太阳能电池阵和锂离子蓄电池。测控采用Ka频段高速下行链路和S频段低速上行/下行链路。总体构型如图2-114所示。

LRO的GNC系统包括星载姿态控制子系统、相应高性能算法软件以及配套的硬件传感器和执行机构。具体包括太阳敏感器、星敏感器、惯性测量单元、反作用飞轮和推进控制电子设备。GNC系统提供四种控制模式,实现姿态控制精度60″。各单机和载荷安装位置如图2-115所示。

宇宙射线
辐射效应
望远镜
广角
相机
月球
辐射计
月球轨道器
激光高度计
微型雷达
紫外成像
光谱仪
窄角相机
月球探测
中子探测器

图2-114　月球勘探轨道飞行器(LRO)构型　　　图2-115　各单机及载荷安装位置

1) 太阳敏感器(CSS)

Adcole粗略太阳敏感器(Coarse Sun Sensors, CSS)10台(图2-116)。该装置收集太阳光,将其转化为电信号,通过星载软件处理,获得太阳光线与敏感器视线的夹角信息。该装置轻小便宜,却是提供太阳方向矢量的重要设备,关系探测器热电的安全。

2) 星敏感器(ST)

SELEX Galileo A-STR型星敏感器两台(图2-117)。星敏感器提供精确的姿态指向信息。该星敏感器提供16°×16°的视场,输出相对于J2000地心惯性参考系的四元数。动态性能2°/s,刷新频率10Hz,LRO的GNC系统按照5Hz的频率读取数据。两台星敏每秒都从星载时钟获得时间校准信号。两台星敏有各自的1553地址,可以进行独立操作。

图 2 – 116　Adcole 模拟式太阳敏感器

3）惯性测量单元（MIU）

Honeywell 小型惯性测量单元（图 2 – 118），包含三正交环状激光陀螺，频率 10Hz，测量范围 18°/s。该设备在发射前即已开机，整个任务过程精确可靠未出现故障。

图 2 – 117　A – STR 型星敏

图 2 – 118　Honeywell 小型惯性测量单元

4）反作用飞轮（RW）

NASA 戈达德太空中心设计的一体化飞轮（图 2 – 119）。采用 18 英寸铝制轮体，4 个轮体安装呈金字塔形，整体动量储存能力 130N·m/s。每个轮子都有各自独立的 1553 终端地址，可以进行独立控制。

5）推进控制线路盒（PDE）

PDE 4 台（图 2 – 120），具有独立 1553 终端地址。可以控制 4 台 20 磅力（89N）的轨控推力器和 8 台 5 磅力（22.25N）的姿控推力器。

控制系统共提供 4 种控制模式，分别是观察模式、Delta – V 机动模式、Delta – H 机动模式和安全模式。其各模式之间的切换示意图如图 2 – 121 所示。

观察模式（Observing Mode）：这是 LRO 的主要姿态控制模式，该模式能够提供航天器全天三轴姿态精确快速指向。该模式用于所有指向和定向操作，例如科学

图 2 - 119　一体化飞轮　　　　　图 2 - 120　推进控制线路盒

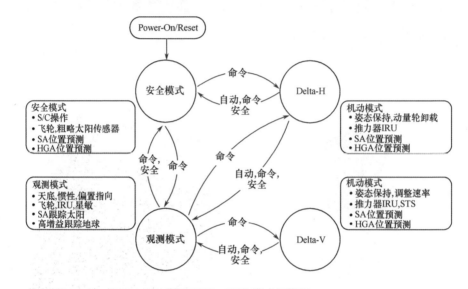

图 2 - 121　LRO 模式切换图

载荷任务、仪表校正定标、惯性姿态确定等。该模式需要的组件包括 4 个反作用飞轮、2 台星敏和 1 台三轴惯性测量组件。两台星敏同时连续不断地工作,提供高精度的姿态基准,确保一台星敏出现掩星时仍能保持姿态性能。姿态和速率传感器的数据在星上采用六状态的卡尔曼滤波器进行处理。控制指令采用标准的 PID 控制律产生。该算法根据姿态误差按比例进行反馈控制,确保星体尽可能保持转速恒定,转速限制为 $0.1°/s$。

Delta - V 和 Delta - H 机动模式:在巡航、中途修正、月球轨道进入和轨道维持中,LRO 采用 NASA 戈达德航天中心开发的推进系统来调整航天器的速度大小和方向。

在轨道机动期间,Delta - V 模式采用 PID 控制器产生推力器转矩指令来进行姿态控制。当本体转速和加速度过大,超出星敏可靠工作范围时,采用惯性测量单元积分获得姿态进行反馈控制。该模式的性能随着机动操作时间的延长而变化,

因为惯性测量单元的误差会随时间积累。为了减小这种影响,添加了基于推力器布局和探测器质量特性的前馈补偿机制。

姿态控制系统提供基于推力器控制的动量管理算法,来保持系统和飞轮的动量处于可接受的水平,这就是 Delta – H 模式。该模式采用与 Delta – V 类似的算法,输出飞轮控制指令和姿控发动机指令,进行飞轮卸载。

安全模式:粗太阳指向模式用于初始姿态捕获和异常状态下提供太阳指向,保证能源和热控安全。太阳安全模式使用 10 个太阳敏感器来确定太阳方向矢量,使用惯性测量单元确定角速度。该模式通过地面提供的太阳方向矢量在本体系中的方向,可以实现探测器全天重新对日定向。为了减小太阳光压转矩的影响,设定了偏压控制。

为了应对惯性测量单元失效的情况,设置了陀螺缺失太阳安全模式,探测器的角速率完全采用太阳敏感器信息获得。由于惯性测量单元不处于反馈回路中,探测器沿着太阳方向的转动速率无法获得,因此该方向无法进行控制。另一个区别是,在日食时,该模式无法工作,探测器允许进行漂移,直至太阳重新出现。

2.10.4　任务设计

LRO 的时间基线如表 2 – 28 所列。

表 2 – 28　LRO 任务时间基线

阶段	进入	离开	时间	目　标
发射前	开启 LV 倒数序列	LV 升空	1 天	• 配置轨道器进入发射模式 • 短暂飞船检验
发射	LV 升空	载荷分离	90min	• 到达月球转移轨道
早期巡航	载荷分离	观测模式	90min	• 太阳捕获和地面捕获 • 配置 • 初始 MCC 跟踪
中期巡航	观测模式	MCC 完成	1 天	• 推力器检测 • 最终 MCC 计划编制 • 24h 内完成 MCC 点火
末期巡航	MCC 完成	开启 LOI 序列	3 ~ 4 天	• LEND/CRATER 早期开启 • 飞船功能性检测 • LOI 计划编制
月球轨道捕获	开启 LOI 序列	试运行轨道	4 ~ 6 天	• 完成月球捕获机动 • 到达 32 × 216(km) 的任务轨道

阶段	进入	离开	时间	目　标
试运转	试运行轨道	任务轨道	60 天	• 飞船检查和校准 • 器件检查和校准 • 任务轨道调整
名义任务	任务轨道	1 年名义操作	1 年	• 程序操作 • 非程序操作 • 数据产生
扩展任务	1 年名义操作	撞击	额外 3 年	• 完成目标 • 撞击预报
任务结束	撞击	任务完成	N/A	• 最终任务操作

LRO 与运载火箭分离时,三轴自转角速率为(- 0.1° 0.2° - 0.8°)/s。LRO 在太阳安全模式的控制下开始自主进行太阳捕获。在分离期间,LRO 保持太阳规避状态,以避免 + Z 面上的科学仪器受阳光照射。其角速度矢量与太阳法向矢量变化如图 2 - 122 所示。

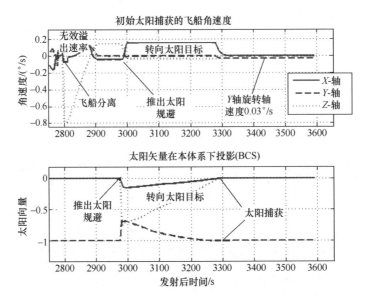

图 2 - 122　LRO 角速度矢量与太阳法向矢量变化情况

LRO 的太阳安全模式在控制探测器姿态机动,使太阳处于本体的 - Z 方向的同时,对探测器进行消旋,并驱动太阳能电池阵朝向太阳。数据显示,LRO 执行这一过程共花费了 8.5min。

该阶段 GNC 系统的活动从太阳捕获开始,到探测器捕获月球轨道终止。星箭分离后 50min,太阳能电池阵展开。25min 后高增益天线展开,开始通信。5min 之后,星敏加电开机,姿态控制系统工作模式切换为观察模式。在保持惯性姿态的前提下,GNC 小组对 LRO 的推力器进行了短喷测试。

当太阳能电池阵和高增益天线部署展开时,系统的角动量将发生变化,故障检测与修正系统将对此作出反应。系统角动量变化限制为 3.3N·m,该过程中系统角动量变化如图 2 - 123 所示。该系统的最初设计目的是为了防止系统角动量变化过快,超出飞轮控制能力。

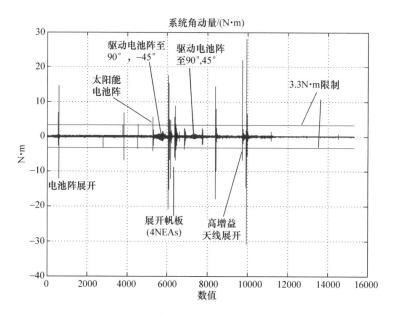

图 2 - 123　飞行器总体的角动量变化

探测器第一次异常进入太阳安全模式发生在推力器检测之后不久,在进入观察模式的过程中。在正常状态下,探测器使用地面上传的星载星历确定目标姿态。而在前期操作过程中,探测器使用的是地面上传的姿态,因此并不需要星历。不幸的是,安全配置并没有检查目标源就直接将系统状态置为太阳安全模式。这次事件的影响非常小,因此不需要特别为此次异常进行补救动作。

推力器测试和帆板天线部署完成之后,观察模式控制器控制探测器进行了一系列转动,来提供初始数据标定惯性参考单元的偏差、对准以及标度因数。星敏的相对校准使用星敏输出的四元数来计算星敏误差修正量,消除星敏间输出的偏差。星敏校验可以消除星敏的安装误差等偏差,大约 $(1/10)°$ 的量级。校正参数上传后,星载卡尔曼滤波器将使用两台星敏的测量数据进行初始化。

整个巡航阶段,两台星敏同时正常工作,卡尔曼滤波器稳定收敛,姿态估计误差为 $2''\sim3''(1\sigma)$,图 2 - 124 给出了其变化情况。

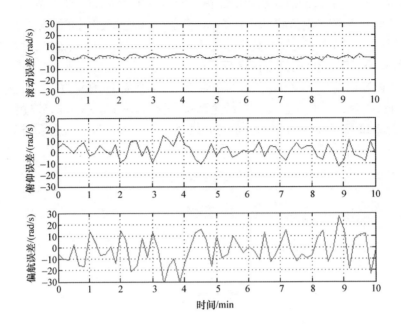

图 2 – 124　使用星敏时的姿态估计误差

偶尔姿态信息源也切换为惯性参考单元数据,这主要发生在 Delta – V 模式中和探测器进入月球初始轨道,保持惯性姿态,而星敏由于掩星现象无法工作时。此时控制器能够达到最好的控制性能,大约 1″级别的姿态误差(图 2 – 125)。

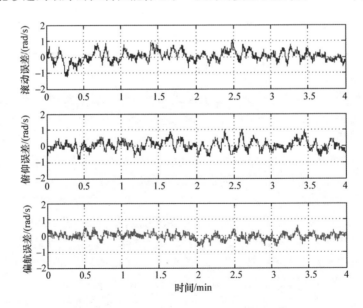

图 2 – 125　使用惯性参考单元时最好的姿态性能

探测器进行了 7 次轨道机动进入任务轨道,其中第一次和第三次都是决定性的。下面着重介绍这两次机动:第一次中途修正和第三次机动——月球轨道进入。

第一次中途修正执行于 2009 年 6 月 19 日,即发射后大约 24h,持续时间 48s。此次修正使用了 12 台推力器中的 4 台,工作模式为非脉冲式。第一次轨道修正执行得很完美,相平面误差如图 2 - 126 所示。最大绝对姿态误差 0.57°,最大绝对姿态角速率误差 0.13°/s。

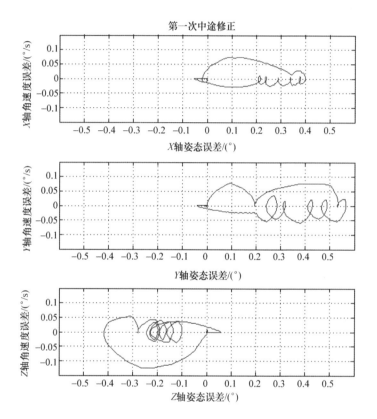

图 2 - 126   中途修正后的相平面的姿态和速率误差

第三次轨道机动是探测器的捕获制动,是探测器执行时间最长的一次轨道机动,持续时间 40min,使用了全部 12 台推力器。其中 4 台轨控发动机持续全开,8 台姿控发动机以脉冲模式工作。该阶段的任务是使探测器减速,以便被月球引力场捕获,因此,任何失误都将导致探测任务降级或失败。

此次轨道机动执行得很完美,只有很小的姿态角和姿态角速度的偏差,如图 2 - 127 所示,最大绝对姿态误差 3.2°,最大绝对姿态角速率误差 0.36°/s。

月球捕获阶段的姿态误差如图 2 - 128 所示。

探测器还进行了后续 4 次制动减速,每次机动的姿态误差如表 2 - 29 所列。

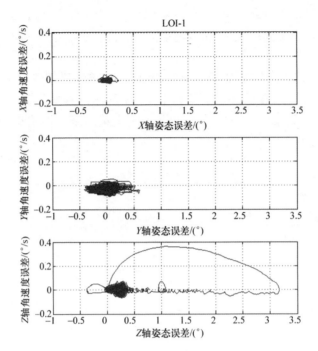

图 2 - 127　月球捕获制动阶段的相平面

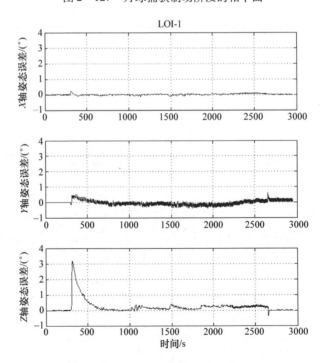

图 2 - 128　月球捕获制动阶段的姿态误差

表 2 - 29　第 2 次到第 5 次制动减速机动的性能

机动	最大姿态角误差绝对值/(°)			最大姿态角速度误差绝对值/(°/s)		
	X	Y	Z	X	Y	Z
LOI - 2	0.65	1.46	1.16	0.11	0.12	0.28
LOI - 3	0.06	0.92	0.27	0.02	0.20	0.07
LOI - 4	0.07	0.83	0.20	0.02	0.21	0.07
LOI - 5	0.06	0.78	0.21	0.04	0.20	0.08

在科考运行阶段,探测器表现出了优异的指向性能。探测器的指向要求是以相对于主星敏参考坐标系给出的,要求控制误差为 $15''(3\sigma)$。该阶段探测器的姿态角误差如图 2 - 129 所示。主要误差源是驱动仪器校正、反作用飞轮过零以及太阳能帆板机构。

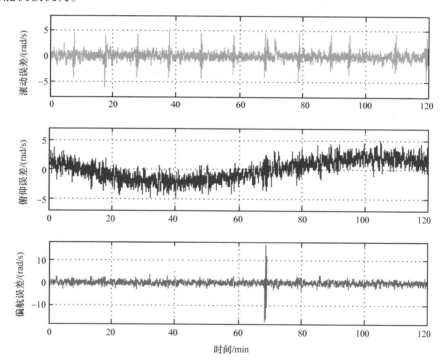

图 2 - 129　运行阶段的姿态误差 DOY189 00:00 GMT

2.11　重力回溯和内部构造实验室

2.11.1　概述

重力回溯和内部构造实验室(Gravity Recovery and Interior Laboratory, GRAIL,

2011），或翻译为重力重建与内部构造实验室，也有依照缩写翻译为"圣杯"号，是美国 NASA 的发现任务中的月球探测任务。该任务将精确探测并绘制月球的重力场图以判断月球内部构造。每个探测船都可和地球或另一个探测船之间互相传送与接收信息。借着量测两个探测船之间的距离变化可得知月球重力场和地质结构。月球重力场将会以前所未有的精确度测绘。图 2 - 130 为根据 GRAIL 探测资料绘制的月球表面重力场图。

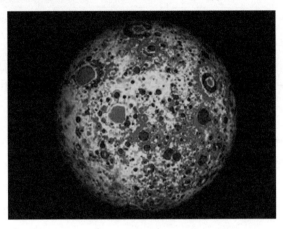

图 2 - 130　根据 GRAIL 探测资料绘制的月球表面重力场图

2.11.2　任务需求

主要目的如下：

（1）绘制月球外壳和岩石圈构造图。

（2）了解月球的不对称热演化。

（3）确认月球表面撞击坑的结构和质量瘤由来。

（4）确认月球外壳角砾岩和岩浆作用造成的短时间演变。

（5）确认月球内部深处构造。

（6）确认月球内核的最大体积。

该任务资料接收状态将持续 90 天，之后将花费 12 个月进行资料分析。分析结果将在收集开始后 30 天公布。所获得的知识将可帮助了解类地行星的演化历史。

GRAIL 项目包含载有同样载荷的几乎一模一样的两个探测器 GRAIL - A Ebb（退潮）与 GRAIL - B Flow（涨潮）组成，如图 2 - 131 所示。GRAIL - A 与 GRAIL - B 装载于 Delta Ⅱ 7920H 火箭发射升空（图 2 - 132）。发射窗口为从 2011 年 9 月 8 日—10 月 3 日的 26 天。GRAIL - A 于 2011 年 12 月 31 日到达月球。GRAIL - B 于 1 天后（2012 年 1 月 1 日）到达。

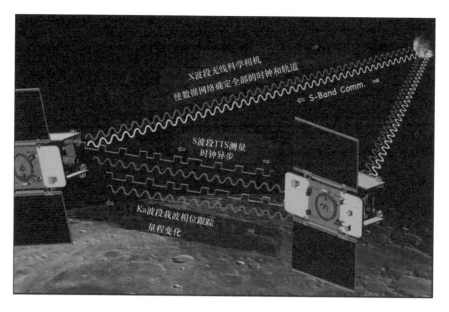

图 2-131 GRAIL 项目示意图

不像"阿波罗"计划只花了三天时间就从地球到达月球,GRAIL 将花费 3~4个月时间经由日地 L1 拉格朗日点的低耗能转换轨道前往月球,以减少所需燃料、保护仪器和确保两台探测船到达月球时能让速度下降够多致使环绕高度到达极低的 50km;以及两台隔 24h 到达的探测器距离能保持在 175~225km。飞行计划中如此严格的公差使得误差修正的空间相当小,造成发射窗口时间只有 1s,且一天只有两次。

图 2-132 联合发射同盟的 Delta Ⅱ 重型火箭将 GRAIL 送入太空

GRAIL 的科学任务将进行 90 天。在科学任务(或延伸任务)结束后,预计将进行 5 天的除役期,之后探测器经过 40 天后会撞击月球表面。使用的重力场测绘技术相当类似于重力量测及气候监控卫星(Gravity Recovery and Climate Experiment, GRACE),而卫星本体设计则基于 XSS - 11。

两台探测器的入轨日分别是 2011 年 12 月 31 日(GRAIL - A)和 2012 年 1 月 1 日(GRAIL - B)。两台探测器的实际操作时间超过 90 日,该任务被分成三个长 27.3 个地球日的天底测绘循环,每个循环包含了每天两个 8h 和深空网络通信以传输科学与 E/PO MoonKam 资料的时段。

2012 年 12 月 13 日,美国国家航空航天局(NASA)表示,"圣杯"号(GRAIL)太空船两具小型探测器之"1 年任务"已完成。署方计划于美东部时间 12 月 17 日 17 时 28 分促其撞毁于月球表面。两台探测器的撞击点都位于菲洛劳斯环形山和穆歇环形山之间一个撞击前尚未命名的山,坐标 75°37′N 26°38′W/75.62°N 26.63°W。运行位置较前方的 Ebb 探测器首先于 22:28:40 pm UTC 撞击,20s 后 Flow 探测器也撞击月球表面。两台探测器的时速达到 6050km/h。在最后数日的运行中进行了一项最后的实验。在探测器外的主引擎点火以耗尽所有剩余的燃料,相关的资料将可协助太空任务规划者以计算机模拟方式计算更合理的燃料消耗相关数据,以提升未来太空探测任务中需要燃料量计算的准确度。NASA 在探测器撞击后宣布撞击的山以参与任务的科学家——第一位美国女太空人萨莉·莱德命名。

GRAIL 计划的主持人是麻省理工学院的玛丽亚·祖柏(Maria Zuber)。该任务团队中的专家与工程师也包含了前 NASA 太空人萨莉·莱德,她将进行对大众推广该任务。喷气推进实验室负责操作该任务。直到 2011 年 8 月 5 日,该任务已花费 4.96 亿美金。表 2 - 30 所列为 GRAIL 项目重要数据。

表 2 - 30　GRAIL 项目重要数据

重要事件日期	发射:2011/9/8 到达:2011/12/31　2012/1/1 科学任务:2012/3/28—2012/5/29 退役:2012/6/4
任务轨道	平均轨道高度 55km 极近圆轨道 55~225km 高度可调
探测器	平台:192kg 载荷:19.6kg 干重:209.6kg 推进剂 + He:106.2kg 湿重:315.8kg LVAA:151.5kg 总重(GRAIL - A + GRAIL - B + LVAA):783.1kg

（续）

速度增量安排	TLC：45.4m/s LOI：191.7m/s OPR：522.2m/s TSF：23.3m/s 合：782.4m/s 余量：71.4m/s 总：853.8m/s	56.6m/s 193.7m/s 509.6m/s 28.15m/s 787.8m/s 65.7m/s 853.5m/s

2.11.3 飞行器设计

GRAIL 的设计来源于 XSS-11。GRAIL-A 与 GRAIL-B 几乎是一模一样的。除了星跟踪器、LGRS 天线的倾角及 MoonKAM 的安装。同时为了让 Ka 波段天线指向对方，在科学任务段两者的指向也不同，GRAIL-A 的 -Y 轴指向月球表面，而 GRAIL-B 的 +Y 轴指向月球表面。系统配置如图 2-133 所示。

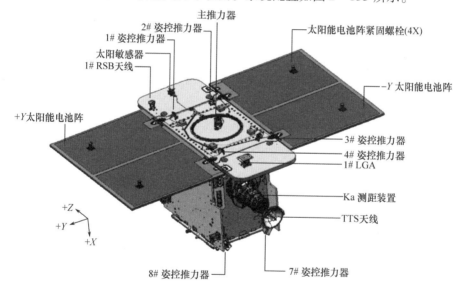

图 2-133 GRAIL 系统配置

探测器的姿态控制分系统在整个任务期间提供三轴稳定控制能力。

ACS 分系统由太阳敏感器、星跟踪器、反作用飞轮及惯性测量单元组成（表 2-31）。当星跟踪器无法确定探测器姿态时，器上软件可以利用太阳敏感器的数据确定太阳的方向，并引导姿态机动到太阳能电池阵指向太阳。星跟踪器将拍摄的星图与器上的星表匹配来精确地

表 2-31 ACS 系统配置

主要配置	太阳敏感器 ×1 星跟踪器 ×1 IMU ×1 RWA(1.55N·m/s×4)， 金字塔构型
姿控方案	三轴零动量控制
推力器配置	22N ×1
	0.8N ×8

确定探测器的惯性姿态。星箭分离时,星跟踪器就打开直到整个任务结束。每个星跟踪器均偏离水平面30°,以确保在 TSF、科学任务及退役段月球不会出现在视场中。

反作用飞轮组(RWA)是提供控制力矩的主要方式,同时在科学任务段也用以维持两器之间的指向。RAW 由四个反作用飞轮呈金字塔构型组成,每个飞轮的动量为 1.55N·m/s,至少可输出 6mN·m 的力矩。

惯性测量单元(IMU)在星箭分离前启动至整个任务结束,用来测量探测器加速度及角速率。惯性测量单元还用来测量 ΔV 并在所有的主推力器启动时关闭。

指令及数据处理分系统(C&DH)用作探测器遥测及指令处理。

C&DH 采用增强的 RAD-750 探测器计算机,128Mb 的 SDRAM 实现探测器飞行软件存储、错误保护、记载文件系统,以及数据收集及管理功能。此外,在 MPIC 中有 512Mb 用来记录数据。

电源子系统包括两块太阳能电池板及一块锂离子电池。太阳能电池板在星箭分离后即展开固定,可在任务末期提供 700W 电力。锂离子电池容量为 30A·h,用于在太阳能电池无法产生足够电力时为探测器提供能源。

推进系统主要由一个 22N 肼推力器、一个储箱、一个高压氦箱、一个暖气姿态控制系统及 8 个 0.9N 的暖气推力器组成。发射时载有 106kg 推进剂,储箱充填率为 88.1%。

在主发动机点火时(包含小机动),由 ACS 系统控制推力的方向。ACS 发动机是倾斜安装的,在主发动机机动、反作用轮卸载、小 ΔV 机动及安全转换时提供力偶推力。

通信分系统由一个 S 波段应答机、2 个低增益天线和 1 个用来在这两个天线中切换的单刀双掷同轴开关组成。S 波段应答机可以 1kb/s 的速度接收指令,以最高达 128kb/s 的速率传送数据,同时具备双路测距能力。

GRAIL 上最重要的载荷就是月球重力测距系统(LGRS)。LGRS 负责发送并接收用来精确测量两个探测器间距变化的信号。为此,LGRS 由一个超稳定晶振(USO)、微波模块(MWA)、时间传输模块(TTA)和重力反演处理模块(GPA)组成。USO 为所有分系统提供稳定的参考信号。在 LGRS 内部,USO 为 MWA 和 TTA 提供参考频率。MWA 将 USO 参考信号转换为传送到另一个探测器的 Ka 波段频率。TTA 在两个探测器间提供一个双路时间传输链路以同步并测量时钟偏移。TTA 由 USO 参考频率生成一个 S 波段信号并发送一个类 GPS 测距码给另一个探测器。GPA 将从 MWA 与 TTA 接收到的输入混合生成下传到地面的无线电数据。其工作原理如图 2-134 所示。

2.11.4 任务设计

GRAIL 任务被划分为 7 个阶段,如图 2-135 所示。从图中可以看到任务被设

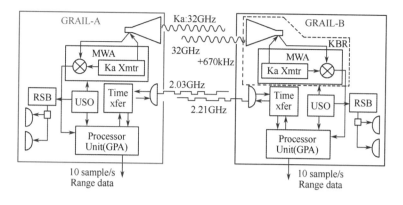

图 2 - 134　关键载荷工作原理

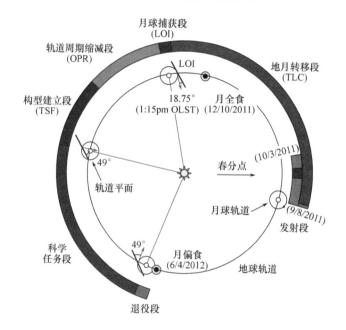

图 2 - 135　GRAIL 任务示意图(日心视角)

计成避开 2011 年 12 月 10 日及 2012 年 6 月 4 日的月食。

　　探测器将采用头朝太阳的低能量转移轨道,并经过日地拉格朗日点(L1)。采用低能量转移对 GRAIL 而言有以下 4 大好处:减少了月球捕获需要的 ΔV(图 2 - 136);具有探测器自检及排气时间;有延长 USO 持续开机时间使其能达到稳定工作温度;允许更长的发射窗口(与直接的类 Apollo 式奔月轨道)。

　　发射段是指探测器升空前 5min 到升空后 24h。在此阶段,探测器将经历发射、器箭分离、初始 DSN 捕获、太阳能电池阵展开及初始指令。

　　探测器的发射窗口严格设计以满足一系列任务需求(如最小化地月转移及月

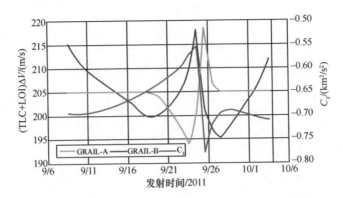

图 2 - 136　GRAIL 在巡航段和月球捕获阶段每一天的速度增量消耗

球捕获的速度增量)。任务需求包括保证 LOI 时探测器处于可观测弧段、选择一
个到达集合在月球捕获到开始科学数据收集之间提供足够的时间。此外,还有其
他目标,比如采用一个固定的到达日期以简化操控,是发射策略的一个关键因素。

　　93°与99°的两个射向每天都有两个间隔39min 的发射机会。两次机会的主要
区别是火箭在停泊轨道上滑行的时间,一个是短滑行而另一个是长滑行。从探测
器能源角度考虑,短滑行时间是首选,因为它使用内部电力的时间最少。但是对于
GRAIL 而言,短滑行时间意味着在 TLC 阶段将多付出约 40m/s 的速度增量。因
此,最终选择长滑行时间发射机会。

　　由于 GRAIL 的发射轨道选择的是椭圆轨道而不是几乎所有星际探测所使用
的双曲轨道(图 2 - 137),因此不能再使用 C_3、分离渐近线的赤经与偏差等传统的
控制目标。

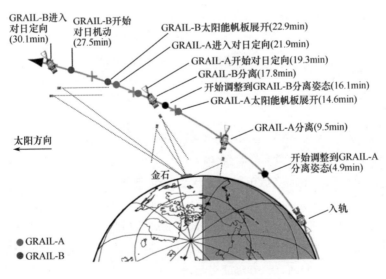

图 2 - 137　GRAIL 的发射轨道

在地月转移段,探测器将执行多达5次TCM(表2-32、图2-138)。第2和第3次TCM是设计将GRAIL-A及GRAIL-B相隔1天分别送入期望的低能量轨道的主要机动。余下的机动用以消除轨迹偏差并达到最终月球捕获的条件。

表2-32 GRAIL 的中途修正策略表

机动序号	机动日期	机动序号	机动日期	目标
TCM-A1	L+6d	TCM-B1	L+7d	修正发射入轨误差
TCM-A2	L+20d	TCM-B2	L+25d	分离 LOI 时间
TCM-A3	2011/11/16	TCM-B3	2011/11/21	同步
TCM-A4	2011/12/9 (LOI-A-22d)	TCM-B4	2011/12/14 (LOI-B-18d)	修正 TCM-3 误差
TCM-A5	2011/12/23 (LOI-A-8d)	TCM-B5	2011/12/24 (LOI-B-8d)	瞄准 LOI

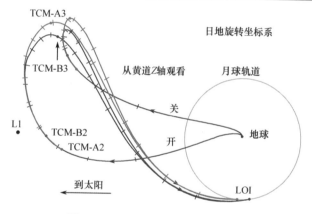

图2-138 GRAIL 的中途修正轨迹

在地月转移段结束时,两个探测器将实施月球捕获。月球捕获机动是任务中极关键的事件(图2-139),它将间隔25h开展,届时探测器将同时处于DSN的马德里及金石站的观测弧段,确保双重覆盖。探测器由月球南极接近,最终进入11.5h周期的椭圆轨道。捕获需要的速度增量约为194m/s,采用恒定角速率方式减小重力损耗。

一进入月球轨道后,任务就进入了轨道周期缩减段。在此阶段,每个航天器将执行1套7次机动以减少轨道周期(图2-140)。这些机动被称为周期缩减机动(PRMs)并被分为两组(第1组3次,第2组4次)。一组中的每次机动指向同一个惯性方向并具有同样大小的 ΔV。这种策略提高了系统应对一次机动失败的鲁棒性,简化了最小分离机动次数的设计,同时减小了重力损耗。每组机动约一周长,在 GRAIL-A 与 GRAIL-B 间交互执行。大约在月球捕获后5周,轨道周期将减

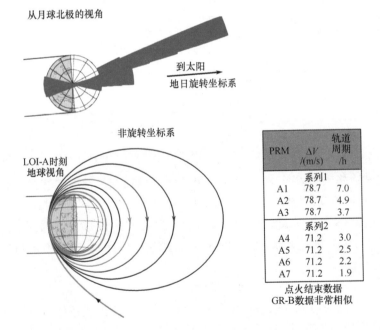

从月球
南极观看

逼近轨迹
~1:15p.m.OLST

到太阳

轨迹
—— GRAIL-A

Burn
Arc

To Earth
at LOI-A

在LOI-A
时刻地
球视角

月球北极

Burn Arc

逼近轨迹

LOI	ΔV /(m/s)	点火迟续时间 /min
LOI-A	191.7	41.4
LOI-B	193.7	40.4

LOI	轨道周期 /h	远地点高度 /km
LOI-A	11.5	84
LOI-B	11.5	91

点火结束的数据

图2-139 GRAIL 的月球捕获制动

从月球北极的视角

到太阳
地日旋转坐标系

非旋转坐标系

LOI-A时刻
地球视角

PRM	ΔV /(m/s)	轨道周期 /h
	系列1	
A1	78.7	7.0
A2	78.7	4.9
A3	78.7	3.7
	系列2	
A4	71.2	3.0
A5	71.2	2.5
A6	71.2	2.2
A7	71.2	1.9

点火结束数据
GR-B数据非常相似

图2-140 月球环绕轨道调整

小到2h内。从发射到 OPR 段,两个探测器实质上是独立操控的。GRAIL – A 与 GRAIL – B 的操控在时间上区分开,以减小操作冲突以及对地面资源的竞争。

构型建立段的目标是建立收集引力场科学数据所需要的构型并在科学任务段前检查好科学载荷。

在构型建立段,将执行一系列类似交会的机动以形成期望的初始分离距离,并保证构型中 GRAIL – B 在 GRAIL – A 前面飞行(图 2 – 141)。这是因为两个探测器的配置有细微差别,所以它们环绕月球的顺序是很重要的。大约三个半星期后,在完成对轨道精细的调整后,探测器将准备测试并校准 Ka 波段科学载荷以确保两个探测器上的科学载荷可以当同一个操作。校准期持续约一周后,将开始收集科学数据。

2·11 重力回溯和内部构造实验室

157

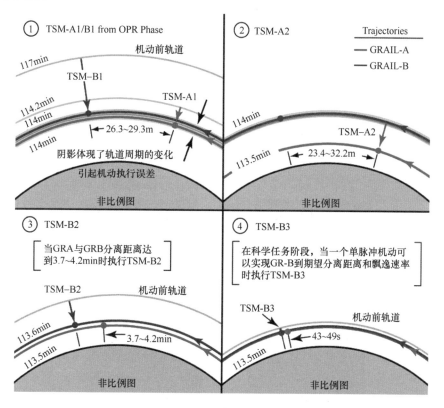

图 2 – 141 构型建立阶段双星轨道

在科学任务段初期,探测器将飞行在平均高度 55km 的近极圆轨道上(图 2 – 142)。选择这个初始条件是为了利用月球引力场的天然扰动促使轨道演化而不需要轨道维持机动。在 82 天的科学任务段,月球将在探测器的轨道下旋转 3 次。每收集完整的一圈引力数据(27.3 天)被称为一个绘图周期。在绘图周期 1,平均距离由 85km 增加到 225km。在绘图周期 1 的末尾,一个非常小的轨道修整机动将用来改变漂移率,探测器间距将从 225km 减少到绘图周期 3 末期(即科学任务段末期)的接近 65km。

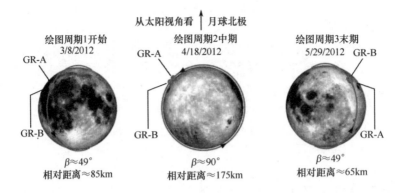

图 2 – 142　GRAIL 双星任务轨道

在科学任务段,操作采用非实时、地面交互模式。数据将在星载存储并在带宽许可的情况下利用 S 波段下传到地面。在科学任务段,34m 的 DSN 每天对每个探测器有 12h 的观测弧段。在观测弧段中,实时数据与记录的探测器遥测数据及科学数据将一并传回。对探测器的混合数据跟踪弧段允许地面进行连续的探测器绝对位置测量。图 2 – 143 为 GRAIL 双星姿态构型。

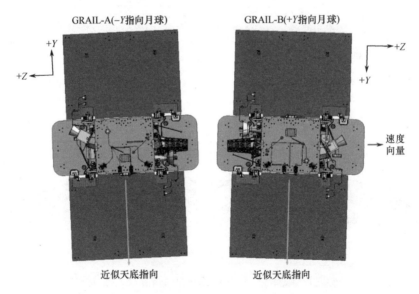

图 2 – 143　GRAIL 双星姿态构型

在科学任务段结束后,两个探测器均将进入退役段。在这短短 7 天的任务段,探测器将执行最后一次 Ka 波段科学载荷校准,并持续获取科学数据。没有计划轨道维持及撞击机动,也不需要轨道钝化,探测器在 2012 年 6 月 4 日月偏食时撞击月球表面。

2.12　月球大气和粉尘环境探测任务(LADEE，2013)

2.12.1　概述

国际研究委员会十年调查和最近的"月球科学探索"(SCEM)报告确认了对于月球大气和粉尘环境的原始状态的研究在未来月球科学任务中是具有优先地位的。为了完成这些目标,月球大气和粉尘环境探索任务(LADEE)在2008年3月成立。LADEE将确认月球大气中的成分和调查如何控制大气成分的分类和随时间的变化状况,包括资源源头、低洼地、表面交汇处。LADEE还会测定月球大气层外粉尘会不会出现,揭示对于月球的资源和变化这个过程的用途。这项调查与我们对于大气外的表面边界和贯穿整个太阳系中的粉尘的理解有关,调查致力于从起源到进化的月球挥发物相关的问题,这与未来的探测活动具有潜在的联系。

LADEE用了一批高遗传度的科学仪器的有效载荷,包括一个中性质谱仪、一个紫外线 – 可见光光谱仪、一个原位尘埃探测器。除了科学有效载荷之外,LADEE还将进行一个激光通信系统技术的验证。这些仪表有效载荷将在后面做详细介绍。

LADEE航天器总线设计是来自标准通用航天器总线(MCSB)机构,又叫做通用总线机构,该机构从2006—2008年位于NASA埃姆斯研究中心(ABC)。MCSB是一种小型的低成本航天器,它的设计是为了运输科学方法上和技术上有用的有效载荷去不同的地区,包括低轨轨道(LEO),绕月轨道以及月球表面、地月的拉格朗日点和近地目标(NEOs)。航天器的总线是一个创新组件的总线设计,可适用于各种类型的任务,包括人造卫星和登陆车。最初的设计目标是任务的预算在100万美元之内,不包括科学仪器,能够搭载在各种可供应的运载火箭上,例如:"米诺陶"5号运载火箭或者Delta Ⅱ运载火箭。这类较小的航天器的最主要的优点就是降低了成本和加快了开发速度。

LADEE的探测器已于2013年9月6日晚上11:27在美国弗吉尼亚州瓦勒普斯岛瓦勒普斯飞行研究所以"米诺陶"5号运载火箭发射。这次发射是该发射场首次发射深太空任务。

LADEE是NASA近期的月球任务中重要的组成部分,它现在在美国或者其他国际上的研究还很少,它的观测必须在人类或者机器开始对月球大气进行大规模活动之前。LADEE的成功也将证明这种低成本、快速发展的工程的效率,它利用标准化总线设计搭载在新型"米诺陶"5号运载火箭上。这将为未来月球任务在成本限制环境下的任务铺平道路。

159

2.12.2 任务需求

LADEE 计划所设计的最高级别的纲领和科学需求要求完成如下任务目标：

（1）确认在未来进一步人类活动前的月球稀薄大气层的整体密度、组成和随时间变化状况。

（2）确认"阿波罗"计划太空人看到的高数十千米处漫射是由钠辉光或尘埃造成。

（3）记录月球环境中尘埃的影响程度（体积—频率），作为未来任务工程设计的参考。

（4）验证月球激光通信示范系统（LLCD）。

（5）创造一种低成本、可再度使用的航天器体系机构，使之可以满足特定的行星的科学任务。

（6）验证"米诺陶"5 号运载火箭作为行星间任务的运载火箭的能力。

为了满足前三个目标，航天器将带三个载荷去进行原位观测：一个中性质谱仪（NMS）、一个紫外线—可见光光谱仪（UVS）、一个月球粉尘试验器，见图 2-144 ~图 2-146。这个任务将使用逆行的近赤道的科学轨道，在小于 50km 的低轨上测量，捕获至少 1 个月期间的测量数据。

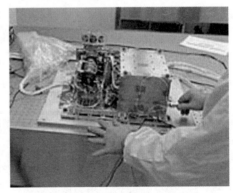

图 2-144　月球粉尘实验设备　　　　　　图 2-145　中性质谱仪

任务设计要在进入轨道/试运行调试的前 100 天内捕获所有需要的科学测量。通常，科学仪器和 LLCD 是分离的，因为 LLCD 的操作是在试运行调试期间完成的。因而，这 100 天的科学实验是在 LLCD 技术验证完成并且试运行调试结束后才开始的，航天器要被转移到合适的高度才能开始科学试验。

2.12.3 任务设计

LADEE 任务将由 5 个主要的阶段组成：发射前、发射、早期任务、试运行调试、标称操作（例如科学试验），还有延长任务/结束任务。

图 2-146　紫外线—可见光光谱仪

卫星预期在 2012 年后期从 NASA 戈达德太空中心冲击飞行研究室发射。一旦发射,航天器将完成几个相位调整回路然后到达月球,在那里它将建立一个大约 250km×75km 的椭圆轨道。卫星将执行一个 30 天的检查,然后进入试运行调试阶段,在此期间它会完成 LLCD 技术验证。完成之后,航天器将下降到一个较低的科学轨道(大约 50km),在那里进行标定的科学试验。这个阶段将持续 100 天。100 天之后,只要它有能量(例如推进剂)任务将继续,最后它将被送去撞击月球。图 2-147 显示了各个阶段的不同任务。

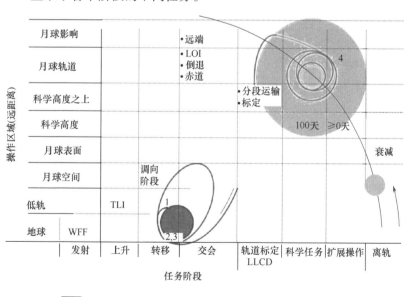

图 2-147　LADEE 任务飞行阶段

发射将在冲击飞行研究室进行,搭载在"米诺陶"5号运载火箭上。发射窗口的初步分析显示,大概每个月有3~5天的最佳发射窗口大约在15min。

2）月球转移轨道(LTO),相位调整回路,转移轨道

月球转移轨道(LTO)用了一个相位调整回路设计,这样运载火箭就可以将航天器运送到一个最高的轨道上,大约是50倍地球半径(与月球纬度相比,大约是60倍地球半径)。在现在的设计中,航天器在很高的椭圆轨道上绕地球轨道飞行3次,在每次经过时做必要的轨道修正(在近地点或者远地点)。在最后的近地点,航天器携带的推力子系统会提供足够的能量使航天器在最后的远地点能被月球引力捕获,开始以双曲线轨道接近月球。

在25天的巡航阶段中大约有3~4次机会,飞行器可以再次校准推力器对准速度矢量方向(相同方向就增加能量,相反方向就减少轨道能量)。为了用小的推力器实现大机动,由于推力器的负载循环和温度限制,机动的持续时间接近一个小时也是有可能的。在巡航时,执行机动的程序会有以下基本的步骤:停止旋转、回转到点火姿态,点燃推力器,回转到巡航姿态,继续旋转。在点火期间,最优姿态会因为轨道的弹道弧有微小的变动。在机动过程中可能会用三轴稳定。

在相位调整回路中,有效载荷(包括LLCD星载光端机LLST)将通电来检查电子设备。由于考虑到进入绕月轨道(LOI)燃烧和组合结构排气作用的污染,设备的光圈(孔)将保持关闭。但是通电测试还是可以完成。在相位调整回路中的LL-CD可进行操作测试,因为距离地球比较近,可以产生强烈的信号,航天器也可以提供更多有效功率,这样可以潜在地使LLST运行更长的时间。

3）进入绕月轨道(LOI)

在月球引力场汇合后,航天器将消失在月球后面,它会下降到最小的高度。当它再次出现在月球的边缘,它会执行二次点火来进入绕月轨道。这时推力矢量会与速度矢量方向相反。对地通信方向会非常接近速度矢量和羽烟方向。燃烧时间预计是大约10min。燃烧之后,航天器会到达相对高度(250km)的圆轨道上。

4）初始检测/试运行调试

试运行调试阶段会持续30天,期间LLCD将完成它的技术验证。在相位调整回路中,当初始通电测试完成后,科学仪器的校验和试运行调试活动也将在这期间完成。

试运行调试轨道将从一个比一般标定的科学操作更高点的轨道开始。进入绕月轨道之后的初始轨道是大约250km的圆轨道,经过几天转移到75km的近拱点,然后确立在日出的明暗界限上近拱点的方向。这样整个试运转调试阶段都允许75km×250km的轨道降低,最终到达大约40km×300km。在这个阶段会基本没有轨道保持机动状态。任务指挥机构会用三轴姿态机动来定向航天器。

有时候在进入轨道之后,航天器会打开科学仪器并检查每一个仪器。由于仪

器的工作周期大约是科学轨道的一半,校准会比科学操作要简单。一开始需要关注的重点是当航天器在低纬度的近拱点时对科学仪器的操作,这与科学操作比较类似。

5)月球激光测试/试运行

在试运行调试阶段,当 3 个科学仪器开启后,LLCD 会开始工作。在 LLCD 轨道中 LLST 将会在没有科学仪器工作的状态下运行 13 ~ 15min。考虑到能量,在必须给电池重新充电的专用轨道之前,可能会限制可以按顺序运行的 LLCD 轨道的数量。在技术验证时,飞行器必须以精度误差小于 1°的范围内指向地球。

6)月球轨道转移

航天器将以霍曼转移的方式从试运行轨道到实验科学轨道上。航天器将回转来校准推力矢量与速度增量方向一致,实行 Delta – V 机动,然后转到首选的机动后姿态。如果有通信、能量、热因素的需求,机动后姿态会进行其他的回转。如果立即执行霍曼转移的第二部分,就要一直保持在机动姿态直到到达最后的轨道。在到达操作轨道之前,航天器为了热量控制会采取标准的三轴稳定方向沿着纵向轴缓慢地旋转。

7)科学任务阶段

在这阶段初期,航天器会保持与科学操作协调一致的姿态。LADEE 科学需求要求小于 50km 的低轨出现在月球日出明暗界限上。由于月球引力场分布不均匀,就需要一个巨大的增量(大约 400m/s)来保持一个 100 天的 50km 的轨道。为了使复杂又集中的航天器最小化,我们决定用一个远拱点在 60 ~ 80km 之间、近拱点在 20 ~ 50km 之间的椭圆轨道来满足科学需求。这个等级的轨道需要更少的增量来维持,而且能使推力器污染仪器的影响最小,同时可以增加轨道对于科学计划以及后续数据分析的可靠性。这类轨道可以用一个更合理的、预期在 150m/s 的增量来维持。

除推力器之外,任务也受到能量和通信下引线方面的限制。现在的任务是依照这些限制来设计的,还能满足基线的任务需求。对于通信方面,每个低赤道轨道可能有大约一半的轨道不能测到地球。另外,白沙联合部(WSC)的单个地面站可以更进一步地限制观测机会。基本计划是要用太空跟踪网(DSN)或者全球太空网(USN)来配合白沙联合部。那些资源是在其他资产中共享的,然而,并不保证一定能用。如果只用白沙联合部的资源,那么航天器在特定的一天中可能有大约一半的轨道都无法观测。

为了解决这些约束,操作阶段会被定义一个"单轨道"基础。一个 50km 的轨道运行一圈需要 113min。这样,113min 的单轨道每天大约有 12 到 13 个(在一个"跳跃"的 13 轨道后跟随着几个 12 轨道日)。已经定义了很多种轨道的类型,每一个轨道将被分到这些类别中。例如:单轨道类型可能是 NMS 1,它的第一个模式是运行中性质谱仪(NMS),使仪器始终指向速度矢量的正方向。NMS 1 轨道可能是跟在一个 UVS 轨道后,UVS 轨道是运行超声紫外光谱仪(UVS)的轨道。表 2 - 33 显示了一个采样"日"里包含的这些操作轨道类型。

表 2 - 33   23.3h 科学任务轨道

轨道	轨道类型	仪器载荷	Notes
1	NMS1	NMS,DD	旋转 360°/轨
2	UVS1	UVS	旋转 360°/轨
3	NMS1	NMS,DD	旋转 360°/轨
4	Power	—	旋转 360°/轨
5	UVS2	UVS	旋转 360°/轨
6	NMS2	NMS	旋转 1r/min (太阳定向模式)
7	UVS2	UVS	旋转 360°/轨
8	通信	无线电	地球指向
9	NMS2	NMS	Rotating 1 RPM (太阳定向模式)
10	UVS1	UVS	旋转 360°/轨
11	NMS1	NMS,DD	旋转 360°/轨
12	通信	无线电	地球指向

在科学研究阶段,LADEE 会在低月球赤道轨道上,这样是很不稳定的。指定的任务计划可能需要轨道经常调整,调整频率为在同一任务阶段中 2 天一次。如果发生意外事件,轨道维持调整就不会按照时间表进行,在未完成机动后的 2 ~ 3 天里轨道可以持续衰减那个可能产生影响的地方。在错过一个计划中的轨道维持机动的情况下,可能有必要进行一次机动来提升近拱点的高度,或者重新做一次计划中的轨道维护机动,或者简单地预防一下还没太大的影响。在这种情况下,用额外的推力是合理的,但是会缩短或改变剩下的任务。

(1) 轨道维护。

按照先前提到的,对低纬度的科学需求与维持一个 50km 高度的推力消耗有矛盾。快速衰减的 50km×50km 的圆形科学轨道会导致很多推力轨道维护机动(OMMs)。为了使推进剂的花费降到最低,轨道维护方案会利用重力的摄动,利用 20km×100km 的椭圆轨道。在科学研究阶段轨道维护机动的频率可能是 3 ~ 5 天一次,或者两周一次。航天器上不同的重力影响会随着月球周期的变化而改变。

轨道维护机动需要的大多数姿态变化:进行缓慢旋转,用速度增量回转校正推力矢量,点燃 OCS,回到指定的姿态,再继续缓慢旋转。在 UVS2 轨道类型中,飞行器可能会发生偶然的回转在分支模式的上下,该模式是观测日出或日落明暗分界方向的,为了看清粉尘的边界,增加探测的机会。

（2）动量管理。

可能每过几天就有必要进行卸载,动量卸载持续的时间非常短,而且由于能与其他操作兼容,可以事先计划好。

（3）结束任务。

一旦科学操作耗尽了所携带的推进剂,轨道将被允许降低,飞行器将撞击月球表面。在撞击月球的过程中科学数据的收集将会是最重要的事,这阶段提供了超低纬度观察的机会。为了传输这些数据,在撞击月球前最重要的就是确保通信。

2.12.4　飞行器设计

LADEE 航天器总线设计是来自标准通用航天器总线（MCSB）机构,该设计是一种小型的低成本航天器结构设计,它是为了运输科学方法上和技术上有用的有效载荷去不同的地区,包括绕月轨道。航天器的总线是一个标准化设计,可配置各种类型的任务目标。图 2 - 148 展现了已经带上仪器的 LADEE 航天器总体结构。

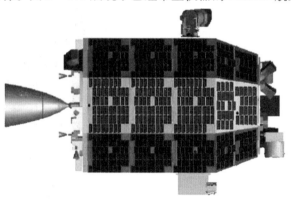

2.12　月球大气和粉尘环境探测任务（LADEE, 2013）

165

图 2 - 148　LADEE 总体结构

由于通用总线的设计是为了完成各类不同的任务,每一个特殊的有效载荷都是独立设计的。最初的发展指导方案如下。

SS0 - 1:以太阳系内部为目的地的发展任务,例如绕月轨道,月球表面,地球月球的拉格朗日点和近地目标（NEOs）。

SS0 - 2:发展低成本的任务。包括小型航天器、运载火箭、特殊的任务装置/整体装置,仪器仪表,设备运作和储存。

SS0 - 3:利用成本有效地运载火箭和发射机会（如 Minotaur Ⅴ,ESPA）。

SS0 - 4:发展短期任务（小于 36 个月）。

SS0 - 5:利用"设计能力"来接近。

SS0 - 6:按照美国宇航局方针三,危机分类 D 任务来管理计划。

SS0 - 7:在硬件选择方面按以下优先级选择:

（1）有空间飞行历史的已存在的硬件;

（2）为太空飞行设计的已存在的硬件；

（3）为太空设计的适宜的商业现成的（COTS）硬件；

（4）新设计的。

SS0-8：利用其他政府工程开发的技术。

SS0-9：在适当阶段发展和操作多个同时进行的项目。

航天器总体设计为了容纳发射载荷和减少冲击载荷，采用了轻碳纤维复合结构。这样设计同样也是为了更易于制造和装配。设计的模块不仅是为了多任务布局，同样也是为了开发与装配。系统等级的组成是由低成本飞行验证的产品线产生的。

对于 LADEE，航天总体模块包括：①散热模块，其带有航空电子设备、电气系统、姿态传感器；②总线模块；③有效载荷模块，其携带两个最大的仪器；④扩展模块，其包含推进系统；⑤推力模块。总体设计示意图如图 2-149 所示。

总体设计的一个突出特点就是太阳能电池帆板是固定安装在机体上的。虽然这种安排降低了可用功率，但它消除了部署和衔接机构，从而消除了几种失效模式。它还确保了任何姿态的电力生产，这使它非常安全稳定。这个过程也使航天器姿态可用于热控制，它消除了热、冷端，最大限度地减少了加热器功率的需要。航天器可以在旋转或三轴控制模式下飞行。

飞行电子设备封装由商业购买的 8-slot 3U cPCI 综合电子系统组成，它提供了以下功能：

（1）掌握和处理数据设备；

（2）配电；

（3）太阳能电池阵和蓄电池充电管理；

（4）驱动。

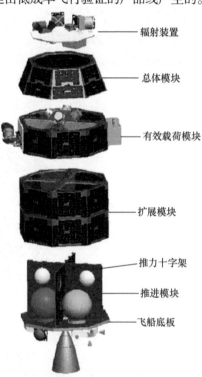

辐射装置

总体模块

有效载荷模块

扩展模块

推力十字架

推进模块

飞船底板

图 2-149　LADEE 总体模块

推进模块的独立电子盒可以控制真空驱动。电力系统是由机体固定的太阳能电池阵连接到电池，通过太阳能阵控制电子设备底部的卡。机身固定的列阵的设计最大程度地减少了航天器总体的衔接部分。推进系统还在设计中，但基线双元推进系统包括一个主推力器，6 个姿态控制推力器，2 个燃料槽，2 个氧气罐，2 个压力罐，一个军械阀门驱动箱，以及相关的管道和电缆。航天器总体通信系统包括现代机构和模块化设计。无线电通信具有独立接收器、发射器和 HPA 模块，还能以灵活的传输功率方式产生 5W 射频的发射功率。

航天器采用了由 Ames 开发的已升级的全方位/中等增益天线设计,用来实现在一个较小区域的中型增益响应实现全方位覆盖。

电子设备、电池、姿态敏感器和 2 个小的科学仪器被集成到散热器组件(图 2 – 150 ~ 图 2 – 152)中。这种设计简化了组装与测试。

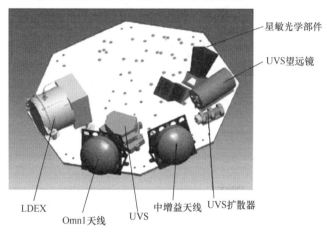

图 2 – 150　散热器件分布(1)

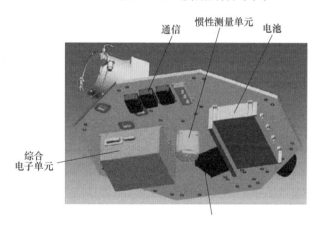

图 2 – 151　散热器件分布(2)

2.12.5　任务系统结构

地面系统由分散在 NASA 中心的设施和地面基站组成。LADEE 任务会利用位于加利福尼亚州的 NASA 埃姆斯研究中心(ARC)的任务操作中心(MOC)。也会用到位于马里兰州的戈达德太空飞行中心(GSFC)绿地中的科学操作中心(SOC)。最主要的地面站是位于新墨西哥州的在拉斯克鲁斯附近的白沙联合部(WSC)。

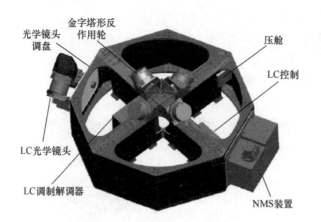

图 2 – 152　散热器件分布(3)

地面站的数据会发送到 ARC 的 MOC 来进行处理、分类和存储。科学仪器的数据以及确认航天器正常和安全的数据,将被传输到 GSFC 的 SOC。SOC 将完成仪器数据的处理和科学分析。图 2 – 153 展示了任务系统的体系结构和指令与数据流通的过程。

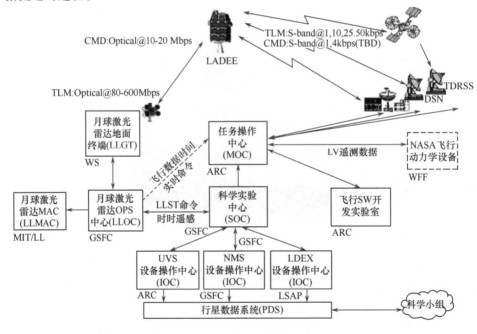

图 2 – 153　指令与数据流程

2.12.6　运载火箭

LADEE 任务将用有 WFF 的"米诺陶"5 号运载火箭发射,预期发射时间是在

2012 年末。"米诺陶"5 号是一种新型运载火箭,是由"米诺陶"4 号改进而来,它包含一个新的 3 – 4 级间,一个新的第五级的电缸,5 级旋转,PAF,以及星 37 电机。"米诺陶"4 号的前 3 级是依次安放在维和导弹上,LADEE 航天器是用 38 英寸到 31 英寸的 PAF 连接到在星 37 的第五级上。图 2 – 154 显示了运载火箭和 LADEE 的整流罩结构。

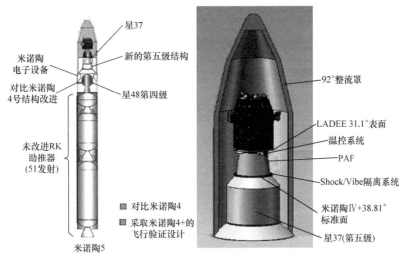

图 2 – 154　运载火箭及有效载荷

　　LADEE 是 NASA 近期月球计划中重要的组成部分,现在美国或其他国际机构对此的研究还不多,它的观测必须在人类或者机器开始对月球大气进行大规模活动之前。LADEE 还会验证一种低成本、开发快速的工程,它利用标准化总体设计搭载在新型"米诺陶"5 号运载火箭上。一旦证实,这种性能就能使未来月球任务突破成本的限制。

3 苏联的月球探测器

苏联是最先开展月球探测的国家,在月球探测科学和技术上取得了举世瞩目的成就。苏联的月球探测活动主要包括两大系列,即 Luna 系列和 Zond 系列。

3.1 Luna 系列

3.1.1 成员概述

月球计划(1959—1976 年)具有 24 个探测器系列,是苏联两个最早月球探测计划中的第一个,也是两个中最大的一个。月球计划进行了月球飞越、绕月飞行、软着陆及月球车和月球土壤采样返回等月球活动,取得了巨大成功,实现了月球探测历史上的绝大部分"第一":第一个月球探测器(Luna 1);第一次月球硬着陆(Luna 2);拍摄第一张月球背面照片(Luna 3);第一次月球软着陆(Luna 9);第一个月球环绕卫星探测器(Luna 10);第一次实现无人月球采样返回(Luna 16)和第一次月球车巡视勘察(Luna 17)。

苏联的月球探测器共有 7 次成功在月球表面软着陆。其中"月球"9、"月球"13 只是由着陆器对着陆点周围进行摄影和探测;"月球"17 和"月球"21 分别带有"月球车"1 和"月球车"2,在着陆点附近自动行驶,巡视摄影并进行探测,分别在月球表面行走 10.5km 和 37km。"月球"16、"月球"20 和"月球"24 利用钻岩机自动获取月球土壤样品并运送回地球,为精确分析月球土壤成分提供了基础。这个计划为苏联了解月球环境做出了巨大贡献。

Luna 1 发射于 1959 年 1 月,是苏联的第一颗月球探测器,计划在月球上硬着陆,但是从离月球 5995km 处飞过,以失败告终,成为人类历史上第一颗近月飞行的人造卫星。

Luna 2 发射于 1959 年 9 月 12 日，本来计划是在月球表面上进行软着陆的，但在 9 月 14 日，Luna 2 的电信号突然中断，撞击在腐沼（Palus Putredinus）地区（0°，29.1°N），大约 30min 后，第三级火箭也撞击在月球上。虽然 Luna 2 未能实现月球软着陆，但它通过所携带的仪器首次证实了月球没有磁场（在离月球表面 55km 处进行了测量），也没有发现月球周围存在辐射带，并分析了近月空间的宇宙辐射强度。本来计划进行软着陆的 Luna 2 反而变成了第一个硬着陆器，并成为月球上第一个人造物体。Luna 2 在向月球飞行途中，释放出由钠气体发出的明亮的橙色云团，有效地监测探测器，并研究该气体在地月空间中的行为。

Luna 3 离月球 64,360km 处飞越月球，第一次发回了月球背面照片（1959 年 10 月 7 日）。Luna 4 离月球 8529km 处，飞越月球，逃逸到日心轨道，拍摄了月球背面 70% 的照片，这些照片是人类首次获得的月球表面照片。

Luna 5、6、7、8 发射于 1965 年，以期一举实现月球软着陆，占领月球探测的制高点，但是都以失败而告终。Luna 5 发射于 1965 年 5 月 9 日，在轨重量为 1474kg，制动火箭系统出现故障，探测器最后撞击在月球云海表面。Luna 6 发射于 1965 年 6 月 8 日，这次是由于中途修正失败，从相距 16 万 km 处与月球擦肩而过。Luna 7 发射于 1965 年 10 月 4 日，这次的准备工作做得较充分，减速发动机倒是没有出现故障，但测控系统出现误差，点火和关闭过早，探测器最终撞击在月球的风暴洋上。Luna 8 发射于 1965 年 12 月 3 日，这次是因为减速发动机点火太迟，探测器高速撞击在月球风暴洋上，软着陆试验又一次宣告失败，但 Luna 8 完成了恒星定向、无线电设备的地面控制试验、飞行轨道和其他仪器的试验。

Luna 9 发射于 1966 年 1 月 31 日，是第一个成功的软着陆器，在轨干重 1580kg，但软着陆器的重量仅 99kg（图 3 - 1）。Luna 9 设计成 4 个花瓣状密封容器，有科学仪器、程序定时设备、热控系统、动力系统、电视系统和无线电收发装置，1966 年 2 月 3 日成功着陆于月球风暴洋（64.5°E，7°N）上，着陆后对月球表面进行了科学测量和电视摄影，电视传输时间达 8h5min，第一次获得了月球表面近距离

图 3 - 1　Luna 9 的发射状态

全景照片,可视范围为 1.4km,通过这些照片,对着陆区撞击坑的大小、数量、结构以及溅射物的数量和分布进行了详细分析,并用探测仪器测量了月球表面机械强度、黏度、压缩性等月球表面物理机械参数。

Luna 10、11、12 发射于 1966 年,进一步实施月球软着陆探测和月球表面巡视的探测,这三次成功的月球轨道探测器,拍摄了大量的月球地形地貌照片。其中,Luna 10 是第一个环月探测器,近月点 35km,远月点 1015km,56 天与地面保持联系;Luna 11 是第三个月球轨道器,近月点 165km,远月点 1195km,携带的电视系统未能正常工作;Luna 12 是第四个月球轨道器,近月点 100km,远月点 1740km,拍摄电视图像。

Luna 13 发射于 1966 年 12 月 21 日,12 月 24 日成功地软着陆于月球风暴洋 (18.87°N,297.95°E)上,卫星在轨干重 1700kg,工作寿命约 7 天。除常规的照相和摄影装备外,Luna 13 还携带了下插式月球土壤机械性质测量器和辐射计等,对月球进行了月球土壤力学性质测量、月球表面全景图像和地貌分析、月岩的立体研究以及着陆点地貌的详细分析等较为全面的探测,25 日和 26 日两天还向地球传输了不同太阳光照角的近月球表面全景电视画面,图 3-2 所示为 Luna 13 在月球表面工作状态。

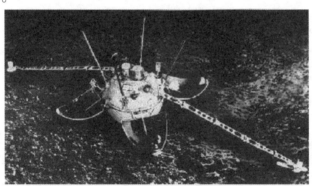

图 3-2　Luna 13 着陆器在月球表面工作状态

完成了 Luna 13 软着陆探测后,1967 年开始,苏联开始了载人登月探测可行性的论证和技术上的攻关,与此同时,分别于 1968 年和 1969 年成功地发射了 Luna 14 和 Luna 15 月球轨道探测器,进一步对月球表面的地形地貌进行精细的探测与拍摄,为载人登月做准备。遗憾的是,几乎与 Luna 15 发射的同一时间,美国成功地实现了"阿波罗"登月计划,出于政治上的因素以及由于火箭运载能力等原因,苏联不得不放弃了其载人登月计划,而把目标放在以不载人方式取得月球样品的探测上。

Luna 16 于 1970 年 9 月 12 日发射,是苏联发射的第一个成功软着陆并且取样返回的探测器。Luna 16 的运载系统由质子号火箭加上面级和逃逸舱组成,发射升空后,先进入地球轨道,经中间修正后进入 111km 的环月轨道,在绕月轨道上进行了月球重力研究,然后进入近月点 15.1km 的椭圆轨道,随后减速发动机点火,在距月球表面 20m 处熄火,着陆喷气在月球表面 2m 高度、速度小于 2.4m/s 时停止喷气,探测器自由降落在月球表面,着陆点位于月球丰富海(Mare Foecunditatis)的 Webb 撞击坑以西约 100km 处。Luna 16 在轨干重为 5600kg,由两个附加级和一个发射级(安装在下降级顶部)组成,如图 3 - 3 所示。下降级是有四个着陆腿的圆柱体,装有燃料箱、着陆雷达和二元下降发动机,主发动机用于减速,发动机熄火后,由喷气控制降落;飞船下降级装有电视摄像机、辐射和温度监视器、通信设备和用于收集月球土壤样品的钻孔伸展臂;下降级同时也是上升级的发射平台。上升级为圆顶小圆柱体,内装圆柱形密封月球土壤样品返回舱,如图 3 - 4 所示。Luna 16 第一次实现了月球黑夜(太阳升起前 60h)着陆,获得了高质量的电视画面,钻孔机械臂展开后在月球表面开始钻孔,在 35 cm 深度时碰到坚硬岩石后停止钻孔,共采集月球土壤样品 101g。在着陆后 26h25min(9 月 21 日 07:43 UT),Luna 16 完成了月球表面钻孔和取样工作,上升级和密封样品容器点火离开月球,下面级遗留在月球表面继续传回月球温度和辐射数据。月球样品返回舱依照计算好的弹道直接返回地球,中间没有进行轨道修正。返回舱于 9 月 24 日进入地球大气层,依靠降落伞减速,样品舱于 24 日 03:26 UT 降落在哈萨克斯坦 Dzhezkazgan 市东南约 80km 处。

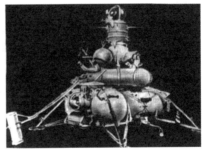

图 3 - 3　Luna 16 探测器

　　Luna 17 于 1970 年 11 月 10 日发射,15 日进入环月轨道并降落在月球雨海(38.28°N,325°E)上。Luna 17 是苏联设计的第一个月球表面巡视探测器,是为了实现不载人月球表面巡视勘察而设计的月球探测器。探测器在轨重量 5600kg,主要有效载荷为一辆月球车及其车载探测仪,进行月球表面目标探测活动和月球表面移动勘察,以实现载人登月才能做到的部分探测目标,探测器有两个斜坡道专供月球车下降到月球表面。月球车原来设计工作 3 个月球日,但实际上工作了 11 个月球日,直到 1971 年 10 月 4 日才停止工作,传回了 2 万多幅电视图像和 200 多张照片,进行了 500 多次月球土壤力学性质、月球表面物质成分的就位分析,图 3 - 5 所示为 Luna 17 携带的月球车 1 号。

　　Luna 18 于 1971 年发射,是一个月球软着陆探测器,然而由于制动器出故障,撞击在月球 are Fecunditatis 上。随后 Luna 19 也于 1971 年发射,是一个月球轨道

图 3-4　Luna 16 返回舱

图 3-5　Luna 17 携带的"月球车"1 号

探测器,成功实现环月飞行,传回图像,并与地球保持 1 年的联系。

　　Luna 20 于 1972 年 2 月 14 日发射,2 月 18 日进入环月轨道,21 号着陆于月球丰富海(Mare Foecunditatis)的 Apollonius 高地(3°32′N,56°33′E),距 Luna 16 着陆点 120km。探测器着陆后摄制了月球表面全景电视,并用可伸展钻孔装置获取了 30g 月球样品。22 日上面级从月球发射回来,25 日返回地球。Luna 20 是苏联成功发射的第二个月球采样返回航天器,其结构和装备与 Luna 16 相似,在轨干重 4850kg。

　　Luna 21 于 1973 年 1 月 8 日发射,主要是携带月球车,在月球表面开展科学探测活动。探测器发射后进入地球停泊轨道,随后进入地月转移轨道。1 月 12 日探测器减速制动进入 90km×100km 的环月轨道,在 13 日和 14 日轨道的近月点下降到 16km 高度,绕月飞行 40 圈后,1 月 15 日减速火箭在 16km 高度点火,飞船开始自由降落。在 750m 高度主推力器点火,减慢下降速度,到 22m 高度,主推力器熄火,二级推力器点火,减慢下降速度直到 1.5m 高度,随后发动机熄火,自由落体着陆在 LeMonnier 撞击坑(25.85°N,30.45°E)。Luna 21 着陆后,拍摄了着陆点周围的电视图像,然后沿轨道滑落到月球表面,拍摄着陆舱和着陆点的照片。月球车及其车载设备拍摄了月球表面图像,分析了周围光照水平,以调查在月球表面进行天文学观测的可行性,从地球向月球发射激光束进行了激光搜索试验,观测了太阳 X 射线,测量了当地磁场,研究了月球表面物质的力学性质。月球车 2 号工作了约 4 个月,行走里程达 37km,沿途经过的地貌类型主要为山地丘陵和月沟,返回了 86 张全景图像和 80000 多幅电视图像,可能是在 5 月中旬,月球车发生故障,或在 5、6 月的月球夜晚后月球车没能被唤醒过来,6 月 4 日宣布 Luna 21 项目结束。

　　Luna 22 和 Luna 23 可以说是一个孪生探测器——月球轨道探测器和月球采样返回器,分别发射于 1974 年 6 月 2 日和 10 月 28 日。尽管 Luna 23 成功地着陆在月球危海(Mare Crisium)地区(12.25°N,62.2°E),但由于取样装置在着陆时被损伤,取样器无法工作,最终没有完成取样返回的任务,但着陆器传送数据延续了3天。

Luna 24 于 1976 年 8 月 9 日发射,为了完成 Luna 23 未完的任务而发射的第四个月球采样返回器,但在轨干重比 Luna 23 轻了许多,仅为 4800kg,如图 3 – 6 所示。Luna 24 着陆于危海地区(12.25°N,62.2°E)距 Luna 23 着陆点仅几百米的地方,取回月球样品 170g,是 3 次采样返回最多的一次。Luna 24 也是苏联发射的最后一个月球探测器,标志着第一次月球探测高峰的结束。

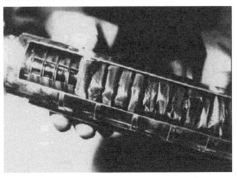

图 3 – 6　Luna 24

Luna 系列 24 次发射情况如表 3 – 1 所列。

表 3 – 1　Luna 系列发射情况表

名称	发射日期	类型	成　果
Luna 1	1959/01	硬着陆	失败,实现近月飞行
Luna 2	1959/09/12	软着陆	失败,信号中断,最终撞击月球表面
Luna 3	1959/10/07	飞越月球	第一次发回月球背面照片
Luna 4	1959/11/12	飞越月球	拍摄月球背面70%照片
Luna 5	1965/05/09	软着陆	失败,制动火箭故障,最终撞击月球表面
Luna 6	1965/06/08	软着陆	中途修正失败,与月球擦肩而过
Luna 7	1965/10/04	软着陆	测控系统出现误差,最终撞击在风暴洋
Luna 8	1965/12/03	软着陆	减速发动机点火太迟,撞击在风暴洋上
Luna 9	1966/01/31	软着陆	第一次获得了月球表面近距离全景照片
Luna 10	1966/01/21	环月探测器	月球表面巡视探测,拍摄大量月球表面地形地貌照片
Luna 11	1966/05/18	月球轨道器	
Luna 12	1966/09/10	月球轨道器	
Luna 13	1966/12/21	软着陆	进行了月球土壤力学性质测量,月球表面全景图像和地貌分析
Luna 14	1968/05/26	月球轨道探测器	对月球表面的地形地貌进行精细的探测与拍摄
Luna 15	1969/02/19	月球轨道探测器	

名称	发射日期	类型	成果
Luna 16	1970/09/12	软着陆	采集月球土壤 101g,传回月球温度和辐射数据
Luna 17	1970/11/10	软着陆	实现不载人月球表面巡视勘察
Luna 18	1971/05/12	软着陆	制动器故障,失败
Luna 19	1971/11/26	月球轨道探测器	环月飞行,传回图像
Luna 20	1972/02/14	软着陆	摄制了月球表面全景电视,获取 30g 月球样品
Luna 21	1973/01/08	软着陆	携带月球车,开展科学探测活动
Luna 22	1974/06/02	月球轨道探测器	
Luna 23	1974/10/28	软着陆	取样失败,传输数据 3 天
Luna 24	1976/08/09	软着陆	取回样品 170g

3.1.2　着陆器(Luna 9、Luna 13)

1. 任务

(1) 在着陆点附近进行摄影,观察月球表面;

(2) 探测月球表面可承受载荷情况;

(3) 探测月球表面的光学、热及辐射特征;

(4) 为载人登月做准备。

2. 着陆器简介

Luna 9 是世界上第一个在月球表面着陆的人造飞行器,总重 1538kg,其中推进剂 800kg。由着陆器、制动发动机和仪器舱组成,外观示意见图 3-7。着陆器为

球状,直径 58cm,重 100kg,带有摄像机、通信设备、电源和温控系统及其他科学探测仪器。仪器舱中装有姿态控制系统、电池、雷达天线等电子元器件。制动发动机用于地月转移轨道的中途修正和制动着陆,采用液体发动机。着陆器在着陆后展开花瓣状的四片护罩,一方面用于作为天线反射面,发送图像信息,一方面用于支撑、稳定着陆器,其后还展开 4 根鞭状天线。着陆速度 2.6m/s。携带的科学探测仪器主要包括电视摄像机、气体放电辐射计数器、亮度标准测量仪、辐射计等。Luna 9 在月球表面工作 48h,传回了不

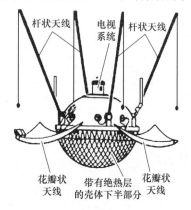

图 3-7　Luna 9 着陆器

同光照条件下的月球表面图像,便于分析月球表面的地形地貌。

Luna 13 与 Luna 9 相似,只是有效载荷有所不同。总重 1620kg,着陆器重 112kg。带有土壤机械性能测量仪、辐射密度计、过载测量仪、月球表面热流测量仪

等,传回大量月球表面全景图像和科学数据。

3. 软着陆过程

Luna 9 在距离月球 8300km 时调整姿态,准备制动。用雷达高度计测量距月球表面的高度,达到 75km 时,由地面站发出指令,制动火箭点火,同时由推力器保证探测器的姿态。随着接近月球表面,着陆器外面包覆的气囊开始充气,在距月球表面约 4 m 高时,气囊与探测器分离,自由落在月球表面上。着陆后,气囊与着陆器本身分离,着陆器开始工作。着陆过程示意图见图 3 - 8。

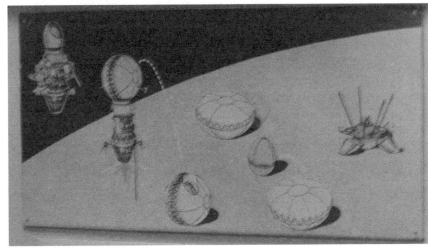

图 3 - 8　Luna 9 着陆过程示意

3.1.3　软着陆平台(Luna 16、Luna 17、Luna 20、Luna 21、Luna 24)

1. 平台概述

在 Luna 9 和 Luna 13 之后,苏联研制了新一代的月球软着陆平台,用于为月球车和月球表面取样返回舱提供软着陆。

平台带有四个柱冠形储箱用于中途修正和近月制动,四个球形储箱用于软着陆,上面提供一个"平台"用于安装月球车或取样返回舱段,用四只带有缓冲装置的"腿"作为着陆机构。仪器有着陆雷达和推力可调的发动机系统、姿态控制系统、陀螺、电子设备等,还有用于测量探测器周围温度和辐射的仪器。星上计算机根据高度和速度控制发动机开关。发动机关机后靠反作用推力器实现最终的着陆。平台总干重约1080kg。平台结构图见图 3 - 9。

2. 飞行程序

探测器首先进入高度 110km 的月球圆轨道。然后进入近月点 15.1km 的椭圆轨道,抛掉四个柱冠形储箱,开始第一次主制动,然后自由下落。至 600m 高度时,由多普勒速度计和雷达高度计识别,四个控制发动机点火,在距月球表面 20m 时关闭,软着陆发动机在距月球表面 2m 高、速度小于 2.4m/s 时关闭,然后自由下落。

图 3-9　月球软着陆平台

3. 月球车

苏联是第一个实现了月球表面自动巡游的国家。它通过软着陆平台运送了自动月球车到月球表面,并实施巡视勘察。Luna 17 带有的月球车 1 为盆状物体,自身重 756kg,长 4.42m,宽 2.15m,高 1.92m,有一个凸起的大盖字,8 轮独立驱动,能源由安装在盖子内面的太阳能电池板供应。主要装备包括锥形高指向性螺旋状天线,四个电视摄像机。科学探测仪器包括 1 台月球土壤力学性质测量仪、1 台 X 射线谱仪、1 台 X 射线望远镜、1 架宇宙射线监测仪和激光仪。在月球表面行走 10.540km,可翻越 30°的坡,工作 301 天后由于能源不足停止。

Luna 21 带有的月球车 2 重 840kg,高 135cm,长 170cm,宽 160cm,采用 8 轮独立悬挂方式,由电动机提供动力进行驱动和制动,设定的行进速度有 1km/h 和 2km/h 两挡,在月球表面行走了 37km。车载装备包括 4 个电视摄像机。位于车顶的摄像机用于导航,能以不同速率(3.2、5.7、10.9 或 21.1s/帧)传回高分辨率图像。地面 5 人控制小组根据这些图像发送命令给月球车进行实时控制。在月球白天,月球车主要在行走,偶尔停下来用太阳能电池板充电。晚上月球车休眠,由放射性 ^{210}Po 同位素热源对月球车加热,以保证机电设备的正常温度,直到太阳升起后再由地面发射命令唤醒月球车和有效载荷。月球车的动力由太阳能电池板提供,电池板位于覆盖仪器圆形铰链的内侧,当它打开时可以进行充电。车载的科学仪器包括太阳 X 射线试验仪,一个用于激光探测试验的光电探测器(Rubin-1),

一个用来测量可见光和紫外线的天文光度计,一个法国研制的激光角反射镜,一个月球土壤力学测试器,月球车前面有一根2.5 m长的杆,顶端安装有磁力仪。月球车见图3-10。

图3-10　苏联的月球车

3.2　Zond 系列

3.2.1　成员概述

Zond 项目是苏联最初的两个月球探测项目中的第二个,总共发射了8个探测器,其中5个用于月球探测,3个进行了环绕月球飞行后又安全返回地球。

Zond 3 于1965 年7 月18 日发射,重950kg。探测器携带有焦距为106mm 的相机和电视系统,在距月球11570 ~ 9960km 期间的68min,对月球背面拍摄了25张高质量照片,传送到地球,验证了通信系统的能力,这些照片覆盖了$1.9 \times 10^7 \text{km}$的月球表面,完成月球飞越后,Zond 3 继续在环日轨道上进行空间探测,Zond 3 除配制了成像装备外,还携带了磁力仪、紫外和红外光度计、辐射计、射电望远镜和微流星探测仪,并进行了离子发动机试验。

Zond 4 由四级质子号发射,先射入大约200km 高度的停泊轨道,再用第四级射入地月转移轨道,在距地球246000 ~ 260000km 处进行中段修正,在离月球表面2000 ~ 2400km 高度处绕过月球返回地球。在月地转移轨道上,距地球236000km 和120000km 处,各修正轨道一次。最后,利用两次受控再入回收技术,实现软着陆回收。

Zond 5 发射于 1968 年 9 月 14 日,是为载人登月进行的实验飞行,而且是空间探测史上第一个实现重返大气层并成功软着陆的探测器。Zond 5 是与其母卫星一起发射,在地球停泊轨道与母卫星分离奔向月球,9 月 18 日开始环绕月球运行,最近距离为 1950km,在 90000km 处拍摄了地球的高质量照片,探测器重 5375kg,携带了生物学载荷。

Zond 6 发射于 1968 年 11 月 10 日,该探测器也是为载人登月进行技术准备的飞越式飞行器,在地球停泊轨道与母卫星分离后奔向月球的探测器,于 11 月 14 日进入月球轨道,飞行轨道如图 3 - 11 所示,最小距离为 2420km,在约 11000km 和 3300km 处获得了月球正面和背面的全色照片,每张照片为 12.70cm × 17.78cm 大小,有些照片可以用来合成立体图像。11 月 17 日,探测器返回地球大气层,并着陆在苏联的预定地区。探测器重 5375kg,携带了宇宙线和微陨石探测器、光谱仪器和生物载荷。

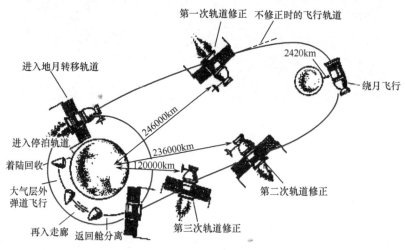

图 3 - 11　Zond 6 飞行轨道

Zond 7 发射于 1969 年 8 月 7 日,也是从一颗母卫星上向月球发射的探测器,目的是进一步研究环月空间的环境,在不同空间位置拍摄地球和月球的照片,并进行飞船系统的飞行试验。8 月 9 日和 11 日从距月球 1984.6km 处飞过,拍摄了地球和月球的照片,14 日重入地球大气层并软着陆于 Kustanai 南部的预定地区。探测器重 5979kg。

Zond 8 发射于 1970 年 10 月 20 日,是从绕地平台 Tysazheliy Sputnik (70 - 088B)卫星上奔向月球的,探测目标是为了调查月球和环月空间的环境,并进行有效载荷试验,10 月 21 日探测器从 64480km 距离上拍摄了地球照片,并传送了 3 天内地球飞行的图像,10 月 24 日 Zond 8 从距月球 1110.4km 处飞过,拍摄了月球的黑白和彩色照片,并对空间环境进行了测试分析。10 月 27 日返回地球大气层,着陆于印度洋。探测器重 5375kg。

表 3 – 2 给出了苏联 Zond 系列月球探测器情况。

表 3 – 2 给出了苏联 Zond 系列月球探测器情况。

表 3 – 2　苏联 Zond 系列月球探测器概况

序号	名称	发射/到达/返回	任务类型	重量/kg	主要装备	实现目标
1	Zond 3	1965 – 07 – 18	飞越式探测;环日探测	960	106mm 相机,磁力仪,紫外 - 红外光度计,辐射计,通信设备	月球背面成像
2	Zond 5	1968 – 9 – 14/18/21	绕月返回	5375	相机,生物学载荷	第一个绕月返回探测器,月球和地球照片,生物试验
3	Zond 6	1968 – 11 – 10/14/17	绕月返回	5375	相机,宇宙线和微陨石探测器,光谱仪器和生物载荷	月球和地球照片,生物试验
4	Zond 7	1969 – 8 – 7/11/14	绕月返回	5979	相机,空间环境探测仪器	月球和地球照片,空间环境探测,飞行试验

3.3　苏联 N1 – L3 计划(1964—1972)

3.3.1　概述

在美国着手实施"阿波罗"工程后,苏联便开始了载人登月的方案论证,并提出了自己的载人登月计划,即 N1 – L3 计划。1964 年 8 月,苏联政府通过了《关于月球和宇宙空间考察工作的决定》,之后便启动 N1 – L3 载人登月计划。该计划分三个阶段进行:首先是"联盟"号飞船无人绕月飞行;其次是飞船载人绕月飞行;最后是实现载人登月。由于 N1 火箭的几次发射失败,苏联的 N1 – L3 计划未能成功,1976 年 2 月,苏联取消了 N1 – L3 载人登月计划。

3.3.2　飞行器设计

N1 – L3 登月方案由 OKB – 1 设计局提出,采用月球轨道对接方式。该方案登月飞行器由 N1 重型运载火箭和 L3 组合体飞船组成,其中 N1 火箭具有约 90t 的近地轨道运载能力,L3 组合体飞船基于"联盟"号飞船技术,重量仅为 LK – 700 绕月飞船的 2/3。N1 – L3 登月飞行过程中,运载火箭把 L3 组合体发射至月球轨道,然后,L3 组合体中登月舱 LK 分离并着陆月球表面,月球表面任务完成后返回与 LOK 交会对接。

N1 – L3 方案的登月飞行器系统主要由 N1 火箭和 L3 组合体飞船组成。其中

L3 组合飞船包括绕月飞行器 LOK(包括 Block Ⅰ 推进系统)和登月器 LK(包括 Block E 推进系统)两部分。该方案需要一次 N1 火箭发射,一次环月轨道对接,乘员 2 名,1 名着陆月球表面。

3.3.3 任务设计

N1 - L3 登月飞行器飞行流程见表 3 - 3。

表 3 - 3 N1 - L3 登月飞行器飞行流程

序号	流程
1	N1 火箭发射,进入高度为 220km、倾角为 51.8° 的圆轨道,并将在该地球停泊轨道停留约 1 天的时间
2	N1 火箭 Block G 发动机启动加速,L3 组合体飞船进入地月转移轨道
3	Block G 与 L3 组合体分离
4	N1 火箭 Block D 完成 3 天半的奔月飞行,期间完成 2 次轨道修正
5	L3 组合体飞近月球后,Block D 发动机启动,制动减速,进入绕月轨道,Block D 将再次启动两次使得 L3 组合体在该椭圆轨道上停留 4 天
6	1 名航天员从绕月飞行器 LOK 进入到 LK 里
7	Block D、登月器 LK 的组合体与绕月飞行器分离
8	Block D 发动机又一次启动,Block D 与登月器 LK 的组合体进入月球表面下降轨道;
9	当登月器 LK 下降到离月球表面高度为 4km、速度为 100m/s 时,Block D 与登月器 LK 分离
10	当着陆雷达测量到高度为 3km 时,登月器 Block E 发动机系统工作,发动机开始推力为 2050kgf,当登月器 LK 的垂直速度降为零时,推力变为 850kgf,登月器盘旋机动最终软着陆月球表面
11	航天员出舱活动,时间为 6 ~ 24h
12	Block E 发动机工作,登月器乘员室和 Block E 从月球表面起飞,月球着陆装置(LPU)留在月球上
13	绕月飞行器 LOK 与登月器 LK 对接
14	航天员从登月器 LK 回到绕月飞行器 LOK 中
15	绕月飞行器 LOK Block Ⅰ 系统发动机工作,绕月飞行器脱离月球引力,返回地球
16	Block Ⅰ 完成 3 天半的返回地球飞行期间轨道的中途修正
17	再入舱 SA 与生活舱 BO 和仪器 - 发动机舱 PAO 分离,以弹跳式方式再入返回地球

N1 高 105m(345 英尺),在高度,质量和有效负载上仅次于世界第一的"土星" 5 号。N1 - L3 方案采用五级推进,前三级将飞船送入地球轨道,其余两级用于地月推进。加满燃料满载情况下,N1 - L3 重 2788t(614.6 万磅力)。下面三级呈截锥体形,最下部直径约 10m,这是受箭体内燃料箱形状的限制,一个较小的球形煤油箱在上部,较大的液氧箱在下部。上部分呈圆柱形,直径 4.4m(图 3 - 12)。

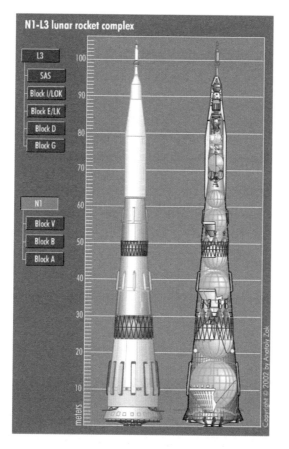

图 3 - 12 N1 火箭组成

第一级 A 段,由 30 台 NK–15 发动机驱动,发动机排成两个环,外环 24 台,内环 6 台。这些发动机都是分级燃烧循环的先例。控制系统基于发动机的差动节流,外环应付倾斜和偏转,安装在框架内的 6 个用于应付滚动。A 段还装有 4 个栅格翼,这种平衡装置后来用在了苏联的空空导弹设计上。A 段总共产生 4620t 的推力,远远超出"土星"5 号 3469t 的推力。

第二级 B 段,由 8 台 NK–15V 发动机驱动,也排列成环形。NK–15V 与 NK–15的区别就是吊钟形涡流室和高空发动机性能。上面级 V 段,装了 4 台更小的 NK–21 发动机,排列成矩形。

在 N1 的研制过程中,不断有各种发动机改进方案。将第一级的 NK–15 改进为 NK–33,将第二级发动机改进为 NK–43,后面三级采用 NK–31,改进后的 NI 被称为 N1F,然而直至登月计划结束,这种改进型都没有试飞过。

比起"土星"5 号,N1 虽然推力更大,但它只能将 95t 的物体送入低地球轨道,而"土星"5 号可以运送 130t 物体。这是由于 N1 全箭都以煤油做燃料,而美国对氢氧燃料的研究起步早,使得"土星"5 号设计时选用了比较成熟的氢氧发动机,以此获得了较高的效率。

1969 年 2 月 21 日：由于燃气发生器意外地高频振动，一处导管裂开，导致发动机失火。火势延伸到发动机控制系统，于是在飞行 68.7s 后，发动机停机。火箭在 69s 后在 12200m 高空爆炸。

1969 年 7 月 3 日：一颗松动螺柱被吸入燃料泵，导致控制系统停止了 30 台中的 29 台发动机，发动机停机 23s 后火箭爆炸，炸毁了发射塔，成为火箭应用史上最大规模的爆炸。

1971 年 6 月 24 日：起飞后就不正常转动，且超过了控制系统的可调范围，51s 后火箭在 1km 高空爆炸。

1972 年 11 月 23 日：40km 高空处，其中一台发动机遭遇纵向耦合振动，其他发动机程序性停机，导致 4 号发动机爆炸。

3.3.4　LK 和 LOK

L3 组合体飞船包括绕月飞行器 LOK（包括 Block Ⅰ 推进系统）和登月器 LK（包括 Block E 推进系统）两部分。

绕月飞行器 LOK 基于早期"联盟"A 飞船改进，由生活舱 BO、再入舱 SA 和仪器 - 发动机舱 PAO 共三部分构成（图 3 - 13）。

图 3 - 13　LOK 示意图

生活舱 BO 由对接机构 SU、生活舱发动机系统 DOK 和生活室 BO 三个部分组成。

再入舱 SA 是在"联盟"号飞船返回舱的基础上改进的，有 3 个改进的地方：为了适应第二宇宙速度返回状况，加厚了防热大底的厚度；除了在再入舱 SA 的顶部有舱口盖外，在再入舱 SA 的侧面还有另一个舱口盖，这样可以允许航天员直接进行出舱活动；再入舱 SA 没有了备用降落伞，在再入时如果主伞发生故障不工作，

两名航天员将身着"海鹰"航天服从侧面的舱口盖跳伞。

仪器－发动机舱 PAO 由过渡段 PO、仪器设备舱段 PO、发动机舱 AO、Block I 推进系统和电源舱段 EO 五部分组成。

LOK 作为月球探测的一部分,位于 N1 火箭的上部。飞船计划搭载 2 名航天员进入月球轨道,在那里航天员可以进入月球登陆器 LK,之后 LK 与 LOK 分离并下降到月球表面。

短暂停留后航天员将从月球表面起飞并与 LOK 交会,成功对接后,航天员从 LK 转移至 LOK,并从 LOK 降落至地球。LOK 各参数如表 3－4 所列。

表 3－4　LOK 参数

参数	数值	参数	数值
搭载船员	2 人	交会及轨道修正轨道推力器(SKD)/kg	417
最大飞行时间	13 天	氧化剂(四氧化氮,NTO)/kg	2032
月球轨道器质量/kg	9850	燃料(UDMH)/kg	1120
月球轨道分离时质量/kg	7530	总长度/m	10.06
返回舱(SA)质量/kg	2804	直径/m	2.930
主引擎推力器(双舱 Block－Ⅰ)/kg	3388		

3.3　苏联 N1－L3 计划(1964—1972)

185

动力系统:这是与传统的 Soyuz 最大的区别,不像传统的太阳能拱点,例如 7K－OK 飞船,LOK 携带液体氢/氧燃料单元,除了拱点还可以提供航天员呼吸氧气,用水等。提高了生命保障能力。

对接机构:为了完成 LK 与 LOK 的对接,L3 携带了 Kontakt 系统,而不是像传统的 Soyuz 安装的 Igla,Kontakt 系统包含 1 个主对接探针设备,以及 4 个外围辅助设备,在对接时可以提供足够的可靠度。

LK 由登月舱和 Block E 推进系统组成,用来完成航天员从环月轨道降至月球表面、月球表面任务完成后再把航天员从月球表面带回至环月轨道与绕月飞行器对接的任务,如图 3－14 所示。

结构上可细分为月球着陆器(LPA)和起飞器(LVA),LPA 由晶格结构的主体组成,质量 5.56t,高 5.2m,直径 2.27m,最大直径 4.5m,带有 4 个着陆腿,起落装置展开 2.26m。登月器承载 1 名航天员,设计月球表面工作时间为 3 天。

图 3－14　登月器 LK

登月舱组成:加压室;飞行控制电子设备;生命保障系统;姿态控制系统;四腿着陆装置;动力装置(化学推进)。

LK 结构参数如表 3－5 所列。

表 3-5 LK 结构参数

参数	数值	参数	数值
高度/m	5.2	包括 Block-E 的推进系统/kg	2950
起落装置最大跨距/m	5.4	LK 在月球表面起飞时质量/kg	3800
下降至月球表面前 LK 总质量/kg	5560		

Block E 在舱底部,通过喷火装置同 LPA/LPU 连接一起,LPU 自己也携带了一个固体推进剂发动机。

图 3-15 为 LK 载荷结构示意图。

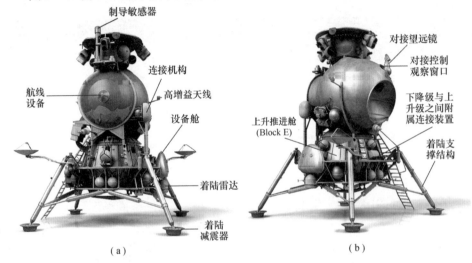

（a）

（b）

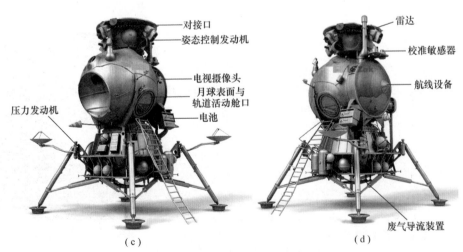

（c）

（d）

图 3-15　LK 载荷结构示意图

图 3-16 为 N1-L3 轨道示意图。

该任务是用三级 N1 火箭将 2 人飞船送入地球轨道,在检查完组合体后,第四

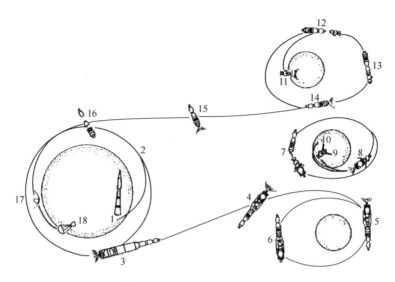

图 3-16　N1-L3 轨道示意图

1—发射段；2—通过三级 N1 捕获地球轨道；3—卸载 Block G 级及 Block D 的低层及中层载荷；
4—Block D 的中途修正；5—Block D 的月球轨道捕获；6—通过 LOK 的轨道器的指令
系统向 LK 登陆器施加 EVA 操作；7—分离 LK 和 Block D,卸载上面级载荷；
8—3000m 高度开始点火,Block D 进行动力下降段,接着 BBlock D 分离,LK 点火进行着陆；
9—LK 的指挥官出舱,并在月球表面呆 24h；10—对准失去效能的 Block D；11—月球表面起飞；
12—捕获月球轨道,LK 与 LOK 进行交会；13—LOK 与登陆器对接,接下来进行 EVA 操作,
让司令员将设备转移至轨道船,两船之后进行分离；14—LOK 主引擎点火进行地球捕获机动；
15—LOK 中途修正；16—下降设备携带 2 名航天员与 LOK 剩余部分分离；
17—导引下降至地球大气层；18—通过降落伞降落至苏联领土。

级(G 模块)完成向月球转移轨道点火,抛掉整流罩露出 D 模块。这一级被用做轨
道修正,以射入月球轨道。一旦进入月球轨道,任务指令长从轨道器(LOK)向登
月舱(LK)进行舱外转移。LK 经一名航天员检查后,从母船上分离。D 模块被用
作有动力下降嵌入模块(PDI),进入 3km 高度轨道,在此分离,允许 LK 发动机点
火继续完成登陆。一旦登陆完成,指令长实施有限时间的月球表面舱外活动,收集
样品,进行试验。24h 后,LK 开始从月球表面面上升,与 LOK 接近、交会和对接。
由于飞行器之间没有内部转移舱门(不同于美国的"阿波罗"号飞船,因为内部转
移系统会增加太多质量),因此指令长携带着收集的样品,需要施加从 LK 到母船
的舱外转移。LOK 主发动机实施向地球轨道的点火,需经过进一步的轨道修正。
接近地球时,LOK 的单元将分离,使返回舱着陆到苏联国土上。

　　当飞船第一次释放着陆器时,Block D 级点火最后一次来开始着陆阶段,通过
行星着陆雷达,大约在 1500m 到 2000m 时,Block D 停火,与 LK 分离,并于着陆点
附近坠毁。着陆器主引擎 Block E,开始点火,使着陆器盘旋在着陆点上空,利用航
天员进行手动关机。司令官有 25min 的时间选择着陆点并开启最终着陆程序,在

着陆垫触碰月球土壤的瞬间,安装在着陆腿上的四个向下的引擎开始点火维持着陆器的稳定,Block E 点火到完成着陆需要 1min 的时间,一旦有什么特殊原因着陆失败的话,司令官有权关闭 Block E 重新回到全动力系统并重返月球轨道与 LOK 对接。

出舱之后,航天员检查登陆系统以及 Krechet 94 宇航服,进行 LK 的降压,并从椭圆形的舱口离开登陆飞船。ATV 摄像监控系统通过梯子装置下降至月球表面,航天员在出舱之后展开一些科学仪器,放置苏联国旗,并进行拍照,月球表面的时间被限制在 1.5~6h,之后重新进入飞船,封闭着陆舱并开启休眠模式,在预定时间 Block E 点火起飞进入低月球轨道。

LK 接下来携带航天员利用 kontakt 雷达扫描系统进行交会对接,整个交会对接过程没有航天员及地面站的干预,尽管随机航天员可以人为接管操控。轨道机动利用类似 Soyuz 小型引擎来完成,对接之后,航天员携带样品通过 EVA 事件进入 LOK,第 38 圈登陆舱被抛弃,接下来在月球远地点,安装在 LOK 基部的姿态推力器控制至点火姿态,并开启 Block I 引擎进入地月转移轨道。月球环绕段的总时间被限制在 77h,经过 82h 的巡航段,进行 2 次中途修正,第一次在离开月球后的 24h,第二次在离开月球后的 44h,接近地球时经过了 2h 的再入段,LOK 分离成 3 部分,小的下降器携带航天员进行翻斗式再进入,减小进入速度进入大气层,降落伞随后展开并降落至苏联领土上。

4 欧洲的月球探测器

21世纪之前,欧空局 ESA 对于月球探测开展了诸多研究,其中具有阶段性的研究如表 4-1 所列。

表 4-1 21 世纪前欧空局阶段性研究进展表

时间	研究进展
20 世纪 80 年代	极轨月球轨道器 POLO 概念研究
1994 年	提出重返月球计划
1994—1996 年	环月观测器 MORO 和月球着陆器 LEDA 概念研究
1996—1998 年	月球探测研究计划"欧洲月球 2000"

其中,欧空局 1994 年提出的"重返月球、建立基地"的计划十分详细,同年 5 月的月球国际讨论会上也一致认为欧空局已经在信息、电子、机械等方面具备了对月进行低投资研究探测的能力。由此成立了专门的月球探测指挥组,并指出了欧空局未来主要对月开展月球科学、对月观察、生命科学三方面研究。

月球科学研究主要体现在:获取和研究高清月球地质地貌图像和月球化学物质分布图像,对月岩及月球矿物成分进行测量研究,并将月球样品采回进行地面研究。围绕这些研究内容,欧空局需要发射绕月极轨卫星,建立月球表面站,输送在月工作机器人,构建月球前哨站。

对月科学观察主要体现在:监测并研究月球地质构造、月球表面环境,对月全方位天文观测。这些研究,需要将低频段天线及亚毫米、红外、紫外干涉仪安置在月球表面,通过改变灵敏度和角分辨率完成。

生命科学研究主要体现在:探索在月球表面高辐射、无磁场、低重力等特殊条件下人体生理变化,研究月球表面生存环境的形成过程,从而推进航天医学工程领域相关研究。

　　自从进入 21 世纪,欧空局在深空探测领域不再满足于以往与美合作的模式,为此特地开展了包括月球探测在内的相关领域预研。图 4 - 1 即为欧空局制定的深空探索路线图。

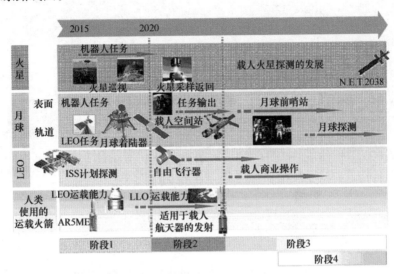

图 4 - 1　欧洲深空探索路线图

4.1　曙光女神计划(Aurora Programme)

　　曙光女神计划(Aurora Programme)是 2001 年欧空局提出的载人航天计划,其首要目的是建立一支利用无人航天器和载人航天器对太阳系进行探测的长期队伍。次要目的是探测地球之外的生命。

　　曙光计划的第一阶段是从 2005 年到 2015 年,主要是收集有关的知识,开发和验证人类登录火星与月球所需的技术。整个计划的执行将取决于准备阶段的结果和参与国的决策。

　　欧空局原计划在 2009 年前研制一种飞行速度更快、具有高速再入大气层技术的宇宙飞行器,为载人上火星做准备,以确保着陆成功,并确认了两个研制开发项目。第一个项目为 Pre - X 装置,由法国空间研究中心主持,它是欧洲首个演示利用特殊热保护技术滑翔再入大气层的载具。第二个项目称为"专家装置"(Expert Vehicle),研究弹道再入段的空气动力学问题和热问题。

　　欧空局原计划在 2009 年实施机器人登陆火星计划,向火星发射能够漫游的火星车 ExoMars,以寻找火星上现在存在的或者曾经存在生命的证据,详细探测火星自然环境,并测试人类可能遇到的各种危险。

欧空局原计划在 2011 年发射火星取样运载器,它将停留在火星桂东上,等候 2014 年在火星表面着陆的装有机器人的火星取样返回器,从火星表面采集岩石和土壤样本,然后从火星表面返回火星轨道,再与之前的火星取样运载器对接在一起,返回地球,送回地球实验室进行化验。

曙光计划的第二阶段是从 2015 年到 2030 年,主要是执行两项火星取样返回任务(2011—2017 年);在 2018 年研发验证火星探测器的太阳能电推进、空中制动和软着陆技术;在 2020—2025 年通过派机器人和人类亲自登月来验证太空中的生命支持与居住技术;在 2024 年至 2026 年让机器人登录火星,模拟和验证航天员进行同一实验过程的可行性;在 2030 年至 2033 年实现人类登录火星的梦想。该计划路线图如图 4-2 所示。

图 4-2　欧洲曙光女神计划时间表

虽然该计划提到了 2024 年实现载人登月、2033 年载人登火星,但对于采用怎样的技术途径实现、是否会为此计划发展需要的运载火箭等问题,有关该计划的公开资料上没有进一步说明。

4.2　智能 1 号(SMART-1, 2003)

4.2.1　概述

SMART-1 是由瑞士空间公司制造的欧洲首枚月球探测器。探测器全部由成本低、小型化的尖端部件构成,重量仅为 367kg,体积 1m³,两个太阳能电池板伸长后长约 14m,造价约合 1.4 亿美元(图 4-3)。

SMART-1 是首枚采用太阳能离子发动机作为主要推进系统的欧洲探测器。

图 4 - 3　SMART - 1

该发动机利用探测器自身的太阳能帆板所产生的电流喷射持续的带电粒子束——高速离子化重气体原子来产生动力。运用离子推进技术的发动机,从离开地球到最终到达观测轨道,一共只消耗了 75kg 的惰性气体燃料——氙,燃料利用的效率比传统化学燃料发动机高 10 倍。这样既可以节约能源,又可在减少卫星携带燃料的同时相应增加所携科研设备的质量。虽然产生的动力不够强劲,但它可以连续多年给飞行器提供动力,满足其在太空深处进行长期探测的需求。同时,推力小可以更精确地控制探测器飞行状态,使其能更准确精细地观测月球。

月球探测器 SMART - 1,2003 年 9 月 27 日搭乘阿丽亚娜 5G 型火箭开始了其星际之旅,2005 年 3 月 4 日,利用该公司生产的特殊的、新型的电子推动系统作为动力装置,先进入地球同步轨道,随后点燃离子推力器,逐步扩大其环绕地球飞行的椭圆形轨道直至其被月球引力所捕获,在经过 17 个月漫长的星际旅程之后,终于到达了最终的绕月轨道。于年底到达月球上空的近月轨道。之后经过精确调整和运作后,SMART - 1 终于于日前进入了距离月球表面 470km 到 2900km 的最终轨道,在这个轨道上,探测器能够更清楚地观测月球。

4.2.2　任务需求

(1) SMART - 1 月球探测器主要任务是测试新型探测设备和"离子推进"引擎的性能,分析检测月球表面物质的化学成分,以探索月球的起源,希望能找到哪里有水和其他化合物的痕迹。

(2) SMART - 1 月球探测器抵达最终轨道后将开始对月球进行详尽的探测,科学家可通过 SMART - 1 探测器上的 X 射线光谱仪等设备所探测和提供的数据、照片绘制月球表面地形地貌图和矿物分布图,研究其表面岩石的化学成分,探求月球的构成,探寻月球的起源。其中最为引人关注的是对月球是否存在水资源的探测。

（3）SMART-1将运用红外光谱仪对月球表面最有可能存在水的两极冻土区域进行重点探测，希望能解答人类一直关注的这一热点问题。

（4）是欧洲空间局为了测试未来卫星新技术的"尖端技术研究小型任务"系列计划中的第1项研究任务。

（5）它配备了高清晰度微型摄影机、红外线及X射线分光器（D-CIXS）等最新探测设备，X射线分光器则让科学家首次取得月球表面钙、镁等化学元素的含量资料。

（6）发现月球日不落区。SMART-1环绕月球极地轨道飞行了2000多圈，绘制了月球表面整体外貌图，其中包括过去人们不甚了解的月球背面和极地概貌。

（7）通过一系列实验，为人类打开新一轮探月热潮。

4.2.3　飞行器设计

SMART-1的EPS使用PPS-1350-G霍耳效应推力器，由Snecma开发研制，最初是用来地球同步轨道卫星的南北位保，其由以下三个主要部分组成。

（1）氙气系统；

（2）电推进系统和推力器；

（3）数字接口和通信系统。

氙气储存在主氙气罐中，最初携带质量为82.5kg，压强150bar（1bar=10^5Pa）。由BPRU压力调节单元控制调节至2bar的低压强。

反作用力飞轮四个，由美国Goodrich公司制造，安装成金字塔四角构型，锥角大小的设计考虑环境扰动和动力组合因素。

太阳传感器3个，由TNO/TPD公司制造。一个星敏跟踪器，由DTU制造。两台热冗余相机，正面朝上安装，噪声等效角指向小于5arcsec，定位精度30arcsec。星敏由一个数据处理单元，2个与其相连的相机组成。相机CCD为7.95×6.45mm，像素为752×588，见图4-4。

图4-4　星敏硬件

SMART – 1 的单机配置示意图如图4 – 5所示。

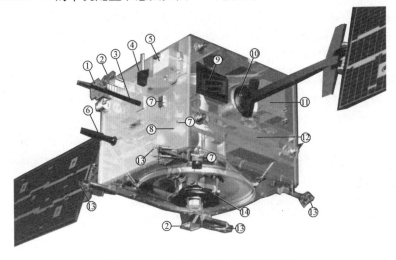

图4 – 5　SMART – 1 单机配置示意图

①SIR IR分光计；②太阳敏感器；③SPEDE离子/电压环境；④相机；⑤D – CIXS成像X光分光计；
⑥通信天线；⑦EPDP传感器；⑧姿控燃料箱；⑨星敏感器；⑩太阳电池阵驱动；⑪异频雷达收发机；
⑫离子引擎；⑬姿控推力器；⑭离子引擎定位机构(燃料耗尽时维持推力指向)。

4.2.4　任务设计

控制系统闭环系统如图4 – 6所示。

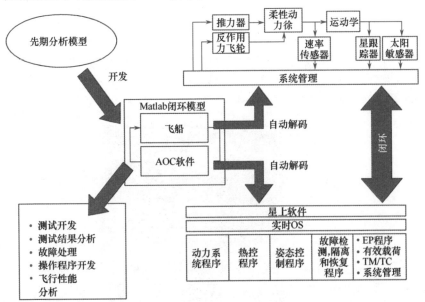

图4 – 6　闭环控制系统

姿态控制系统模式如图 4 - 7 所示。

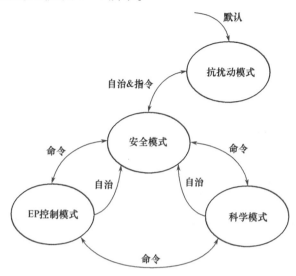

图 4 - 7   AOCS 控制模式

抗扰动模式是最低级别的运行模式,通过推力器控制保持角速率传感器数值稳定,用于星箭分离之后的初始消旋。

安全模式用于进入安全姿态,推力器指向太阳,使太阳能帆板充分吸收能量,太阳向量旋转稳定度保持在 0.1°,以保证 2S 波段的无线电天线的信号可见条件。考虑燃料消耗,此模式采用飞轮控制,传感器采用粗太阳敏感器和速率传感器,

EP 控制模式用于 EP 推进阶段,此阶段卫星三轴稳定,敏感器采用星敏,RW 执行机构。

科学模式用于环月轨道段以及巡航段中的"地球盘旋段",与 EP 的唯一区别是 EP 定位执行机构不工作。

轨道分为以下几个阶段:

(1)LEOP;

(2)范艾伦辐射带逃离阶段(Van Allen Belt Escape);

(3)地球逃离巡航阶段(Earth Escape Cruise);

(4)月球重力辅助变轨并捕获阶段(Moon resonance and Capture);

(5)月球下降段(Lunar descent);

(6)月球科学段(Lunar Science)。

LEOP 开始于探测器与火箭分离,结束于电推进系统开机,主要用于有效载荷的测试阶段,这个阶段持续 3 天,由 2 个工作组 12h 轮流工作,平台测试尽可能快地结束,以便更快地开始电推进阶段,这样做的目的是为了减少辐射暴露。范艾伦辐射带逃离阶段使用连续推力策略,最开始是沿着速度方向施加推力,之后是沿着

位置矢量垂直方向,最终将近地点半径提升到 20000km 左右。

　　范艾伦辐射带逃逸阶段结束后是地球逃离巡航段,推力只在近地点施加,推力方向选择与位置矢量方向垂直。随着 SMART – 1 接近月球,会采用月球重力辅助变轨,直到临界捕获机动开始。推力器主要用来制动降低轨道高度,直到月球科学考察段开始。最终的月球环绕轨道是一个高度椭圆的 300km × 10000km 的极轨道,图 4 – 8 给出了整个过程的示意图。

图 4 – 8　　SMART – 1 探月轨迹示意图

日本的月球探测器

20 世纪 80 年代起,作为空间后起之秀的日本,在发射空间探测器、研制遥感器等方面取得了突飞猛进的成果。表 5 - 1 列出了日本当时在空间探测的具体成果。

表 5 - 1　日本 21 世纪前探月阶段进展表

时间	进展
1985 年	日本建成 64m 深空通信站
1985 年 8 月 17 日	日本成功发射哈雷彗星号探测器
1990 年 1 月	日本发射了"飞天"号月球探测器
1992 年 2 月	飞天号释放了"羽衣"月球轨道器

表 5 - 1 中,64m 的深空通信站 JAXA 仅花费 10 个月便建成;载荷 770kg 的哈雷彗星号探测器由 M3SII 火箭发射。由上表可以看出,作为新兴的空间大国,90年代日本探索空间的步伐加快,上述成果也标志着继美、苏之后,月球俱乐部的第三名成员已经诞生。

5.1　飞天

5.1.1　概述

"飞天"(Hiten,1990)又名 MUSES - A,表示"缪火箭航天工程航天器 - A"。由 M - 3SII - 5 火箭发射升空,重 197kg,携带 12kg 重的"羽衣"月球轨道器,并于1992 年 2 月将其释放。羽衣完成既定任务后,坠毁在月球表面。"飞天"号探测器,标志着日本成为世界第三大航天大国。

5.1.2　任务需求

作为日本的第一颗月球探测器,"飞天"号的任务主要是:检验飞行器利用月球重力飞行的技术,检验精确进入绕月轨道的变轨技术,检测宇宙尘,返回光学导航、轨道信息、容错计算机相关数据,为后续探测乃至空间探测提供经验,最后释放"羽衣"。

5.1.3　任务设计

"飞天"号进入大椭圆绕地轨道,周期 6.665 天,倾角 30.6°,262km×286183km。具体轨道信息如图 5－1 所示。

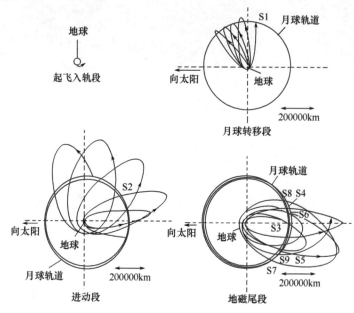

图 5－1　"飞天"号飞行轨道的四个阶段

5.2　"月球"-A

"月球"－A(Luna－A)计划,是日本首个真正意义上的月球探测计划。日本在 20 世纪 90 年代启动该计划。该计划的科学思想有明显的创新:两个穿透器将从主探测器上分离,以较高速度冲击月球并埋入月球土壤。但该思想存在一个重要的技术难关:穿透器埋入月球土壤需要高速撞击,而高速撞击带来的巨大冲击力会严重影响甚至破坏穿透器内部的高精密仪器;同时,穿透器关键技术进展缓慢,主探测器的研制进度也会受到相应延迟。直到 2006 年,穿透器的关键技术才得到突破,而此时主探测器的核心部件已到使用寿命无法继续发射。因此,2007 年日本宣布取消了 Luna－A 计划。

5.3 月女神

5.3.1 概述

"月女神"(SELnological and Engineering Explorer,SELENE)于 2007 年 9 月 14 日搭载 H-2A 火箭发射升空。"月女神"运行于 100km 高的月球极轨,两个子探测器对月球重力场进行探测,如图 5-2 所示。"月女神"的任务为获得月球全球科学信息,包括高精度和高分辨率的元素丰度图像,矿物质组成图像、地形和地质结构图像,以及月球附近以及远侧的引力场数据。为了完成任务,月亮女神携带了 14 种有效载荷,对这些数据进行综合全面的分析,可以提高人们对月球的起源以及进化的认识。

图 5-2 "月女神"

199

5.3.2 飞行器设计

"月女神"探测计划的主探测器和两个子探测器(两个子探测器分别为 VLBI 射电源子探测器,简称 V 星,和中继子探测器,简称 R 星),其在轨运行及有效载荷配置图如图 5-3、图 5-4 所示,其主要特征参数如表 5-2 所列。

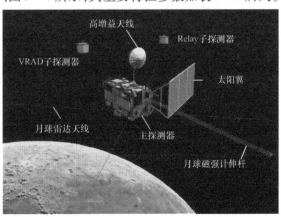

图 5-3 "月女神"月球轨道器的主要结构

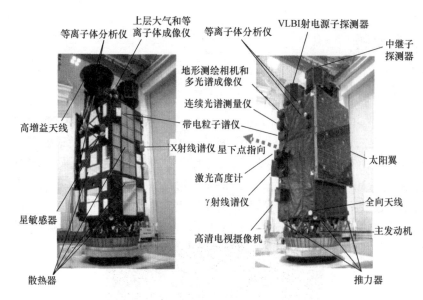

图5-4 "月女神"有效载荷及安装位置

表5-2 SELENE计划的主要特征参数

探测器	指标	参 数
主探测器	起飞质量	2885kg(包括795kg的推进剂和两颗各重50kg的子探测器)
	功耗	日-月-卫星三者夹角为0°和90°时,分别为3486W和800W
	外形尺寸	2.1m×2.1m×4.8m
	姿态控制	三轴稳定
	轨道	极轨圆轨道,高度(100±30)km,倾角90°,轨道周期118min
	设计寿命	约1a
	高程控制	3σ时,高程控制精度为±0.1°,高程稳定性为±0.003°/s,高程定量精度为±0.025°
	数传速率	10Mbit/s
R星	质量	50kg
	姿态控制	自旋稳定
	轨道	100km×2400km椭圆轨道,倾角90°
	外形尺寸	0.99m×0.99m×0.65m
	设计寿命	约1a
V星	质量	50kg
	姿态控制	自旋稳定
	轨道	100km×800km椭圆轨道,倾角90°
	外形尺寸	0.99m×0.99m×0.65m
	设计寿命	约1a

5.3.3 任务设计

"月女神"的轨道转移过程如图 5 – 5 所示。一旦"月女神"进入地球大椭圆调相轨道,在调相轨道运行两圈之后,进入到达月球的转移轨道。"月女神"与月球相遇的时候,在双曲线轨道的近月点执行制动,使"月女神"进入月球环绕轨道。

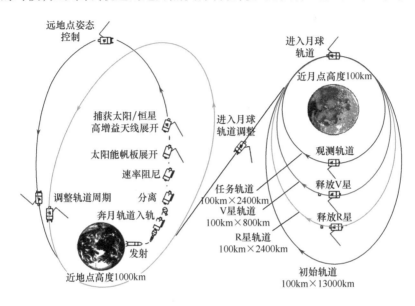

图 5 – 5 "月女神"奔月过程

201

"月女神"发射之后先进入大椭圆轨道,经过三次轨道调整机动,抬高了远地点,"月女神"进入 11,741km×101km 的月球轨道,2007 年 10 月 4 日 06:20(JST)时"月女神"的轨道周期为 16h42min。2007 年 10 月 9 日 09:36(JST)把 R 星在100km×2400km 的轨道释放。2007 年 10 月 12 日 13:28(JST)将 V 星在 100km×800km 的轨道释放。2007 年 10 月 18 日,主探测器到达 100km 高的运行极轨。2007 年 12 月 21 日完成初始校准,进行正常的科学探测任务。"月女神"基本情况如表 5 – 3 所列,主要系统参数见表 5 – 4,姿态轨道控制系统参数见表 5 – 5。

表 5 – 3 "月女神"基本情况

发射	2007 年 9 月 14 日 0:31GMT 搭载 H – 2A 从鹿儿岛县种子岛航天中心发射升空
轨道	初始地球轨道为 281km×232805km,轨道倾角 29.9°,执行三次抬高远地点机动后,于2007 年 10 月 4 日 06:20 进入 11,741km×101km 周期为 16h42min 的月球轨道。2009 年 2 月 1 日进入 50km 轨道,2009 年 4 月 16 日进入近月点 10～30km 的月球轨道。于 2009 年 6 月 10 日 18:25(GMT)在月球 80.4°E,66.5°S 地区撞击月球

构型	上面舱包含了大部分的有效载荷,加上底部的推进舱构成了盒装的整体构型。三轴稳定。尺寸:2.1m×2.1m×4.8m,1.3m的高增益天线垂直于太阳能帆板安装,12m的磁强计伸杆和15m的雷达天线从上面舱的顶部和底部伸出。500N的推力器用于月球转移轨道(Lunar Transfer Orbit,LTO)和进入月球轨道机动(Lunar Orbit Insertion,LOI),20N的推力器主要用于姿态控制,1N推力器用于辅助轨道机动。反作用轮、星敏感器、太阳敏感器用于姿态控制和姿态确定
有效载荷	高清晰度电视(High Definition Television, HDTV)3 台,2.2M 像素的 CCD 彩色相机,尺寸为46cm×42cm×28cm,质量为16.5kg,功率为50W,水平视场(宽视角)为44°,窄视角为15°。 监视相机:一台 3.2M 像素(656×488)的 CCD 相机对高增益天线、太阳电池、高层大气和等离子成像仪(Upper Atmosphere and Plasma Imager,UPI)的展开以及两台子探测器进行监视。 X 射线分光计(X – Ray Spectrometer,XRS):利用100cm² 的 CDD 相机对铝、硅、镁、铁的全球分布进行成像,空间分辨率为20km,视场为12°,能量范围为0.7~8keV。三台探测仪:XRF – A,SOL – B,SOL – C。其中 XRF – A 是用于探测月球表面的 X 射线,SOL – B 是利用PIN 图像 – 二极管检测用于对太阳 X 射线进行探测,SOL – C 利用 X 射线荧光分析观测 X 射线标准样本。 γ 射线光谱仪(Gamma – Ray Spectrometer,GRS)对月球的主要元素、自然放射性元素进行成像,空间分辨率为160km,能量范围为0.1~10MeV。 多谱段成像仪(Multi – band Imager,MI):紫外 – 可见光 – 红外成像仪对月球表面的矿物质分布进行探测,谱段范围为0.4~1.6μm,光谱分辨率为 20~30nm,可见光的空间分辨率为20m,红外的空间分辨率为60m,质量小于10kg,功率小于17W。 光谱轮廓仪(Spectral Profiler,SP):0.5~2.6μm 的连续光谱轮廓,光谱分辨率为 6~8nm,空间分辨率为500m,质量<8kg,功率38W。 地物相机(Terrain Camera,TC):高精度立体相机,空间分辨率为10m,质量<10kg,功率<24W。 激光高度计(Laser Altimeter,LALT):输出功率为100mJ,高度分辨率为5m,空间分辨率为1.5km,脉冲频率为1Hz,射束发散度为3mrad,尺寸241mm×301mm×88mm,质量为19.1kg。 月球雷达(Lunar Radar Sounder,LRS):利用主动探测对月球表面的结构进行成像,频率为4~6MHz,50ms,传输功率为800W;观测深度为5km,分辨率为75m;数据传输率为22kB/s(标准传输速率),61.5kB/s(高速率传输);脉冲通过两根15m的偶极天线进行传输,月球雷达也会对等离子体以及太阳、地球、木星和其他行星的无线电波(10kHz~30MHz)进行探测。 带电粒子分光计(Charged Particle Spectrometer,CPS):五台硅 CCD 传感器对高能粒子进行探测,1~14MeV(LPD),2~240MeV(HID),α 粒子探测仪为4~6.5MeV。 月球磁力计(Lunar Magnetometer,LMAG):利用三轴磁强计对磁场进行测量,精度为0.5nT,安装在 12m 伸杆的末端

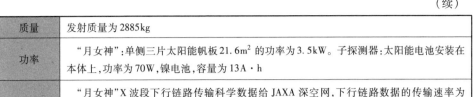

(续)

质量	发射质量为 2885kg
功率	"月女神":单侧三片太阳能帆板 $21.6m^2$ 的功率为 $3.5kW$。子探测器:太阳能电池安装在本体上,功率为 $70W$,镍电池,容量为 $13A \cdot h$
通信	"月女神"X 波段下行链路传输科学数据给 JAXA 深空网,下行链路数据的传输速率为 $10Mb/s$。在远离月球侧,主探测器的 4 路跟踪数据通过 R 星进行下行传输

月球轨道进入机动采用 500N 的双组元主推力器执行,这是"月女神"携带的唯一大推力器发动机,其他的轨道机动都是采用 20N 的单组元推力器产生轴向推力,当主推力器工作以及小轨道机动期间,采用 20N 的单组元推力器进行姿态控制。

表 5-4 "月女神"的主要系统参数

项目		主要性能参数
卫星系统	在轨执行飞行任务时间	飞行任务模块(MM):在轨稳态运行 1 年。推进模块(PW):在轨运行 1 年零 2 个月。中继星(Rsatr):在轨运行 1 年零 2 个月。VRAD 星(Vsatr):在轨运行 1 年零 2 个月
	地面系统	跟踪管理控制站 NASDA 站(后备 ISAS 白田站);飞行任务数据站接收站:ISAS 白田站执行月球观测任务时数据应用分析中心:VLBI 地球站
	观测轨道	$H = 100km, i = 90°$ 的环月运行圆轨道(月球轨道卫星),$100km \times 800km, i = 90°$ 的椭圆轨道(VRAD 卫星),$100km \times 2400km, i = 90°$ 的椭圆轨道(中继卫星)
	姿态控制	环月运行轨道观测姿态:主星三轴姿态控制,$+Z$ 轴指向月球表面,$X - Z$ 轴指向轨道面内;中继星、VRAD 卫星采用自旋稳定
	外形尺寸	MM:配备单翼太阳能电池帆板的箱形结构($2m \times 2m \times 2.6m$)。PM:带有 4 只着陆角的 8 角棱柱形结构($2.3m \times 2.3m \times 1.8m$)。中继星、VRAD 卫星:八角形棱柱结构($1m \times 1m \times 0.65m$)
	可靠性	高于 0.91(公用舱系统)
观测仪器	MM	荧光 X 射线分光光度计(SOL - B/C);γ 射线分光光度计(GRD);粒子辐射线测量仪(ESA);月球表面雷达探测器(LRS);月球表面摄像/分光仪(LISM);激光高度计(LALT);等离子体成像仪(UPI);射电科学观测装置(RS);月球磁场观测装置(LMAG);等离子体观测装置(PACE)
	PM	月球表面射电源(VRAD - 2)
	R Star	中继卫星搭载中继器(RAST)、卫星射电源(VRAD - 1)
公用舱	结构系统	结构方式:板式(MM)/桁架 + 板式(PM)
	热控系统	方式:主动式热控方式。散热面:散热面设置在月球的背面和太阳电池帆板安装面的背面。观测仪器热控:裸露的外部仪器采用单独控制方式;内部配置的电子仪器采用从属控制方式。构成:散热器、MLI、热百叶窗、降温装置、热管(HGA 隔板)、OSR 等

项目		主要性能参数
公用舱	推进系统	方式:双组元液体推进模式(ME 调压/RCS 下吹)。 推进剂:NTO(MON-3)/N$_2$H$_4$。 推力器组成:500N(双组元液体发动机)1 台;20N(单组元液体推力器)12 台,3×4 冗余结构;1N(单组元液体推力器)8 台
	姿态控制系统	控制方式:三轴姿态控制。 环月球运行轨道稳态控制:姿态控制精度为各轴 ±0.1°(惯性系统 3σ)。 姿态稳定度:各轴 ±0.03°/s(3σ)。姿态确定精度:各轴 ±0.025°(惯性系统 3σ)。 敏感器:太阳敏感器、星敏感器、惯性基准单元(IMU)、电波高度计、加速度计。 执行机构:飞轮、推力器、主发动机
	电源系统	总线方式:非稳定单一总线。 总线电压:日照时 51.8~53.0V,阴影时 32.6~51.8V。 蓄电池容量:Ni-H$_2$ 50A·h×2 个系统(MM),Ni-MH 16A·h×1 个系统(PM)
	太阳电池帆板系统	帆板系统:超轻量刚性板式系统。 帆板方式:单翼单轴固定可转动式。 帆板供电能力:在 β 角为 0°时 3420W(EOL);β 为 90°时 1930W(EOL)
	通信系统	频率:X 波段(飞行任务)、S 波段(遥测/指令)。 传输速率:指令,1kbit/s;遥测,低速 32kbit/s,高速,40kbit/s。 飞行任务数据:100Mb/s(符号传输速率 12Mb/s)。 天线结构:直径 85cm 的高增益天线(S/X 波段共用);(MM):S 波段全向天线,1 个系统;(PM)2 个系统
	数据处理系统	多重化处理方式:采用空间数据系统咨询委员会(CCSDS)所推荐的标准数据处理方式。 数据总线方式:1553B。 数据记录:飞行任务数据记录仪 SSR(1 台)
	监控摄像机系统	方式:全方位大视场 + 扩大部分视场相并用的 CCD 摄像机。 搭载数量:4 台。 搭载位置: +X 面 -Z 面(两台)(MM);±X 面(两台)(PM)

表 5-5 姿态轨道控制系统参数

项 目	参 数
控制方式	零动量三轴姿态控制方式
变轨	变轨时的姿态控制精度:各轴 ±2.0°
环月运行轨道/稳态控制	姿态控制精度:各轴 ±0.1°(惯性系统)。 姿态稳定度:各轴 ±0.003°/s。 姿态确定精度:各轴 ±0.025°(惯性系统)
分离、着陆	制导控制精度:对标准制导,各轴 ±3°

项　目	参　数
主要组成部件 姿态轨道控制 电子线路（AOCE）	组成：RISC 系统 CPU,3 台 处理器,32 位 MPU
敏感器	2 台惯性基准单元（IMU）（RLG 型）,偏差值 0.015°/h（3σ）ARW0.03°/sqrt(h) （3σ）; 2 台星敏感器（ST）,随机误差 18″（3σ）、偏置误差 20″（3σ）; 4 个太阳敏感器探头,敏感轴时长 ±51′,精度 2.0′; 1 个电波高度计 – 速度表,测量高度高于 6.31m
执行机构	4 个反作用飞轮:斜装/角动量 ±20mN·s×4 个

图 5 – 6 为 SELENE 卫星姿态控制系统方框图,图 5 – 7 所示为"月女神"AOCS 硬件结构。

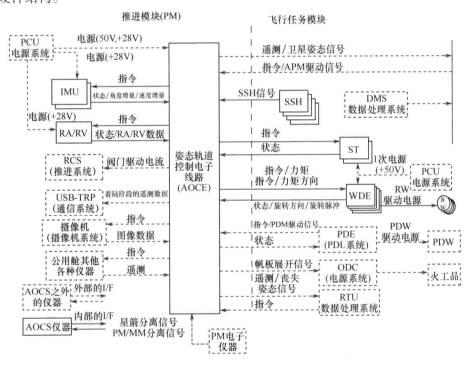

图 5 – 6　"月女神"卫星姿态控制系统方框图

与一般环地球轨道运行的卫星不同,"月女神"卫星增加了转移轨道上的惯性飞行和变轨以及着陆阶段的控制模式。图 5 – 8 为控制模式的状态转移图。

在转移轨道上,通过安装在太阳能电池帆板上的粗太阳敏感器（SSH）使卫星的俯仰轴指向太阳,在利用 ST 和 IMU 确定姿态的同时保持三轴姿态并进行惯性飞行。此外,在转移轨道上轨道中段机动（两次）以及进入月球轨道机动（第 6 次）

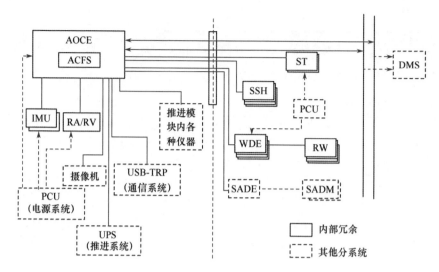

图 5-7 "月女神"AOCS 硬件结构

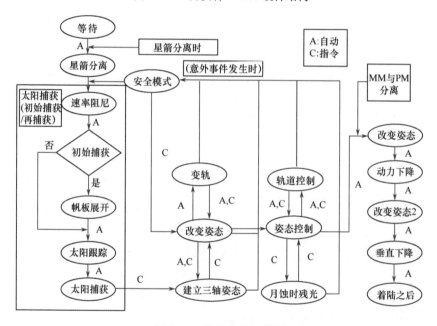

图 5-8 控制模式转移图

时,按照地面的轨道控制计划,发出推力器喷射指令调整卫星姿态,使之保持在预定的姿态。在转移轨道上受平移加速度的影响,不能使用 500N 的发动机,而是使用 20N 的推力器(标称为 8 台)调整轨道,完成变轨。这时必须控制低推力所致的重力损耗影响,在 ΔV 中按照轨道飞行计划来改变卫星姿态。

在第 6 次进入月球轨道机动后卫星进入第一个轨道高度为 100km、轨道倾角 90°的环月运行圆轨道,此后调整到以 ST/IMU 为核心的姿态确定系统(惯性系统)

为基准所需的指向月心姿态,接着转移到以反作用飞轮(RWA)和执行机构为主的三轴姿态控制模式(观测模式)。

该星星载软件具有在任何一种模式下都能够进行故障诊断和自主结构重建的功能(FDIR),在出现突发性故障时,系统可以自动地转移到安全模式(太阳捕获姿态)。

表5-6给出了在各种控制模块敏感器和执行机构的工作状态。

表5-6 敏感器和执行机构的工作状态

敏感器和执行机构 控制模式			等待	太阳捕获				建立三轴姿态	改变姿态	变轨	稳态控制	轨道控制		月蚀时残光	安全模式	月着陆		
				速率阻尼	帆板阻尼	太阳跟踪	太阳捕获					40N ΔV	偏航机动			改变姿态1、2	动力下降	垂直下降
敏感器	IMU (×2)	角速度	○	○	○	○	○	○	○	○	○	○	○	○	○	○	○	○
		加速度								○		○					○	○	○
	SSH1.2(跟踪/捕获用×2)					○	○	○			○				○	—	—	—
	SSH2.3(捕获用×2)						○								○	—	—	—
	ST(×2)								○	○	○	○	○	○	○			
	RA/RV(×2)																	○
执行机构	RW(×4)										○					—	—	—
	1N 推力器			○		○	○	○	○		○	○	○	○	○			
	20N 推力器			○		○	○	○	○	○	○	○	○	○	○			
	500N 发动机																○	○

○:存在；—:不存在

"月女神"在到达月球之前需要完成多项控制任务,包括太阳捕获、月球转移轨道惯性空间定向、轨道机动姿态控制、子星分离姿态控制以及任务观测轨道对月定向姿态控制等。事实上,"月女神"必须在不同的任务阶段正确启动不同的控制模式。考虑到任务需求和技术难度,为"月女神"设计了一套精确且简单可靠的姿态控制系统。

"月女神"的姿态和轨道控制系统共有7种模式来满足不同飞行阶段的控制需求,如表5-7所列。

"月女神"的姿态和轨道控制系统由加速度计、三轴姿态敏感器、姿轨控计算机、反作用飞轮以及推力器组成。

"月女神"的姿态敏感器包括两个星跟踪器、两对太阳敏感器探头以及一个惯性基准单元。探测器使用一个星跟踪器和一个惯性基准单元进行姿态确定。姿态确定模式有两种:一种模式只使用一个惯性基准姿态单元;另一种模式则将星跟踪

表 5－7　控 制 模 式

控制模式	控制模式概况
不运行	此模式下,姿轨控系统保存姿态控制输出指令
待机	姿轨控系统一直保持待机状态,直到检测到卫星分离信号。一旦接收到此类信号,姿轨控系统自动启动
初始太阳捕获	星箭分离后启动此模式。姿轨控系统搜寻太阳方向,使用太阳敏感器捕获太阳定点姿态。太阳定点姿态确立后,太阳能帆板展开运行,并保持对日定向
太阳捕获	此模式在某种反常情况下姿态丢失时启动,与初始太阳捕获模式类似,只是太阳能帆板不展开工作
惯性空间定向	姿轨控系统在惯性坐标系中建立三轴姿态控制方式。此模式下,姿轨控系统可以任意使用反作用飞轮或推力器作为姿态控制执行器。此模式在月球转移和入月轨道阶段作为基准控制模式使用
轨道机动	姿轨控系统运行,轨道机动使用500N主推力器或20N推力器
对月定向	姿轨控系统保持探测器的 Z 轴指向月球,此模式用于绕月圆形任务观测轨道

器和惯性基准单元相结合,并使用扩展卡尔曼滤波器进行估计。太阳敏感器用来进行太阳捕获,测量太阳方向。姿轨控电子系统是一台带有三个主处理器的姿轨控计算机,计算机上加载姿轨控软件,用来执行姿态和轨道控制指令,并实时监测姿态敏感器和推力器的性能。此外,探测器还有 4 对反作用飞轮用于精确控制姿态。

"月女神"的姿态和轨道控制有 500N、20N 和 1N 三种推力器。500N 推力器作为主发动机,主要用于月球转移轨道和入月轨道机动。20N 推力器主要用于 Y 轴和 Z 轴的姿态控制,也可用于调整微小机动以及作为主发动机的备份。1N 推力器用于 X 轴姿态控制。

在环月轨道运行时,主要是避免太阳、月球和地球的视场干扰,根据 ST 的视场确定视场。要避免此干扰需满足以下条件。

（1）避免太阳干扰的条件:滚动/偏航轴的光轴要大于30°,正俯仰轴一侧的光轴要偏置。

（2）避免月球反射光干扰的条件:滚动/俯仰面一侧要大于25°,负偏航轴一侧要偏置。

（3）避免地球反射光干扰的条件:为了使两台 ST 不同时受来自地球的反射光干扰,需将各自光轴的角度设定在60°以上。

图 5－9 为两台 ST 在满足上述 ST 视场要求情况下的配置情况。

在转移轨道上,不需要高精度的姿态控制,但是为了确保星载 HG 天线与地球间的通信链路,需发送由 ST 提供的基本的姿态确定信息。ST 的初始恒星捕获(恒星辨识)是利用 SSH 在俯仰太阳捕获状态下完成模式匹配(星载)后,开始利用 ST 提供的基本姿态信息来确定姿态。在这时候要确定在 ST 视场内能捕获到可辨识

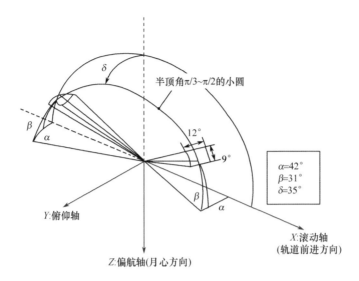

图 5 – 9　星敏感器(ST)的视场配置

的恒星数,平均是 8 ~ 9 个,但是要考虑最坏的情况,设定绕俯仰轴的捕获速率(0.1°/s),设计成一种确实可以捕获到恒星的模式。

　　另一方面是环月运行轨道上的姿态控制。它采用指向月心的三轴姿态控制。在环月运行轨道上选择利用先验(a priori)姿态信息的直接匹配方式进行恒星辨识的模式。由于惯性坐标系是利用 ST 和 IMU 确定姿态,所以在轨道坐标系中是根据地面指令,以上行链路的轨道信息(轨道传播式)为基础确定姿态。图 5 – 10 为环月运行轨道上星载 ST/IMU 姿态确定系统的姿态信息处理概念图。"月女神"卫星的恒星辨识和姿态确定是以先进的陆地观测技术卫星(ALOS)为基础设计的,而对月心定姿是以在地面所预测的轨道信息(轨道传播方式)为基础进行的。

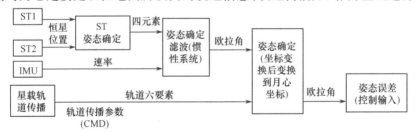

图 5 – 10　利用星敏感器/IMU 的姿态确定系统(环月运行轨道)

　　而在发生太阳干扰 ST 时,则仅利用可利用的 ST 进行恒星辨识。

　　设计规格明细表中明确规定,在环月运行轨道、处于稳态运行控制时,"月女神"的姿态控制精度为 ±0.1°、姿态确定精度为 ±0.025°(各自的惯性坐标系基准)、姿态稳定度为 ±0.003°/s。执行机构采用 4 个斜装的反作用飞轮。HG 天线驱动时,是以天线驱动信息为基础进行前馈控制。

稳态控制律采用这样一种结构：以 PD 控制为基础，为修正自然干扰等低频变动，插入使 I 动作对应于挠性结构振动和敏感器噪声的低通滤波的结构方式。控制律的带宽设定为 0.005Hz，以使按推力器控制时的残留速率能够将稳态控制模式转移时的动态误差控制在 0.1° 以内。此外，诸如太阳能电池帆板、LRS 天线等挠性结构的频率设计成低通滤波方式，以实现稳定地进行增益控制。

对姿态控制系统的稳定性分析，完成了稳态控制律的频率响应分析，同时证明各轴的增益余量、相位余量都充分满足了设计要求。

轨迹重构的方法是采用三脉冲霍曼转移。如图 5-11 所示描述了两脉冲和三脉冲霍曼转移。当 $r_2/r_1 > 15.58$ 时，对于任意的 $r_m(>r_2)$，三脉冲霍曼转移所需的总 Δv 比两脉冲霍曼转移所需的总 Δv 要小。所以，r_1、r_2 和 r_m 分别代表了初始轨道、终止轨道和过渡轨道。对于月球转移轨道，r_2/r_1 接近 60，所以采用三脉冲霍曼转移比较省燃料。同时，这个问题如果采用三脉冲霍曼转移具有两个特点。第一，利用月球借力飞行，从初始轨道进入转移轨道(Δv_1)比直接转移到过渡轨道所需的速度增量小。第二，如果轨迹和太阳的几何关系取得合理，可以利用太阳引力摄动能够有效地降低 Δv_2 或者从转移轨道到终止轨道所需的速度增量 Δv_3。

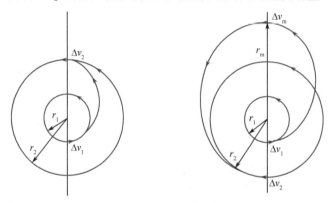

图 5-11　两脉冲和三脉冲霍曼转移

基于三脉冲霍曼转移的概念，月球转移轨道的设计如下述步骤(图 5-12)。

(1) 根据标称轨迹的月球交会条件可以得到飞越月球时刻(t_{LSB})和飞越月球速度($v_{\infty LSB}$)。通过设置飞越月球时 v_∞ 的方位角和俯仰角(分别为 α_{LSB}，δ_{LSB})，可以确定出飞越月球之后的轨迹(图 5-12 中绿色线条)。α_{LSB} 是在月球轨道平面内月球飞越速度 $v_{\infty LSB}$ 和月球速度的夹角，δ_{LSB} 是飞越月球速度 $v_{\infty LSB}$ 和月球轨道面的夹角。δ_{LSB} 始终为 0(飞越月球之后的轨迹限制在月球轨道平面内)，对 α_{LSB} 进行限制，以至于飞越月球时的近月点半径大于月球的半径。

(2) 探测器在飞越月球后到达远月点的时候，在切线方向执行一次深空机动(Deep Space Maneuver, DSM)(执行深空机动的时间是确定的)。确定出的深空机动的 $\Delta v(\Delta v_{DSM})$ 能够使深空机动后的轨迹(图 5-12 中黄色线条)在近月点与月球相切。

（3）在深空机动后轨迹的近地点，"月女神"到达月球（图 5 - 12 中的蓝点）。可以确定出到达角度和达到相角（θ）。角 θ 是在月球轨道平面内从月球的近月点方向测量的角度。

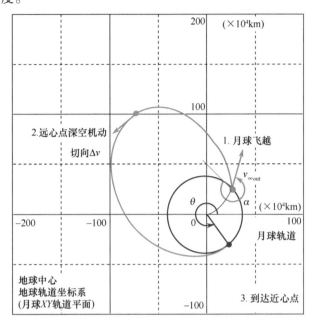

图 5 - 12　月球转移轨道设计

根据上述步骤可以设计出月球转移轨道以及设计的轨道不需要保证与月球进行再次相遇。与月球的再相遇轨迹可以根据下述步骤进行设计（图 5 - 13）。首先，图 5 - 13 中的深蓝色线条是根据上述步骤对于多种 α_{LSB} 情况下轨迹的时间与轨迹终端的 θ 角关系。虽然右侧的轨迹看上去是间歇的，这是由于将 α_{LSB} 离散了，

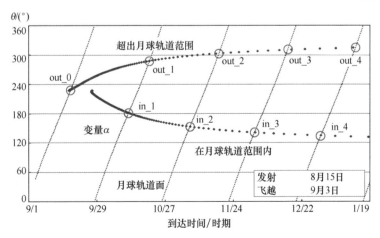

图 5 - 13　与月球再相遇的轨迹

实际上它是连续的。图中有两条轨迹,上面的轨迹在飞越月球之后轨迹超过了月球轨道的界限(图5-14(a)),下面的轨迹在飞越月球之后在月球轨道的界限以内(图5-14(b))。然后,在图5-14中的浅蓝色的线是时间与月球θ角的关系。深蓝色线条与浅蓝色线条交会点(由红色圆圈表示)表示"月女神"和月球在同一时刻运行到同一位置,即再次交会。

图5-14中的每个交会点(红色圆圈)表示与月球进行再次交会的单独轨迹。标注(如out_0)表示从飞越到再次交会时的轨迹方向(是超过月球轨道范围还是在月球轨道范围内)以及月球的转动圈数。图中列出了5条超出月球轨道范围的轨迹以及4条在月球轨道范围的轨迹。

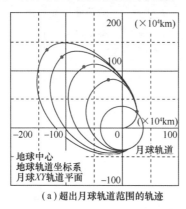

(a)超出月球轨道范围的轨迹 (b)在月球轨道范围内的轨迹

图5-14 与月球再交会的设计轨迹

图5-14中列出的轨迹是一组基于三脉冲霍曼转移的典型轨迹,然而,并不全面。其余的三脉冲霍曼转移轨迹簇可以通过在深空机动之前和深空机动之后增加月球的转动(绕着地球转动)数量而得到。深空机动之前和之后的月球转动数量均为0。如图5-15所示,列出了其他的三种可能的轨迹构型。从三个例子中可以看出,在深空机动之前的转动数量的轨迹(蓝色轨迹)与深空机动之后的轨迹(黄色轨迹)是不同的。

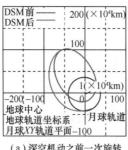

(a)深空机动之前一次旋转 (b)深空机动之后一次旋转 (c)深空机动之前一次旋转;
                                                        深空机动之后一次旋转

图5-15 基于二体近似问题的可能轨迹

考虑到轨迹的各种构型,可以得到与月球再次交会的多种可能轨迹。将图5-13重新绘制到图5-16中,但是图5-16中包含轨迹的更多构型。深蓝色线条与浅蓝色线条的交点表示与月球进行再次交会的可能轨迹。考虑到如下实际操作的限制条件,从可能的轨迹中选出了19种可行的轨迹(在图5-16中以红色的实体圆标注)。考虑的条件为:

深空机动的距离<2000000km;

$\Delta v_{DSM} < 300 \mathrm{m/s}$;

$t_{LRE} < t_{LSB} + 4$ 个月;

$v_{\infty LRE} < 300 \mathrm{m/s}$。

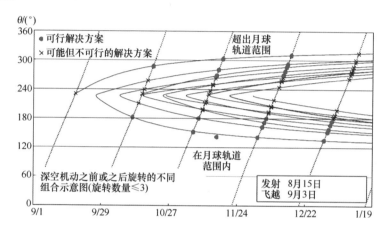

图5-16 二体假设条件下的可能轨迹

图5-17中选出了图5-16中19种可能轨迹的几条轨迹。标记(如00_out_0)表示深空机动前和深空机动之后的转动数(第一个下划线之前的两个整数)、轨迹方向(月球轨道范围内还是月球轨道范围外),以及从飞越月球到与月球进行再次交会的月球转动数(第二个下划线之后的数字)。

在讨论二体近似问题的轨迹之后,将太阳引力的摄动因素考虑进来对"月女神"的轨迹进行设计。即在三体近似条件下设计"月女神"的轨迹。在考虑太阳引力的情况下,可以利用太阳引力有效降低Δv_{DSM}和$v_{\infty LRE}$的大小。当然,太阳引力的效果很大程度上依赖"月女神"的轨迹与太阳的几何关系。

"月女神"的轨迹是在基于二体问题假设求出的结果下进行设计。至于α_{LSB}、β_{LSB}、t_{DSM}和t_{LRE}四个参数,基于三体假设的轨迹设计取自基于二体假设得到的结果。而Δv_{DSM}进行修改,从而修改轨迹的终端位置,所以就可以在三体问题假设条件下得到封闭的轨迹。

这个步骤与基于二体问题假设条件下得到的21条可能轨迹是相关的。然而,并不是所有的轨迹都可以在三体问题假设条件下得到所期望的轨迹。

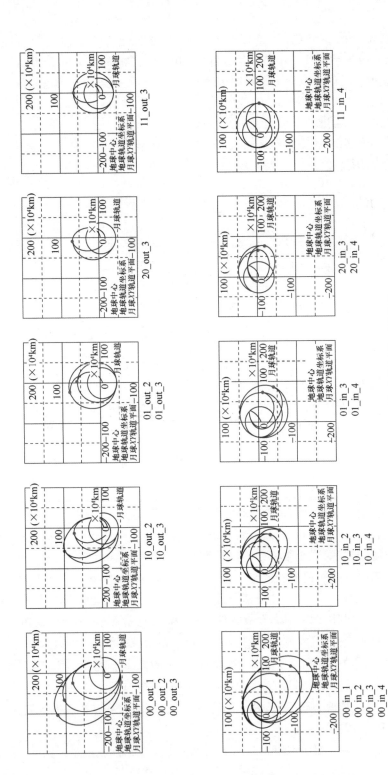

图 5-17 二体近似条件下的可能轨迹

对于 00_in_1,00_in_4,00_out_1,00_out_2,01_out_2,01_out_3 这 6 种情况,设计轨迹与期望的构型重合到一起。得到的轨迹中在深空机动前/后的旋转数目与基于二体问题假设得到的转动数是一致的。如图 5 - 18 所示,给出了两个例子(00_out_1 和 01_out_2),在这两个例子中基于二体问题假设得到的轨迹(蓝线)与基于三体假设问题得到的轨迹(红线)都绘制在同一幅图中,可以看出,在受到太阳引力的作用下,轨迹的形状发生了改变,然而,在三体假设条件下,轨迹的构型保持不变(即在深空机动前/后的转动数)。

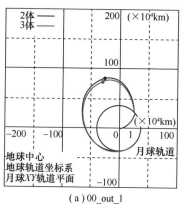 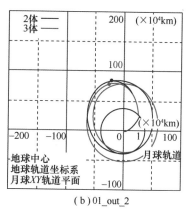

(a) 00_out_1　　　　　　　　(b) 01_out_2

图 5 - 18　二体假设条件给出了理想的初始估计值例子

对于其他的 15 种情况,设计轨迹不能与期望的构型进行重合。对于有些情况,最终目标点满足重合要求(即 Δv_{DSM} 满足终端位置),然而,设计轨迹的构型与之前基于二体问题假设条件得到的轨迹构型是不一致的。对于其他的情况,终端目标点不满足重合要求,并且,基于三体问题假设条件下不能得到封闭轨迹。有两种原因可以解释这 15 种轨迹的情况。第一个理由是,从二体问题假设得到的四个参数数值不适用于基于三体问题假设条件的轨迹设计。第二个理由是,轨迹与太阳的几何关系不合适,从而导致太阳引力摄动作用达不到期望的效果。

在上述设计过程中,四个参数的数值是继承了由二体问题假设条件下得到的结果,这些数值在三体问题假设条件下没有进行优化,所以还有进一步改进的空间。换句话说,还可以通过调整这些参数的数值,以降低总的速度改变量 Δv 并且达到所需的轨迹。

对于参数 α_{LSB}、β_{LSB}、t_{DSM} 和 t_{LRE} 进行调整以降低 $\Delta v(\Delta v_{sp})$:

$$\Delta v_{sp} = \Delta v_{DSM} + \Delta v_{LOI}$$

其中,Δv_{LOI}是进入月球轨道所需的速度改变量,假设进入月球轨道的近月点半径为 1838km,远月点半径为 30000km。每一步优化过程中(即每次参数进行更新的时候),对 Δv_{DSM} 进行调节改变轨迹的终端位置(即 t_{LRE} 时刻的月球位置),从而得到封闭的轨迹。

对四种情况进行优化设计（00_in_1、00_out_1、00_out_2和00_out_3），以前述步骤给出所期望的轨迹。优化结果如图5-19所示。从中可以看出，优化结果的轨迹形状（红色线条）从优化前的轨迹（蓝线）进行转移，然而，轨迹的构型在优化之后并没有改变。在优化之后，性能指标 Δv_{sp} 的值变量比较大，其降低的数值量由具体算例而得到。虽然在这四个例子中 Δv_{sp} 的次序在优化前后并没有发生变化，但是这种规则的通用性得到了质疑。值得注意的是，第一次月球交会所需要的速度改变量 Δv_{LOI} 约210m/s。00_out_1、00_out_2以及00_out_3的 Δv_{sp} 比这个值要小，这意味着，在三体近似问题假设中，降低了完成机动序列所需的速度总改变量。

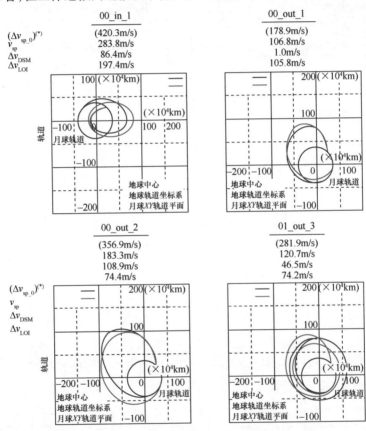

图5-19　参数优化结果（$^{(*)}$ Δv_{sp_0} 表示优化之前 Δv_{sp} 的数值）

根据三体问题假设条件下得到的结果，考虑月球引力摄动进行轨迹设计。即在四体问题下设计轨迹。在考虑月球引力的情况下，将"月女神"在飞越月球以及再次与月球交会时的轨道动力学模型更加精确，并且将消耗更多的速度改变量。在飞越月球之间的速度改变量调整飞越月球的条件，再次与月球交会时的第三体（即地球）效应改变了 Δv_{LOI} 的大小。

基于三体问题假设设计的轨迹结果中，利用其中的五个参数：r_{DSM}（三个分量)、t_{DSM} 和 t_{LRE} 进行基于四体问题假设的轨迹设计。Δv_{adj} 进行修改从而改变 r_{DSM}，对 Δv_{DSM} 进行调整从而改变轨迹的终端条件，从而在四体问题假设条件下形成封闭轨迹。终端条件是在 t_{LRE} 时刻月固坐标系中进行定义。倾角、半径、真近点角的值分别设置为 $90°$、$1838km$ 和 $0°$。

对于 00_out_1 的情况进行设计，在三体问题假设条件下进行优化得到最小的 Δv_{sp}。图 5-20 为基于四体问题假设条件下的轨迹设计结果。图中，蓝色线条为基于三体问题假设得到的轨迹，红色线条为基于四体问题假设得到的轨迹。从图中可以看出，从三体问题到四体问题的转移轨迹要小于从二体问题到三体问题的转移轨迹。可以得到，从三体问题结果得到的五个参数能够有效满足四体问题假设的初始条件。图 5-21 列出了基于四体问题假设条件下得到的轨迹过程的序列事件，在到达月球的途中发现主发动机出现故障之后，在 8 月 31 日（在飞越月球三天之前）执行了一次 $39.0m/s$ 的速度改变量。"月女神"于 9 月 3 日飞越月球，在 9 月 28 日距离地球 $900000km$ 处执行了深空机动。"月女神"预审于 10 月 24 日与月球进行再次交会，并执行了 $116.1m/s$ 的月球轨道进入机动之后达到近月点 $1838km$、远月点 $30000km$ 的月球轨道。虽然 Δv_{LOI} 的大小比预计值略大（预计值略小于 $100m/s$），但是在必要的情况下可以增大远月点的高度。

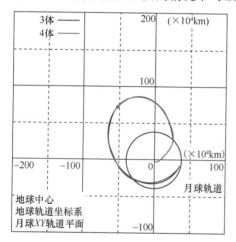

图 5-20 基于四体假设问题的
         轨迹设计结果

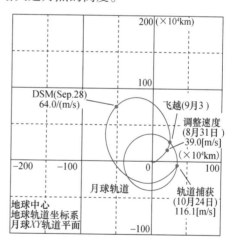

图 5-21 重构轨迹序列

从四体问题得到的 Δv_{DSM} 和 Δv_{LOI} 值比图 5-20 中的数值要略大。这是因为，由三体问题得到的结果中有五个参数是固定不变的。自然，在四体问题假设条件下这几个参数是得不到优化的，从而可以有进一步的改进。换句话说，可以通过改变这些参数的数值降低所需的总体速度改变量。

"月女神"的飞行轨道分为三大部分：绕地飞行的调相轨道、地月转移轨道和绕月任务轨道。调相轨道和地月转移轨道合称月球转移轨道。

在月球转移轨道设计中,对"月女神"从初始条件、发射窗口、到达月球的时间以及燃料消耗等方面进行了分析对比,对直接月球转移轨道和调相月球转移轨道进行了评估。在直接月球转移轨道方案中,"月女神"直接由 H-2A 运载火箭进入地月转移轨道。在调相月球转移轨道方案中,探测器首先进入环绕地球的大椭圆轨道,多次调相后进入地月转移轨道。尽管前者在飞行时间和燃料消耗上具有优势,但调相轨道在抵御突发的异常情况下具有更好的灵活性,也可以有更多的发射窗口来满足发射条件。因此,"月女神"最终选择了两次调相的月球转移轨道。

近月点的高度和入月目标轨道的倾角由对月观测任务目标决定。入月轨道机动时的升交点由地面测控站可见度确定。H-2A 运载火箭的限制参数包括滑行时间和轨迹数。H-2A 是两级火箭。"月女神"首先由 H-2A 火箭第一级和第二级送入 290km 高度的近地停泊圆轨道。经过足够的滑行时间后,火箭二级点火将探测器送入地月转移轨道。

来自"月女神"探测器的限制参数包括日食时间和太阳入射角。探测器的电池放电深度要求必须将调相轨道上的日食时间限制在 84min 内。另外还有其他因素在火箭飞行阶段制约着探测器的轨道。

地面测控站的影响因素包括探测器机动时的可见度以及地月转移轨道的近月点高度。在轨道机动时要确保两个地面测控站可见,同时保证最低近月点高度以防止探测器撞击月球表面。

"月女神"调相月球转移轨道使用了一套轨道机动方案来修正运载火箭飞入轨误差,弥补最优转移轨道和实际月球转移轨道之间的误差以及轨道机动误差。总共设计了 6 次机动(表 5-8),每次都有备用机动计划。

表 5-8 6 次轨道修正

机动	时间	速度增量/(m/s)	点火时间/s	功 能
TCM-1	2007.09.15	23.18	158	修正入轨误差
TCM-2	2007.09.16	0.56	37	修正轨道控制误差
TCM-3	2007.09.19	93.34	524	调整姿态
TCM-4	2007.09.20	1.12	57	修正中途误差
TCM-5	2007.09.29	1.56	81	调整姿态

"月女神"经过图 5-22 所示的入月轨道机动,最终进入高度 100km、倾角 90°的圆形对月观测轨道,第一次近月点是,启动第一次月球捕获制动(LOI-1),图 5-22 是探测器进入近月点 100km、远月点 12000km 的椭圆轨道。其远月点高度的选取考虑了轨道稳定性、机动效率以及随后机动过程的可见性。第二次和第三次轨道机动(LOI-2 和 3)使探测器远月点高度降低至 2400km,并分离子卫星。LOI-5 将远月点高度降低至 140km,近月点高度没有太大改变。LOI-6 将近月点高度降至 80km,并调整探测器轨道的偏心率,使其进入最终任务轨道。表 5-9 为轨道机动情况。

表 5 - 9   轨道机动情况

机动	时间	速度增量/(m/s)	点火时间/s	功能
LOI - 1	2007. 10. 04	298. 80	1500	进入月球轨道 11,714km×101km
LOI - 2	2007. 10. 06	102. 48	509	5694km×108km
LOI - 3	2007. 10. 07	151. 44	710	Rstar 分离 796km×127km
LOI - 4	2007. 10. 10	164. 96	696	Vstar 分离 795km×127km
LOI - 5A	2007. 10. 14	68. 30	293	376km×129km
LOI - 5B	2007. 10. 15	25. 73	1013	248km×130km
LOI - 5C	2007. 10. 16	25. 30	983	136km×125km
LOI - 6	2007. 10. 18	12. 82	497	123km×80km

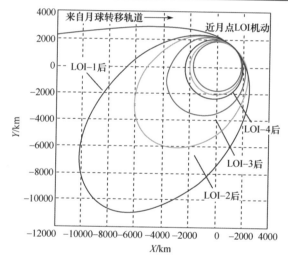

图 5 - 22   月球捕获机动示意图

"月女神"携带的科学仪器在绕月轨道上完成对月观测,包括探测月球表面元素和矿物质的分布、月球表面的地形、月球的地质结构、重力场和磁场以及月球周围的高能粒子。

为了保持在一个合适的轨道进行科学探测,需要推力器进行姿态保持和升交点保持机动。探测器首先进入一个 124km×74km 的椭圆轨道,扰动力最终将轨道形状变为高 100km 的圆轨道,然后又衰减为轨道高度较低的椭圆轨道。整个过程需要 2 个月时间。因此,对月观测轨道上的轨道高度保持机动每两个月进行一次。

"月女神"一直运行良好,所携带的科学载荷都工作正常,并传回了大量数据。2009 年 2 月,探测器尝试进入更低的绕月轨道,通过一次机动到达 50km×20km 的轨道。此后又经过一次机动,探测器成功到达近月点 11km 的轨道。

2008 年 12 月,"月女神"的反作用飞轮出现了技术故障,此后开始由 20N 和 1N 推力器进行姿态控制,燃料的消耗速度大幅增加,推力器的工作数量和工作时间也随之增加。为了避免燃料耗尽导致姿态失控,"月女神"不得不在 2009 年夏天进行了硬着陆制动。

对于"月女神"在月球表面硬着陆的时间和位置考虑了以下几个限制因素:

(1) 避免破坏人类已经存在的历史痕迹,如阿姆斯特朗的脚印;

(2) 着陆到月球正面;

(3) 着陆到月球表面的阴影区;

(4) 着陆到日本可以看到的月球一面。

上述后三个因素是为了给观测者提供一个可以观测探测器撞击月球的机会。探测器在降落前,地面控制中心进行了非常详尽的轨道模拟,精确设计了撞月日期、时间和地点。2009 年 6 月 11 日 2:40,20N 推力器成功完成了最后的硬着陆机动,45min 后探测器撞击月球。撞击的精确时间为 2009 年 6 月 11 日凌晨 3:25。撞击的具体地点在南纬 65.468°,东经 80.418°,与预计数值非常接近。

印度的月球探测器

6.1 "月船"1号(Chandrayaan-1,2008)

6.1.1 概述

"月船"探测器是印度首个星际探测任务,目的在于演示月球遥感观测,以便加深人类对月球起源和进化的理解。在 0.4 ~ 3μm 区域内的 Hyper - spectral 研究,将提供高分辨率月球表面的矿物化学组成及地形地貌相关数据,研究过程中利用了 3 个不同的成像分光计、1 个低能量 X 射线分光计、1 个次千电子伏的原子分析仪、3D 地形测绘相机、1 个激光测距仪。1 个低能量γ射线分光计和微型成像雷达将研究月球表面不稳定转移以及极地区域水冰存在的可能性。辐射量监控器会对飞往月球过程中以及绕月飞行时的高能粒子通量进行评估。带有质量分光计的冲击探头也是探测器的一部分。重达 1t 的探测器会通过极地卫星运载火箭进行发射。探测器最终将会被送到绕月飞行的 100km 圆形极地轨道,此轨道任务计划任务时间为两年。

6.1.2 任务需求

"月船"的初期目标是通过月球高分辨率的 selenological 月貌和化学绘图,加深人类对月球起源和进化的理解。基本的仪器:地形绘图相机(TMC),超光谱成像仪(Hyper - Spectral Imager),低能量 X 射线分光计,高能量 X - γ射线分光计,月球激光测距仪。经过鉴定,这套有效载荷能够满足此次任务目标。这些有效载荷将提供月球表面的矿物、化学、摄影地质学的实时数据,而且此次任务的效果优于

先前和最近的月球计划任务。这些有效载荷能够取得的科学目标有:

(1) 对月球表面元素 Mg,Al,Si,Ca,Ti,和 Fe 等元素浓度的直接估计。

(2) 高分辨率的月球表面 UV – VIS – NIR 成像,确定各种月球矿物质的丰富性。

(3) 月球表面高分辨率 3D 成像。

(4) nature Of volatile transport on moon,尤其是较冷的极地区域。带有质量分光计的冲击探头、摄影机、雷达测高计将会辅助其他仪器。

多个有效载荷将辅助完成探测器的基本科学任务目标,包括:微型成像雷达仪用于探测月球极地区域,寻找可能存在的水冰;两个红外分光计的射程超过超光谱成像仪,低能量 X 射线分光计用于高分辨率的化学绘图;1 个次千电子伏的原子反射分析仪用于探测太阳风(由低能量中性原子喷出)以及月球表面地磁异常;辐射剂量监控器用于监测月球环境中的高能粒子流。

6.1.3　飞行器设计

飞行器所带的有效载荷包括 11 个仪器(含冲击探头)(图 6 – 1)。其中的 3 个有效载荷(HySI,SIR 和 M3)覆盖了不同的波段,将研究月球表面 0.4 ~ 3μm 区域的太阳反射能。

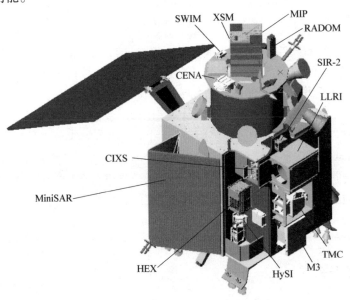

图 6 – 1　"月船"1 号载荷布局图

这 11 个仪器为:

(1) 超光谱成像仪(HySI);

(2) 近红外分光计(SIR – 2);

（3）月球矿物测绘仪（M3）；

（4）地形测绘相机（TMC）；

（5）"月船"X射线分光计（CIXS）；

（6）高能X-γ射线分光计（HEX）；

（7）月球激光测距仪（LLRI）；

（8）次千电子伏原子反射分析仪（SARA）；

（9）微型合孔径雷达（Mini SAR）；

（10）辐射剂量监控器（RADOM）；

（11）月球冲击探头（MIP）。

除了月球任务的三个特性——太阳能电池阵，TTC和数据传输之外，系统设计的其他方面都是传统设计。但是月球探测任务仍有一些特殊变化，包括延长推进汽缸，上部设有有效载荷平台用于搭载MIP，平台上其他的有效载荷就很少了。另外"月船"1号的太阳能电池阵是倾斜的，这是因为绕月轨道由于惯性力固定，从而导致太阳入射角较大的变化。有必要设计一个装有万向接头的高倍率天线系统，以便向印度深空网络下载有效载荷数据。这样探测器的规格近似于边长1.5m的立方体，起重质量为1.3t，其中总线成分占0.4t，有效载荷0.1t，推进剂0.8t。进入绕月轨道后，探测器为0.6t。探测器为三轴稳定，倾斜单面太阳能电池阵产生的峰值功率为750W。月蚀时，探测器由锂离子电池供电。探测器采用二元燃料推进系统，用于探测器从EPO轨道到达绕月轨道的转移以及在绕月轨道的保持，探测器携带两年探测任务所需的燃料。TTC通信将在S波段。有效载荷获取的科学数据存储于固态记录器中，之后将借助于指向DSN的可操纵的天线与20MHz的X波段连接，重复播放。

6.1.4 任务设计

"月船"1号将由PSLV-XL运载发射，探测器将会被送入260km×24000km的轨道，与运载火箭分离后，太阳能电池板展开，然后探测器借助3次连续的平面内近地点机动，到达任务需要的386,000km远地点，升入月球交会轨道。第三次近地点点火之后，对得到的月球转移轨道（LTT）进行快速估计，并在最早时机进行中途轨道修正，在转移过程中，"月船"1号到达月球轨道之前滑行大约5天，滑行期间，"月船"1号基本保持对太阳定向的模式，同时保证与地面的良好通信。探测任务过程中的主要机动为"绕月轨道插入"（LOI）（月球捕获），这次机动在轨道的近月部分执行。机动确保了在极地近圆月球轨道（高度1000km）上月球捕获的成功。成功捕获以及对探测器各个子系统检查之后，再通过一系列平面内的轨道修正之后，轨道高度降低到200km的近圆轨道，以便研究月球引力场影响下的轨道摄动特性。经过这些过程之后，轨道变为目标高度为100km的圆形极地轨道（图6-2）。

5次向地球移动机动，1次轨道修正机动（TCM），1次月球轨道切入机动，4次

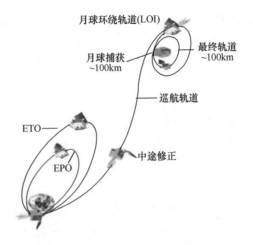

图 6 - 2 "月船"1 号飞行流程

向月移动机动。任务过程中需要连续不断地进行卫星轨道的确定。

基于星上加速度计测得的数据建立的微型轨道恢复系统,这项得到精确轨道的技术可以用于摄动无法建模的行星探测任务。高精度星上加速度计的使用是提高此类任务轨道确定性能的一条捷径。合理配置及维护的加速度计能够测量所有作用在探测器上的非引力作用。

"月船"任务过程中的所有机动(包括推力中止和推力持续阶段)都由加速度计自动控制。

所有成像设备需要适当的光照。因为太阳角度的原因,月球在轨道运行时,光照随时间不断变化,所以可用的成像只能在特定的时间段内完成,一年之中有两个最好的成像时间段,每个为期 60 天,两个时间段相隔 120 天。成像时,覆盖范围为纬度 ±60°。在 4 个月的时间段内,覆盖范围为纬度 60°~90° 的南北极地区域,由于这部分区域的太阳光照极差,为了达到合理的信噪比,有效的空间分辨率将被降低。两年任务时间内,月球的某些特定区域将被反复成像观测。在非成像季节,将使用微型成合成孔径雷达(MiniSAR)。

X 射线有效载荷,LLRI,SARA 以及 RADOM 一直处于开启状态,一个单独的记录器 SSR - 2 用于记录从这些仪器得到的数据。在记录器向地面传输之前,SSR - 2 可容纳 7 个覆盖整个月球地面轨迹的轨道数据。SSR - 1 将记录由光学成像仪或者 MiniSAR 得到的数据,之后将这些数据传到地面。两个地面终端在班加罗尔设立,作为 IDSN 的一部分,一个带有 18m 的天线,另一个的天线为 32m。即使已测试完毕的 18m 天线的终端能够满足"月船",新设的 32m 天线终端未来将应用于行星探测计划。

7 中国的月球探测器

7.1 "嫦娥"一号卫星(Change,2007)

7.1.1 概述

"嫦娥"一号(CE-1)卫星于2007年10月24日在西昌卫星发射中心发射,11月7日进入环月工作轨道进行探测、拍摄,成功获取全月球影像、月球表面部分化学元素分布等资料。2009年3月1日16时13分10秒,在安全飞行494天、绕月飞行5514圈后,迎来完美的告别:在北京航天飞行控制中心的精确控制下,"嫦娥"一号最终撞击在月球东经52.36°、南纬1.50°的"丰富海"区域(图7-1)。

图7-1 "嫦娥"一号撞月示意图

"嫦娥"一号卫星 GNC 系统任务复杂多变,它对系统实时性、可靠性和精度要求较高。下面将介绍"嫦娥"一号卫星 GNC 系统组成、控制方法、系统特点和典型飞行结果。"嫦娥"一号卫星 GNC 系统创造了几个第一:第一个高精度变轨控制系统,能够在国内第一次按地面指令时序自主完成复杂的 490N 发动机变轨控制;第一个三体定向控制系统,能够实时、高精度实现帆板跟踪太阳、定向天线跟踪地球、卫星本体有载荷一面跟踪月球;第一个飞控仿真与支持系统;第一次实现奔月轨道及其控制的高精度仿真;第一个紫外月球敏感器;第一个双轴天线驱动装置;第一个成功使用高精度加速度计于变轨控制中。

7.1.2 飞行器设计

"嫦娥"一号卫星首次采用了一种全新的光学姿态敏感器———紫外月球敏感器,实现在卫星环月飞行期间的姿态测量任务。紫外月球敏感器是一种以月球为姿态参考源的大视场成像式光学姿态敏感器。

为完成姿态测量任务,紫外月球敏感器需具备两项主要功能:图像获取和图像处理。这两项功能分别由紫外月球敏感器头部(简称 UVSH)与紫外月球敏感器线路(UVSE)完成。

UVSH 负责拍摄图像并将视频信号传送到 UVSE。UVSH 主要由光机结构与电子线路两大部分组成。光机结构部分包括紫外物镜、平面反射镜组件、反射镜支架、电控箱箱体和调焦组件等。电子线路由 CCD 时序电路、驱动电路、视频处理电路、接口电路与二次电源等组成。

UVSE 具有月球图像处理及姿态计算、UVSH 参数控制、与控制计算机(GNCC)进行数据交换以及向数传通道传送图像数据等功能。UVSE 主要包含了图像采集电路、DSP 处理器电路、接口电路、二次电源和机箱。UVSH 与 UVSE 的功能组成如图 7-2 所示。

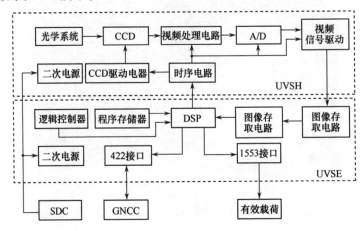

图 7-2 紫外月球敏感器功能组成示意图

紫外月球敏感器的性能指标如表 7 - 1 所列。

2007 年 10 月 24 日 18 时 05 分,"嫦娥"一号卫星从西昌卫星发射中心成功发射。在经历了调相轨道飞行、地月转移轨道飞行后,于 11 月 7 日成功地完成了第三次近月制动,顺利进入了轨道高度为 200km 的环月轨道。

在卫星由太阳定向模式转入"星光环月"模式后,11 月 8 日下午星上的两台紫外月球敏感器先后加电工作。之后对紫外月球敏感器进行了为期三天的在轨测试。遥测数据显示,敏感器各项功能正常,工作状态稳定。

表 7 - 1 "嫦娥"一号紫外月球敏感器的性能指标

指标	参 数
视场角	150°
像元标定精度	30″
最小等效光积分时间	5ms

11 月 27 日起,连续进行了多次"紫外环月"飞行试验。在此模式下,紫外月球敏感器输出的姿态数据被 GNC 分系统引入参与整星闭环姿态控制。表 7 - 2、表 7 - 3 所示分别为紫外环月模式下卫星的姿态角速度误差和姿态角误差。

表 7 - 2 紫外环月模式下卫星的姿态角速度误差

	滚动轴/(°/s)	俯仰轴/(°/s)
最大值	- 0.005030	- 0.003007
平均值	- 0.000041	0.000265
方差	0.002203	0.001737

表 7 - 3 紫外环月模式下卫星的姿态角误差

	滚动轴/(°)	俯仰轴/(°)
最大值	0.071289	- 0.147826
平均值	0.001400	0.003907
方差	0.026116	0.052424

"嫦娥"一号激光高度计是我国第一个星载激光高度计,设备由探头和电路箱两部分组成,如图 7 - 3 所示。通过星上激光高度计测量卫星到星下点月球表面的距离,为光学成像探测系统的立体成图提供修正参数;并通过地面应用系统将距离数据与卫星轨道参数、地月坐标关系进行综合数据处理,获得卫星星下点月球表面地形高度数据。激光高度计的性能指标参数如表 7 - 4 所列。

图 7 - 3 "嫦娥"一号激光高度计探头和电路箱

表7-4　激光高度计主要性能指标参数

指标	参　数	指标	参　数
作用距离/km	200±25	测距频率/Hz	1
月球表面激光足印大小/m	<φ200	测距分辨率/m	1
激光波长/nm	1064	测距不确定度/m	5(3σ)
激光能量/mJ	150±10	沿卫星飞行方向上月球表面足印点距离/km	约1.4
激光脉宽/ns	<7		
接收望远镜有效口径/mm	>120		

激光高度计总体框图见图7-4。

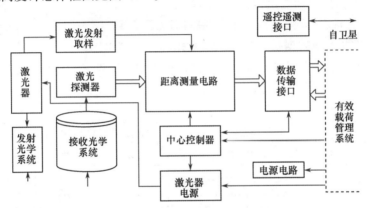

图7-4　激光高度计总体框图

　　2007年10月24日18时05分,"嫦娥"一号卫星发射升空,进入奔月轨道;11月5日成功实施月球捕获,11月7日进入月球200km高的极轨工作轨道;随后开始卫星检查,平台状态调整,进入科学探测阶段。

　　2007年11月28日1时32分,激光高度计开机,3时49分激光高度计在月球200km轨道向月球表面发出了第一束激光;至2008年10月24日,激光高度计在轨累计开机3309h,获得了1369轨探测数据,有效测距点912万个,对月球表面实现了全覆盖。

　　在激光高度计获取科学探测数据期间,对每次开机后下行的工程、遥测参数进行实时的监视,入轨后主要的控制均在正常工作范围内,仪器工作正常。开机后的第一阶段为激光高度计在轨测试和状态调整期间,该期间激光高度计的每轨探测率为82.3%,两极探测率可以达到90%。经工作参数调整,激光高度计探测率总体在97%左右,最高时达到了99%。自2007年12月1日起,激光高度计进入长期管理状态。

　　激光高度计获取的高程数据结合卫星轨道、姿态、仪器几何参数以及精密星历,通过高程模型解算,制作了空间分辨率为3km全月球DEM(Digital Elevation

Model)图(图7-5)。

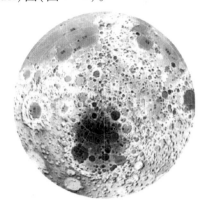

图7-5　由激光高度计数据绘制的全月球DEM图

"嫦娥"一号卫星GNC系统的敏感器包括太阳敏感器、星敏感器、紫外月球敏感器、速率积分陀螺和加速度计;执行机构包括飞轮装置、推力器、帆板驱动装置、天线驱动装置和轨控发动机;控制器包括控制计算机、应急计算机、配电器和二次电源。

GNC系统的软件包括控制计算机系统软件、应用软件、应急软件和部件LTU软件。LTU通过内部总线与控制计算机相连,构成计算机控制网络。控制系统的这种分布式体系结构保证GNC分系统高效、可靠、实时实现"嫦娥"一号卫星的控制功能和性能。

7.1.3　任务设计

"嫦娥"一号卫星的地月转移阶段,包括调相轨道、地月转移轨道和绕月轨道。飞行轨道如图7-6所示。

科学探测要求"嫦娥"一号卫星的工作轨道为高度200km±25km,相对于月球赤道的倾角为90°±5°。为了到达这一工作轨道,"嫦娥"一号飞行过程中要经历8~10次轨道控制,包括1次远地点变轨、3次近地点变轨、1~3次中途修正和3次近月点制动。

"嫦娥"一号卫星轨道控制由星上和地面共同完成。星上部分主要是制导、导航和控制(GNC)分系统及推进分系统的相关设备,包括姿态敏感器(星敏感器和陀螺)、计算机和执行机构(变轨发动机和姿态控制推力器)等,并依靠测控数传分系统同地面保持上、下行通信联系。地面部分主要包括各测控站(船)的跟踪、遥测和遥控设备以及位于北京的航天飞行控制中心。

卫星飞行各阶段,由地面进行精确的轨道测量,获取测距、测速数据和甚长基线干涉(VLBI)系统的测角数据。飞控中心处理观测数据,确定轨道参数。由此在地面制定轨道控制策略,计算优化的变轨控制参数,并适时将有关数据注入星上计

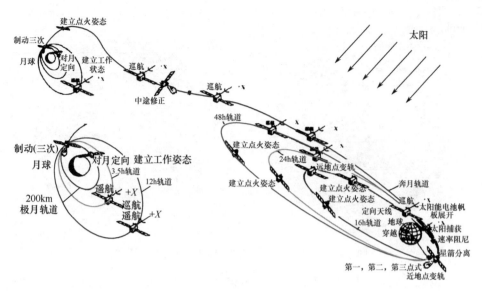

图 7 - 6　飞行轨道示意图

算机。卫星根据注入的变轨控制参数自动地进行姿态机动、变轨姿态保持、发动机开关机和巡航姿态恢复等控制过程。轨道机动完成后,地面再进行轨道测量和确定、对轨控效果进行标定和评估以及制定后续的轨控策略,从而构成星地大回路轨道控制。

1. 变轨控制的约束条件

（1）燃料消耗:"嫦娥"一号卫星携带的燃料量有限,所能提供的总速度增量受到限制。

（2）测控范围:虽然卫星具有一定的自主变轨能力,但是出于安全性考虑,仍希望整个变轨过程都在地面实时监视下进行,而轨道控制时这样的条件不一定能够满足,因此制定轨控策略时要考虑这一次轨控及后续轨控的地面测控条件。

（3）卫星能源:卫星轨控过程中,可能处于地球或月球阴影中,或者帆板不一定能够对准太阳,此时卫星依靠电池供电,这要求轨道控制整个过程不能超过电池供电的最长时间。

在不同的阶段和不同的情况下,这些约束条件的重要性不同。在调相轨道阶段主要考虑测控范围的限制;在近月制动时主要考虑卫星能源;在发生故障而需要重新设计轨控策略时主要考虑燃料消耗约束。

2. 点火姿态和角速度的选择

轨控参数计算时,根据轨控的目标,在满足测控条件的约束下对轨控开机时刻、轨控姿态和轨控时长等参数进行优化,使得在达到轨道目标的同时消耗燃料最少。同时星上还具备匀速转动变轨的能力,轨控过程中推力方向在空间按一定的角速度旋转,可以进一步减少轨控的燃料消耗。

为了保证轨控过程中星敏感器不受日光、月光和地气光干扰,轨控姿态在保证 +X(变轨推力)方向的情况下,可以绕 +X 轴旋转一定的角度以寻找合适的姿态。

3. 有限推力轨道控制参数计算

在制定轨道控制策略时,按照脉冲变轨方式进行计算,计算过程中只有一个未定变量,即速度增量的大小。轨道控制策略确定后再按照有限推力方式计算当前这一次轨控的控制参数。有限推力轨控时需要确定两个变量:轨控开机时刻、轨控关机时刻/开机时长。

轨控开机时刻的选择:一般情况下,有限推力变轨以近地(月)点为中点,前后各取一半的点火时间。也可以调整开机时刻使轨道的近地点幅角达到期望的目标,这时就要采用牛顿迭代法来调整开机时刻。

轨控关机时刻的选择:首先由脉冲变轨给出关机时刻的初始值,然后再用数值迭代的方法进行精确计算。迭代时要考虑测控条件的约束,若不满足测控条件的约束,则对关机时刻进行修正,以满足轨控时的测控约束。对于近月点制动,关机时刻比较容易确定,只需从开机时刻开始,数值积分到轨道半长轴满足预定目标即可。

4. 加速度计和发动机推力的在轨标定

加速度计测量量本身包含零位偏差和脉冲当量误差,如不考虑这些偏差将影响轨道控制精度。为保证轨控的准确性,需要对加速度计进行标定并给予补偿。

加速度计的在轨标定分为两个方面。一是对加速度计零位偏差的标定。每次轨控前,统计卫星没有喷气的时间段内加速度计的数据,给出平均值,作为加速度计的零位偏差,以便在轨控中对使用加速度计数据计算的卫星速度增量进行补偿。二是利用定轨数据对加速度计的刻度系数进行标定。每次变轨结束后,依据地面测、定轨后给出的变轨过程中的速度增量 ΔV 和变轨过程中利用加速度计累计的速度增量,计算加速度计脉冲当量标定系数,在下一次变轨策略计算中对卫星变轨速度增量进行补偿,以提高轨控精度。

卫星入轨后,发动机推力会随着推进剂储箱温度和压力等参数的变化呈现出不同的特性。若采用同样的推力进行轨控策略的计算,势必会带来较大的计算误差,影响变轨精度。所以在每次变轨后对推力器的推力标定是高精度变轨必不可少的步骤。目前国内外均有许多种推力标定的方法。"嫦娥"一号卫星主要根据加速度计数据对发动机推力进行标定,同时根据卫星储箱压力温度等参数进行适当修正。

5. 变轨控制飞行程序

月球探测卫星大部分轨道控制利用 490N 大推力发动机完成,少量中途轨道修正以及环月运行后轨道维持控制采用 10N 小推力发动机进行。根据每种发动机使用特点,制定了 490N 变轨准备子程序,变轨控制程序,10N 变轨准备、变轨控制以及 10N 轨道维持子程序。保证各种轨道控制准时、可靠。

6. 与变轨控制有关的工作模式设计

GNC 分系统设计了四种工作模式,用于卫星变轨准备和变轨控制。

（1）恒星捕获:在卫星建立轨控点火姿态之前,利用敏感器信息预估卫星的惯性姿态并进行卫星姿态控制。

（2）惯性调姿:用于建立卫星轨控点火姿态,实现卫星三轴大角度姿态机动。

（3）恒星定向:在卫星建立轨控点火姿态之后保证卫星的稳态控制。

（4）轨控定向:进行轨控发动机开、关机控制,确定卫星的点火姿态,并进行点火期间的姿态稳定控制。

7. 预置控制参数的自主变轨控制程序

在卫星建立轨控点火姿态之前,卫星进入恒星捕获模式,对陀螺漂移和加速度计零位偏差进行标定;根据程控指令,卫星自主转入惯性调姿阶段,建立卫星轨控点火姿态;调姿到位后,卫星自主转入轨控前的姿态稳定阶段,利用星敏感器对卫星姿态进行滤波修正;程控时间到,卫星自主进入轨控定向模式,星上自主控制轨控发动机开关机。轨控发动机关机后,卫星稳定一段时间,自主转入太阳定向模式,恢复卫星巡航姿态。

8. 建立点火姿态的再定向机动

近地轨道卫星的姿态机动多为单轴姿态机动,或是三轴小角度的姿态控制。"嫦娥"一号卫星在轨道控制前,需要将卫星从对日定向的巡航姿态调整到轨道控制所需的点火姿态。这种姿态调整可能是任意姿态的调整,为此采用四元数方式同时进行三轴姿态机动。控制律设计中在考虑调姿时间有限制这一条件的同时还考虑了根据卫星调姿姿态设置不同调姿角速度的方法,这样既满足时间要求又可适当地减小轴间耦合。

9. 点火姿态的测定

点火姿态主要通过陀螺数据估计确定。当卫星姿态角速度较大时,在适合星敏感器测量的条件下,自动引入星敏感器信息修正卫星点火姿态。

10. 轨控发动机的开机和关机控制

轨控开机采取预先注入开机时间的自主程控点火,轨控关机采用速度增量及时间双保险关机的控制方法。当加速度计信号积分值达到预定速度增量数值时,计算机发出关机指令。时间关机控制方法是指当点火时间累计值达到预定点火时长数值时,计算机发出关机指令。这一控制逻辑能够保证,在正常情况下使用速度关机方法,实现高精度变轨;加速度计异常情况下使用时间关机方法,防止错过控制窗口或引发灾难性故障。

11. 点火姿态的稳定控制

考虑到轨控发动机点火的干扰力矩大,可能激发液体推进剂晃动和太阳能帆板挠性振动,设计了基于脉宽调制（PWM）的 PID 和滤波校正的纯数字化的喷气姿态控制律,有效地保证了变轨期间卫星姿态控制精度,同时尽可能地减少了推力器脉冲工作次数。图 7 - 7 给出了稳定控制原理框图。

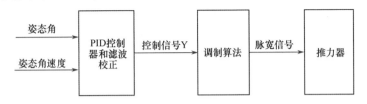

图 7 - 7 轨控期间姿态稳定控制原理框图

12. 关机后巡航姿态的自主恢复

以往静止轨道卫星变轨结束后,均由地面控制卫星进行太阳捕获,建立巡航姿态。"嫦娥"一号卫星在变轨发动机关机并稳定一段时间后,自主地进入太阳定向模式,利用卫星上安装的太阳敏感器进行太阳捕获和太阳定向控制,自主地恢复巡航姿态。

13. 自主故障检测、处理和恢复

目前静止轨道卫星的变轨控制多采用地面控制的方式,在变轨过程中若出现姿态控制或推进系统异常情况,由地面进行故障诊断,然后采取措施关闭轨控发动机,中止轨道控制。中低轨道卫星具有一定的自主轨控能力,但在轨控过程中出现姿态异常等现象,仍然能自主退出轨控,待地面排除故障后,再择机进行轨控。这种控制策略,对于轨控窗口有唯一性要求的月球探测卫星却不再适用。

"嫦娥"一号卫星变轨控制过程中,是由星上自主检测卫星姿态信息,当检测出故障后,紧急关闭变轨发动机,自主地进行故障处置。同时,星上自主控制进入一个过渡模式,待卫星的姿态角速度被适当阻尼后,自主地重新转入轨控准备阶段,重新设置轨控流程。根据重新设定的时间,卫星自主地转入相应的工作阶段,恢复轨控,并根据所需要的控制量完成变轨开、关机。

对于"嫦娥"一号卫星或其他对轨道要求严格的航天器,必须考虑到姿态控制喷气(含动量轮卸载)构成其轨道运动的摄动力,这可能会影响轨道确定精度和变轨控制参数计算精度,最终影响变轨精度。为此,在"嫦娥"一号卫星 GNC 系统设计中采用了减少喷气和计量喷气的措施,还研究了多种工作模式下的喷气影响分析和补偿方法。

14. 巡航姿态的动量轮控制

以往卫星太阳定向模式下多采用喷气姿态控制。非力偶式安装的推力器工作时,不但产生姿态控制力矩,而且产生使卫星质心速度改变的推力,使卫星轨道发生复杂变化。为了减小卫星姿控的喷气量,"嫦娥"一号卫星的太阳定向巡航姿态采用动量轮控制方式,有效地减少了喷气对轨道的扰动。但是,由于受到环境干扰力矩的作用,会造成动量轮角动量饱和。星上采用三轮零动量工作方式,增加系统存储角动量的能力,减少喷气卸载次数。

15. 巡航姿态的慢旋方式和停旋控制

卫星在巡航姿态下处于不同的轨道段,所受的干扰力矩不同。调相段主要受重力梯度力矩的影响,地月转移段主要受太阳光压力矩的影响,月球捕获段主要受月球引力的影响。在上述阶段卫星处于惯性定向姿态,干扰力矩引起不同程度的动量积累。在巡航姿态下采用地面控制卫星慢旋与星上自主启旋的方式,使卫星绕对日定向轴(+X 轴)慢旋,抵消大部分干扰力矩的影响,减少巡航姿态长期运行中的喷气卸载。在卫星每次变轨前,地面控制卫星停旋在适当相位,以减少卫星惯性调姿控制的喷气量。

16. 动量轮喷气卸载的计量纳入轨道预报模型

"嫦娥"一号卫星 GNC 分系统设计,采用了提供遥测通道将姿态控制推力器的工作时间和工作次数下传到地面,结合姿态敏感器数据可以在地面较为准确地计量每一个遥测周期内喷气推力的大小和方向的方法。根据遥测数据获得喷气加速度在航天器惯性坐标系中的分量,定轨时计算并计入了喷气摄动,以补偿姿控喷气对轨道确定精度的影响。该方法显著地提高了卫星轨道确定的精度,补偿流程如图 7 - 8 所示。

为了防止动量轮卸载发生在地面不可见(无遥测)弧段,GNC 系统设计了强制卸载手段。飞控过程中,安排在地面可见弧段(在飞出测控区之前的一段时间)进行强制卸载,通过地面注入卸载指令,强制动量轮卸载有效地避免了航天器在不可测控弧段喷气卸载。

17. 变轨前后姿控喷气纳入变轨参数计算模型

由于在巡航姿态下进行变轨前的测、定轨,计算出轨控参数后才进行姿态机动建立点火姿态,而姿态机动采用喷气控制完成,轨控过程中姿态控制和轨控后恢复巡航姿态的姿态机动也会喷气。在变轨参数计算时如果不考虑这些喷气,会对变轨精度产生影响。

根据数学仿真和飞行遥测数据,可以估算不同条件下姿态机动时的喷气摄动,并生成数据表。在轨控参数计算中,根据航天器本体相对于目标姿态的误差四元数查表求得对应的航天器姿态机动产生的速度增量,据此在轨控计算中修正轨控量,从而提高轨控精度,补偿计算流程如图 7 - 9 所示。

"嫦娥"一号卫星于 2007 年 10 月 24 日 18 时 29 分 38 秒入轨,入轨后的近地点高度为 200km,远地点高度为 51000km。入轨后当天就对加速度计进行了标定,标定出了两个加速度计的零位偏差。

18. 调相轨道阶段

星箭分离后,"嫦娥"一号卫星进入周期为 15.8h 的超地球同步转移轨道。经过大约 1 天(绕地球一圈半),于 10 月 25 日 17 时 55 分进行了一次远地点变轨。卫星从对太阳定向的巡航姿态开始,自动进行大角度姿态机动,建立点火姿态;发动机点火关机后,卫星自动恢复巡航姿态;整个过程中地面没有向卫星发出任何遥控指令。以后每次变轨都要重复这一过程。因此,这是对于新设计的变轨控制流

图 7-8　定轨喷气补偿流程图

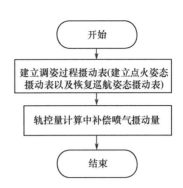

图 7-9　轨控参数计算中
补偿喷气流程图

程的一次在轨试验,同时也将轨道的近地点高度提高到600km,改善了后续近地点变轨操作时的观测条件。

在远地点变轨后大约1天,即26日17时33分和26日17时49分,成功地进行了第一次近地点变轨控制。由于近地点附近地面观测时间短,且易受轨道误差影响,故使用了前述的自动轨道控制流程。整个过程中地面未向卫星发出任何遥控指令。变轨完成后,卫星轨道周期从15.8h变为24h,远地点高度从51000km变为72000km。

按照卫星飞行程序,在第一次近地点变轨后大约3天,进行了第二次近地点变轨,轨道周期变为48h,远地点高度升至120000km,超过了以往中国人造地球卫星所到达过的高度。

卫星继续飞行约2天后,在10月31日17时15分开始进行了第三次近地点加速。完成变轨后进入了与月球交会的地月转移轨道,这一次轨控特意提前了3min,这样就将轨道的近地点幅角减小了0.23°,使得中途修正的速度增量减小了一半。地月转移轨道入口点时刻为10月31日17时25分4.7秒,比设计的地月转移轨道入口时刻仅提前了23.3秒。

19. 地月转移轨道阶段

由于实现了在发射窗口前沿发射,并且轨道控制精度较高,所以取消了原计划在进入地月转移轨道第17小时所进行的第一次中途轨道修正,在进入转移轨道后第41小时进行了一次小的修正,修正量为4.84m/s。这次中途修正之后,根据定轨的结果,卫星到达近月点的高度为211km,轨道倾角为90.17°,近月点时刻为11月5日11时25分48秒,仅仅比标称轨道晚了20s到达近月点。因此再一次取消了原计划在到达第一个近月点前24h进行的第三次中途修正。

卫星在转移轨道上共飞行约114h,于11月5日11时15分开始进行第一次近月点制动变轨,11 时 36 分 33 秒变轨发动机关机,卫星进入周期为 12h2min 的绕月轨道,成为一颗月球卫星。

20. 近月点制动轨道阶段

第一次近月点制动后的环月轨道周期为 12h145s。在 11 月 6 日 11 时 21 分开始进行第二次近月点制动,制动后的环月轨道周期为 3.5h104s。在 11 月 7 日 8 时 24 分开始进行第三次近月点制动,制动后将卫星的远月点高度降低到 187.66km,成为了近月点,原来的近月点成为了远月点,高度为 213.2km,满足高度 200km ±25km、倾角 90° ±5° 的要求。至此"嫦娥"一号卫星进入了预定工作轨道。

在卫星环月运行之前,除了轨控阶段,卫星运行于巡航姿态。姿态确定是利用太阳敏感器的输出给出太阳矢量方向在卫星本体系的表示,然后根据太阳敏感器的安装矩阵计算卫星偏航角和俯仰角。巡航姿态角速度的确定是利用速率积分陀螺的输出,然后根据陀螺的安装矩阵计算卫星三轴姿态角速度。巡航姿态的控制分为太阳捕获和太阳定向两个阶段:在太阳捕获阶段,根据 0 - 1 式太阳敏感器输出,利用相平面控制算法,通过推力器点火驱使卫星旋转使太阳矢量进入数字太阳敏感器视场;在太阳定向阶段,通过数字太阳输出和陀螺输出外推,根据系统动力学,利用相平面控制算法和 PID 控制算法,通过推力器点火和飞轮转动保证卫星 X_s 轴指向太阳。

巡航姿态控制的特点是卫星既可以绕 X_s 轴慢旋,也可以使 X_s 轴绕俯仰轴偏置并绕太阳矢量慢旋。这种运动状态一方面可满足卫星总体测控需求,另一方面可有效避免推力器喷气对卫星轨道的影响。

巡航姿态控制在轨飞行结果见图 7 - 10、图 7 - 11。图中描述了从太阳捕获到太阳定向过程中星体对太阳指向的变化和三轴角速度的变化。由图可见:卫星准确捕获太阳并以高精度和高稳定度跟踪太阳。

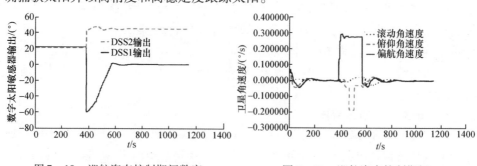

图 7 - 10　巡航姿态控制期间数字　　　　图 7 - 11　巡航姿态控制期间
太阳敏感器(DSS)的输出曲线　　　　　　　三轴角速度曲线

奔月轨道的特点是预先设定地月转移标称轨道。实际轨道与标称轨道的初始微小偏差经 5 天的飞行放大,可能导致卫星撞月或离月。因此,变轨的高精度控制成为一大技术难点。而要实现变轨的高精度控制就要面对复杂的卫星对象。正如上节动力学描述,严格意义上讲,"嫦娥"一号卫星刚体平动与转动、挠性振动和液体晃动互相耦合,在快速机动过程又有三轴非线性耦合影响,控制系统稍有疏忽就可能引发多种运动与控制系统相互作用从而导致系统不稳定。

要保证轨控精度,卫星从太阳定向姿态就必须实施姿态快速机动转到轨控定向姿态,其中凸现三轴耦合的非线性问题;在490N发动机点火期间,轨控定向要高精度维持预定惯性指向,其中凸现推力偏斜干扰、挠性振动和液体晃动的抑制问题;490N发动机必须在预定时间点开机并且在预定速度增量点关机,其中凸现点火时间精准问题。这些问题涉及一系列复杂的姿态机动控制、姿态维持控制和变轨制导控制,与此同时强调及时(实时性)、准确(高精度)和可靠(可靠性)。

为此,GNC系统创造性地设计了星上网络控制系统,提出了在线规划调度和新型控制方法,高标准实现了变轨控制过程中的姿态控制和轨道控制。其中:卫星姿态确定利用了星敏感器与陀螺联合定姿算法;卫星姿态机动利用了基于四元数的高品质相平面控制算法;卫星姿态维持利用了基于四元数的"PID+滤波器"算法以及数字化脉宽调制算法;卫星导航利用了高精度加速度计;卫星制导利用了高精度、高可靠关机策略。为保证系统可靠性,还创造性设计了自主故障诊断和系统重构以及自主变轨恢复方案。

变轨控制期间第三次近地点加速的在轨飞行结果见图7-12、图7-13。由图表明,卫星在预定时间完成姿态机动和姿态保持,进而在预定时间进入轨控点火阶段并保持轨控定向姿态。在轨数据显示轨控精准,因此,原先拟定的三次中途修正减少到一次,大大节省了宝贵的推进剂,为后续新的任务实施提供了良好条件。

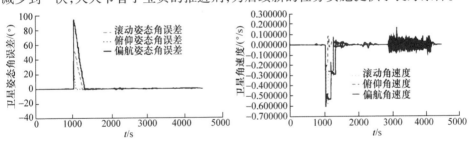

图7-12 变轨控制期间三轴姿态角误差　图7-13 变轨控制期间的三轴姿态角速度

在环月期间,日、地、月相对于卫星的运动关系变化复杂,卫星控制面临诸多技术挑战。卫星本体对月定向,其技术难点是卫星轨道的实时计算和怎样利用对月定姿敏感器;太阳能帆板跟踪太阳,其技术难点是太阳相对卫星轨道面以年为周期变化,不能照搬地球卫星太阳同步轨道帆板跟踪太阳方法;定向天线跟踪地球,其难点是地球轨道的实时计算和双轴驱动的控制方法。

为此,在环月期间,姿态确定利用了星敏感器结合星上轨道外推以及紫外月球敏感器结合太阳敏感器综合定姿两套方案;本体对月定向姿态控制利用了基于相平面的喷气控制结合基于PID算法的飞轮控制方法;太阳能帆板对日定向和定向天线对地定向,则利用"两次垂直转动可以保证第三轴指向任意方向的基本原理";在此基础上,姿态控制系统根据创造的实用算法,并基于帆板驱动装置和双轴天线驱动装置,实现了定向控制目的。这些方法使得卫星三体的指向同时定向成为可能。

环月期间卫星控制的在轨飞行结果见图7-14~图7-17。由图可以看出,卫星本体高精度、高稳定度对月定向,实时、高精度实现帆板对日定向,定向天线对地定向。

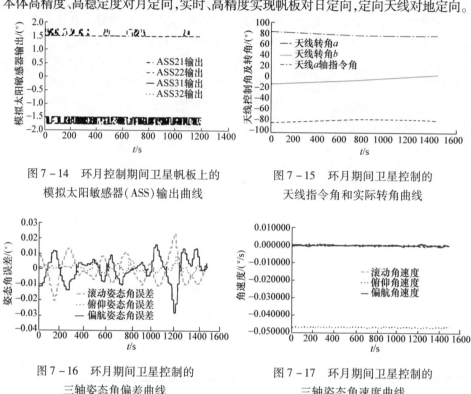

图 7-14　环月控制期间卫星帆板上的模拟太阳敏感器(ASS)输出曲线

图 7-15　环月期间卫星控制的天线指令角和实际转角曲线

图 7-16　环月期间卫星控制的三轴姿态角偏差曲线

图 7-17　环月期间卫星控制的三轴姿态角速度曲线

7.2 "嫦娥"二号卫星

7.2.1 概述

"嫦娥"二号(Change-2,CE-2,2010)卫星于2010年10月01日18时59分发射升空,历经发射入轨、地月转移、三次近月制动等轨道阶段,于2010年10月09日11时32分进入距月球表面100km高的圆极环月使命运行轨道,经一系列的在轨测试后,卫星进入环月探测阶段。10月26日21时45分,CE-2卫星降轨至近月点高度为15km、远月点高度为100km的轨道,开始近距离对月球表面备选着陆区虹湾地区进行详查,最后于10月29日10时36分升轨至距月球表面100km高圆轨道,卫星转入长期管理阶段,从事后续的科学探测活动。

7.2.2　任务需求

　　"嫦娥"二号卫星以"嫦娥"一号卫星的备份星为基础,进行了一系列技术改进,作为探月二期工程的先导星。它在工程上的主要任务是实验验证部分关键技术和新设备,实验新的奔月轨道,降低探月工程二期的技术风险;在科学上的首要任务是对月球表面着陆区进行详查,精细地测绘备选着陆区的地形地貌。"嫦娥"二号卫星要实现六大技术突破,其中四个与测控发射技术直接相关,它们包括运载火箭直接将卫星送入地月转移轨道的发射技术、首次实验 X 波段深空测控技术、首次验证距月球表面100km高度处近月制动的月球捕获技术和验证轨道机动与测定轨技术。这些关键技术的实施与评估离不开地面测控系统的支持。

7.2.3　飞行器设计

　　2010 年 10 月 1 日,"嫦娥"二号卫星成功发射,太阳翼监视相机随即开机捕获到卫星太阳翼展开全过程。随后定向天线监视相机、490N 发动机监视相机和降落相机相继开机工作,对卫星关键动作及月球表面进行了成像。获取的图像纹理清晰、色彩鲜明,相机性能指标达到国际先进水平。

　　降落相机具有输出像元数为 1280×1024 和 640×512 两种工作模式。由于"嫦娥"二号卫星属于深空探测卫星,对质量和功耗有严格要求,因此降落相机仅有 502g;3 台监视相机最轻的仅有 352g。表 7-5 为降落相机和监视相机实现的主要技术指标,图 7-18 为降落相机实物和拍摄的月球表面环形山图像。

表 7-5　相机技术指标

指　标	降落相机技术指标实测值	监视相机技术指标实测值
波段范围/mm	500～800	430～710
有效像元数	模式一:1280×1024 模式二:640×512	190N 发动机监视相机:1280×1024 太阳翼监视相机:1024×1024 定向天线监视相机:1024×1024
帧频/(帧/s)	模式一:1 模式二:10	490N 发动机监视相机:1 太阳翼监视相机:5 定向天线监视相机:5
量化值/bit	8	8
功耗/W	模式一:3.770 模式二:4.002	490N 发动机监视相机:1.90 太阳翼监视相机:2.45 定向天线监视相机:2.59
外形尺寸	100.00mm×79.90mm×81.05mm	490N 发动机监视相机:100.20mm×80.02mm×66.15mm 太阳翼监视相机:100.03mm×79.97mm×66.37mm 定向天线监视相机:100.15mm×80.00mm×52.25mm
质量/g	502	490N 发动机监视相机:352 太阳翼监视相机:358 定向天线监视相机:368

图 7-18　降落相机实物和拍摄的月球表面图像

图 7-19 为 490N 发动机监视相机实物图和拍摄的卫星制动时 490N 发动机图像,月球表面上的环形山清晰可见。图 7-20 是太阳翼监视相机实物和卫星在100km 轨道上拍摄的"地月"同辉的图像,图像中右侧为太阳翼,左下方灰色的为月球表面,月球表面上方蔚蓝色的就是地球。图 7-21 为定向天线监视相机实物图和拍摄的天线展开过程的一张图像,相机具有 139°的圆视场,可以保证天线不会旋转出相机视场范围。

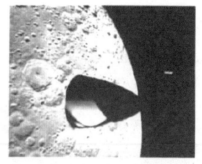

图 7-19　490N 发动机监视相机实物和拍摄的图像

图 7-20　太阳翼监视相机实物和拍摄的图像

图 7 - 21　定向天线监视相机实物和拍摄的图像

7.2.4　任务设计

探月飞行目前有两种进入地月转移轨道的方式,一是运载火箭直接将卫星送入地月转移轨道,二是卫星在绕地飞行的调相轨道上运行若干圈,然后再进入地月转移轨道。"嫦娥"一号卫星采用的是调相进入地月转移轨道的模式。调相入轨的好处包括:在运载火箭能力不够的情况下由卫星来补充;减小转移轨道中途修正的负担;扩大发射机会窗口。"嫦娥"二号卫星采用的则是运载火箭直接将卫星送入转移轨道入口的方式,这可以极大地缩短到达月球的运行时间,并为卫星节省更多的燃料,非常有利于载人登月飞行。

"嫦娥"二号卫星发射升空 26 min 后卫星与运载火箭分离,卫星直接进入地月转移轨道。17h 后,进行了第一次转移轨道中途修正。原计划于卫星到达近月点前 24h 进行的第二次转移轨道中途修正,经轨道与控制计算评估后取消。10 月 6 日 11 时 6 分,即卫星进入地月转移轨道约 112h 后,进行了第一次近月制动,30min 后,卫星成功进入了近月点高度 120km、远月点高度 860km 的月球捕获轨道。在此期间,卫星因执行起旋、停旋及惯性调姿等动作进行了多次喷气调姿。

由于"嫦娥"二号卫星地月转移段轨道构型、受力环境、观测条件及测量精度与"嫦娥"一号卫星十分相近,从"嫦娥"一号卫星的定轨精度分析来看,在整个地月转移段,轨道计算的精度在百米量级的水平上。但"嫦娥"二号卫星与"嫦娥"一号卫星轨道相比又有很大不同,"嫦娥"二号卫星由运载火箭直接送入地月转移轨道入口点,这对火箭发射窗口的宽度与火箭到达入口点的精度有更高的要求,因这些偏差均需要在转移轨道中途修正中加以消除,受限于卫星携带的燃料,太大的偏差可能会导致卫星无法到达月球附近。轨道确定需要尽快确定入轨轨道,即短弧入轨轨道计算,以便在异常情况下采取相应的措施。为评估运载的能力,还要对入轨点的精度进行评估。由于近月捕获点高度显著降低,对地月转移轨道的计算与预报精度也有更高的要求。近月制动后的轨道直接反映了卫星能否被月球成功捕获,轨道计算精度也是一个关键问题。近月 100km 高环月轨道引力场的影响会发生变化,进而影响到定轨策略的制定。

卫星入轨后的短弧定轨结果是判断卫星是否成功入轨的重要依据,在异常情况下,还作为应急处理的依据。由于轨道偏心率很大,而 VLBI 测量要求卫星达到一定的高度,测量手段在仅有 USB 测距、测速的条件下,在较短的观测弧段内得到精确的轨道是比较困难的。对短弧入轨轨道的评估一般以长弧段精密轨道为参考。卫星在入轨后一般要执行一系列姿态调整,期间会产生姿控发动机喷气,在长弧精密轨道计算中需要考虑该影响。一种有效的处理方式是用经验力模型来拟合姿控过程喷气作用力。

"嫦娥"二号卫星入轨后不久即进入智利站观测弧段,6 h 后进入中国本土观测范围。在智利站跟踪弧段前后还有海上测量船进行衔接,因而构成了完整连续的观测弧段。考虑到数据精度的差异,这里的分析基于陆站测量数据。VLBI 观测系统在卫星入轨 10h 后参与跟踪测量。参考轨道采用长弧精密轨道,即从卫星入轨后至第一次中途修正点前的观测弧段,数据包括 USB 与 VLBI 观测数据,长弧定轨位置误差约在 100m 的精度水平,与 CE-1 相当。分别考虑测轨弧长为 2,4,6 h 条件下的定轨情况。各轨道与参考轨道间的偏差如表 7-6 所列。

表 7-6　短弧定轨偏差(轨道历元统一取入轨时刻)

测轨弧长/h	历元位置偏差/km	历元速度偏差/(m/s)	轨道半长轴偏差/km
2	17.1	2.48	317.3
4	0.85	2.06	15.4
6	0.04	0.05	1.46

"嫦娥"二号卫星在地面控制中心的精确导航与控制下已顺利完成了全部探测任务,正在实施拓展任务。分析表明,卫星入轨点位置偏差 14km,速度相对偏差为 1.2%,入轨段短弧定轨 4 h 以上可获得相对稳定的轨道;卫星卸载扰动对转移轨道定轨精度影响加大,合理选择定轨弧段对提高轨道计算与预报精度有重要影响;近月制动结束后 30min 的 USB 加 VLBI 测轨可获得半长轴精度为百米水平的控后轨道。环月摄动力分析表明,70 阶月球非球形引力场的选取是合理的。X 波段深空相位测量数据计算与分析表明,深空相位测速数据、测距数据,以及 X 波段 DOR 数据噪声均显著降低,这对于测量系统后续的建设有着重要的指导意义。

随着探测距离的增加,摄动力对轨道的影响发生新的变化,要求给出新的定轨策略与分析方法以适应新的任务需求。Ka 波段的测量也将是后续测量技术研发的重要方向。随着测量精度的提高,其对定轨、定位精度有了更高的要求。在测量精度提高一个量级的条件下,测量数据的处理精度、轨道计算的模型精度也需要有量级上的提高,这样才可以充分发挥高精度测量数据的优势。测量精度的提高,定轨、定位精度的提高还将催生一批新的科研成果,如高精度的行星重力场解算结果,高精度的行星表面地形模型建立等,这些都将为我国未来深空探测走得更深、更远奠定基础。

7.3 "嫦娥"三号卫星(Change-3,2014)

7.3.1 概述

"嫦娥"三号(CE-3)任务是我国探月工程"绕、落、回"三步(图7-22)走中的第二步,也是承前启后的关键一步,包括着陆器和月球车。它携带中国的第一艘月球车,并实现中国首次月球表面软着陆。

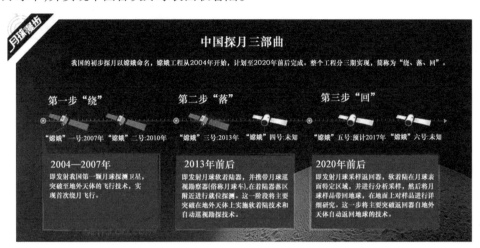

图7-22 中国探月三部曲

"嫦娥"三号由着陆器和巡视探测器(即"玉兔"号月球车)组成,进行首次月球软着陆和自动巡视勘察,获取月球内部的物质成分并进行分析,将一期工程的"表面探测"引申至内部探测。其中着陆器定点守候,月球车在月球表面巡游90天,范围可达到5km^2,并抓取月球土壤在车内进行分析,得到的数据将直接传回地球。

7.3.2 任务需求

"嫦娥"三号任务的技术目标包括掌握地月转移轨道发射技术、突破月球软着陆技术、突破月球表面巡视技术、掌握探测器间相互通信技术、试验月夜生存技术,其主要科学任务是月球表面地形地貌探测、月球土壤综合探测、月球动力学研究和空间天气探测与研究。

"嫦娥"三号将是中国发射的第一个地外软着陆探测器和巡视器(月球车),也是"阿波罗"计划结束后重返月球的第一个软着陆探测器,是探月工程二期(落)的关键任务,起承上启下的作用。"嫦娥"三号探测器将突破月球软着陆、月球表面巡视勘察、月球表面生存、深空探测通信与遥控操作、运载火箭直接进入地月转移轨道等关键技术。

"嫦娥"三号具有重大的科学探测意义。月球表面软着陆就位探测与月球车巡视勘察二者同时进行并有机结合,将获得比以前更有意义的探测成果;在国际上首次利用测月雷达实测月球土壤厚度(1~30m)和月壳岩石结构(1~3km);首次在软着陆地点利用数据转发器精确测定地月间距离,进行月球动力学研究;首次开展日地空间和太阳系外天体的月基甚低频射电干涉观测,进行太阳射电爆发与空间粒子流、光千米波辐射、日冕物质抛射行星低频噪声和太阳系外天体的甚低频观测研究;首次在月球上采用极紫外相机观测太阳活动和地磁扰动对地球空间等离子层极紫外辐射的影响,研究该等离子层在空间天气过程中的作用;首次进行月基光学天文观测,研究太阳系外行星系统、星震和活动星系核。

7.3.3 飞行器设计

"嫦娥"三号探测器发射质量约 3.7t,着陆器质量约 1.2t,月球车质量约120kg,可载重20kg。"嫦娥"三号探测器将使用 X 波段测控,新建成的35m 和64m大直径天线和原有的 VLBI 结合进行轨控定位。"嫦娥"三号探测器的着陆器将在15km 高度开启发动机反推减速;2km 以上高度实现姿态控制和高度判断,转入变推力主发动机指向正下方的姿态;2km 以下进入缓慢的下降状态,100m 左右着陆器悬停,降落相机进行月球表面识别,着陆器自动判断合适的着陆点,下降到距离月球表面4m 高度时进行自由下落着陆。

"嫦娥"三号着陆器上携带了近紫外月基天文望远镜、极紫外相机,巡视器上携带了测月雷达。这些都是世界月球探测史上的创举。

在着陆器的顶部安装了一台近紫外光学望远镜,将实现国际上首次利用月基光学望远镜开展重要天体光变的长期连续监测和低银道带的巡天观测。主要监测致密双星、活动星系核、短周期脉动变星等。

在着陆器的顶部安装了一台极紫外相机,将对地球周围的等离子体层产生的30.4nm 辐射进行全方位、长期的观测研究。这是国际上首次在月球表面上利用极紫外相机对地球空间等离子体层实施大视域一次性的极紫外成像,从整体上探测太阳活动和地磁扰动对地球空间等离子层极紫外辐射的影响,研究等离子层在空间天气过程中的作用,并能提高我国空间环境监测和预报能力。

在月球车的底部安装一台测月雷达,这是国际上首次直接探测30m 深度内月球土壤层的结构与厚度和数百米深度内月壳浅层的结构。

由于月球自转和公转都是 28 天,月夜长达 14 天,为了保证着陆器的能源供应,"嫦娥"三号使用了 RTG 同位素电池,这将是中国首次将核能用于航天器。"嫦娥"三号着陆器携带了 7 套仪器,包括一台紫外波段天文望远镜。月球表面天文望远镜可以规避地球大气影响,观测精度大大提高。"嫦娥"三号的月球车由航天科技集团五院研制,为三轴六轮结构,设计月球表面寿命为 3 个月,已经进行了多次试验,它将携带望远镜进行短距运行和天文观测,为建立实际天文台做准备。月球车将在着陆点附近 3km² 巡游,行走路线不超过 10km,月球车还将使用机械臂采集月球土壤样本现场分析。

"嫦娥"三号任务将首次获得月球降落和巡视区的地形地貌和地质构造,并将首次实现月夜生存。月球的一个昼夜相当于地球的 28 昼夜,白天最高温达到 150℃,夜晚最低则达到 -170℃。月球表面生存热控制系统的关键突破将是重要看点。"嫦娥"三号除了使用"嫦娥"二号已经验证的部分数据,还将增加测距测速雷达和激光测距仪。"嫦娥"四号是"嫦娥"三号的备份星,但将完成不同的探测任务。

月球车受到辐射加热,极限温度可达 150℃。未受光部位,温度则为 -130℃ ~ -160℃,月球夜间可达 -180℃,有些地区甚至达 -200℃。温差很大易造成材料变形,所以月球车材料要做到"同性不冷焊,异性不裂断"。同种材料,在真空高低温下,可能会"冷焊"粘在一起,而合金材料不同物质会分离造成断裂。所以,在选择材料时,必须避免这些情况。

月球车(图 7-23)由移动、结构与机构、GNC、综合电子、电源、热控、测控数传、有效载荷共八个分系统组成。

此次"嫦娥"三号搭载的月球车,是中国自行研制的机器人,拥有极高的智能。它不仅能实现自我导航、避障、选择路线、选择探测地点、选择探测仪器等功能,凭借底部安装的测月雷达,它还可以边走边探测月球内部的结构变化。

"嫦娥"三号的这辆月球车,高达 1.5m,重 120kg,负载重量是 20kg。早在 2010 年 5 月就完成程式指令集。具有自动导航设施,装有避开障碍物、防止和其他物体碰撞的智能传感器。

能源将由太阳能电池板和放射性同位素热电机提供,前者负责提供月球车各种仪器的工作能源和驱动月球车行驶,而后者负责在夜晚期间给月球车的仪器保温。月球上,白昼和黑夜各持续 14 天,晚上温度低至 -180℃。而月球车上的仪器能承受的最低气温约为 -40℃。

7.3.4 任务设计

2012 年 1 月 6 日,月球着陆器的悬停避障及缓速下降试验,月球巡视器的综合测试及内、外场试验等各项验证性试验完成。

2012 年 3 月 13 日,国防科工局确认,经探月工程重大专项领导小组会议审议,我国探月工程二期"嫦娥"三号任务正式由初样研制转入正样研制阶段。

2012 年 5 月,"嫦娥"三号探测器有效载荷分系统在产品性能、技术状态、质量问题、元器件、工艺、原材料、软件/FPGA、可靠性、安全性、数据包等 12 个方面,接受了初样鉴定产品质量复查。复查结束后,有效载荷分系统将按照复查结果查漏项、补不足,确保正样产品质量。

2012 年 7 月初,记者从中国航天科技集团公司获悉,"嫦娥"三号研制进展顺

太阳电池阵

散热面

桅杆

X波段定向天线

设备安装板

舱内设备

RTG

舱体结构

机械臂

移动系统

图 7-23　"玉兔"号月球车

利,探测器已完成发射场合练,着陆器完成中心舱结构部装,各项大型试验和测试工作正在稳步推进。

2012 年 8 月初,"嫦娥"三号着陆器正式开始了正样阶段测试。负责测试任务的五院总体部组织召开了""嫦娥"三号探测器正样阶段电测动员会",全面布置"嫦娥"三号探测器正样电测工作。据悉,正样的测试内容较初样有较大变化,测试状态十分复杂。为了确保完成整器电测工作,该部首先加强策划,借鉴试验队的管理模式,加强保障条件落实、加强质量控制、加强测试覆盖性分析,加强数据判读、加强规章制度和岗位职责的落实、加强过程保密与大工序交接等环节控制,确保按时完成电测任务。

2012 年 11 月,"嫦娥"三号着陆器热试车力学试验工作圆满完成。该试验是着陆器推进系统试车试验前一次重要的力学性能考核,也是验证推进系统设计状态是否满足"嫦娥"三号在轨运行性能要求的重要前提。

2013 年 5 月,"嫦娥"三号开始"登月"前的最后一项大型系统试验——热试验。这也是"嫦娥"三号最后一项大型系统试验开始。

2013 年 8 月 28 日,探月工程重大专项领导小组审议批准了"嫦娥"三号任务由研制建设阶段转入发射实施阶段。"嫦娥"三号探测器将于今年底由西昌卫星发射中心择机发射。

2013 年 9 月 11 日凌晨,"嫦娥"三号探测器各部件被装上货运拖车,从航天科技集团所属五院出发,运往首都机场。之后,"嫦娥"三号探测器搭乘大型专用货机运抵西昌。

2013 年 9 月 25 日,探月与航天工程中心举办月球车全球征名活动,并将于 10 月 25 日截止报名,于 10 月 31 日结束终审,并于 11 月上旬按程序报批。

2013 年 11 月 26 日,中国探月工程副总指挥李本正宣布:"嫦娥"三号月球车被命名为"玉兔"号。

2013 年 11 月 30 日,"嫦娥"三号任务发射场区指挥部研究决定,"嫦娥"三号将在 12 月 2 日 1 时 30 分于西昌卫星发射中心实施发射。

2013 年 12 月 2 日 1 时 30 分 00.344 秒,"嫦娥"三号从西昌卫星发射中心成功发射(图 7 - 24)。

2013 年 12 月 6 日 17 时 53 分,"嫦娥"三号进行了近月制动,在可变推力发动机点火 361s 后,准确进入距月球表面平均高度约为 100km 的环月近圆轨道。

2013 年 12 月 10 日 21 时 20 分,"嫦娥"三号发动机成功点火,开始实施变轨控制,由距月球表面平均高度约 100km 的环月轨道,成功进入近月点高度约 15km、远月点高度约 100km 的椭圆轨道。

2013 年 12 月 14 日 21 时 11 分 18.695 秒,"嫦娥"三号成功实施软着陆,降落相机传回图像 。

2013 年 12 月 15 日 4 时 35 分,"嫦娥"三号着陆器与巡视器("玉兔"号月球

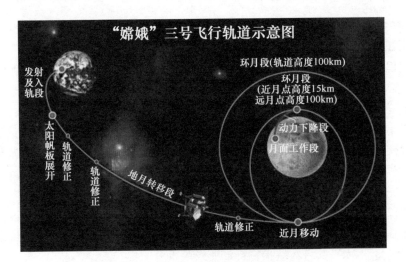

图 7-24 "嫦娥"三号飞行轨道示意图

车)成功分离,登陆月球后"玉兔"号月球车将开展3个月巡视勘察。

2014年1月15日20时许,在北京航天飞行控制中心精心组织下,"嫦娥"三号着陆器飞控工作从飞控大厅转移到长管机房,顺利转入长期管理模式,这也意味着"嫦娥"三号着陆器已开启月宫新生活。

2014年1月25日,"嫦娥"三号月球车进入第二次月夜休眠。但在休眠前,受复杂月球表面环境的影响,月球车的机构控制出现异常,有关方面组织专家进行了排查。

2014年2月12日下午,"玉兔"号月球车受光照成功自主唤醒。此前,"嫦娥"三号着陆器于2月11日2点45分实现自主唤醒,进入第三个月昼工作期。但其机构控制异常问题尚未解决,12日晚专家召开紧急会议研究恢复方案。

2014年2月23日凌晨,"嫦娥"三号着陆器再次进入月夜休眠。此前,"玉兔"号月球车于2014年2月22日午后进入"梦乡"。

8
月球探测未来的路线图

从 20 世纪 60 年代到 70 年代中期,美国和苏联仿佛军备竞赛一般频繁地发射月球探测飞行器。在 1958 年至 1976 年间,苏、美共发射了 83 个无人月球探测器,其中苏联发射的 47 个包括"月球"号、"宇宙"号和"探测器"3 个系列,而美国的 36 个包括"先驱者"、"徘徊者"、"月球轨道器"和"勘测者"4 个系列。从简单进行月球拍照到自动采集月球样品返回地球,再到月球巡视车考察,探测器一代比一代先进,重量也越来越大。终于在实现载人登月之后,人类结束了第一次探月高峰,进入了 20 年的对月探测平静期。

20 世纪 90 年代末,人类在探测活动中发现月球上可能有水存在,这些重大发现重新引发了人类对月球探测的兴趣。从那时起至今,又形成了新一轮的月球探测热潮。

随着新一轮探月高峰的掀起,对月球探测已经被越来越多的国家纳入"最重要的空间科学计划",各国纷纷出台了相应的月球探测以及深空探测计划。不过,虽然各国对月球均抱有浓厚的兴趣,但却各自有着不同的倾向,各有各的打算。图 8 – 1 简要列出国外未来的对月探测计划。

国际月球探测工作组专家曾表示,美国的侧重点是资源方面,他们最终是想研究火星,所以把月球当成中间站。

欧洲的侧重点是技术,他们正在研究去月球的新方法和新技术。目前各个国家都是用化学燃料作为动力推动航天器,但是欧洲科学家们想出了一个更新的办法——采用太阳能离子发动机作为主要推进系统,这样既能节约能源,又减少了卫星携带燃料的重量,可以携带更多的科研设备。

中国、印度和日本的侧重点则是关于月球科学的研究。人类生活受到月球的影响很大,月球给地球带来了很大的稳定性,使地球上没有极端性气候出现,人类

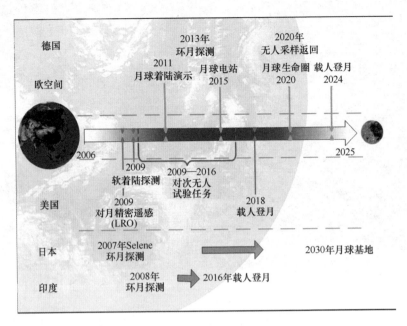

图 8-1 各国月球探测时间表

才可以在地球上幸存下来。

　　但各国首席探月科学家们普遍承认,新一轮探月高峰的背后,存在着巨大的科学价值和经济利益。探月可以使我们很好地了解月球和太阳系,从整体上了解太阳系是如何形成和逐步演化的。太空探测意味着很多高科技发明创造,这些发明最终会对日常生活产生巨大的推动作用,使很多工业和商业参与进来,拉动经济发展,使每个人都受益。月球开发加强了这些国家的工业联系,使相关的高科技通过工业生产很快进入百姓的日常生活中,对拉动经济很有利,同时也会影响到政治方面。月球有一个很特殊的环境,如超高真空、无磁场、地质构造稳定、弱重力等,在这种环境下可以生产出很多特殊材料和生物制品。月球上有两种资源非常丰富,一是太阳能,一是氦-3,通过氦-3的聚变,可以产生很大的能量。

8.1　月球探测的发展趋势

　　研究月球探测的发展趋势,有助于我们把握月球探测未来的发展动向,更好地了解人类对月球探测的需求,制定未来探月规划,从而更加积极地展开国际合作,加快探月的步伐,早日实现人类探月的终极目标。

8.1.1　月球探测方式演变

　　第一次探月高峰期间,美、苏对月球的探测方式和探测目标是不断变化的。这种演变虽然掺杂政治因素,但更多的是随对月球和空间了解的深入而逐渐变化的,探测目标演变如表 8-1 所列,探测手段发展趋势如图 8-2 所示。

表 8-1   月球探测目标的演变

探测时间	探测目标	代表性探测器
1959 年	飞越、击中月球	Luna2
1959 年	逼近月球、拍摄月球(背面)照片	Luna3
1964—1965 年	硬着陆,拍摄高分辨率照片	Ranger7
1966—1968 年	软着陆,对月球表面进行各种科学参数的测定	Luna9
1966—1973 年	环月飞行,编制和不断完善全月球表面地形图、地貌图、地质图,探测近月空间,优选载人登月着陆位置	Luna Orbiter5
1968—1969 年	载人环月飞行并返回地球,为载人登月与返回地球积累科学资料	Apollo9
1970—1976 年	不载人月球探测器软着陆并自动取样返回地球	Luna16
1969—1972 年	载人登月并返回地球,研究月球的空间与表面环境,月球的地形、地貌、地层与地质构造,月球表面土壤与岩石的分布、成分与成因,月球的地球物理参数,月球的内部结构、演化与成因	Apollo15

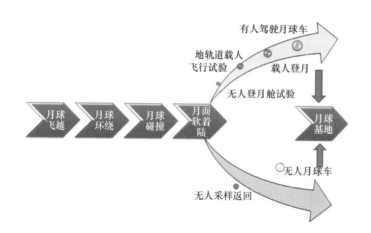

图 8-2   月球探测手段发展趋势

具备登月条件之前,美、苏两国都是通过绕月、硬着陆、软着陆等探测方式逐步地获得如月球表面图像、月球元素分布图等月球信息。在此期间,美国成功进行了月球飞越探测 1 次,绕月 6 次,硬着陆 3 次,软着陆 5 次;苏联成功进行了飞越探测 3 次,绕月 4 次,硬着陆 1 次,软着陆 2 次。在对月球的逐步了解中,选择后续登月的着陆区域。

具备登月条件之后，美、苏两国对月探测方向产生了区别。美国主攻载人登月，苏联则偏重无人自主探测。

8.1.2　各国载人登月态势

在第二轮探月高峰来临之际，载人登月成为了日本、印度、俄罗斯、欧盟等航天国家的发展方向。载人深空探测成为必然趋势，即使是已经成功登月并且终止重返月球的美国，也从未放弃过载人深空探测。

1）美国

在保持世界领先、制定国家发展目标、推动国家经济技术发展等方面，大力发展航天产业始终是美国的重要手段之一。美国始终在进行重型运载、月球表面移动系统、月球前哨站、月球居住系统等先进探测技术研究，从机器人探测过渡到载人探测，在保证载人安全性的前提下，逐步提高空间探索能力。未来还将在新型在轨操作、在轨燃料转移、闭环生命系统、自主交会对接、空间推进等技术领域开展更加深入的研究。

2）俄罗斯

受到国家经济是否持续快速发展、政治环境是否稳定等因素的影响，俄罗斯作为曾经的航天大国，投入的经费和规模都比苏联时期少，目前其航天产业尚在恢复中，对月探测方向也明显地侧重于无人探月。

3）欧洲

欧空局深空探测的大致思路是：目前及未来一段时间内，以无人深空探测为主；将来会逐步将载人深空探测加入发展规划。在深空探测领域，尤其是深空探测器方面，欧空局已经具有相当雄厚的科研实力，目前已经制订了载人深空探测计划，并与俄罗斯开始了载人航天器的合作研制。

4）日本

日本国会支持、日本民众态度、美国取消重返月球等因素都影响着日本载人登月的发展进程。但作为具有实力的月球俱乐部成员，日本依然公布了 2025 年载人登月的计划，并且在经济和技术等方面具有雄厚保障。

5）印度

航天产业的发展，很大程度上依赖国家的经济基础和技术能力。印度虽然也公布了 2025 年载人登月计划，但由于其在诸多方面存在着较大的现实难度，依靠本国实力实现载人登月困难很大。但其与美、俄等国技术合作存在明显优势，因此在 2025 年印度实现载人登月也并非不可能。

8.1.3　载人登月是下一阶段月球探测必然趋势

出于两个超级大国的政治对抗需求，冷战时期的美、苏两国在空间探测领域，各自开展了一系列的大型任务，竞赛般彰显本国实力。载人登月，令美国阵营雄威大展,但这些探测大多出于政治和战略的目的。冷战时期过后,各国家和组织的空间机构调整了空间探测目的,以开发利用深空资源、谋求可持续发展作为深空探测的出发点,并制订了新的载人深空探测计划。在各项新计划中,载人登月已经不再是终极目标,但仍然是必经之路,科学家希望通过建立月球基地,最终实现载人火星探测,乃至更远的载人深空探测目标。

近些年,将视野扩大、从战略出发成为世界各航天国家的发展方向和重点,纷纷制定了载人探测规划,如图8－3所示。

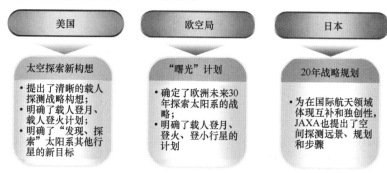

图8－3　各国当前探月规划

8.1.4　月球基地是未来月球探测的终极目的

月球是深空探测的必经之路,随着新一轮探月高峰的到来,作为深空探测前哨站的月球,在其上建设长期活动的基地,能够使人类逐渐接触、探索和了解深空,最终达到开发利用深空的目的,人类的探月步伐可大致总结,如图8－4所示。

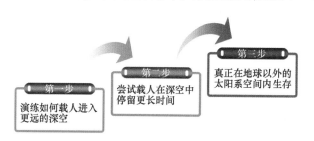

图8－4　探月步伐

为了更深更远的深空探测,也为了开发利用月球特殊能源资源,对月球基地的建设势在必行。各航天大国都计划在未来建设永久月球基地,谋求人类可持续发展。

与其他航天工程不同,由于月球基地的结构复杂,目前的运载能力又有限,仅靠一次发射是无法将全部模块送抵月球的。因此要建立月球基地,必须通过"多次发射,在月组装"的渐进方式,来完成这一复杂的系统工程。同时,月球基地的规模和功能,也应根据实际需要"从无到有,从有到精"逐渐地扩大完善。正是由于各模块还有待扩展完善,在考虑月球基地方案时,还要重点考虑各模块的扩展性,为未来的发展留出广阔空间。

目前看来,各航天国家探月及月球基地建设的趋势和重点较为相似。以建设月球基地作为深空探测的热点,本着建设过程的渐进性,以无人小型月球基地优先发展,核心目标是建设有人的永久月球基地,在未来20年左右的时间内将月球基地推进至实质建设阶段。建设月球基地,将对人类社会产生深远影响。

(1)无人小型月球基地。先建立无人活动的小型的月球基地,其优点很多:首先,从技术继承性考虑,无人基地和有人基地之间,存在大量的共性技术,建设无人月球基地,能够为后续有人基地的建设,积累大量经验,并提供丰富的月球相关资料;其次,从研制难度和研制周期考虑,无人月球基地可以先不考虑航天员的生命、生存、生活等诸多问题,这样就避免了一项复杂漫长的生命保障系统的研制,一定程度上缩短了月球基地的研制周期;最后,从建设成本的角度考虑,无人月球基地的规模可以由小到大,根据实际需要而循序发展,因此小型无人月球基地的建设受到成本的约束最小。

(2)有人驻留的永久月球基地。构建有人活动的月球基地具有相当的难度,这项系统工程之所以规模宏大并难于构建,是因为它需要同时考虑人类的生理和心理需求。有人月球基地不仅要为航天员提供生命保障,提供足够的生存和实验空间,还要提供多种多样的生活设施。月球表面环境复杂,与地球表面迥异,因此如何保护月球基地及基地中的航天员,也成为建立有人月球基地的难题之一。着眼于人类社会可持续发展,月球具有大量可供人类开发利用的独特矿产资源和能源,同时具备地面实验室难于模拟的无大气、低重力科学试验环境。如果能够对其合理地开发利用,将对日渐匮乏的地球资源是极大的补充,若能进而永久居住,将极大地开拓人类生存空间。这诸多益处成为了人类建立有人月球基地的最主要的动力。

作为人类探索深空的重要环节,建设月球基地逐渐成为了各国开展探月工作的重点,欧空局、日本、俄罗斯已纷纷出台月球基地建设计划。随着各航天大国的经济技术发展,未来二三十年,月球上将出现真正能够长期工作的月球基地。

8.1.5 月球探测需强调国际合作

美国2004年提出的"空间探索新构想"计划中,明确表达了国际合作的意向,对于美国未来的月球探测及火星探测计划,希望能吸引世界各国共同参与。倡导国际合作的"全球探测战略协调框架"已吸引到14个国家地区参与,其目的有四:①通过宣传获得公众支持;②阐述空间探测的意义;③建立空间探测协调平台;④构建全球探月体系。不难看出,空间探测已逐渐由仅凭一国之力的探测向国际合作探测转变,同时探测目的也由国家间军备竞赛逐渐转向谋求人类可持续发展。

造福人类、发展科技,已经成为未来空间探测领域的重要目标和宗旨。

中国在未来的探月以及深空探测领域,也可以考虑融入国际合作探测的大背景。通过合作,加快载人登月及月球基地建设这一巨大而复杂的长期工程。

8.2 美国

美国 NASA 曾宣布:美国将再次登陆月球,时间不会晚于 2020 年,计划如图 8-5所示。新型的登陆舱将运送 4 名航天员抵达月球,并为他们提供 1~2 个星期的月球表面生存供给,同时还可以将储备货物提前运抵月球,安置于月球表面以备后用。

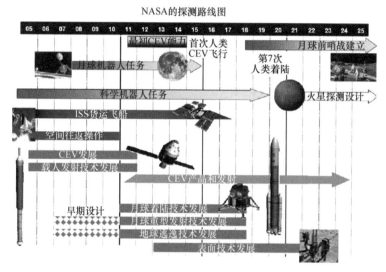

图 8-5 美国月球及深空探测计划

战车(Chariot)就是美国为重返月球而研制的新型载人 LRV。航天员可以固定地站在战车内,在搭载多名航天员时,不会因颠簸而导致航天员之间发生撞击。战车的性能指标如下:双电动机,两级变速,12 车轮,速度最高 24km/h,搭载最多 4 名航天员,操作中心可以 360°转动。

电力月球车(LRE)拥有旋转式车轮,是美国最新设计的新型载人 LRV,它与战车使用同样的底盘,但 LRE 可以搭载战车两倍数量的航天员,其特点是驾驶室密闭,航天员可以脱去太空服在驾驶室内轻松工作。

8.2.1 月球通信卫星方案

2004 年 2 月,NASA 的空间操作任务委员会(SOMD)成立了空间通信架构体系工作小组(SCAWG),通过形成通信架构体系来支持载人和无人的月球探测。在众多架构工作中,中继卫星组网的轨道设计是主要工作内容。

1. 星座部署

1）马拉伯特山基站

该基站设立在马拉伯特山（图8-6），海拔5km，可覆盖月球正面与地球的通信。马拉伯特接收89%的全日照及4%的局部日照，每年经历5次长达7天的完全黑夜。马拉伯特基站配置是一个特例，其提供了从月球南极至地球的几乎连续直接的通信。此配置未使用中继卫星，因此不能支持到其他月球表面站点的通信。

2）拉格朗日点——L1和L2

在L1和L2点部署中继卫星（图8-7），可以保证和地球的持续通信。然而，L1和L2点不稳定，需要进行轨道保持机动。

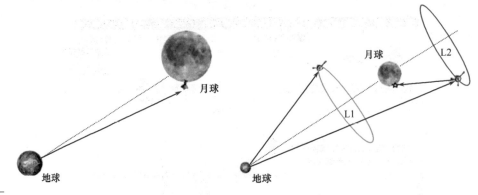

第 8 章 月球探测未来的路线图 256

图8-6　马拉伯特山基站　　　　　图8-7　拉格朗日点中继卫星

3）拉格朗日点和极轨道的混合星座

例如，在拉格朗日点和月球极轨道各部署一颗卫星，形成星座（图8-8）。L1和L2晕轨道和混合卫星群在距离月球更远处（月球与L1或L2相距61000km）使用了具有更高功率、具有更大天线的较大卫星来处理高数据率（100~1000Mb/s）的通信。

4）椭圆轨道星座

远地点设在月球南极，可以扩大视野和增加停留时间。在月球南极，可以观察到2~3颗卫星。椭圆轨道卫星座（图8-9）也是一个特例的星群，其可以全天候覆盖月球南极地区，部分覆盖月球其他表面区域。

5）极轨星座

卫星数量和轨道平面数量的变化，可以满足不同任务需求。极轨星座（图8-10）相对比较稳定，合适的轨道平面能够保证极区连续覆盖。

6）倾斜圆轨道星座

倾斜角更有助于星座均匀分布，覆盖整个月球表面。倾斜圆轨道星座如图8-11所示。

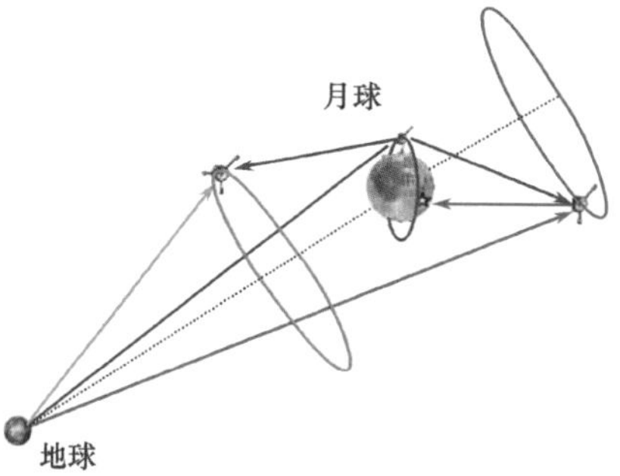

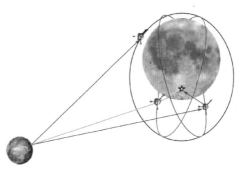

图 8 - 8   拉格朗日点和
极轨道的混合星座

图 8 - 9   椭圆轨道星座

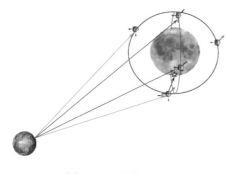

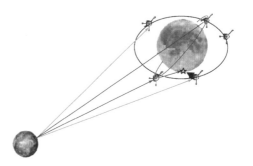

图 8 - 10   极轨星座

图 8 - 11   倾斜圆轨道星座

2. 星间通信链路

图 8 - 12 中给出了月球周围低海拔,倾斜圆轨道的月球中继卫星(LRS)的运

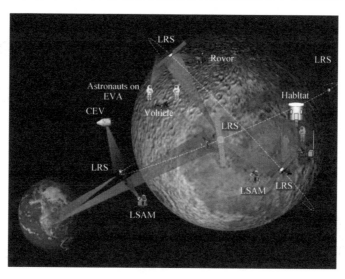

图 8 - 12   中继卫星覆盖了地球 - 月球及月球附近的区域

行视图。在此图中,最接近月球中心的月球中继卫星从地球捕获数据并通过交叉链路,将数据发送至另一个倾斜轨道中的两个其他月球中继卫星。然后,那些卫星将该数据发送至月球表面,例如进行 EVA 的巡视器和航天员,并发送至月球表面终端。每一月球中继卫星还将数据从月球表面站点传递至其他站点或传递至地球。位于月球面向地球这一侧的月球中继卫星将从载人探索飞船(CEV)和月球着陆舱(LSAM)捕获的数据发送至地球。此月球中继卫星还能在太空载人探索飞船(CEV),月球着陆舱和月球表面站点之间进行数据发送。通信组件之间的数据传输由自主空间通信技术软件完成。此软件对定位状态路由(三维)和链接状态路由(以非常有效的方式)进行了独特组合。自主太空通信技术还动态追踪了月球中继卫星绕月球轨道运行时的源节点和目的节点的方向,并未尝试接触不在视野范围内的节点。通过月球中继卫星传递的所有数据首先被送至数字互联网协议(IP),发送至合适的无线电广播设备,然后再调制该无线电设备的无线电频率。使用从自主太空通信技术软件(其计算了目的节点的方向)接收到的方向,无线电设备利用特殊的介质访问控制(MAC)软件配置天线并将无线电频率光束指向目的地。

8.3 欧洲

欧洲即将实施机器人登月计划,将机器人送上月球,并将所有参与合作国家的机器人组成一个"机器人村",在月球上试验新的技术,为实现有效可行的人类月球探索和永久居住打好基础。图 8 – 13 所示即欧洲的探月及深空探测的计划。

图 8 – 13 欧洲月球及深空探测计划

8.3.1 德国月球轨道探测器

航空技术曾领先全球的德国也将从月球起步重拾太空强国梦。德国计划"绕开"欧洲航天局,独自在 2013 年前后发射一个携带高分辨率摄像头的月球轨道探测器。它将环绕月球运行 4 年,为制作世界上第一张详细的月球地图收集资料。

据悉,这个月球轨道探测器主卫星重 500kg,次卫星只有 150kg 重。主卫星携带一个微波雷达,可"窥探"月球表面下几百米的深度,这就可以协助科学家搞清楚月球上的岩石和微粒分布。完成这一项目后,德国还计划在 2020 年前发射能够对月球土壤取样的无人探测器。

8.3.2 Moon LITE

Moon LITE 是一个由英国牵头的月球科学探测计划,它将解答与行星体的诞生和演变相关的关键性问题以及极地冰盖相关的天体生物学可能性问题。科学目标包括:

(1) 进一步了解月球的起源、分化、内部结构和早期地质演化;

(2) 更好地了解地 – 月的起源和挥发成分;

(3) 获得地质化学数据,以配合轨道遥感观测;

(4) 收集原位表面数据,为未来的月球探测计划提供支持。

Moon LITE 计划填补了国际月球测项目的重要空白,将有利于未来的月球科学探测和最终的载人探测。

Moon LITE 任务包括一个小型轨道器和 4 个穿透器,见图 8 – 14。该轨道器用于验证支持未来探索任务的通信和导航技术。4 个穿透器将在月球表面广泛分布:一个位于月球背面,两个位于月球极地,一个位于"阿波罗"11 着陆区。其中一对穿透器位于近端(距离"阿波罗"校准地震站较近的区域),另一对穿透器位于远端。此外,还进行热流试验。在可能的情况下,一个穿透器将携带检测水和其他挥发物的设备瞄准月球极区的深冷环境。由于受到地震检测网络电源的最大使用周期的限制,月球表面任务至少持续 1 年。

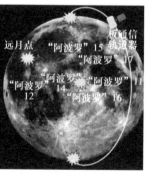

图 8 – 14　携带 4 个穿透器的 Moon LITE 轨道器分布在月球表面

部署穿透器后,轨道器的主要用途是为穿透器提供通信中继,验证来自月球表面的高速通信链路。它将建立月球高速数据通信基础设施。该通信基础设施在Ku波段工作。其通信功能应尽可能与其他月球轨道器和未来的机器人着陆器相兼容。如果可行的话,还可能包括某种形式的导航有效载荷。

Moon LITE的基本结构如图8-15所示。该设计继承了GIOVE-A的设计,但是仅保留了一块太阳能电池翼,在穿透器部署完毕并开始旋转后,太阳能帆板展开。用于运送穿透器是子弹形状的飞行器,用于穿透月球表面并在某一深度进行试验。Moon LITE的4个穿透器分成两对,分别安装到轨道器的相对两面。每个圆柱形穿透器携带有效载荷运送到月球表面。例如,来自英国伦敦帝国理工大学的英国穿透器联盟的成员推荐使用创新的微型加工工艺制造的三轴微型地震仪。热流仪器包将测量月球土壤的温度梯度和热传导率。可能在穿透器外部包括若干传感器,例如,一套8个相对温度传感器或热电偶、4个绝对温度传感器(Pt-100或NTC热敏电阻)和4个微型热传导率传感器(例如,带热电偶的加热板,或微型针型探头)。表8-2所列为穿透器有效载荷参数。

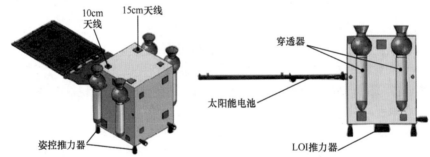

图8-15 Moon LITE结构

表8-2 穿透器有效载荷参数

科学仪器	质量/g	体积/cm³	功率/mW	星上数据管理(OBDH)	遥测技术
微型地震仪(三轴)	300	200	112	10样品/秒/轴,24b/台;总数据速率720b/s	6Mb(对应事件过程时间的0.5%左右)
热流成套仪器	300	20	25(正常)300(峰值)	温度测量:1次/h,解析度>18bit。热测量频率:50Hz,解析度为12b	对于温度测量,<0.1Mb;对于热测量,<0.5Mb
水/挥发物探测器	750	1000	3000	50Mb串行数据	<2Mb
地质化学成套仪器(XRS)	260	160	4000	无特殊要求	50kb/光谱(两个光谱)

（续）

科学仪器	质量/g	体积/cm³	功率/mW	星上数据管理（OBDH）	遥测技术
加速度计（8 个传感器）	56	~ 8	< 500	100kHz 采样（等效于 3mm 空间），8 轴，解析度为 12b/轴	总共 0.1Mb
倾斜仪（二轴）	10	25	< 100	1Hz 采样，2 轴，解析度为 12bit/轴	总共 1kb
下降成像仪	10	3	160	脱机 ×10，对 21 幅图像数据压缩（32Mb/幅）	2Mb/28 天；在下降过程中传输一些图片（待定）

图 8-16 ~ 图 8-19 展示了 Moon LITE 穿透器。每个穿透器的总质量估算为 36kg——包括 23kg 的推进剂和携带约 2kg 科学有效载荷的 13kg 的穿透器。穿透器将以 300m/s 的速度撞击月球表面。从穿透器到轨道器的数据速率为 30kbit/d。由于与轨道器通信频率不频繁（例如，每隔 15 天），每个穿透器将需要自主操作，收集、压缩和存储数据，直到有机会提供上行链路。需要一定的控制能力，以便优化月震数据筛选和数据量缩小。由于环境辐射较低，具有高密度存储器的 FPGA 微型控制器和/或微型处理器解决方案将是该任务的强有力的候选方案。每个穿透器都被埋在月球土壤以下，通信依靠月球土壤传输（对于 Lunar-A 穿透器）。但是，详细的研究将包括月球土壤通信透明性质以及拖曳天线的可行性，特别是包含大量冰的月球土壤。基准设计为在穿透器的尾部（拖曳）安装外壳天线。该天

图 8-16 Moon LITE 穿透器构想图

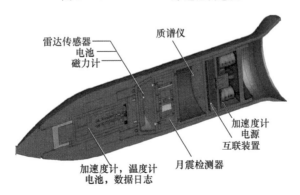

图 8-17 有效载荷载在穿透器中的分布图

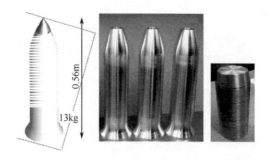

图 8 - 18   试验中的穿透器外型

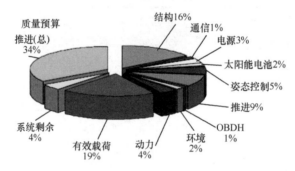

图 8 - 19   Moon LITE 质量分布图

线将与穿透器的表面保持一致,确保穿透器表面平滑、无凸出部分。由于外壳直径对于安装 UHF 天线来说过小,可能需要螺旋形天线或类似天线;或者,在增加质量估算的情况下,使用介电负载。在设计天线时需要考虑月球土壤的介电性质,以便优化埋入时的性能。英国穿透器联盟目前正在研究关键设计问题和穿透器的子系统,包括姿态轨道控制系统(AOCS)、材料、通信、电源、有效载荷运行等。

　　Moon LITE 的总发射质量为 846kg(表 8 - 3),包括 10% 的总体平均裕度。进一步减少质量,可降低轨道器质量以符合 PSLV 的性能,例如降低分系统的冗余度(目前全部设备都是双重冗余)、SSTL 分系统质量最小化等。

表 8 - 3   Moon LITE 任务质量估算(kg)

项目	数值	项目	数值
结构	131.0	降落伞背带	30.0
通信	8.4	有效载荷(穿透器)	144
电源	28.7	系统容限	49.1
太阳能电池板	15.3	共计(干重)	539.7
姿态轨道控制系统	44.1	推进剂(转移、月球轨道捕获)	296.4
推进剂	66.1	姿态轨道控制系统推进剂	10
星上数据管理	6.5	推进剂(合计)	306.4
环境	16.6	合计(发射)	846.1

8.4　日本

　　日本月球探测进度计划如图 8－20 所示,在三颗"月女神"卫星完成基础技术研究的任务之后,日本计划发射无人月球机器人登月,为后期的驻留开展准备工作,待准备工作完成后,日本将开展短期月球驻留和长期月球驻留。

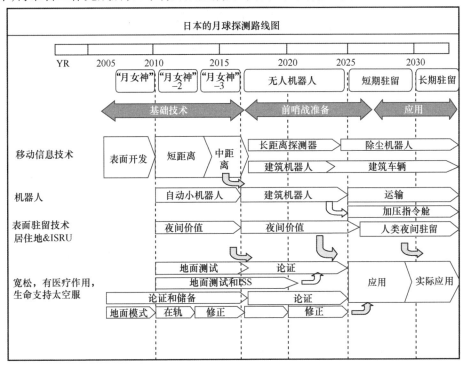

图 8－20　日本月球及深空探测规划

8.4.1　月女神-2

　　"月女神"-2(图 8－21)是日本首颗月球着陆探测器,它的任务目标主要有三点:

　　(1) 开发和验证新技术。包括精确着陆技术、巡视器表面行走技术、月夜生存技术。

　　(2) 月球表面资源开发技术。包括亚表层地质观察、内部结构探测、月尘、辐射和月球土壤环境。

　　(3) 月球探测国际合作。包括有效载荷的国际合作、教育合作等。

　　其科学目标是:①通过对陨石坑的中央峰进行探测来观察地下物质;②通过对极地进行探测来了解冰层厚度。

图 8 – 21　"月女神" – 2 构想图

1. 科学探测方案一(陨石坑)

科学探测方案一是探测一座 50 ~ 100km 陨石坑的中央峰物质(图 8 – 22)。

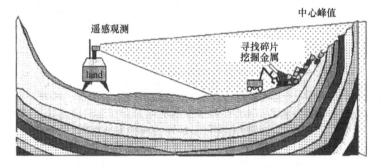

图 8 – 22　利用月球探测器探测陨石坑中央山峰图解

为了探讨月球地壳的形成,了解月球地壳的亚表层是非常重要的。尽管"阿波罗"带回了很多岩石碎片,其中有一些恰好就来自于月球内部。但是,与表面物质不同的是,这些地下物质的来源是未知的。

在陨石坑的中央峰或峰环中,下层的地壳物质(也可能是上层地幔)从地表之下被抬升。中央山峰是研究月球内部的"窗口"。通过克莱门汀 UV – VIS 多光谱数据,科学家们(1999 年)对月球上陨石撞击坑的 109 座中央山峰进行了分析。其中一些显示出富含橄榄石的迹象,这可能反映了上层地幔中的物质,包括哥白尼、克鲁克斯、基勒、朗格尔努斯、西奥菲勒斯、齐奥尔科夫斯基等山峰,它们大部分都处在低纬地区(20°以内)。其中哥白尼、朗格尔努斯、西奥菲勒斯三座山峰都处在月球正面(地球可见面),所以很容易着陆。既然它们显示了富含橄榄石的地幔物质,那么它们也应该能显示来自较低地壳处的物质。所以,如果这些陨石坑中某一处的中央山峰被直接探测,那么我们就可以构造一个精确的月球地壳上部地幔的分层模型。

实施这一方案的步骤为:

（1）着陆在靠近（<1km）中央山峰侧面的熔岩平地。

（2）对中央山峰进行远程观测。

（3）展开月球车。

（4）接近中央山峰。

（5）观察并分析来自中央山峰的岩石。

（6）攀爬（短程）侧面的中央山峰。

（7）巡视器返回至着陆器。如果必要，将标本放入着陆器内的微型实验室中。

（8）开启长距离行驶的月球车（10km）。观察并分析地层物质。

（9）接近边缘地带。寻找被抬升物质的碎片。

（10）返回到着陆器。如果必要，将标本放入着陆器内的微型实验室中。

（11）如果具备寒夜生存机制，晚上待在着陆器上过夜。

表面物质的特征是探测中最重要的一项。不仅要测定元素和矿物成分，而且也要分析其矿物纹理，因为很多月球岩石都是由撞击产生的复矿角砾岩。对角砾岩碎片的观察是非常有必要的。为此，探测器上需要具备切割和刮擦岩石的机械装置。着陆器上的有效载荷有：

（1）导航相机（为科学部分共享）；

（2）多波段相机；

（3）X射线光谱仪/X射线衍射仪/显微分光镜；

（4）质谱仪；

（5）磁力计。

总体而言，该项目需要探测器具备以下性能：

（1）可在10km范围内导航，与着陆器1km导航距离。

（2）能在粗糙表面移动。

（3）能取样和准备岩石标本。

在白天，探测器的正常探测时间是有限的（少于两周）。如果着陆器上装有探测器生存机制，那探测器晚上也可以待在着陆器上。但这需要特殊功能（需要加入隔热板、恢复电源连接等）。图8-23所示为月球探测器进行极地探测图解。

2. 科学探测方案二（极地冰层探测）

在两极地区有大量"永久阴影区"，"克莱门汀"号探测到的数据显示，在两极永久阴影区有一定量的冰雪。近年来，"月球勘探者"上的中子分光计探测到在两极永久阴影区附近的超热中子通量中存在凹陷。这表明，储存于两极附近陨石坑的永久阴影区内以水冰形式沉积的氢被表土覆盖或与表土相混杂。

探测月球冰层，探明其特点、数量和起源，不仅能带来科学价值，而且能带来月球利用方面的价值。因此冰层探测项目是值得考虑的，尽管还存在诸多困难，例如在黑暗、寒冷的陨石坑内部作业。在"月女神"探测任务中，月球雷达探测器将使用合成孔径的方法绘制极地阴影地区的图片，所得出的结果将有助于探测器直接

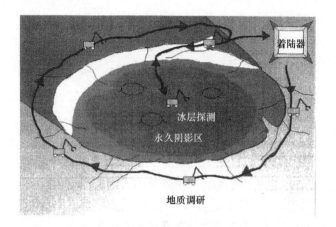

着陆器

冰层探测

永久阴影区

地质调研

图 8-23　使用月球探测器进行的极地探测图解

探测任务的详细规划。

在未来的月球探测中,建议使用大地测量望远镜以减轻潜在的着陆器有效载荷。该望远镜能够准确测量月球天平动,对月球内部进行强力监控。两极地区是安装望远镜的首选之地。

实施这一方案的步骤为:

(1)在具有内部永久阴影区的陨石坑边缘地带着陆。最好在接近永久黑暗区的地方着陆。

(2)打开探测器。

(3)确定探测器在着陆位置能够一直接受太阳的照射。

(4)对边缘地带(10km 的范围内)进行地质勘察。如果能够与卫星取得联系,可以扩大勘察范围。

(5)确定进入陨石坑内部永久阴影区的路线。

(6)进入陨石坑内部并接近永久阴影区。为安全起见,探测器要从被照亮的区域进入陨石坑内部。利用 γ 射线光谱仪测量氢元素。

(7)在永久阴影区,从 10cm 左右深度的地方铲取表土标本,并使用质谱仪和拉曼光谱仪对标本进行分析。

(8)返回到中心位置,给电池充电。

(9)重复 6~8 次。

携带的有效载荷有:

(1)带光源的照相机;

(2)测量氢元素的 γ 射线光谱仪;

(3)质谱仪;

(4)拉曼光谱仪;

(5)挖掘和采集标本的操纵器。

除照相机以外,其他仪器都是用来探测氢元素的。假设几千米的导航距离,月球极地探测器在永久阴影区需要进行几个小时的导航。所以,探测器需要具备以下性能:

(1) 高效电池(使用锂电池可维持几个小时的导航或探测);

(2) 在极低温度(100~150K)下能够运作;

(3) 能在粗糙表面移动;

(4) 与着陆器及中心位置的半自动导航仪能够进行无线电通信。

如果能在永久照射区或其附近着陆,探测器和着陆器能够利用太阳能维持较长时间的连续工作。

3. 系统介绍

"月女神"-2探测器包括一个着陆器,一个月球车和一个通信中继卫星。采用 H2A 火箭发射,探测器的质量估算见表 8-4。

表 8-4 "月女神"-2质量估算表

探测器	系 统		质量/kg
轨道器	平台		600
	有效载荷		100
	燃料		2400
	合计		3100
着陆器	平台		700
	有效载荷		200
	月球车: 平台 有效载荷		80 20
	燃料		1700
	合计		2700
合计	5800		

8.5 俄罗斯

俄罗斯已于先前完成探月,并将月球表面样品采集回了地面。21世纪初,科学家分析了月球表面样品,并开展了关于如何利用月球表面资源制造建筑材料的研究,从而达到建设人类在月长期生活居住基地的目的。

2006年,"俄罗斯未来25年载人航天发展方案"出炉,方案指出:为了大规模开采并运回月球资源,同时以月球为前哨站向火星进军,建议在2020年开始永久月球基地的建设。

俄罗斯渗透者月球探测计划：俄罗斯计划在2012年进行首次探月发射，将名为渗透者的探测器送上月球，以获得关于月球地质的第一手资料，然后在2015年至2016年之间将至少一辆全新的月球车送上月球。

俄罗斯探月的目的是开发和利用月球上的矿物资源，在其计划中，采用了一种无人飞船，由母船和其上携带的渗透者探测器组成。渗透者探测器又可分为高速探测器、低速探测器和极地站三种型号。每艘母船可携带10部高速探测器，2部低速探测器和1部极地站，共计13部探测器。高速探测器和低速探测器上携带有地震监测仪，它们采集到的数据对于了解月球的起源有着重要的意义。而极地站上装有质量光谱仪和中子光谱仪，用于寻找水的痕迹。母船将始终驻留在月球的极轨道上，探测器发出的信号将被传回地球。

8.6　印度

印度作为南亚大陆的新兴发展中大国，对通过航天的发展提升大国形象有着很深的认同感。同为亚洲发展中大国，印度的邻国——中国，在2003年实现了载人航天飞船飞行，对印度的震动很大。自2007年"嫦娥"一号绕月飞行后，中国又开始了以绕、落、回为三步走的无人探月计划。在不久的将来，中国很可能派遣宇航天员登陆月球，这对于提升国家形象有极大的帮助。身为中国邻国的印度也在21世纪开始之后大力发展航天技术，"月船"1号和2号就是在这样的背景下诞生的。

2007年，日本和中国先后发射了绕月探测卫星。印度则于2008年发射了首个无人探月器——"月船"1号。"月船"1号准确进入绕月轨道。"月船"1号上搭载的仪器对月球的表面和内部进行了大量勘测，并发回了大量数据。通过这些数据，科学家们惊奇地发现：月球上存在固态的水。这是"月船"1号最大的发现。2009年8月底，"月船"1号因内部仪器过热而发生故障，与地面失去了联系。虽然任务被迫终止了，但是"月船"1号基本实现了印度的发射目的。为了将来印度载人登月的需要，印度航天机构决定实施月球表面的"软着陆"，即发射一个带有月球车的小型着陆器降落在月球表面。

登陆器将由俄罗斯提供，卫星和月球车则将由ISRO自行制造，二者将携带一系列科学仪器。"月船"1号于2008年发射升空，2009年因故障与地球失去联系，但在此之前，这颗探月飞船在证实月球存在水和水冰过程中，扮演了至关重要的角色。

ISRO表示，"月船"2号将搭载5个独立研制的科学仪器，其中包括分光计、雷达系统和地形测绘摄像机。地形测绘摄像机将帮助"月船"2号完成几项主要任务，例如确定月球表面存在的主要元素，创建一幅3D图以帮助研究月球地质。

分光计将帮助科学家研究脆弱的月球大气层。月球大气层非常稀薄，更准确地说,应该被称之为"外大气层"。ISRO 表示,借助于分光计和雷达系统,科学家可以寻找更多的月球水,即陨坑和月球表面地下等阴暗区的水。"月船"2 号将对月球表面进行矿物和地质等方面的测绘和分析,对"月船"1 号的探测成果进行核实和确认,并将探测月球上是否有水。

"月船"2 号的月球车将搭载两个设备,均是分光镜。借助于这两个分光镜,月球车可以分析登陆点附近月球表面的元素构成。

"月船"2 号的发射重量将在 5830 磅(约 2650kg)左右。所携带的卫星重约 3080磅(约 1400kg),登陆器重约 2750 磅(约 1250kg)。目前,ISRO 位于印度的多家中心正在研制"月船"2 号,如图 8 – 24 所示。"月船"2 号的轨道如图 8 – 25 所示。

图 8 – 24 "月船"2 号探测器

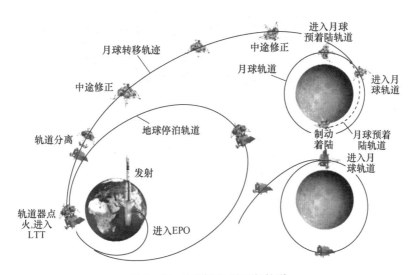

图 8 – 25 "月船"2 号飞行轨道

"月船"2号的登月车和轨道飞行器都已设计完毕,很快便会开始建造,一些重要仪器将采用俄罗斯的技术。

因为"月船"2号采用月球表面软着陆的方式降落在月球上,所以必须有在月球表面进行着陆的软着陆器(类似于美国"阿波罗"计划的鹰号登月舱)。软着陆器为带有四个脚的支架结构,上面放有月球车,与20世纪60年代美国"阿波罗"登月的鹰号登月舱的不同之处在于没有返回火箭,这是因为"月船"2号无需返回地球。

8.7 中国

作为一项国家战略性科技工程,月球探测工程将服从和服务于科教兴国战略和可持续发展战略,以满足科学、技术、政治、经济和社会发展的综合需求为目的,把推进科学技术进步的需求放在首位,力求发挥更大的作用。整个工程规划贯彻"有所为、有所不为"的方针,选择有限目标,突出重点,集中力量,力求在关键领域取得突破,循序渐进,持续发展,为深空探测活动奠定坚实的基础。

"嫦娥"工程规划为三期,简称为"绕、落、回"三步走。目前,探月一期"绕"已经完成,探月二期已实现软着陆,即第二步"落"。第三步为"回",即发射月球采样返回器,软着陆在月球表面特定区域,并进行分析采样,然后将月球样品带回地球,在地面上对样品进行详细研究。这一步将主要突破返回器自地外天体自动返回地球的技术,如图8-26所示。探月三期计划在2020年之前采集到月球样本,并带回地面便于科学家进行深入研究。月球样品的带回,将标志中国对月探测计划第一步——探月工程——的圆满完成。

图8-26 月球车返回示意图

　　"嫦娥"工程的三期工程是要完成月球表面采样返回。着陆器将携带探测仪器对探测区的月貌和物质开展调查,进行月基空间环境和空间天气探测,获取探测区的背景资料,并选择合适地点进行钻孔采样和选择性机械臂采样。采样后返回舱在月球表面起飞,将月球样品运送回地球,供实验室做进一步的系统分析和研究。月球探测三期工程的实施将深化对月球土壤、月壳和月球形成和演化的认识,并为月球探测后续工程提供数据支持。三期工程将是在二期工程基础上的一个腾飞,也是后续载人登月工程的一个起点。

9 月球前哨站

9.1 月球探测前哨站概述

月球前哨站建设是一项复杂的系统工程,本书首先给出前哨站设想,如图 9 – 1 所示,再针对每一功能组成进行详细阐述。

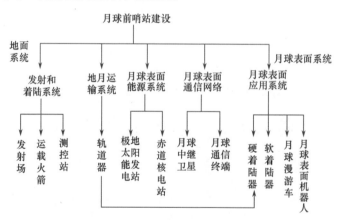

图 9 – 1 月球前哨站设想

9.1.1 建设必要性

1. 月球表面选址

载人登月和月球基地建设都需要对月球基址进行全面立体的考察和方案比较,主要考察地形地貌、能源供给、宇宙辐射问题、热流问题、资源分布等因素。

首先,载人登月和月球基地附近的地形地貌应尽量平坦、开阔,便于飞行器的起飞和着陆,也便于地面设备部署和月球基地建设;其次,月球基地应建立在能源供给便利的地区,可以降低能源开采和运输的难度,就近转化利用;第三,月球基地与地面的通信应保证一定的通信时间和测控可视弧段;第四,载人登月与月球基地应建立在宇宙辐射和陨石、流体撞击概率低的区域;第五,应掌握月球基地附近的月球表面温度变化范围,应有利于热控;最后,月球基地选址应离资源开采地较近,便于开采资源和就近建造月球工厂。

2. 地月运输系统

为了开展载人登月以及月球基地选址论证工作,需要在月球轨道部署探测卫星,必要时释放月球表面软/硬着陆器进行就位考察。地月运输系统主要可以完成三大功能:

(1)地月运输系统携带卫星或者有效载荷进入地月转移轨道,完成地月轨道转移;

(2)近月制动,将卫星分别部署在环月轨道,组成环月勘测卫星网络,以及组建月球表面立体通信网络;

(3)通过释放软/硬着陆器,为月球基地的组建进行月球精确软着陆技术的验证。

3. 月球表面能源保障

载人登月以及月球基地建设都面临月球表面能源保障问题。目前的月球能量来源有两种最可能的方式,即太阳能发电和核电。最佳能源供应方案是,在月球基地初期采用太阳能发电,而后期则采用核发电,从而满足月球基地能量需求。太阳能发电受光照影响较大,需要考虑大面积太阳能阵结构设计、月球表面灰尘防护等问题;由于月球表面昼夜时间较长,能量储存及夜间供电也是太阳能发电的关键技术之一;而核发电则面临选址和安全防护问题。

在实现载人登月以及月球基地之前,可以通过先行在月球表面组建太阳能电池阵或小型核能源基地的方式,对月球表面能源保障问题进行先行攻关和验证。

4. 月球表面通信保障

按照目前的月地关系,为保障载人登月以及月球基地与地面通信问题,只能在月球正面进行登月探测以及基地组建。通过在月球轨道部署通信中继卫星,可以组建月球表面立体通信网络,为月球表面的考察提供通信保障。

5. 月球着陆点选址

美国、苏联所有月球着陆点位于南北纬45°以内,属于中低纬度地区,该地区着陆的技术难度最小。随着航天技术的进步,月球着陆场的选择范围也随之扩大,从"阿波罗"计划初期的赤道附近逐渐扩展到北纬45°左右。

月球极区由于具有充足光照条件、特殊地形特点和地理位置、独特地体以及水资源等有利因素,成为各国未来月球着陆区和建设月球基地的最佳选择之一。

9.1.2　建设目标

1. 月球表面资料获取

向月球发射环绕轨道器,携带月球探测卫星到达月球轨道。在环月轨道部署2~3颗月球表面探测卫星,进行月球表面地形地貌的全方位勘测。轨道器携带完成运输任务后,作为硬/软着陆器撞击月球,获取月球表面数据。

2. 地月运输系统

开发地月运输系统,先期采用小型地月运输系统,运输能力在2000~3000kg之间,携带环月卫星进入环月轨道。图9-2为地月运输系统携带载荷的示意图。

图9-2　地月运输器携带载荷示意

后期开发中大型地月运输系统,采用在轨对接组装完成后,携带月球表面能源及通信设备进入环月轨道,并释放软着陆器至月球表面,运输能力在6000~7000kg之间。

3. 月球表面能源系统构建

由地月运输系统分批运输月球表面发电设备至环月轨道并释放,组建月球表面能源系统。

1) 极地发电站

月球两极区有利于充分利用太阳能光照。月球的轴向倾斜度很小,在月球的南北极看太阳,太阳总处在靠近月平线的位置上,白天特别长,太阳似乎永远不会落下去,甚至局部地区终年处在照射之下。如果在极区建立两个发电厂,太阳光总可以照射到其中一个,这样可以解决能源供应问题。由于两极地区日照时间长,日平均温度变化不像赤道区那么剧烈,相对来说有利于解决基地的温控问题。不过,月球两极地区的太阳高度角小,光照强度弱,因此用于太阳能发电的电池阵应有足够大的面积,月球车上的太阳能电板最好能跟踪太阳方向,以获得更多的太阳辐射能。极地发电站产生电能可以通过月球表面电缆传输至其他观测站。

2)月球正面赤道区域核电站

月球正面赤道附近的月海区有丰富的矿产资源,为资源开发提供了条件。这一区域钛铁矿丰富,为制氧提供了条件。此外,就天文观测来说,设在月球极区的天文观测站只能观察半个"天空",如设在南极的天文观测站无法观测北极的天空。而设在赤道附近的天文观测站由于月球自转,能够观测整个天空。

另外一个优势是,月球正面赤道地区地势平坦,有利于从着陆舱和月球车的安全着陆。月海地区最大坡度为17°,一般在0°~10°,相对平坦。月球基地可选择在月球正面月海地区与大型撞击坑的外侧。

在赤道区建立月球基地的缺点是,在相当于14个地球日的漫长而极寒冷的月夜,月球基地无法利用太阳能提供动力和热源,需要有核动力发电设施提供保障。

4. 月球表面通信网络构建

向月球发射环绕轨道器,携带月球通信中继卫星到达月球轨道。在环月轨道部署2~3颗月球通信卫星,形成环月通信中继网络。轨道器携带完成运输任务后,作为硬/软着陆器撞击月球,获取月球表面数据。

采用月球轨道器,携带月球表面通信站设备到达环月轨道并且释放,在环月轨道释放月球表面通信站设备与月球表面工作机器人组合体,在月球表面进行月球表面通信站建设并组装。

地球向月球中继卫星传输数据的前向链路工作在40GHz,传输速率为100Mb/s,返向链路工作在37GHz,传输速率为250Mb/s。月球中继卫星(LRS)向月球通信终端(LCT)传输,工作频率在23GHz最高速率可达100Mb/s,对分散的中等速率要求的用户传输1Mb/s的个人数据流,同时也可在2.1GHz的工作频率向低速率用户传输16kb/s的数据。LCT将数据分路并通过以太网LAN协议和802.16 WLAN协议将数据分别发送出去。802.16协议允许从2.4GHz到9.0GHz一个较宽的范围内进行频率的选择。月球2.4GHz到9.0GHz频段范围内没有干扰可言,因此没有明确规定会用该频段的哪一部分。

在返回链路,LCT将遥测、语音、视频和科学数据多路数据复合,通过26GHz的工作频率向LRS传输100Mb/s的数据。Ka波段用户可以在26GHz的工作频率通过高速率信道向LRS传输一路100Mb/s的数据,或者传输2路25Mb/s的数据。低速率的遥测通过S波段150kb/s数据率进行传输。LRS可以同时接收5个用户的数据。所有的返回数据被复合成250Mb/s的数据流通过37GHz的工作频率向地面进行传输。

月球表面通信系统包含一种射频链路。例如,一个巡视器应用802.16 WLAN协议进行月球表面视距范围内通信,利用Ka波段链路向LRS传输数据,并且利用S波段射频链路进行导航数据的传输。图9-3所示为月球表面通信网络的设想图。

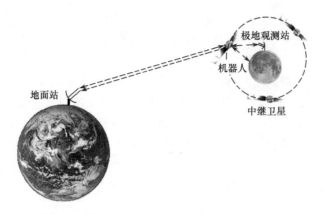

图 9 - 3   月球表面通信网络构想

月球通信网络主要由以下三种硬件组成：

1）月球中继卫星（LRS）

月球中继卫星用于提供与月球远端系统的通信。月球中继卫星为前哨站提供主要的通信链路（月球前哨基地位于极区位置，每个月只能够与地球直接通信 14 天）。月球中继卫星应用 IP 协议提供星上处理、存储和数据路由选择等功能。

2）月球通信终端（LCT）

作为前哨基地的一部分，LCT 具有两个主要的功能：LCT 将月球表面探测数据复合成宽带的信号向 LRS 传输，或者在地球可见时直接传回地球，并将地球指令或者从 LRS 接收的数据进行分路向期望月球表面目标进行传输。LCT 的作用就像是地球上的基站，采用标准协议 IEEE 802.16e WLAN。LCT 能够提供与 LRS 一样的跟踪和时钟功能。

3）用户无线电设备

用户无线电设备按照性能的高低可分为：固定基站无线电设备，用于大型的元件如实验室；移动用户无线电设备，用于巡视器；车外活动用户无线电设备，用于车外活动的通信。

5. 月球表面应用系统构建

在月球前哨站建设前期，以月球表面巡视器技术为基础，开发移动能力较强的月球表面勘测机器人，对指定区域进行较大范围的地面考察。

在月球前哨站建设后期，以月球车为基础构建移动式月球探测舱，实现月球表面定点及小范围考察，并搭载生命保障设施，为有人月球基地做先期验证试验。

9.2　月球探测前哨站关键技术

月球探测前哨站主要需突破包括总体设计、能源、推进、月球表面机器人、硬着陆器、月球表面设备维修技术等一系列关键技术。

高效能源技术主要包含提高太阳能发电效率、新型储能电源技术，以及核能源技术。进一步提高太阳能发电效率，可采取高效太阳能电池以及聚光太阳阵技术。新型储能电源目前的发展趋势主要包含高效锂离子电池技术，已经广泛应用于各类深空探测任务，以及为载人航天服务的可再生氢氧燃料电池技术。放射性同位素电源系统的优点是：寿命长；可适应各种工作条件，不受辐射影响；结构紧凑，姿态控制简单；可靠性高；动力可调；不产生噪声、振动和扭矩。因而它非常适合在外层空间和行星表面的极端环境中执行任务。

太阳能供电系统的主要缺点是在没有太阳光的时段，其需要其他电能存储系统来供电。核电转换供电系统的优点是具有在月昼和月夜连续供电的能力，并且大功率供电时其系统的重量相对较轻，但是其对月球基地的工作人员和设备以及发射阶段对地球存在潜在的辐射危险。目前，月球基地能源供给有两种最可能的方式，即光电太阳能系统和太阳动态太阳能系统，其中太阳动态太阳能系统需要再生燃料电池存储和核电系统的支持。

月球表面机器人技术需要开发可辅助地面能源设备组装的灵巧型机器人，以及探测范围远、移动速度快的勘测型机器人。

9.2.1 月球探测前哨站工程总体设计技术

月球探测前哨站构想涉及多次发射、多任务、多探测手段、多探测器联合探测。

（1）多任务、多探测手段。

月球探测前哨站构想任务包括月球表面选址、月球土壤分析、月球表面大规模巡视、月球表面能源系统与通信系统组阵。为实现多任务探测，需要同时采取多种探测手段，包括月球环绕探测，月球硬着陆探测，月球软着陆，月球表面巡视探测，月球表面智能机器人运输等各种探测方式。

（2）多探测器联合探测。

为降低月地运输成本，月球探测前哨站构想中，一个月地运输器可同时携带多种探测器，包括软着陆器、远程月球表面探测机器人、环月卫星、硬着陆探测器等。多探测器联合探测需要总体规划、总体设计、总体优化，达到最低成本实现最大探测任务的月球探测目标。

1. 月球探测前哨站顶层规划技术

月球探测前哨站的建立，不仅与国家的经济实力、发展战略有关，更与国家的航天技术水平紧密关联，顶层规划涉及因素多，易受多方面局势影响。

2. 月球探测前哨站总体优化设计技术

月球探测前哨站建设投入巨大，建设周期长，技术风险高。为减少月球探测前哨站寿命周期成本，缩短建设周期，降低技术风险，有必要从总体角度对月球探测前哨站建设方案进行优化。

通过月球探测前哨站的任务需求分析，明确对月球探测前哨站的要求，从而经过论证比较总体方案,明确总体技术指标,分析比较各种可行的总体构型,经过优化设计,确定最终的月球探测前哨站总体方案。

3. 月球探测前哨站方案评价技术

月球探测前哨站工程指标多,如月球探测前哨站建设周期、建设投入、总运载发射量、基地用途等。单一标准无法衡量月球探测前哨站的优劣,必须综合考虑多个标准,对基地进行全面评价。

月球探测前哨站总体方案评价可采用多目标优化的方案评价技术,如加权平均法、专家投票法等,具体评价方法及各方法的适应性需进一步研究。

4. 月球探测前哨站方案分解与系统管理技术

月球探测前哨站组成复杂,为便于月球探测前哨站设计,需要将整个月球探测前哨站建设过程划分为若干相互联系但又相对独立的子系统,通过合理的系统管理技术,在不同阶段提出不同子系统任务需求,从而实现整个基地的任务。合理的月球探测前哨站划分技术不仅便于基地方案论证实施,还便于月球探测前哨站关键技术的梳理,对月球基地方案论证非常重要。

9.2.2 月球表面能源技术

1. 概述

月球赤道天文观测站及月球表面的正常工作离不开充足电能的供给。月球表面能源需求量将取决于月球表面工作设备规模的大小、进化层次的深入程度以及任务目标的大小。通过连续的发射,将相关设备运送到月球表面,这使得月球表面设备的规模和电量需求逐渐增大。一种解决此矛盾的途径是:发展一系列的分立电源系统,通过多次的运送将大容量的分立电源系统送到月球以解决月球基地的能量供给问题。

在广泛使用光电转换太阳能和静态核能转换系统的同时,动态太阳能和核电转换系统正在发展。太阳能供电系统具有模块化的优点,因此可以利用在很多功率等级的场合。然而,太阳能供电系统的主要缺点是在没有太阳光的时段,其需要其他电能存储系统来供电。核电转换供电系统的优点是,具有在月昼和月夜连续供电的能力,并且大功率供电时其系统的重量相对较轻,但是其对月球表面设备以及发射阶段对地球存在潜在的辐射危险。

目前,月球基地能源供给有两种最可能的方式,即光电太阳能系统和太阳动态太阳能系统,其中太阳动态太阳能系统需要再生燃料电池存储和核电系统的支持。此外,月球没有大气遮挡,且月球表面有连续14天的光照时间,未来可通过月球基地大规模太阳电池阵为地球提供持续太阳能电供给。月球基地能源主要有以下关键技术。

(1)月球表面大面积太阳阵展开技术。月球表面存在微重力环境,太阳阵展开条件与地面和近地轨道不同,因此月球表面大面积太阳阵如何展开是月球基地能源供应的一个重要问题。

（2）核能源技术。以放射性同位素或者空间反应堆为热源的空间电源系统功率密度高，能够长时间提供稳定的电源和热量，在一些深空探测任务中是唯一可行的电源。

（3）射线供电技术。

（4）月球表面功率电缆技术。

（5）高效太阳能电池技术。

（6）月球表面储能电池技术，包括可再生燃料电池技术以及锂离子蓄电池技术。

（7）现场资源利用技术。

2. 太阳能电池技术

目前太阳能电池主要有两个方向，一是拟采用重量较轻的薄膜太阳能电池，比如薄型高效硅太阳能电池（厚度约为 $50 \sim 100\,\mu m$）或柔性衬底铜铟镓硒太阳能电池等，光电转换效率目前接近 20%。二是拟采用效率约 40% ~ 50% 的非聚光或聚光多结砷化镓太阳能电池。因此，这些设计方案同样可应用于月球基地的太阳能电站。

1）薄膜太阳电池国外发展现状

自 20 世纪 90 年代至今，薄膜电池和Ⅲ - Ⅴ电池的研究发展很快，为适应空间应用需求，国际上纷纷制定各自的薄膜太阳能电池计划，主要目标在于提高比功率和降低发射装载容量。以柔性材料为衬底的薄膜太阳能电池在空间应用具有重量轻、耐辐照和温度冲击、在轨温度系数低、方便、折叠收拢和成本低的优势，所以近年来呈蓬勃发展的趋势。在世界上从事柔性衬底薄膜太阳能电池研制生产的主要单位有美国的联合太阳能公司（Uni - Solar）、Global Solar Energy 公司、MicroLink Devices 公司和日本的 Sharp、Masushita 公司等。目前 Uni - Solar 公司等已经将非晶硅薄膜太阳能电池的重量比功率提升至 1600 ~ 2300W/kg，聚酰亚胺衬底电池效率达到 11.2%，批产效率达到 8% ~ 10%，代表了目前实用化非晶硅柔性薄膜电池的最高水平。美国 Ascent Solar 公司以塑料地板衬底的铜铟镓硒电池批产效率为 10.4%（429cm²），并与 Microsat systems 公司联合研制的薄膜电池阵已为 MicroSat 卫星进行供电，并成功通过空间环境的考核试验。2009 年美国 MicroLink Devices 公司在直径为 100mm 的 ELO GaAs 晶片上制备的 GaInP/GaAs 薄膜双结太阳能电池，其效率约为 25%（AM0），这是目前国际上报道的性能最佳的 GaInP/GaAs 薄膜双结太阳能电池。该公司采用 ELO GaAs 晶片为衬底，重量轻，且具有较好的韧性，可以在一定程度上弯曲而不破坏。

薄型高效硅太阳能电池由于具有较高的光电转换效率，优良的抗辐照性能，较薄的基体厚度等特点，同样适用于空间能源系统对太阳能电池高重量比功率、高面积比功率以及高抗辐照性能的要求，所以许多研究机构对薄型高效硅太阳能电池展开了深入的研究。美国 SUNPOWER 公司的空间用硅太阳能电池的效率已经达到 18.3%(厚度为 $100\mu m$),德国 RWE 公司生产的 2ITHI—ETA@3 – ID/130 太阳能电池的效率达到了 17.7%,日本 Sharp 公司的薄型高效硅电池的效率达到了 17.8%。

2)砷化镓太阳能电池国外发展现状

目前世界上研究最广泛和最深入的是砷化镓基系多结叠层太阳能电池。理论计算表明:三结叠层电池的极限效率为 38%,考虑到空间电源的实际要求,国外从 20 世纪 80 年代末期开始,逐步从单结电池研制转向三结叠层电池研制。目前,三结叠层电池实验室最高效率为 32.3%(AM0,25℃),并且三结砷化镓太阳能电池已达到大批量研制阶段,批量研制效率已达到 29% 左右。1997 年 8 月,Hughes 空间和通信公司(HSC)发射了一颗 HS601 HP 系列卫星,采用了三结砷化镓电池作为空间主电源。这是采用这种叠层电池的首颗商业卫星,其电池的 BOL 平均效率为 21.6%,远高于 GaAs/Ge 单结电池的效率 18.5%,从而显著增加了电池阵列的功率输出能力;对这些电池的电化学性能、抗辐照性能以及机械性能进行了全面的评价,结果完全达到空间质量要求和卫星应用要求。

在空间聚光光伏技术应用方面,经过世界各国研究和发展机构的多年努力,聚光砷化镓太阳能电池得到了广泛地应用,这种太阳能电池具有极高的光电转换效率和较好的抗辐照性能力,能够经受住至少 500V 的高压等离子撞击等空间环境。目前正在空间使用的聚光太阳能电池阵主要有两种类型:V 形槽反射式结构和菲涅耳透镜折射式结构。其中,菲涅耳聚光透镜既具有所需光学特性又切实可用,近年来美国、俄罗斯等国都把线聚焦菲涅耳透镜聚光阵技术作为发展的重点。使用比较便宜、轻质的聚光器来部分替代昂贵的太阳能电池,通过聚光器使大面积的太阳光会聚在太阳能电池上,使太阳能电池获得较多的光能,从而使太阳能电池能够输出更多的电能来提高整个系统的性能。

3)聚光太阳能电池阵国外发展现状

月球探测器质量与功率的矛盾一直十分突出,为进行较大规模的月球探测,国内电源系统一直在谋求更高比功率的发电装置。由于目前国内核电源起步较晚,太阳能依旧是空间探测主电源的首选。且月球探测光照条件相对较好,太阳能量与地球相当,并优于地球,为 $1380W/m^2$,因此目前月球卫星可采用太阳能发电装置,月球表面能源系统亦可优先考虑太阳能电池阵列。

目前,空间太阳光伏阵典型的性能为:面积比功率 $<300W/m^2$,重量比功率 $<60W/kg$,工作电压 $<200V$。这些指标无法满足未来 10~20 年的空间发射任务。研究表明,只有超轻折射式聚光阵技术才能够显著提高这些指标:面积比功率 $>300W/m^2$,重量比功率 $>180W/kg$,工作电压 $>500V$。NASA 和 NSF 已经对这种技术提供了长期资助:面积比功率 $>600W/m^2$,重量比功率 $>1000W/kg$,工作电压 $>1000V$。而且发射时的装载功率将达到 $100kW/m^3$。

由于三结砷化镓太阳能电池有很好的高温特性,为高电压低电流器件,通过聚光将显著提高电池电流输出,特别在实现高倍聚光后,可获得更高的功率输出;因此,以三结砷化镓太阳能电池为主要部件的聚光太阳能电池以其高效率(可达到40%以上)、高温性能好(工作温度每升高1(C性能仅下降0.2%,可在200(C情况下正常工作,聚光倍数可达500倍以上)得到用户的青睐。

在空间聚光光伏技术应用方面,90年代早期,第一个折射式点聚焦聚光阵安装在PASP Plus(363km×2550km椭圆轨道)上,电池为GaAs+GaSb多结电池,透镜材料为硅树脂(DC93-500),透镜表面有防辐射和原子氧涂层。这种太阳能电池阵具有极好的抗辐照性能,而且这种折射式聚光太阳能电池阵能够经受住至少500V的高压等离子撞击等空间环境。在90年代中期,线聚焦菲涅耳透镜聚光阵技术已经成功地用于SCARLET太阳能电池阵,电池为GaInP/GaAs/Ge三结电池,聚光阵的功率密度大于200W/m²,比功率大于45W/kg。美国1998年10月24日发射了深空1号星际探测器。采用聚光太阳能电池进行试验。这种太阳能电池方阵实际只有13%的面积被覆以太阳能电池片,另外还带有720面菲涅耳透镜,利用线性排列的菲涅耳透镜把所有阳光都聚集到这些电池上。由于电池少,而透镜又比太阳能电池轻,所以太阳能电池方阵的重量减轻了,价格也变便宜了。"深空"1号2.6kW的太阳能电池方阵有4块帆板,大小为1.1m×1.6m,总重58kg。为增强辐射防护能力,电池区上的玻璃罩可做得厚一些。太阳能电池本身有两种,它们叠在一起,可在0.4~0.85μm的宽频谱范围内进行能量转换。最近还出现了一种低倍反射式聚光阵,是利用反射镜将太阳光反射在电池上,但组装过程复杂。

4)太阳能电池未来发展趋势

(1)概述。

无论是空间太阳能电站还是月球基地太阳能电站,目前的研究工作主要集中在美国、日本、欧洲等发达国家。其太阳能电站系统的设计方案主要采用具有较高重量比功率的薄膜太阳能电池用于非聚光的设计方案,或者采用具有高光电转换效率的聚光多结砷化镓太阳能电池用于聚光的设计方案。经过多年的研究与发展,聚光多结砷化镓太阳能电池未来的目标是光电转换效率达到45%,成本降低至目前的50%。对于聚光太阳能电池,其不足之处在于需要大量的大型聚光系统和高性能的散热系统。器件在高温下的性能衰退是比较关键的问题,这会大大降低太阳能电池的比功率,生产成本也会显著提高。采用高效薄膜化合物多结太阳能电池可以显著增加器件的热耗散,同时如果能够与高效微型热电转换器件相配合应该能够进一步增加整体转换效率。此外,制造如此大型、精确度高的大型聚光器,其技术难度较大。如果采用高重量比功率的薄膜太阳能电池则没有这方面的困难,而且所采用的薄膜太阳能电池具有重量轻、柔性、可卷曲等优势,也是空间或月球基地太阳能电站的最佳选择之一。但其光电转换效率偏低是目前空间太阳能电站实现高效太阳能光电转换的瓶颈,因此欧、美、日等发达国家在薄膜太阳能电池制备工艺的优化和设备改良等方面已展开了较为深入的研究,以此来提高薄膜太阳能电池的转换效率。

如图9-4所示,世界各国在各类太阳能电池的研究领域取得了突飞猛进的进展,至2009年,全世界太阳能电池市场的产能已达到23GW。如图9-5所示,其中晶体硅太阳能电池占据了绝大部分市场,约2400mW(2007年),薄膜电池的产能约为300mW。但随着薄膜太阳能电池技术的不断提升,以及生产成本的逐步降低,世界薄膜太阳能电池的生产产能的规模正在逐步扩大。从目前的国内外研究现状看,薄膜太阳能电池虽然具有较高的重量比功率,但相对于多结砷化镓太阳能电池,其光电转换效率偏低。欧、美、日等发达国家的相关研究机构和公司在电池结构的改进、制备工艺的优化和设备改良等方面已展开了较为深入的研究,以提高薄膜太阳能电池的转换效率。

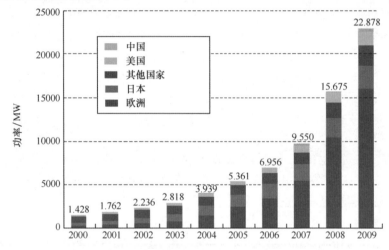

图9-4 世界各国太阳能电池市场发展趋势

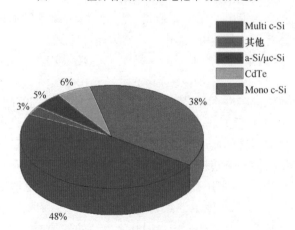

图9-5 各类太阳能电池占据的市场分布图

（2）薄膜太阳能电池。

依据目前薄膜太阳能电池的研究现状,未来薄膜太阳能电池的发展趋势主要集中在多结叠层电池技术,叠层电池结构对于发展高效率薄膜太阳能电池来讲是一种很有前景的技术。在叠层结构中,顶电池和底电池被串联起来,分别吸收蓝光和红光光子。因此开发禁带带隙宽度可调的新材料体系,拓宽光谱吸收范围,从而提升电池的整体光电性能是未来发展薄膜太阳能电池的重要方向。对于硅基薄膜太阳能电池,未来的进一步的发展包括引入纳米硅、纳米硅锗和硅量子点（图9-6）等新型材料,优化匹配叠层结构以及设计薄膜表面陷光结构等。在铜铟镓硒薄膜太阳能电池方面,未来发展的趋势主要包括大型真空镀膜设备改良更新,优化批产工艺,以及开发新型的非真空沉积技术、纳米印制技术（图9-7）等,以此替代昂贵的高真空设备,降低大批量生产的成本。此外美国最新报道的一种新型的半导体材料——铜锌锡硒 CZTS（CuZnSnSe2）受到了光伏界的广泛关注,研究人员采用资源相对丰富、廉价的 Zn/Sn 替代了铜铟镓硒中的 In 元素,以此降低电池

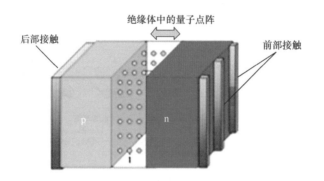

图9-6　在非晶体硅 PN 结之间引入纳米硅量子点

图9-7　Nanosolar 公司的 CIGS 纳米印制工艺（年产能力预计目标640mW）

的材料成本,其制备出的新材料电池光电转换为7.2%。由此可以看出空间用太阳能电池的成本比功率和重量比功率始终是发展空间太阳能电站的两大重要因素。欧空局为了进一步降低空间用太阳能电池的成本,联合荷兰、德国、瑞士等多个国家的研究机构开展了柔性薄膜电池方阵的技术攻关,以期获得重量比功率大于1000W/kg的太阳能电池阵。

在研制高效率非晶硅柔性薄膜太阳能电池的同时,将重点放在了如何实现柔性薄膜电池批产技术的研究上面。美国United Solar建立了一条同时沉积6卷不锈钢卷带三结叠层非晶硅电池生产线,年产30mW。整条生产线是高度自动化的,每卷不锈钢长1.5英里。沉积薄膜的工作都是在连续运动的钢带上同时进行的,钢带的传送和工艺参数全部由计算机控制,保证了生产的可靠性、可重复性和设备运行的低成本。此外德国的Solarion公司也开发了柔性铜铟镓硒薄膜太阳能电池的卷对卷中试线,如图9-8所示,用以实现大面积的连续镀膜。由此可见,发展卷对卷批产技术是未来大规模使用柔性薄膜太阳能电池的根本保证。

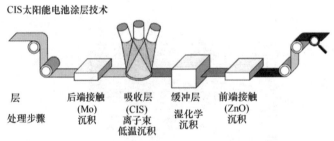

图9-8 德国Solarion中试生产线示意图

(3)砷化镓太阳能电池。

为了能与石化电力竞争,需要新结构、技术、材料和方法突破这一个障碍,使大于50%的效率的砷化镓太阳能电池成为可能。目前已经提出了一些实现效率大于50%的光伏太阳能电池的方法,如多结叠层太阳能电池、机械叠层电池、分光多片集成电池、上转换或下转换电池等。空间用砷化镓太阳能电池的未来发展趋势主要在发展倒装、多结叠层以及电池薄膜化(图9-9)和大面积化(图9-10)几个方面,从而在大幅提升电池效率的同时减少电池的重量。

随着空间探索任务的增加和载人航天技术的发展,为了进一步提高性能、降低总成本,采用更高效率的电源系统才能满足大功率输出、长寿命的要求。美国NASA公布的聚光砷化镓太阳电池近期发展计划如图9-11所示,到2013年研制出第三代倒装结构的砷化镓聚光太阳电池,其光电转换效率达到45%~50%。

(4)美国能源部对于太阳能电池发展的预测。

美国能源部根据近5年美国主要的太阳能厂商、公司的发展情况,通过对聚光砷化镓、晶体硅及薄膜太阳能电池的分析比较,预测了未来5年(至2015年)的发

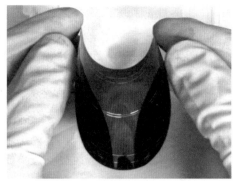

图 9 - 9 100mm 薄膜砷化镓
太阳能电池

图 9 - 10 大面积 8cm×8cm 砷化镓
太阳能电池

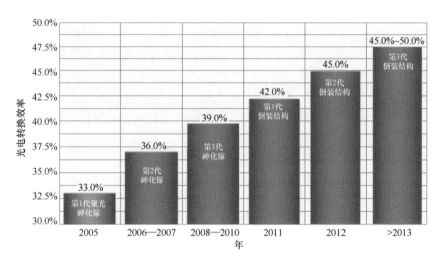

图 9 -11 聚光砷化镓太阳能电池近期发展计划

展规模和趋势。其中 Boeing 和 Practical Instruments 公司生产的聚光砷化镓太阳能电池 2015 年的产业化目标为效率 33% ~ 36% ,产能达到 100 ~ 1000mW 的规模。Dow Chemical 和 Miasole 公司生产的 CIGS 薄膜太阳能电池的产业化目标是达到 15% 的效率,而 Miasole 公司因采用卷对卷连续镀膜技术,其产能达到约 7000mW。在未来产业化生产成本方面,Miasole 和 Nanosolar 公司(非真空纳米印制技术)制备的 CIGS 薄膜太阳能电池由于设备和工艺方法的优化革新,其生产的电池成本低于其他几类电池,每千瓦小时 0.051 ~ 0.053 美元,其次是 Practical Instruments 公司生产的聚光砷化镓太阳能电池。

NASA 最近提出未来 6 ~ 8 年空间太阳能电池的新概念包括:①在当前多结叠层空间太阳能电池中植入外延生长的Ⅲ – Ⅴ族纳米结构的量子点和量子线;②引入硅量子点或Ⅰ – Ⅲ – Ⅵ族量子点的薄膜非晶硅太阳能电池;③引入量子点或碳

纳米管的柔性薄膜聚合物太阳能电池。由此可见,柔性薄膜太阳能电池和聚光砷化镓太阳能电池仍然是未来 5 年内发展的主要方向。

研究表明,大约 50 年后,人类目前广泛使用的传统能源煤、石油和天然气将面临严重短缺的局面。严峻的能源危机迫使人类将目光转向浩瀚的宇宙,而月球是人类寻找地球以外能源的首选目标。解决能源危机困难重重。目前,科学家正在努力寻找解决能源危机的办法,而月球以其独特的环境特征、巨大的能源储库,自然成为人类寻找地外能源的首选目标。而月球太阳能发电站的建立不但解决了未来月球基地的能源供应问题,而且随着人类空间转换装置技术和地面接收技术的发展与完善,还可以用微波传输太阳能,为地球提供源源不断的能源。

3. 储能电池技术

1)概述

为开发具有创新的、可行的空间电力和储能技术以满足空间任务需求,NASA对现有电力和储能技术进行了评估研究,并制订了"空间电力和储能技术发展路线(2010)"。电力系统主要包括:发电、储能和电能管理及分配几个子系统。发电子系统包括太阳能发电、同位素发电、核反应堆发电和燃料电池;空间储能子系统包括蓄电池、再生燃料电池、超级电容和飞轮;电能管理及分配子系统包括电能分配和传输、转换和调节、负载管理和控制。空间电力和储能系统技术领域分解结构如图 9 - 12 所示。

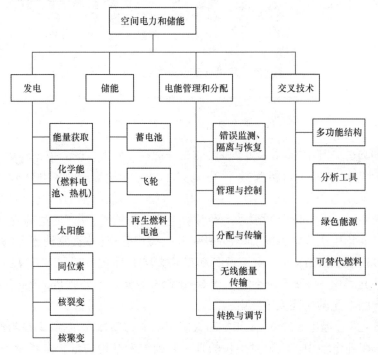

图 9 - 12　空间电力和储能技术领域分解结构图

可以看出,在发电和储能两个环节中都规划有燃料电池技术的开发,新型储能电源目前的发展趋势主要包含高效锂离子电池技术(已经广泛应用于各类深空探测任务),以及为载人航天服务的可再生氢氧燃料电池技术。

燃料电池是将外部供应的燃料和氧化剂中的化学能通过电化学反应直接转化为电能、热能和其他反应产物的发电装置。燃料电池的核心部件是将燃料和氧化剂的化学能直接转换为电能的电化学"电池",在实际应用中,根据电压和功率的要求,通常将多个电化学"电池"组装成"电堆"使用。再生燃料电池使用氢气、氧气、产物水和电能,为给再生燃料电池充电,需要外部电源电解水以补充氢气和氧气。图9-13为再生燃料电池的原理图。

图9-13   再生燃料电池原理图

燃料电池的比能量(单位质量的能量)比常规的蓄电池高。与蓄电池不同的是,燃料电池的燃料和氧化剂通常存储在电堆外部,这样燃料罐的尺寸就决定了燃料电池电源系统的能量大小,而电堆的尺寸就决定了功率等级。在长时间工作的空间应用中,电堆及其辅助系统的质量比存储的燃料、氧化剂和储罐的质量小,因此,在长时工作任务中,燃料电池在比能量方面更具有竞争优势,例如:美国航天飞机氢氧燃料电池比能量达到$1500W \cdot h/kg$,是目前最高化学电池的6倍以上。

再生燃料电池将集中在具有被动式反应剂和水管理的质子交换膜燃料电池(PEMFC)和固体氧化物燃料电池(SOFC)的开发。再生燃料电池在MWh级的大规模储能中具有很大优势,与蓄电池储能不同的是,随着工作时间的延长,蓄电池会变得非常庞大,而再生燃料电池只需增加存储容器和反应剂就可以延长其工作时间,因此再生燃料电池被用作未来空间大规模储能。新的应用需求需要开发具有高比能量、高效率和长寿命的再生燃料电池技术,工作重点将集中在以下几个领域进行研究:①针对特定的应用对最有希望的再生燃料电池(碱性的、PEM和固体氧化物的)的选择进行权衡研究;②高效燃料电池和电解池的开发;③减少反应剂存储系统的质量;④改进水、热管理系统;⑤RFC集成系统的设计和制造;⑥测试和验证。再生燃料电池的技术路线如图9-14所示。

另外,再生燃料电池中的PEM和固体氧化物电解技术也可与生命保障系统、原位资源利用系统完全共用,实现相互协同工作。

2)再生燃料电池技术在月球基地发电系统的应用前景

月球的南极Shackleton环形山附近具有相对恒定的热和光照条件,而且存在水的可能,因此这一区域是建造有人月球基地的较佳地点。NASA设想在该区域

年数 1	2	3	4	5	6	7	8	9	10	11	12	13	14	15

高压力PEM电解池SBIR/开发测试

高压力一体式堆SBIR/开发测试

堆的优化

再生燃料电池的环境测试

图9-14　再生燃料电池系统技术路线

建造月球基地,计划分5个阶段,历经15～20年完成,其中第0阶段为机器人选址准备阶段(无人或最少量的人参与)。

阶段0的任务包括使用着陆器和月球车无人或最少人员的机器人探测,着陆器和月球车将勘测月球地形,测试永久阴影区的可接近性,验证基本的建筑技术,验证推进剂的生产,确认水的存在以及建设和验证电力系统的工作。

阶段0太阳能电池阵峰值功率需求估计如表9-1所列。为获得水、氢气和氧气而进行的原位资源利用采矿活动的最大预计功率为43kW,其他负载包括通常的科学活动和月球车充电,再生燃料电池中的电解器的消耗功率,设备监测和热控的应急功率可由独立电源(如蓄电池)提供。后续阶段基地的功率需求可通过模块化方式增加。

表9-1　太阳能电池阵峰值功率需求估计值

负　　　载	阶段/kW
原位资源利用采矿(Blair,2005)	43
通常的科学活动(Cataldo and Bozek,1993)	1
月球车充电(Cataldo and Bozek,1993)	5
RFC消耗	25
10%的裕量	7
总计	81

基地电力系统将采用混合结构设计,利用PV/RFC系统集中为原位资源利用负载供电,用蓄电池提供应急功率。为满足将来MW级的功率需求,核反应堆发电也可能在以后阶段中采用。

基地电力系统储能的选择包括RFC、蓄电池、飞轮、蓄热池、超级电容和引力场等。RFC中的反应剂以低温存储可以显著提高系统的比能量,由于南极环形山附近存在永久阴影区,因此反应剂低温存储很容易实现。RFC、蓄电池和飞轮储能的基本特性总结如表9-2所列。表9-2中评价等级越高,说明技术可行性越大。

由此可见,RFC将是月球基地电力系统中具有显著优势的储能方式。

表 9-2 RFC、蓄电池和飞轮的对比

项 目	RFC(低温)	蓄电池	飞轮
储能/(kW·h)	6449	8062	6449
质量/kg	4300	80617	214978
比能量/(kW·h/kg)	1.5	0.1	0.03
可建造性	3	3	2
可维护性	2	2	2
可靠性	3	3	2
可适应性	3	2	2
系统安全	3	2	2
技术差距/风险	2	2	1
总计	16	14	11

3）空间再生燃料电池技术的应用及发展趋势

20 世纪 60 年代,在载人航天技术的带动下空间燃料电池技术得以蓬勃发展和应用。图 9-15 中给出了发展和应用示意图,氢氧碱性燃料电池作为主电源系统成功应用于"阿波罗"(Apollo)登月飞船上,为人类首次登月做出了贡献。随后,碱性石棉膜燃料电池作为主电源在美国太空实验室(Sky-lab)、Apollo-Soyus、航天飞机(Shuttle)以及俄罗斯的"月球轨道器"等其他空间飞行器上得以成功应用。1962—1965 年间,质子交换膜燃料电池(PEMFC)多次在双子星座(Gemini)载人飞船飞行任务中应用,累计飞行时间超过了 5000h。此后,美国 NASA 还进行了350W PEMFC 生物飞船搭载试验飞行。

图 9-15 国际空间燃料电源技术发展和应用示意图

随着水电解器技术的出现并在载人航天器和核动力潜艇上为人员提供呼吸用氧的成功应用,将氢氧燃料电池和水电解器技术联合使用的再生燃料电池概念被提出,不但可以解决氢氧燃料电池受氢氧携带量的限制,无法适用于长期空间飞行任务的局限性,而且还可以与飞行器上的生命保障系统、环控系统、推进系统以及外星球表面资源原位利用系统共用或通用,可有效降低空间任务成本和提高系统效率,这是燃料电池和再生燃料电池独一无二的优势。

20 世纪 80 年代以后,NASA Lewis 研究中心对远征月球和火星的飞行以及在月球和火星表面供电技术进行论证研究表明,14 天的登月飞行,再生氢氧燃料电池系统较之镍镉储能电池,重量轻了一个量级,工作寿命可达 30000~40000h,其效能高、质量轻和尺寸小的优势非常明显。通过自由号空间站电源系统研究,已突破了空间水电解制氢氧关键技术。图 9 – 16 所示为美国国家航空航天局(NASA)为空间站研究的 RFC 系统已取得成功,重量约为镍氢电池的 50% 。他们开发的 RFC 系统技术路线为:氢氧燃料

图 9 – 16　NASA RFC 样机
（Lewis 研究中心）

电池技术采用美国航天飞机的碱性石棉膜燃料电池技术路线;水电解器则基于空间静态注水式碱性水电解技术,最大产气压力为 300~400lbf/in^2;氢/氧气体储存采用薄壁特种不锈钢压力容器。

20 世纪末期,国际社会上形成了一个燃料电池开发热潮。各国政府、大型汽车集团和石油公司都投入巨资并以各种形式联合开发燃料电池电动车技术,其目标就是将燃料电池电动车推向市场。虽然,燃料电池技术商品化日程尚待时日,但是极大程度上带动了质子交换膜(PEM)、催化剂等相关材料和基于 PEM 技术的燃料电池、水电解器技术的迅猛发展,技术本身逐步趋于完善和成熟。

21 世纪初,针对未来新型载人飞船、探月飞船、空间站、月球/火星基地等载人航天、空间探索任务以及新型平流层飞艇、无人机等临近空间长航时飞行器的背景需求,美国 NASA 重新认识到 PEM 燃料电池及再生燃料电池比现有应用在空间飞行器上的碱性燃料电池具有更多的优势,重点支持 PEMFC 相关技术发展,以期替代目前碱性石棉膜燃料电池,并成立了以 NASA 格林研究中心为首的联合研发团队(包括约翰逊航空中心、喷气推进试验室、肯尼迪航空中心以及工业界),并制定了明确技术指标。PEM 燃料电池和再生燃料电池的优势体现在:安全性好,可靠性高,可形成标准模块,高比功率、长寿命、质量轻、易于维护、较高的峰—常功率比、可使用低纯度推进剂、方便与航天员生保系统结合以及可利用地外资源而减少地面补给和发射成本等。表 9 – 3 给出了 NASA 对燃料电池的需求。

表 9 – 3　美国 NASA 空间燃料电池需求及发展目标

空间应用对燃料电池技术要求	高比能量、最大效率(牺牲比功率换取高效率); 载荷跟随特性(额定功率15% ~100% ,响应时间 <0.25s); 携带反应剂(纯氢、纯氧); 重力条件(0 ~4g); 全时可靠安全; 真空环境使用
重点发展 3 种功率量级的 PEM 燃料电池技术	<1kW 燃料电池; ~8kW 燃料电池; 25kW 再生燃料电池
主要技术指标	130W/kg; H_2/O_2; 一次型效率 >67% ; 再生型效率 >55% ; 6:1 载荷变化 ≤200ms; 10000h 寿命

目前,再生燃料电池根据水电解器和燃料电池的结合方式大体上可划分为分体式和一体式;按照燃料电池堆和电解器反应介质的输送方式可分为主动式和被动式。大多数再生燃料电池研究中采用基于质子交换膜(PEM)技术的燃料电池(FC)技术和水电解(WE)技术路线。

(1)分体式再生燃料电池技术。

分体式再生燃料电池的燃料电池与水电解器及各个子系统相互独立,除反应介质和水互相贯通,每个子系统完全与其他子系统分开,装入各自的更换单元,其系统结构如图 9 – 17 所示。而较先进的分体式再生燃料电池,各子系统都可装在一个更换单元内,共用一个冷却系统。分体式再生燃料电池优点是技术难度相对较低,容易放大,各自系统单独定型,易引入新技术,并且容易维修。缺点是装置较复杂,体积能量密度低。

美国 NASA 的 Lewis 中心于 20 世纪 80 年代中后期模拟近地轨道运行条件下,对分体式 RFC 进行测试,寿命可达 8 年。NASA Glenn 研究中心作为美国空间燃料电池计划的牵头单位主要负责组织对 RFC 技术进行地面"闭环"试验评估,多年来一直进行氢氧燃料电池和 RFC 在陆地应用考核试验,单机和系统寿命已经超过10000h。

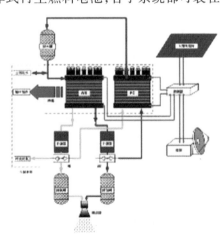

图 9 – 17　分体式再生燃料电池
系统示意图

图 9 - 18 中燃料电池和水电解器为 Lynntec 公司研制的 5.25kW PEM 燃料电池和 15kW/400lbf/in^2 高压 PEM 水电解器。由于燃料电池采用与水电解器相同的结构设计,燃料电池也可承受与水电解器相同的气体压力,这样可以使 RFC 系统省略减压阀机构,有利于提高系统效率和可靠性。

(a) NASA 再生燃料电池地面试验系统(GRC)

(b) 5.25kW 燃料电池堆　　　　(c) 15kW/5MPa 水电解器

图 9 - 18　再生燃料电池地面试验系统及燃料电池、水电解器(GRC)

2003 年 NASA 的 Helios 无人机利用 18kW 氢空燃料电池发电系统进行了 15h 的成功试飞,这是燃料电池能源系统在高空太阳能飞机的首次应用。此后,NASA 还公开了针对 Helios 无人机开发的 RFC 系统样机,具体的技术参数为:燃料电池功率 10kW(5kW×2)、电解器功率 30kW、采用美国 Quantum 公司碳纤维缠绕塑料内胆复合储罐(储氢密度 13.36wt%)、总储能 120kW·h、比能量 450W·h/kg、系统效率 50%,系统计划安置于保温舱内,但未见进一步应用报道。Helios 无人机及燃料电池样机如图 9 - 19 所示。

NASA 计划将 RFC 系统应用于未来空间站、卫星、可重复运载、火星探测器、月球探测器等新型航天飞行器计划中。

日本曾计划放飞以太阳能电池和 RFC 为动力的平流层高空定点飞艇平台,驻空高度为 20km,监控范围覆盖整个日本群岛。从 1998 年开始,日本国家宇航实验室(NALJ)和 IHI 航天有限公司开始平流层飞艇系统的研制,如图 9 - 20 所示。飞艇白天依靠设在顶部的薄膜太阳能电池供电,夜间靠 RFC 的燃料电池供电。2001 年完成地面 RFCS 试验样机研制和 15kW RFCS 概念机的设计。2003 年 NALJ 进行了 1kW RFC 的 50h 搭载飞行实验。2004 年 NALJ 完成了 RFC 轻型化和系统化设计,并于 2005 年进行了 1kW RFC 的环境耐受性实验。根据试验结果,NALJ 提出了 15kW RFC 系统设计方案,额定输出功率 16.5kW,峰值输出功率 33kW,水电解输入功率 48kW,产气压力最大 5MPa,比能量可达 450W·h/kg。日本 NALJ 飞

（a）Helios太阳能飞机

（b）Helios无人机氢空燃料电池系统

（c）Helios无人机再生燃料电池电源系统样机

图9-19　Helios无人机及燃料电池样机

图9-20　日本NALJ试验型飞艇

艇再生燃料电池技术发展情况如图9-21所示。

　　（2）一体式再生燃料电池技术。

　　一体式再生燃料电池（United Regenerative Fuel Cell, URFC）的燃料电池与水电解器合二为一,可分别以燃料电池模式或水电解模式工作,即将原先的燃料电池与水电解池以一个双效电池替代,其系统结构如图9-22、图9-23所示。与分体式RFC相比,URFC的最主要特点是电极双效性,燃料电池/水电解双功能特性,所以辅助系统也相应合二为一,从而简化系统结构和减轻重量,提高可靠性和系统比能量（$400 \sim 600\text{W} \cdot \text{h/kg}$）。URFC的技术难点在于双效电极和电池结构设计,解

图 9 - 21　日本 NALJ 飞艇再生燃料电池技术发展情况

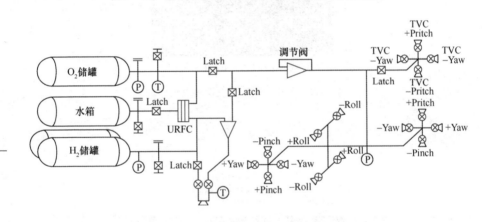

图 9 - 22　水电解推进 URFC 系统构成

Pritch—俯仰；Yaw—偏航；Roll—滚转；Latch—调节阀。

决发电和电解循环长寿命技术问题。

　　20 世纪 90 年代,美国 NASA 水火箭项目提出的水电解推进技术,使用 URFC 最大可产生 3000lbf/in^2 的高压氢气和氧气,既可以实现氢氧燃烧推进,又可以提供电源,完成有关地面试验。此后,美国科研工作者又在此工作的基础上,针对超高空太阳能无人飞机(Pathfinder、Helios)应用进行了针对性技术革新,打算将氢、氧气体储罐与系统整体的热控技术相结合,利用反应介质储罐结构件大的表面积,合理设计热控制技术,与系统整体的环控技术相结合。目的是使 RFC 系统重量最小化,结构最优化,减少泵、阀、管道连接管道等辅助部件的数量和重量,降低系统整体重量,简化系统结构,提高系统比能量。

　　NASA 通过 SBIR(Small Business Innovative Research)项目专门资助 Lynntech Industries 和 Proton Energy Systems 研制 URFC。Proton Energy Systems 还与 NASA

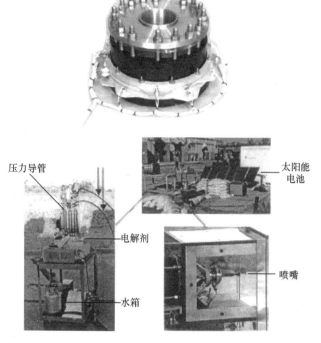

压力导管

太阳能
电池

电解剂

喷嘴

水箱

图9-23 水电解推进的一体式再生燃料电池

合作联合开发空间飞行器的 URFC 和太阳能电池的混合能源系统,输出功率250W,输出能量为200Wh。图9-24为两家公司研制的 URFC 模块。

(a) URFC质子能量系统

(b) URFC(Lynntech, Inc8-Cell, 200cm²)

图9-24 一体式再生燃料电池模块

除此之外,美国 United Technologies Corporation,Hamilton Standard Space and Sea Systems 也分别针对 URFC 的空间应用展开了尝试性工作。美国其他的小型公司,如 Giner Inc. 和 Lynntech Inc. 等专门生产 URFC 膜电极及相关组件。

（3）主动式和被动式 RFC 系统。

主动式和被动式 RFC 系统的主要技术差别在于燃料电池、水电解器反应介质和产物的传输方式以及相应的辅助系统,如图9-25所示。

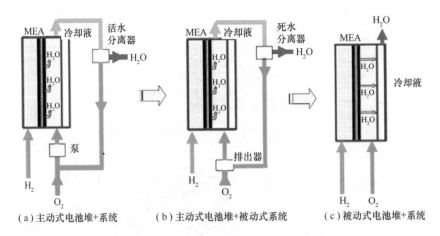

（a）主动式电池堆+系统　　　　（b）主动式电池堆+被动式系统　　　　（c）被动式电池堆+系统

图 9 – 25　两种燃料电池技术方案示意图

目前,商业用 PEM 燃料电池和水电解器一般用"主动式"技术,还包括太空飞船碱性 FC 技术系统。这些系统水、氢气和氧气传输靠主动式的机械泵和机械式分离器完成,消耗系统总能量的 3%～5% 。这些运动的机械零部件导致了系统的复杂化,重量增加,可靠性降低,同时也是 RFC 系统空间应用的灾难性危险因素。

发展被动式 RFC 系统一方面是以无能耗的被动式辅助机械部件替代主动式辅助部件,另一方面是以被动式 PEM 燃料电池、水电解器技术代替主动式电池堆,最终实现无运动部件的 RFC 系统集成。关键的技术难题是在尽可能少或没有运动设备的辅助下,甚至完全依靠燃料电池和电解器自身结构的设计实现水、氢、氧气介质的有效传输和分离。因此,被动式 RFC 系统没有寄生能耗和运动辅助设备,系统效率、比能量、可靠性都会得到大幅度提升,这也是未来空间燃料电池及再生燃料电池发展的方向。但是被动式电池堆的显著特点是电池堆结构相对较为复杂,所以是牺牲了电池堆重量换取系统的比能量和效率。

2010 年,NASA Glenn 公开展示了全被动式 PEM 燃料电池堆样机,如图 9 – 26 所示。该样机输出功率 3kW,最大稳态工作电流密度为 $500mA/cm^2$,已通过相关的工况测试。

高压水电解器技术作为 RFC 的一项关键技术,其产气压力越高意味氢气和氧气的体积存储密度越大,所需储罐容积就越小。如果水电解后的氢气和氧气压力较低,系统内则需要增加一套增压装置对气体增压,然后再罐装到气瓶内存储,该过程消耗系统内部较多能量,从而降低系统能量使用效率。目前,直接水电解制高压氢、氧被认为是 RFC 在空间应用最经济、最有效的方法。通

图 9 – 26　全被动式 PEM 燃料
电池堆样机

常采用设计方案有两种:一种是低压水电解器放置在高压容器内;另一种是电解器直接为耐压式结构。采用低压水电解器放置在高压容器内设计的原理是:在该耐压容器与电解器之间的空腔内充入高压气体或液体,通过控制氢气、氧气、反应水以及保压流体压力平衡,达到水电解高压制取氢气和氧气的目的。该方法的优点在于可以降低水电解器设计要求,方法简单、有效,容易实现,缺点是增加保压容器后系统增重,紧凑度降低。而采用直接耐压式水电解器结构设计优点在于可以简化系统结构、提高集成度,缺点是电解器结构复杂、技术难度相对较高。

美国 GES(Giner Electrochemical Systems)公司获得开发平流层飞艇(HAA)用空间再生燃料电池(RFC)技术的资助。2008 年 GES 公司在原有水电解器的技术基础上进行轻量化改进,最新开发的水电解器 15kW,质量仅 16kg,工作压力 0 ~ 8MPa,如图 9 - 27 所示。目前正在进行针对 NASA 火星/月球探测计划的高效率、低重量水电解器的开发,设计产气压力 140bar(14MPa)。

图 9 - 27 GES 开发平流层飞艇用水电解器样机(15kW/16kg/8MPa, 2008)

4)月球基地 RFC 使用方案设想

由发电和储电构成的电源系统是月球基地的重要保障。据探测,月球表面太阳能辐照强度约是地面的 1.5 倍,因此利用太阳能发电将是月球基地的主要发电方式。为保证月影期的供电需求,电能存储是必不可少的。从上述分析可知,在众多储能技术中,再生燃料电池在 mW·h 级的大规模储能中具有很大优势,与蓄电池储能不同的是,随着工作时间的延长,蓄电池会变得非常庞大,而再生燃料电池只需增加存储容器和反应剂就可以延长其工作时间,研究表明,氢氧低温存储的再生燃料电池的比能量可高于 1000W·h/kg,可节省大量的重量。另外,再生燃料电池可与生命保障系统、环控系统、推进系统以及外星球表面资源原位利用系统共用,因此再生燃料电池非常适合作为月球基地的储能。

假设月球基地建设在南极环形山附近,基地电力系统以太阳能电池作为主要的发电方式,再生燃料电池作为主要的储能方式,其系统组成原理如图 9 - 28 所示。

RFC 系统是将电能转化为化学能并储存供将来使用的储能装置,可分为 6 个主要的子系统:①燃料电池堆,将氢气和氧气通过电化学反应直接转化为电能;②电解池堆,将燃料电池生成水电解成氢气和氧气;③水管理,从电解气中除

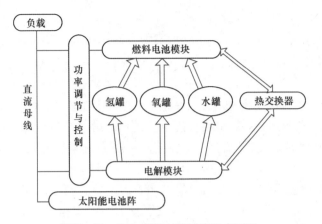

图 9-28　再生燃料电池系统组成原理

去水分和将燃料电池反应剂增湿以使膜维持合理的含水量；④热管理，从系统除去废热，维持膜合理的工作温度，防止流路中出现沸腾或冰冻；⑤反应剂储存(氢、氧和水)；⑥功率变换和控制(PP&C)。

　　由于环形山附近存在永久阴暗区，温度低于100K，因此容易实现反应剂的低温存储。氢氧低温存储可以显著提高系统的比能量，因此月球基地上的RFC的氢、氧采用低温液态存储。对于输出功率20kW、储能14天的再生燃料电池系统，其设计参数如表9-4所列。

第 9 章　月球前哨站

298

表 9-4　月球基地 RFC 设计参数设想

项　　目	参　数	项　　目	参　数
储存能量/(kW·h)	6720	燃料电池质量/kg	60
系统质量/kg	4700	电解器质量/kg	150
系统效率/%	50	热控质量/kg	150
反应剂质量/kg	2700	功率调节与控制质量/kg	160
反应剂储罐质量/kg	1480		

　　可以看出，采用低温的RFC系统比能量达到1.43kW·h/kg，其中反应剂和储罐的质量占系统质量的88.9%，这说明对于大容量的RFC，其质量主要由反应剂和储罐决定，要增加储能量，只需增加反应剂和储罐的质量，其他部分的质量不变，这样RFC就比蓄电池具有显著的优势。

　　5) 锂离子蓄电池技术

　　目前，使用到的储能电源包括铅酸电池、镉镍电池和锂离子蓄电池等，其中三种空间电源的的特点分别如表9-5所列。可以看到，锂离子电池的最大优点是重量比能量高，相比之下，高压镍氢蓄电池较低，镉镍蓄电池最低。目前，锂离子电池由于具有比能量高的突出优点，已经广泛应用于LEO卫星、GEO卫星和深空探测领域，在空间电源领域占据越来越重要的地位。

表 9 - 5　三种空间用蓄电池特性比较

性能对比	锂离子蓄电池	镉镍蓄电池	高压镍氢蓄电池
平均工作电压/V	3.7	1.2	1.25
体积比能量/(W·h/L)	300	120	70
重量比能量/(W·h/kg)	110 - 150	40	60
循环寿命/a	20% ~ 30% DOD 3 ~ 5	20% DOD 2 ~ 4	30% ~ 40% DOD ≥5
自放电	≤10%/月	20%/月	50%/周
能量转换效率	高	中	低
发热量	低	中	高
工作环境温度/℃	-20 ~ +55	-5 ~ +15	-5 ~ +20
连接方式	并联、串联	串联	串联
控制方式	复杂	简单	复杂
优点	比能量高	可靠性高、飞行经验丰富	可靠性较高、飞行经验较丰富

6）锂离子蓄电池研究进展

目前,空间对锂离子蓄电池的研究主要从高的比能量,长寿命和高的安全可靠性等方面进行。现有的空间用锂离子蓄电池的比能量普遍在 100 ~ 150W·h/kg,这主要是受空间环境应用的相关因素的影响。目前,以 SAFT 公司的 VES180 型号电池的比能量最高,达到 165W·h/kg,其初始容量为 50A·h。

已获得应用的空间锂离子蓄电池的电极材料体系中,主要以传统的 $LiCoO_2$、$LiNi_xCoyAl1 - x - yO_2$（NCA）正极材料以及石墨类负极材料为主,这些电极材料的优势在于应用工艺相对比较成熟,而且长期循环性能相对稳定。不足之处在于受体系的限制,导致电极材料的比容量难以提高,无法进一步提高蓄电池的比能量。因此,各个公司均在寻求能量更高、寿命更长的体系以替代传统的电极材料。根据 ESA 欧空局发表资料可知,SAFT 公司未来 5 年的目标是将空间用锂离子蓄电池的比能量提高到 250W·h/kg。

NASA 目前制定了 2010 年到 2030 年的整体的锂离子蓄电池的发展规划。其中,针对目前太空中航天员的设备、太空外舱探测设备、太空居住地、月球表面栖息地和登陆器等的要求,对电池提出了不同的性能要求。目前,NASA 主要通过以下几个方面对锂离子蓄电池进行开发:高容量的纳米正极材料（500mA·h/g）;高容量纳米负极材料（1000mA·h/g）;高电压（5V）、高导电性的电解液;过充电保护机制和设备;多功能电池结构;宽的温度使用范围和耐辐射的电极材料和电解液;环保的电池材料和工艺等。其中,通过采用富锂三元材料和传统的商业石墨体系,可以将空间用的锂离子蓄电池的比能量提高到 180W·h/kg,且循环寿命在 100% DOD 充放电循环下 2000 次（至 80% 初始容量）;通过采用富锂三元正极材料和硅基合金负极材料体系,比能量提高到 260W·h/kg,其未来 15 年的发展规划如图 9-29所示。

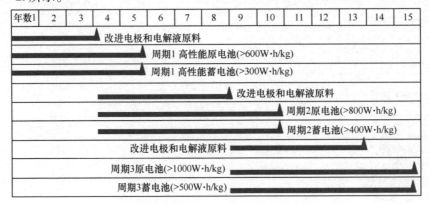

图 9-29　NASA 锂离子蓄电池发展规划

现研究较热的体系为富锂三元/高容量负极材料的体系,通过提高电极材料的储锂能力以提高电池的比能量,减少空间应用的成本。下面对高比能量体系的具体研究内容进行介绍。

(1) 高比容量富锂多元正极材料。

目前使用的 $LiCoO_2$ 材料实际克容量约 140mA·h/g,而 NCA 材料的实际克容量约 170~185mA·h/g,这些传统的正极材料远不能满足未来空间电池更高比能量的应用目标要求。近年来,一种由 Li_2MnO_3 和层状 $LiMO_2$ 形成的固溶体富锂锰系正极材料 $xLi_2MnO_3·(1-x)LiMO_2$(Mn 的平均化合价为 +4,M 为一种或多种金属离子,M 的平均化合价为 +3,包括 Mn、Ni、Co 等)由于具有较高的比容量而引起广泛的关注。

目前富锂锰系材料亟待解决的问题是如何制备高振实密度的正极材料和降低正极材料的不可逆容量损失,提高材料的循环性能。国内外研究内容集中在富锂锰系正极材料组分和合成工艺的优化,及通过表面改性提高正极材料的结构稳定性、循环稳定性和热稳定性,并取得了一定的成果。除探讨合成工艺对材料的性能影响外,通过表面改性提高材料的结构和性能稳定性也是重要的研究方向。除通过表面包覆氧化物外,相关研究结果表明表面包覆氟化物、磷酸盐等同样提高了富锂锰系正极材料的循环性能。通过表面包覆 AlF_3,富锂多元正极材料的热稳定性明显提高。

目前以巴斯夫为代表的公司已经购买了合成富锂锰系材料的相关专利,并已初步实现少量样品材料生产,所制备的经表面修饰的高比容量富锂锰系正极材料,比容量超过 250mA·h/g。

(2) 高比能量负极材料。

现今广泛应用的锂离子蓄电池负极材料为石墨类碳材料,石墨类材料的循环性能良好,但有其理论储锂容量的限制($372mA \cdot h/g$)。目前研究开发的高比容量负极材料以合金类复合负极材料最有应用潜力。经过多年的研究,合金类复合负极材料的各方面性能已有较大的突破,国外相关电池公司已处在产业化初期的阶段。

合金类负极材料的理论储锂容量比石墨类材料要高得多,比如金属锡的理论储锂容量$790mA \cdot h/g$,硅的理论储锂容量$4200mA \cdot h/g$。硅可与Li形成Li22Si5合金,是目前已知材料中理论容量最大的。国内外在此方面的研究起步早,范围广,影响其规模化应用的主要因素是合金类材料在嵌脱锂的过程中伴有较大的体积变化,从而降低了材料的电接触,甚至使活性材料从基体脱落导致失效,表现出的性能缺陷就是循环稳定性差。解决硅基材料的循环稳定性主要有以下几个方案:①制备纳米级合金材料,减少材料的相对体积变化;②通过掺杂第二相,获得稳定的非活性网络架构;③特殊结构的粉体材料,如"元宵式""核壳式"等结构。可以预见,一旦合金类负极材料的长期循环稳定性得到解决,锂离子蓄电池的比能量将会有大幅提升。

目前硅基负极材料的开发方面以日本相关电池公司较为领先。日本三井金属公司宣称已开发出用于新一代锂离子蓄电池的新型负极SILX。采用以硅(Si)为主体的结构,克容量约为现有碳类负极的2倍。日立麦克赛尔公司表明了近几年开始量产可实现更高容量且负极采用硅合金类材料的锂离子充电电池的意向。而日本松下公司计划于2012年量产负极材料采用硅基材料的锂离子蓄电池,已小量生产的18650锂离子蓄电池样品的比能量达到$250W \cdot h/kg$。除了日本、韩国的企业外,美国3M公司也在积极开发Si合金负极,预计在几年内推出Si合金负极材料产品。

由于硅基合金负极材料的加工特性、涂布性能等方面和传统的石墨类负极材料不甚相同,因此需要更改某些电池设计参数特别是负极涂布工艺,包括匹配电解液体系的选择。

美国NASA在其月球探测计划中,曾对作为储能电源的高比能量锂电池电化学体系做了系列的测评,包括锂硫电池、高电压体系、硅基负极体系、金属锂体系、石墨体系等,评估内容包括安全可靠性、倍率放电能力、质量比能量、体积比能量、日历寿命、循环寿命、可加工性和价格成本等。测评结果认为层状富锂多元正极材料/石墨材料可适用高比能量长寿命锂离子蓄电池的电极体系。

针对下一代超高比能量锂离子蓄电池的目标,各研究机构选择的电极体系和工艺路线也不尽相同。如何从电极材料的制备、电极片工艺研究、匹配电解质体系选择、电池设计与制作工艺等多角度着手,使这些新材料和新工艺成功地应用于空间锂离子蓄电池,是研究者们需要面对的共性问题。

7)月球基地使用20kW锂离子蓄电池组方案设想

针对月球基地用电需求的初步估计,设计20kW月球基地使用锂离子蓄电池组,设想母线电压 100V,蓄电池组 14 天连续充电,14 天连续放电。

（1）单体电池设计：

单体电池的充放电截止电压 3.0～4.5V；

单体电池容量 50A·h；

单体电池质量 900g；

单体电池尺寸 100mm×170mm×30mm。

（2）系统设计：

系统需输出能量 20000W×14×24h＝6720000W·h；

电池组的容量 20000W/100V＝200A·h；

单体电池能量 50A·h×3.5V＝175W·h；

需要的单体电池个数 6720000W·h/175W·h＝38400 个；

每个模块串联单体电池数 100V/3.5V＝28 串；

系统需并联模块数 38400/28＝1372 个。

由以上的相关数据,得出系统设计见图 9－30。其中,整个系统由 28(1372/50＝28)个机柜并联而成,每个机柜由 50 个模块并联而成,其中每个模块由 28 个单体电池串联而成。

（3）电池系统的体积和质量设计如下：

单体电池质量 900g；

模块质量 900g×28＝25.2kg；

机柜抽屉质量 5×25.2kg＋10kg＝136kg；

机柜质量 136kg×10＝1360kg；

系统质量 1360kg×28＝38,080kg＝38t；

机柜尺寸 600mm×1000mm×2000mm；

系统体积 14m×1.2m×2m。

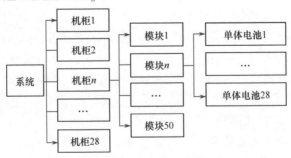

图 9－30　系统电池结构体系图

4. 核电技术

1）核电技术国外发展情况

核能有很多的获取途径,如核衰变、核裂变、核聚变等。这些衰变、聚变、裂变产生的热量可以通过静态和动态的方式转换成电能。静态转换方式是直接将热能转换成电能,动态转换方式通过 Brayton 循环、Stirling 循环和 Rankine 循环将热能转换成电能。

核电源主要有放射性同位素和核反应堆两种。放射性同位素加热热电(TE)物质,如碲化铅,产生电压,原理类似热电偶,只是转化效率更高。放射性同位素温差电源(RTG)常用于功率为几百瓦的太阳系任务。核反应堆用于产生 30 ~ 300kW 大功率能量电源。两种电源都有持续供电的优点,可以省去电池,无峰值功率约束。但核电源的明显缺点是必须在电子元件周围加上重重的防辐射罩。NASA 先进同位素发电系统(RPS)的发展目标主要是实现高效与高比能量的新转换技术。

目前主要的核电技术发展情况如下。

(1) Stirling 转换器。

SRG 是空间第一个活动能源,其利用核能进行热动力发电,如图 9 – 31 所示。目前该装置热电转换效率 >30% ,重量比功率 >8W/kg。Lockheed Martin、NASA 和 DOE 合作开展了 ASRG 系统的研究,计划输出电能 130 ~ 140W,实现 38% 的转换效率。目前,该装置已通过 14000h 地面无故障测试和耐用、振动等测试,计划2016 年使用。

图 9 – 31　SRG 示意图

(2) RTG 转换装置。

温差发电器的工作原理基于塞贝克效应,采用高优值的 P 型、N 型两种材料将热能直接转换成为电能。温差电元器件为固体状态的装置,没有机械运动部件,工作时无噪声、寿命长、体积小、质量轻,不需或只需极少维护。但温差发电器的效率较低,典型值为 5% ,一般不大于 10% ,因此,其应用范围受到限制,主要应用于不重点考虑费用场合,如长寿命导航卫星、星球表面着陆器、火星探测等。

温差发电器的结构主要包括以下几个部分:①热源;②温差电器件(含温差电材料),将热能直接转换为电能;③电极,连接两种不同类型温差电器件之间的金属,主要起电连接、机械支撑及传热作用;④绝热材料;⑤外壳－散热器;⑥辐射屏蔽与安全防护装置;⑦电压变换和功率调节装置。

目前,RTG 主要包括 MMRTG(图 9－32)和分段式 TE(图 9－33)两种形式。

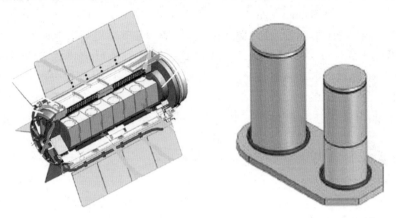

图 9－32　MMRTG 构造示意　　　　图 9－33　分段式 TE 结构展示图

(3)热光伏电源系统。

早在 19 世纪 60 年代热光伏系统已经开始有研究,但直到 20 世纪 90 年代,随着低禁带的Ⅲ－Ⅴ族化合物(一种高效转换器材料)的出现,热光伏的优越性才得到了证实,并开始受到人们的广泛关注。热光伏发电系统的一个主要优点即是热源广泛,国外学者已经设计出了使用不同燃料的热光伏系统,其原理如图 9－34所示。

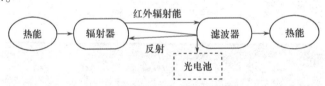

图 9－34　热光伏系统原理图

RTPV 系统是通过同位素衰减能量加热辐射器,并通过热辐射器有效调制辐射波段,获得很高的转换效率和很高的功率输出,NASA 联合 Creare 制造了首台 RTPV 系统,该装置使用同位素燃料 PuO_2 作为热源,电池使用禁带宽度为 0.6eV 的 InGaAs,该系统转换效率达到 17%,输出功率为 100W,重量比功率可以达到 14W/kg。RTPV 系统具有理论效率较高,噪声低,无移动部件,可便携,可靠性高,高体积比功率,高重量比功率等优点。由此,RTPV 发电技术成为满足深空探测的快速发展和强烈需求,获得环保、高效、高比功率、高可靠性的电源系统的又一种有效途径。由于 RTPV 系统具有效率高、耐高温性能好、无运动部件、易于维护等优点,因而既可以用于太阳光强度较弱的深空探测,也可以用于近日探测,以及无人装备、信息化武器装备等。

Fraas 等人设计加工了一套燃烧丙烷的热光伏装置,装置中串联布置了 48 块 GaSb 电池,如图 9 - 35 所示,其中图(a)图(b)分别为系统结构示意图及实物装置图。测试结果表明在电池最大输出功率点处,系统输出电压为 15V,输出电流为 1.6A。

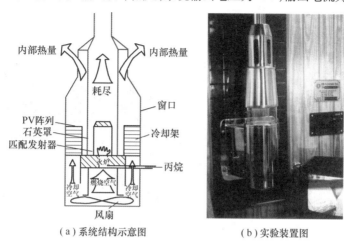

(a)系统结构示意图　　　　　(b)实验装置图

图 9 - 35　丙烷燃料的热光伏系统

Guazzoni 等人以液体烃作为热光伏装置的燃料热源,系统设计成便携式,可以输出电功率几百瓦到上千瓦,理论计算得出系统转化效率约为 4%。Becker 等人设计了以柴油为燃料的便携式热光伏发电装置,系统输出电能可以达到 150W,此装置选用氧化镱作为辐射器,高效 Si 电池作为光电池,系统效率最高可达 8.8%。Kushch 等人设计了一套以天然气为热源的热光伏系统,系统设计为热电联产模式,如图 9 - 36 所示,可产生 200W 的电能并且提供热水,预计热利用效率高达 83% 以上。

图 9 - 36　热电联产热光伏系统实验装置图

Horn E D 在美国加州能源委员会的资助下,对采用燃气与太阳能两种不同供热方式的热光伏系统进行了研究,如图 9 - 37 所示。通过两级聚光器会聚太阳能及燃料燃烧来加热辐射器,使其达到 1400℃ 的高温,计划输出电能高达 500W,同时通过水冷式散热系统,使得电池维持于 40℃,通过冷水带走电池的过余热量,实现热电联产,计划每天输出 144 ~ 192 加仑(1 加仑 = 0.00379m²)的热水资源。其设计制造的卡塞格林型聚光器的会聚效率可以达到91%,一级聚光器的会聚比可达到800:1,通过双轴跟踪,跟踪精度保持在 +/-0.2。燃烧气体-电能的转换效率可达到15%,而太阳能-电能的转换效率达到30%,由于该系统可同时提供热水,其综合热利用效率可达到83%。目前完整的系统已经搭建,实验结果和预期目标较为接近,将逐步用于军事及生活供电供热。

图9-37 SGTPV 装置示意图

2) 核电技术使用情况

目前在太空探测领域一般采用热电偶型温差发电器作为热电转换装置。其中美国 RTG 应用见表9-6。

表9-6 美国 RTG 应用情况表

航天器	同位素装置	任务目标	发射时间	状态
Transit-4A	SNAP-3B7 RTG(1)	地球轨道/导航卫星	1961-06-29	RTG 工作15年
Transit-4B	SNAP-3B8 RTG(1)	地球轨道/导航卫星	1961-11-15	RTG 工作9年
Transit-5BN-1	SNAP-9A RTG(1)	地球轨道/导航卫星	1963-09-28	RTG 工作正常,因其他原因9个月后失效
Transit-5BN-2	SNAP-9A RTG(1)	地球轨道/导航卫星	1963-12-05	RTG 工作超过6年
Transit-5BN-3	SNAP-19B2 RTG(1)	地球轨道/导航卫星	1968-05-18	发射失败,再入时燃烧,造成上层大气污染
Nimbus B-1	SNAP-19B3 RTG(2)	地球轨道/导航卫星	1968-05-18	发射失败,RTG 热源安全回收用于后面的任务
Nimbus-Ⅲ	SNAP-19B3 RTG(2)	地球轨道/导航卫星	1969-04-14	RTG 工作超过2.5年
Apollo-11	ALRH Heater	月球表面/科学实验	1969-07-16	利用热单元对实验站进行热控,后关闭

（续）

航天器	同位素装置	任务目标	发射时间	状态
Apollo – 12	SNAP – 27 RTG(1)	月球表面/科学实验	1969 – 11 – 14	实验站关闭前 RTG 正常工作 8 年
Apollo – 13	SNAP – 27 RTG(1)	月球表面/科学实验	1970 – 04 – 13	任务失败，RTG 沉入南太平洋海底，未探测到泄漏
Apollo – 14	SNAP – 27 RTG(1)	月球表面/科学实验	1971 – 01 – 31	实验站关闭前 RTG 正常工作 6.5 年
Apollo – 15	SNAP – 27 RTG(1)	月球表面/科学实验	1971 – 07 – 26	实验站关闭前 RTG 正常工作 6 年
Pioneer – 10	SNAP – 19 RTG(4)	行星探测	1972 – 03 – 02	已经飞越超过冥王星，2003 年 1 月最后收到信号
Apollo – 16	SNAP – 27 RTG(1)	月球表面/科学实验	1972 – 04 – 16	实验站关闭前 RTG 正常工作 5.5 年
Triad – 01 – 1X	SNAP – 27 RTG(1)	地球轨道/导航卫星	1972 – 09 – 02	RTG 工作超过 20 年
Apollo – 17	SNAP – 27 RTG(1)	月球表面/科学实验	1972 – 12 – 07	实验站关闭前 RTG 正常工作 5 年
Viking – 1	SNAP – 19 RTG(2)	火星着陆探测	1975 – 08 – 20	着陆器关闭前 RTG 正常工作 6 年
Viking – 1	SNAP – 19 RTG(2)	火星着陆探测	1975 – 09 – 09	链路失败前 RTG 正常工作 4 年
LES – 8, LES – 9	MHW – RTG(4)	地球轨道/导航卫星	1976 – 03 – 14	LES – 82004 关闭，LES – 9 正常工作
Voyager – 2	MHW – RTG(3)	行星探测	1977 – 08 – 20	RTG 工作正常，已经超越了天王星，海王星，到更远的地方
Voyager – 1	MHW – RTG(3)	行星探测	1977 – 09 – 25	RTG 工作正常，已经飞到太阳系边缘
Galileo	GPHS – RTG(2) RHU Heater(120)	行星探测	1989 – 10 – 18	2003 年航天器在木星大气销毁，RTG 工作正常
Ulysses	GPHS – RTG	太阳探测	1990 – 10 – 06	工作正常
Mars Pathfinder	RHU Heater(3)	火星着陆探测	1996 – 12 – 04	火星车寿命 84 天 BH
Cassini	GPHS – RTG RHU Heater(117)	行星探测	1997 – 10 – 15	工作正常
MER Spirit	RHU Heater(8)	火星着陆探测	2003 – 06 – 10	利用热单元，工作正常
MER Opportunity	RHU Heater(8)	火星着陆探测	2003 – 07 – 07	利用热单元，工作正常
New Horizon	GPHS – RTG	行星探测	2006 – 01 – 18	工作正常

目前世界上核能源应用主要在深空探测器上,规模最大在 600W 左右。由于月球表面探测面临长达 14 个地球日的连续月夜,太阳光伏能源系统需要极大代价的储能电池来解决月夜能量供应与保温问题。因此,发展核能源可同时解决月夜用电与保温问题,可以大大减轻月球表面能源系统的重量,提高月夜生存可靠性。近十年,在美国、欧洲、日本开展的月球基地的大量研究报告中都表明,月球基地上最主要的能量来源将由核反应堆提供。从发展趋势看,核反应堆能源系统是月球基地用能源系统发展的必然结果,已成为月球基地用能源系统的热门课题。但是,采取核能源系统,尚需解决核电转换效率提高,核原料获取等一系列难题。

氦 –3 是可控核聚变反应的重要燃料,在地球上相当稀缺,但在月球上的储量非常丰富。月球上的氦 –3 主要富存在覆盖整个月球表面的月球土壤中,由于陨石的持续撞击,氦 –3 在深达数米的月球土壤中均匀分布。据估算,月球土壤中氦 –3 的资源量高达 100 ~ 500 万吨,将为人类社会提供长期稳定能源供应,被科学界称为"完美能源"和"终极能源"。从 1986 年开始美国威斯康星大学核工程系与美国国家航空航天局联合,对 D –3He 燃料聚变分别从物理要求、包层工艺技术、环境安全、材料试验、加料工艺等方面已做了系统研究,对开发利用月球氦 –3 资源的可行性进行了系统论证。最近,日本也投入较多经费与俄罗斯企业合作,共同研究月球氦 –3 资源的开发。

美国一些大学开展的月球基地先期研究工作表明,月球基地将采用基于 B rayton 循环和 Stirling 循环的 SP – 100 反应堆或 mW 级热功率(几十到几百千瓦级电功率)的气冷快堆提供热能和电能。SNAP,TO-PAZ 和 SP – 100 都是空间核反应供电系统的例子。图 9 – 38 是核反应供电月球车的设想图。

图 9 – 38　核反应供电月球车设想图

日本研究了一种适合于月球表面用的称之为 RAPID(Refueling by All Pins Integrated Design)– L 的锂冷快中子核反应堆电源,具有完全自动运行的功能,可以提供 200kW 的电功率,反应堆热功率为 5mW 左右。

5. 空间无线能量传输技术

空间无线能量传输就是利用无线电波在空间传送能量,它使航天器摆脱了传统的有线能量传输形式的束缚,极大地提高航天器的自主性、灵活性、机动性和耐久性;它可以承担起将空间太阳能电站产生的电量传回地面、为在轨航天器提供能源保障的工作;它将开辟新的武器系统能源补充形式,提高武器系统的作战能力。空间无线能量传输技术具有极其广阔的应用前景,它的发展应用必将对我国能源技术产生深远影响。

1）研究现状

空间无线能量传输是基于电力电子技术、电磁场理论、微波技术、微电子等多学科交叉的新型技术领域，它正日益受到世界各国的重视。世界各主要大国都在研究空间无线能量传输技术来进行外太空试验发电。目前，无线能量传输可采用激光和微波两种方式，它们各有利弊。激光传输的特点是系统质量和尺寸较小，但是传输时损耗较大，比较适于近距离传输；微波传输的特点是系统质量和尺寸大，能量不太容易集中。美国、俄罗斯、法国等国家采用微波输电，德国采用激光输电。

早在 100 年前，Tesla 用工作电压 100MV、频率 150kHz 的电磁波发生器产生非定向电磁辐射，成功地点亮了两盏白炽灯。这就是最初的无线能量传输演示实验，从那时起无线能量传输的概念问世了。到了 20 世纪 20 年代中期，日本的 H. Yagi 和 S. Uda 论述了无线能量传输概念的可行性；30 年代初期美国的研究者也开始了不用导线点亮电灯的方案探讨。

随着大功率、高效率真空电子管微波源的研制成功，20 世纪 60 年代初期 Raytheon 公司的 W. C. Brown 做了大量无线能量传输的研究工作，从而奠定了无线能量传输的实验基础，使这一概念变成了现实。在他的实验中设计了结构简单、高效率的半波电偶极子半导体二极管整流天线，把它放在用来反射电磁波的导电平板之上，纯电阻作为负载，用低噪声、高效率的放大管和磁控管作为微波源，将频率 2.45GHz 的微波能量转换为直流电。Brown 在 20 世纪 60—70 年代之间做了一系列实验，实验方法不断改进（从喇叭天线、反射面天线到相控阵天线，从一般的二极管到势垒二极管等），射频能量转换为直流电的效率也不断提高。1977 年所做的实验中使用 GaAs – Pt 肖特基势垒二极管，用铝条构造半波电偶极子和传输线，输入微波的功率为 8W，获得了 90.6% 的微波 – 直流电整流效率。后来他改用印制薄膜，在频率 2.45GHz 时效率为 85%。经过多年的精心研究，他演示的直流 – 直流的转换效率达到 54%。

自从 Brown 实验获得成功以后，人们开始对无线能量传输技术产生了兴趣。斯坦福大学的 Dunn 和他的同事也进行了理论研究，并证明了在半径 1m 的圆波导中以低损耗的 TE001 模式传输 GW 量级的高功率微波潜在的可行性。他们设想用圆波导传输的微波能量来驱动城市交通工具（如封闭的有轨电车或地铁）。据估计，如果传输频率 10GHz 的 TE001 波模，每传输 1000km 的损耗约 5%。但是由于大截面圆波导加工的困难和实际传输过程中波导模式的转换使得损耗增加，所以没有得到工程上的实施。

在美国宇航局的支持下，1975 年开始了无线能量传输地面实验的五年计划，由喷气发动机实验室和 Lewis 科研中心承担，将 30kW 的微波无线输送 1.6km，微波 – 直流的转换效率为 83%。从 80 年代末起，某些无线能量传输试验放在空间 – 地面、空间 – 空间之间进行，现在空间站上的无线能量传输试验正在进行着。

1991 年华盛顿 ARCO 电力技术公司使用频率 35GHz 的毫米波,整流天线的转换效率为 72%。毫米波段的优点是天线的孔径较小,缺点是毫米波源的效率比厘米波低,器件的价格也较贵,还有波束传播的雨衰问题。由于无线通信频率的扩展,为了避免对 2.45GHz 频段通信潜在的干扰,美国宇航局倾向把 5.8GHz 的频率用于无线输电。这两个频率点的大气穿透性都很好,相应元器件的转换效率都很高,价格也便宜。1998 年 5.8GHz 印制电偶极子整流天线阵转换效率 82%。近年来也发展了微带整流天线和圆极化整流天线。

Sang H. Choi 等人在 NASA Langley 研究中心研究了 X 波段整流天线阵列在驱动复合压电执行器 THUNDER 的性能。图 9 - 39 是他们在 200W,8.51GHz 微波束下一个 6×6 矩形微带整流天线阵列及其驱动 THUNDER 执行器,所获得的电压达515V,得到 7mm 的变形量。

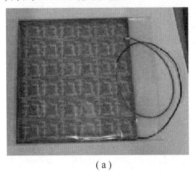
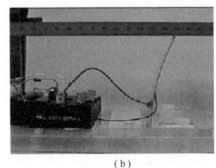

(a)　　　　　　　　　　　　　(b)

图 9 - 39　NASA 6×6 矩形微带整流天线阵列(a)及其驱动 THUNDER 执行器(b)

该组亦在开发一种柔性薄膜无极化整流天线阵用于微波供能飞行器,如图 9 - 40 所示。偶极子天线的圆周组阵有效地消除了极化效应所导致的接收效率的方向性差异。在 9 ~ 12GHz 传输频率下天线阵可输出 80V,300mA 的直流电能,足以驱动飞行器的三个推进电动机。

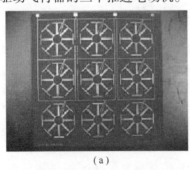

(a)　　　　　　　　　　　　　(b)

图 9 - 40　NASA 无极化薄膜整流天线阵列(a)及微波供能明示器(b)

苏联在无线能量传输方面也进行了大量的研究。20 世纪 50 年代末期,在著名科学家、诺贝尔奖金获得者 П. Л. Капица 的直接领导下,无线能量传输理论和实验研究拉开了序幕。在他超越时代的研究中，专门设计了命名为 Planatron 的微波器件，用来产生和转换微波功率。在他看来，未来微波电子学的主要研究方向就是微波电力工程，设计大功率、高效率的微波发生器和微波－直流电转换器是无线能量传输最紧迫的问题。在莫斯科大学，以 В. Л. Саввин、В. А. Ванке 为首的研究组在无线能量传输与卫星太阳能电站方面进行了大量的理论与实验研究（包括系统、子系统的设计和相关的微波器件的研制等）。与微波公司合作，他们研制出了一系列无线能量传输器件，其中包括关键器件——快回旋电子束波微波整流器。从 1996 年开始已将有关回旋波整流器的技术提供给日本京都大学的 Matsumoto、Shinohara 等人，计划在自由号国际空间站的日本模块上进行试验。

日本经过多年的发展，在小型化高功率微波发射机、相控阵天线、高效率整流天线阵列以及系统集成上都取得了很多成果。日本在 1983 年和 1993 年分别进行了空间微波能量传输试验（MINIX 和 ISY－METS），在演示了微波能量传输在高空的可行性同时，还对高能微波与离子粒子间的相互作用进行了数据采集和仿真对比。1992 年，使用地面车载的固态器件与相控阵天线给一架无人飞机（MILAX）无线供电，工作频率为 2.41GHz，微波功率为 1.25kW，直流功率为 90W。1994 年的地对地输电实验工作在 2.45GHz，微波功率为 3kW，直流功率为 1kW。1996 年京都大学与莫斯科大学开展了无线能量传输的技术合作，并购买了回旋波整流器，并在 2000 年进行无线能量传输技术中间工程的试验，将在赤道上空运行卫星的微波能量送到地球表面的整流天线阵，并宣布在 2040 年建成功率为 100kW 的卫星太阳能电站。这项工程的主要准备工作和预先研究都由京都大学的 Matsumoto、Shinohara 等人承担，此外还有 Mitsubishi 电气公司、Matsushita 公司等。

图 9－41 是 1992 年日本为 MILAX 项目所设计的验证性飞行器系统，其地面站汽车通过摄像机和计算机光学图像处理实时获取在 25m 高处飞行的微波供能无人飞行器的运动信息，并通过车上的固态相控天线阵向其发射 2.45GHz 微波束能量，飞行器的下侧贴有大面积的薄膜整流天线阵，用于接收微波束能量并转换成直流电以驱动推进电机和控制系统，维持正常飞行。

图 9－41　日本 MILAX 项目的验证性微波供能无人飞行器

法国 1994 年在留尼旺岛专门召开了无线输电技术研讨会。现在也正在进行无线能量传输试验,在印度洋西部留尼旺岛生态敏感的峡谷,将适当的微波功率传输 700m 距离,用来研究无线能量传输的生态效应。

2)空间无线能量技术应用方案设想

空间无线能量传输系统示意图如图 9 - 42 所示,太阳能电池组首先通过功率变换器输出电能,然后利用微波激励源将电能转换成微波能,经过发射天线将微波能发射到自由空间,由微波能量接收装置将微波能接收并转换成直流电,实现点对点间的能量传送。微波源发射部分中将电能转换成微波能的可以使用微波磁控管,研究发现微波磁控管外加无源电路作为发射天线的放大器,其电能 - 微波能的转换效率非常高。微波在发射天线和接收天线间的自由空间传输,只要发射天线和接收天线的口径分布满足一定的条件,其理论传输效率可接近 100%。

太阳能 → 电能 → 微波激励源 → 发射天线 → 整流天线 → 电能

图 9 - 42　空间无线能量传输系统示意图

从图 9 - 42 中我们可以看出,无线能量传输系统是一个极其复杂的系统,它包括一次电源系统、微波激励源系统、发射天线系统、整流电线系统(接收天线和整流电路)等若干个分系统和太阳能电池组件及用电负载。

3)NASA 关于月球基地太阳能发电系统对地球电力传输设想

早在 1968 年,美国的 P. E. Glaser 博士就创造性地提出在离地面 36000km 的地球静止轨道上建造太阳能发电站的构想,这就是通称的太阳发电卫星(SPS)系统。之后,一些发达国家如美国、日本、法国、俄罗斯等先后开展了空间电站的各种研究与论证工作。这种电站是利用铺设在巨大平板上的亿万片太阳能电池,在太阳光照射下产生电流,将电流集中起来,转换成无线电微波,发送给地面接收站。地面接收后,将微波恢复为直流电或交流电,送给用户使用。在 SPS 系统的研究基础上,美国休斯顿大学的 D. Criswell 等科学家提出了以月球为基地的太阳能发电(LSP)系统的设想,见图 9 - 43。其 LSP 发电系统就是在月球上建立太阳能接收站,就地将太阳能转换为微波能,直接向地球接收站传输,或通过地球轨道上布置的微波反射器再传输到地球的指定点。

由于月球表面几乎没有大气,太阳辐射可以长驱直入。计算表明,每年到达月球范围内的太阳光辐射能量大约为 120000 亿千瓦,相当于目前地球上一年消耗的各种能源所产生的总能量的 2.5 万倍。此外,由于月球自转周期恰好与其绕地球公转周期的时间相等,所以月球的白天是 14 天半,晚上也是 14 天半,一天相当于地球一个月的长度,这样它就可以获得更多的太阳能。科学家认为,如果在月球表面建立全球性的并联式太阳能发电厂,如图 9 - 44 所示,就可以获得极其丰富而稳定的太阳能,这不但解决了未来月球基地的能源供应问题,而且随着人类空间转换

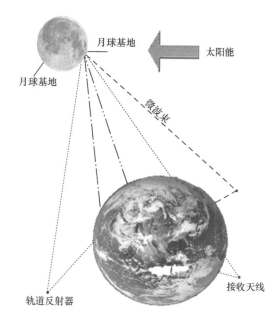

图 9 - 43　LSP 系统方案设想

图 9 - 44　月球上的太阳能发电站

装置技术和地面接收技术的发展与完善,还可以用微波传输太阳能,为地球提供源源不断的能源。

　　研究认为,月球的轨道稳定。同时,月球上的材料,目前的环境也适合大面积太阳能转换器的制造与操作。人类的登月成功,月球资源的开发研究日益深入,给LSP 系统从生产、安装、维修、控制等都带来了很大方便。它的实现比 SPS 系统具有更加诱人的前景。作为未来空间太阳能电站的两种选择,不管采用 SPS 系统,还是 LSP 系统,都首先需要解决无线电能传输技术(WPT)、太阳光伏电池技术及空间技术等问题。

日本由未来工程学研究所牵头,召集能代表日本水平的大学、研究所以及 20 多家企业的技术专家,成立了"月球基地与月球资源开发研究会",也提出了一份月球基地的建设蓝图。虽然美国和日本制定的月球基地蓝图十分宏大,但目前仍处于方案构想和论证阶段。2011 年 5 月,据英国《每日邮报》报道,日本清水建筑株式会社的研究部计划为全人类提供清洁能源,通过在月球赤道带建立一个环带状的巨型太阳能发电系统。他们计划将月亮真正变成一个"水晶球",遍布太阳能板,并且由机器人进行管理运作。

这项雄心勃勃的计划如果得以实现,它将能产生 1.3×10^{16} W 太阳能,并且连续不断。随后将这些能源通过激光或微波的方式传回地球上的接收站即可。根据他们的设想,这项计划中将沿着月球的赤道修建长达 6800 英里(约合 10900km)的采光带,采光带宽度约为 248 英里(约 400km)。这个在月球赤道上建造的巨大太阳能发电系统,将把电力转换成微波或者激光。从靠近地球的一面,将安装直径为 20km 口径的巨型天线,来接收向地球传输的能量,然后再将这些微波或者激光,通过硅整流二极管天线转换为电力,见图 9 - 45。在地球表面设置类似于灯塔的接收站,确保 24h 连续供电。这项计划要建造大量机器人,在太空集合,然后登陆月球,尽可能地利用月球的资源,然后确保航天员在月球表面,为机器人做支持。这个太阳能带在开始建造时会相对较小,之后逐渐加宽至 400km。如果这一发电系统可以实现,就能够为人类提供足够多的清洁能源。

图 9 - 45　地球接收示意图

9.2.3　推进技术的发展及其在月球探测的应用

1. 推进技术在月球以远深空探测中的应用历史及技术演变

1)月球及深空探测对推进系统的要求

推进系统是深空探测器走得"稳、准、快"、减小对发射窗口依赖的关键保障。深空探测器推进系统技术源自地球卫星推进系统技术,但深空探测器推进系统要求要高于地球卫星,主要原因如下:

(1)深空探测器发射质量要大于同等地球卫星的发射质量,相同运载火箭发射深空探测器的能力要弱于发射地球卫星,或者说减小了深空探测器的发射质量,也就限制了深空探测器的推进剂携带量,限制了深空探测器速度增量的提升。

（2）深空探测器一般速度增量需求量较大,增加了对推进剂量的需求以及对发动机比冲和累计工作时间的要求。

（3）深空环境一般要比地球环境恶劣,推进系统可靠性要求高。深空探测过程中,空间环境与地球周围的空间环境可能会存在较大不同,对推进系统影响较大的是太阳辐照、热环境、带电离子电离辐射等因素,因此推进系统零部组件,特别是非金属密封件和传感器等电子器件需要进行充分的长时间地面模拟空间环境试验。

（4）深空探测器推进系统对故障检测、隔离和处理的要求高,深空探测器信号传输周期较长,如火星探测器信号来回约需20min,地面测控站无法处理突发的故障,而推进系统故障多数为推力器误喷、推力偏差大等需要及时处理的故障,这就需要探测器具有一定的推进系统故障检测、隔离和处理的能力。

因此对深空探测器推进系统提出了较高的要求。不同的深空探测任务,需要综合考虑速度增量、可靠性、技术实现能力等因素,选择合适的推进技术。

2）月球及深空探测推进系统应用历史

深空探测器推进系统发展经历了从简单到复杂,从单一的化学推进到电推进、化学推进复合推进的发展历程,此外,太阳帆等新型推进技术也在蓬勃发展,核推进技术也持续发展。

早期的深空探测任务,速度增量需求量不是特别大,如月球、火星、金星探测等,且由于技术原因,绝大多数深空探测器采用化学推进。随着深空探测需求的增长,对速度增量的需求大大增加。高比冲的电推进开始执行深空探测主推进任务,至今已有3次电推进作为主推进的深空探测任务成功完成,1次正在飞行途中,此外多个项目正在论证中。

3）电推进与化学推进的比较

化学推进和电推进均是通过向后高速喷出推进剂来实现加速,推进剂的喷出速度和推进剂喷出量决定了航天器入轨后可获得的速度增量。深空探测器发射能量C3较大,对运载火箭需求较高,对自身推进系统比冲提出了较高要求。表9-7给出了在不考虑姿控推进剂消耗量的情况下,发射质量1500kg的深空探测器采用双组元化学推进、霍耳电推进和离子电推进时的速度增量和推力器工作时间等参数。为与现有技术水平相匹配,给出了相应推力和比冲的电推力器的功率和寿命,以估算任务所需的推力器台数。

可见,采用比冲315s的双组元化学推进时,即使推进剂消耗量-发射质量比为0.8,所能提供的速度增量也仅为4.9km/s,而采用高比冲的电推进时,速度增量明显提高,且比冲越高,达到某一速度增量的推进剂消耗量越少。然而,采用电推进时,推力为毫牛量级,推力器累计工作时间很长。为达到某一速度增量,电推力器功率相同时,比冲越高,推进剂越少,但推力器累计工作时间越长。

表 9 - 7　双组元化学推进、霍耳电推进、离子电推进比较

类型	探测器发射质量/kg	主推进剂消耗量/kg	推进剂消耗量 - 发射质量比	电推力器功率/kW	推力/N	比冲/s	速度增量/(m/s)	推力器累计工作时间/h
双组元化学推进	1500	750	0.5	—	490	315	2140	1.313
	1500	1050	0.7	—	490	315	3717	1.838
	1500	1200	0.8	—	490	315	4968	2.100
霍耳电推进 (1.35kW 推力器, 寿命约 7500h)	1500	450	0.34	1.35	0.08	1600	6515	27767
	1500	600	0.5	1.35	0.08	1600	10869	40833
	1500	1050	0.7	1.35	0.08	1600	18878	57167
离子电推进 (1.3kW 推力器, 寿命约 12000h)	1500	300	0.2	1.3	0.04	3000	6560	61250
	1500	450	0.3	1.3	0.04	3000	10486	91875
	1500	750	0.5	1.3	0.04	3000	20379	153125
离子电推进 (2.3kW 推力器, 寿命约 16000h)	1500	300	0.2	2.3	0.09	3100	6779	28130
	1500	450	0.3	2.3	0.09	3100	10836	42194
	1500	750	0.5	2.3	0.09	3100	21058	70324

采用电推进时,需要增加电推进用的电源系统,图 9 - 46 为采用化学推进和电推进时探测器组成对比示意图。电推进系统控制系统也相应复杂,对系统可靠度要求增加,因此需综合考虑推进方式对深空探测器的影响。

如对于表 9 - 7 中的例子,探测器电功率相近时,为实现 6.5km/s 的速度增量,采用 1.35kW 的霍耳推力器和 1.3kW 的离子推力器,累计工作时间分别达 27767h (3.17 年)和 61250h(6.99 年),所需推力器数量分别为 4 台和 6 台。如果仅考虑推进剂量,则离子电推进比霍耳电推进推进剂量少 150kg,但综合考虑,霍耳电推进在电推进系统累计工作时间、推力器数量、系统复杂程度等方面更占优势,对深空探测

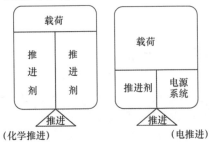

图 9 - 46　化学推进和电推进探测器组成对比示意图

器寿命要求比离子电推进也低得多。由于深空探测器所处的环境较为复杂,通信延迟现象严重,探测器寿命需求的增加是不利于整个任务成功的。

因此,选择深空探测主推进系统时,需要综合考虑速度增量、推进剂量、累计工作时间、系统复杂程度等因素。

2. 深空推进技术发展现状

已进行过深空探测的国家为苏联/俄罗斯、美国、欧洲、日本和印度。苏联/俄

罗斯、美国的深空探测推进技术,有着技术领先、目标明确、预研超前、阶段发展等特点,大力发展化学推进、电推进和核推进等多种推进技术。欧洲、日本和印度在稳固传统化学推进的同时,也在大力发展电推进等新型推进技术。

1) 化学推进

深空探测器的化学推进以单组元和双组元化学推进为主,执行主推进、姿态控制、精确指向和轨道机动等任务,有一些也采用冷气推进执行姿态控制任务。深空探测器化学推进系统发动机可分为主发动机和姿轨控发动机。主发动机提供探测器轨道转移、在行星上降落和上升等任务所需的主推进力。姿轨控发动机提供轨道维持、姿态控制、精确指向等任务所需的推力。

对于总冲较大的任务,一般采用比冲高的双组元推进。双组元推进可分为统一双组元推进和双模式双组元推进。统一双组元推进是指主发动机和姿轨控发动机共用双组元推进剂。该推进方式又可分为落压式双组元推进和恒压式双组元推进。落压式推进是指气瓶中具有足够的挤压气体来挤压推进剂,以供发动机工作,随着推进剂的消耗,发动机入口压力不断降低,发动机比冲等性能会下降,这种方式不需要复杂的气路,控制较为简单。恒压式推进是指利用带减压阀的气路维持储箱压力,使发动机入口压力维持不变,发动机始终处于高性能的额定工作状态,这种工作方式需要气路的支持,控制较为复杂。有些推进系统具备恒压和落压转换的功能,以满足不同任务的需要,如轨控阶段采用恒压工作方式,而姿控过程采用落压工作方式。

对于总冲较小的任务,一般选用简单的单组元推进,以减小任务风险,单组元推进一般采用落压工作方式。

目前对双组元化学推进的研究主要集中在高性能推进剂、无毒推进剂、变推力发动机、混合比控制等方面,对于单组元化学推进,研究主要为长寿命催化剂、降低推进剂冰点等方面。

以火星探测器的推进系统为例进行说明。早期的火星飞越型空间探测器的推进系统,美国采用主发动机为单元肼发动机,姿控发动机为冷气推力器的方式,苏联则采用了主发动机为泵压式双组元发动机,姿控发动机为挤压式双组元发动机的方式。

后期的火星轨道器的推进系统以双组元推进系统为主。美国所发射的探测器中以采用 NTO(四氧化二氮,也有采用加了 3% 质量比 NO 的 MON – 3)和 MMH(一甲基肼)为推进剂的双模式推进系统为主,也有采用 NTO 与 MMH 为推进剂的统一双组元推进系统,如"海盗"(Viking)系列探测器。而苏联则以采用 NTO 和 UD-MH 为推进剂的双组元推进系统为主。欧洲所发射的火星快车探测器采用了 NTO 和 MMH 的统一双组元推进系统。

在火星着陆器方面,美国的着陆器推进系统以单元肼推进系统为主,其中部分着陆器采用了单元肼变推力发动机。

下面给出两个化学推进的例子。

（1）"海盗"1号、2号火星探测器轨道器双组元推进系统。

图9-47为美国"海盗"1号（1975年8月20日发射）和"海盗"2号（1979年9月19日发射）探测器的轨道器推进系统原理图。这两个探测器都是由一个质量为2360kg的轨道器（VO-1和VO-2）和一个质量为1090kg的着陆器（LV-1和LV-2）组成。两个航天器航行10个月后，于1976年进入火星轨道。

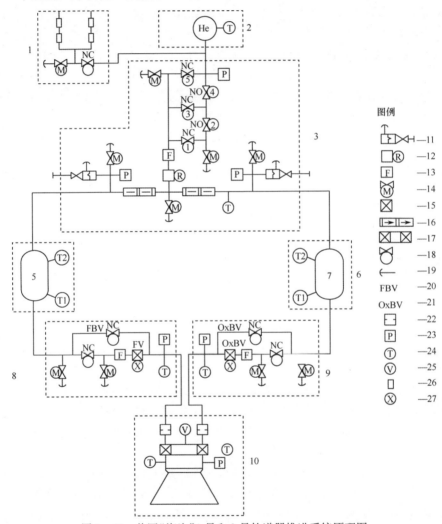

图9-47 美国"海盗"1号和2号轨道器推进系统原理图

1—气体分配组件；2—挤压气瓶组件；3—压力控制组件；4—推进剂储箱组件；5—燃料；
6—推进剂储箱组件；7—氧化剂；8—（燃料）推进剂隔离组件；9—（氧化剂）推进剂隔离组件；
10—化学发动机组件；11—加排阀；12—减压器；13—过滤器；14—手动阀；15—电磁阀；
16—单向阀；17—发动机组件；18—电爆阀；19—堵头；20—燃料常闭电爆阀；21—氧化剂常闭电爆阀；
22—节流孔板；23—压力传感器；24—温度传感器；25—电压；26—连接点；27—位显。

轨道器对推进系统的要求为：

① 利用质量为1046kg的有效推进剂，为探测器提供1480m/s的总速度增量；

② 每次点火机动可为火星入轨机动提供900～1325m/s的速度增量；

③ 在轨期间，共要完成4次轨道修正机动，1次火星入轨制动，20次火星轨道修正机动；

④ 最小冲量达534N·s；

⑤ 最后一次姿态机动完成后，发动机还要继续工作240s；

⑥ 发动机工作期间，对滚动轴的干扰力矩小于0.45N·m；

⑦ 发射后的510天中，在 –11.1～32℃温度和微重力环境下推进系统的性能不衰减。

为达到上述要求，轨道器推进系统采用了双组元推进系统，推进系统质量（含万向架、热控、电缆和不可用推进剂）224kg。推进剂采用 N_2O_4 和 MMH，装填量1423kg，可用量1405kg。推进剂用氦气以挤压方式供给，推力恒定，可多次启动。轨道器俯仰和偏航方向的推力矢量控制由一个两轴万向架来实现，滚动控制则用冷气推力器，冷气推力器采用氦气瓶中的氦气作为推进剂。在着陆器与轨道器分离前，推进系统以恒压方式工作，分离后以落压方式工作。

推进系统由挤压气瓶组件、推进/反作用控制气体分配组件、用以控制氦气挤压系统的压力控制组件、2个相同的推进剂储箱（表面张力储箱）组件、2个相同的推进剂隔离组件和1个化学发动机组件构成。

（2）美国"新地平线"号冥王星探测器推进系统。

美国"新地平线"号（New Horizons）冥王星探测器是 NASA 新边疆计划（New Frontier Program）的第一个探测器，目标是观测冥王星及其卫星卡戎（Charon），以及其他天体，加强对太阳系的科学认识。

由于电源功率限制，新地平线号没有装备用于姿控的反作用杆或动量轮，完全依靠落压式单组元肼推进系统来实现自旋稳定和三轴稳定模式中的自旋速率变化、进动、旋转、死区维持和仪器扫描等姿态控制任务。推进系统可提供395m/s的速度增量。

"新地平线"号单组元推进系统可分为上游部分和下游部分，其原理图见图9-48。上游部分由1个储箱、2个加排阀（气、液各一个）、1个系统过滤器、1个流量控制节流孔和2个压力传感器组成，实现推进剂的储存、净化和节流。压力传感器分别位于储箱下游和节流孔下游。下游部分由4个0.9N姿控推力器支路和1个4.4NΔV推力器支路构成。每个姿控推力器支路上游设置1个自锁阀，下游为3台并联的0.9N姿控推力器。4.4NΔV推力器支路上游设置了并联的两个自锁阀，下游为4台并联的4.4NΔV推力器。

该推进系统采用冗余设计，一个推力器支路失效时，仍能确保探测器的三轴控制能力。自锁阀的设置考虑一个推力器出现泄漏时隔离单独的推力器支路，最大

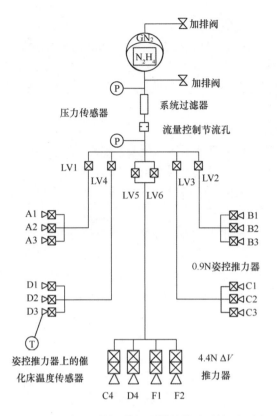

图 9 - 48 "新地平线"号探测器的推进系统原理图

限度确保可用的推力器数量。

新地平线号的落压式单组元肼推进系统结构简单、系统可靠,能够很好地满足新地平线号周期长达 14 年以上的冥王星探测和扩展任务的需求。

2)电推进

1998 年 10 月 24 日,美国发射以离子推力器作为主推进的"深空"1 号(Deep Space 1)小行星探测器(图 9 - 49),电推进正式进入深空探测主推进领域。"深空"1 号发射质量 486.3kg,干质量 373.7kg。"深空"1 号采用了电液混合推进系统,以离子电推进执行深空探测主推进任务,落压式单组元推进执行姿态控制任务,推进剂质量分数 23.2%。离子推进系统采用了一台电子轰击式离子推力器 NSTAR,有效栅极直径为 28.6cm。NSTAR 由 NASA 格林研究中心(GRC)、喷气推进实验室(JPL)和休斯/波音公司联合研制,如图 9 - 50 所示,在"深空"1 号上应用时,功率调节范围 580 ~ 2550W,推力 20 ~ 92mN,比冲 1979 ~ 3127s,总效率 42% ~ 63.1%,累计在轨工作时间 16246h,提供了约 4.3km/s 的速度增量。

"深空"1 号成功验证了电推进系统用于深空探测的可行性和长寿命能力,为电推进技术在深空探测中应用扫平了障碍,具有里程碑的意义。但电子轰击式离子推力器工作需要上千伏高电压,离子光学系统精度要求较高,导致技术难度较大。

図 9-49 "深空"1 号探测器 　　　　　　 图 9-50 NSTAR 离子推力器

日本于 2003 年 5 月 9 日发射的"隼鸟"号(HAYABUSA,原名 MUSES-C)探测器发射质量 510kg,干质量 380kg,"隼鸟"号探测器模型如图 9-51 所示,采用了微波离子电推进系统执行主推进,双组元化学推进执行姿态控制任务。微波离子推力器是首次用于深空探测主推进,4 台 μ10 离子推力器(图 9-52)累计工作时间约 40000h,产生 2200m/s 的速度增量,其中用得最多的离子推力器 D 工作时间达到 15000h。μ10 微波放电离子推力器静电栅极有效直径 10cm,额定推力 8mN,比冲 3200s,功率 350W,推力功率比 23mN/kW,推进剂流量 0.255g/s,推进剂利用率 87%。

图 9-51 "隼鸟"号探测器模型 　　　　　　 图 9-52 μ10 离子推力器

微波离子推力器与 NSTAR 电子轰击离子推力器的区别是采用处于磁场中的微波来产生等离子体,这种方式不需要放电阴极,在放电室中也不需要施加直流电压,避免高压带来的风险,但同样存在离子光学系统技术难度较高等问题。

欧洲于 2003 年 9 月 27 日发射的"智慧"1 号(SMART-1)月球探测器(图 9-53)发射质量 370kg,干质量 276kg,是第一个采用霍耳电推进作为主推进的空间探测器。借助于由落压式单组元肼推进系统(姿控)和霍耳电推进系统(主推进)组成的混合推进系统,"智慧"1 号探测器超额完成了科学探测任务。PPS-1350-G 霍耳推力器(图 9 - 54)累计在轨工作时间 4958.3 h,提供速度增量 3.7km/s。PPS 1350 - G 放电室出口直径 100mm,额定功率 1500W,推力 89mN,放电电压 350V,比冲 1650s,效率 50% ,在"智慧"1 号上由于功率限制,PPS 1350 - G 降额使用。

霍耳电推进系统相对于离子电推进系统而言,虽然比冲低,但结构和系统构架较为简单,推力器推力密度高,工作电压较低,可靠性高。

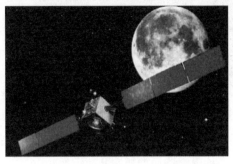

图 9 - 53 SMART - 1 月球探测器

图 9 - 54 PPS - 1350 - G 霍耳推力器

美国于 2007 年 9 月 27 日发射的黎明号(Dawn)小行星探测器,如图 9 - 55 所示,也采用了 3 台由 NSTAR 发展而来的离子推力器。探测器质量 1108kg,推进剂携带量 425kg 将提供约 11km/s 的速度增量。

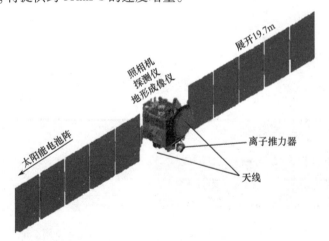

图 9 - 55 Dawn 探测器结构和组成示意图

欧洲和日本合作的 Bepi Colombo(贝皮·哥伦布)任务,将采用 T6 电子轰击式离子推力器作为主推进,预计 2014 年发射。

3) 核推进

目前高比冲的电推进均采用太阳能作为能源,在深空探测器上应用时,一个突出的问题是太阳光密度是近似与离太阳的距离成平方反比的关系的,当探测器远离太阳时,太阳能帆板功率会大大降低,使电推进系统难以正常工作。此外,目前

电推力器受限于电源功率,推力较小,达到一定速度增量所需的时间较长,难以应用到载人星际探测任务等对时间敏感的任务和大型空间探测任务中。因此,需要进一步研究高能量密度的推进技术。

核推进是目前人类有希望掌握的最高能量密度的推进技术,就目前技术水平,人类唯一能利用的核推进是由核裂变反应提供能量的核裂变推进技术。基于核能的推进,能量密度理论上是化学推进的上百万倍,具有高比冲、大推力等特点,适用于大气层外执行星际探测任务,如适用于载人星际任务。

核推进原理有四种类型:核聚变、核裂变、放射性同位素衰变和反物质湮灭。可控的核聚变推进目前尚处于研究阶段,技术远不成熟。同位素衰变功率有限,一般在 1kW 以下,适合于作为电池使用。反物质湮灭能量密度巨大,但目前尚处于原理设想阶段。

目前人类真正掌握的核推进技术为以核裂变反应为基础的核裂变推进系统和放射性同位素衰变或核裂变提供电能的核电推进系统。

核裂变推进系统中研究较多的是核热推进,比冲约 900s,但对于速度增量较大的深空探测任务而言,比冲仍然较低,推进剂需求量会非常大,严重限制探测器的大型化。大功率核电推进是实现大型探测器的可行途径。

核电推进系统是指将核反应产生的能量转化为电能,并供应给电推进系统,然后由电推进系统产生推力的推进系统。目前可利用的核反应类型为核裂变和放射性同位素衰变。

相对于由太阳能帆板提供电能的电推进系统,核电火箭发动机的能源在核反应堆寿命周期内(几年到几十年)是充足而稳定的,不受限于太阳光的强弱、角度和阴影,因此深空探测器即使是执行木星以外的行星探测任务,也不必装备大型太阳能帆板。要求也没有太阳能帆板供电的电推进系统在工作时对准太阳,且根据电能波动对电推力器进行节流的需求,使电推力器工作在额定状态,优化累计工作寿命,缩短旅程时间。

国际上虽然提出了多种核推进方案(主要集中在基于核裂变技术的核电推进和核热推进方面),但在深空探测领域,还没有实际应用。核电推进在卫星上已进行过成功试验和应用,但只有一家,即苏联/俄罗斯的 Arsenal 设计局。1987 年发射的宇宙 - 1818 侦察卫星(2 月 1 日发射)和宇宙 - 1867 侦察卫星(7 月 10 日发射),采用了基于 Arsenal 设计局研制的 TOPAZ - 1 核反应堆的霍耳电推进试验系统。TOPAZ - 1 核反应堆电源为采用了热离子转换的热中子反应堆,输出电功率为 6kW,寿命限于 1 ~ 2 年。该霍耳电推进系统由 Arsenal 设计局研制,包括 6 台 SPT - 70 霍耳推力器。SPT - 70 推力器功率 0.7kW,推力 40mN,比冲 1500s,效率 45%。试验中,推进系统工作了 150h,开关 180 次。试验成功验证了电推进系统和核反应堆的工作协调行,所有指标均达到设计目标。

美国从 20 世纪 50 年代开始卫星用核反应堆研究工作,但空间应用落后于苏联。1953年美国开始执行空间核辅助能源(SNAP)计划,并于1965年发射了基于SNAP–10A核裂变电功率系统的铯离子电推进系统。虽然SNAP电源成功工作了43天,但铯离子推力器仅工作不到1h就停止工作。此后经过10多年的停滞后,美国于1979年开始了空间能源先进反应堆(SPAR)计划,1983年又开始了继承于SPAR计划的SP–100计划,目标是发展能够提供10年工作周期内7年满功率的数十到数百千瓦电源的核电技术。SP–100计划于1992年取消。

2002年美国提出了发展深空探测推进与动力的核空间促进计划(Nuclear space initiative),包括发展未来行星使命的新型同位素电池和核反应堆电池(NEP),1年后由NASA组织落实了普罗米修斯(Prometheus)计划,研制2009年火星表面实验室应用的新型RTG和2015年左右木星冰卫轨道器(JIMO)使命应用的核电推进系统。Prometheus计划还支持了JIMO使命核电推进用的离子推力器,裂变电源功率从一千瓦到数百千瓦。

核推进应用除了技术方面的难点,更重要的是环境相容性方面的问题。核装置在探测器研制过程中,需要进行多年的研制、分系统测试和整星测试,需要采取极为可靠的保护措施,以防止对环境的影响。在发射阶段,运载火箭发射失败可能带来的环境污染影响更加难以估量。因此,虽然核推进技术一直在向前发展,且有许多任务设想,但进展较为缓慢。

4) 新型推进技术

新型推进技术包括太阳帆推进、激光推进和太阳热推进等。太阳帆依靠太阳光子撞击大面积的太阳帆后反弹的光压压力产生推力,属于无工质推进。激光推进是利用激光光束携带的高能量加速推进剂,产生推力,比冲为1000~2000s。太阳热推进采用太阳光加热推进剂,使推进剂气化喷出,性能介于化学推进和电推进之间。

2010年5月20日日本发射了世界上第一个太阳帆驱动的深空探测器伊卡洛斯(Interplanetary Kite–craft Accelerated by Radiation of the Sun,Ikaros,太阳辐射加速的星际风筝飞船),如图9–56所示。伊卡洛斯探测器质量315kg,使用了不需要工质的太阳帆作为动力。伊卡洛斯的太阳帆还集成了薄膜太阳能电池以产生电能。

伊卡洛斯探测器星箭分离后,花了数周的时间展开太阳帆,太阳帆呈正方形,对角线长20m,由厚度为0.0075mm的聚酰亚胺薄膜制成。薄膜上还集成了转向装置和尘埃计数器。转向装置为分布于太阳帆四周的液晶,通过控制液晶显示不同颜色,改变太阳光散射率,从而改变光压分布,实现转向。

2010年12月8日,伊卡洛斯于距离金星80800km处飞越金星,成功完成了任务,进入扩展工作阶段。

3. 推进技术在月球及深空探测中的未来应用趋势

在深空探测中,成熟的化学推进由于可提供大推力,预计在相当长的一段时间内仍将占主导地位。电推进技术随着电源技术的不断进步,在小行星探测等大速

图 9 - 56　日本太阳帆推进的伊卡洛斯金星探测器

度增量的深空探测领域的应用将不断增多。核推进技术虽然性能较高,但是在日益重视环境问题的今天,该技术必须解决与环境的相容性问题,才能有长足的发展。太阳帆等新型推进技术正在积极研制过程中,需要通过深空探测任务来考核和实现型号应用。

深空探测器运行的空间环境不确定因素较大,需加强推进系统组件可靠性水平,增加推进系统冗余,提高推进系统可靠性。深空探测器由于通信时延较长,还需具备对推进系统的故障检测、诊断和隔离的功能,以降低推进系统出故障带来的风险,确保任务的成功。

在月球探测方面,目前看来仍以化学推进为主,低温推进剂推进技术是月球推进技术中需重点突破的关键技术之一。低温推进剂(液氢/液氧、煤油/液氧)被认为是进入空间及轨道转移最经济、效率最高、最环保的化学推进剂,也是未来人类月球探测、火星探测及更远距离的深空探测的首选推进剂。随着深空探测任务所需的速度增量越来越大,常温推进剂的比冲难以满足需求。而低温推进剂具有高比冲的特点,与运载相同有效载荷时使用常温推进剂相比,可以节省大约 36% 的推进剂。

地月转移器在执行奔月任务之前,需要在近地轨道飞行很长的时间,液氢、液氧作为低温推进剂,其物性与常规推进剂相比有着很大的差异,饱和温度相对很低,少量的外界漏热都会引起推进剂的蒸发,需要通过对储箱进行绝热和防辐射措施,将蒸发量控制在一定的范围,否则无法完成地月转移的任务。低温推进剂在轨长期储存技术是地月转移器需解决的关键技术。

虽然在地面上对于低温液体的长期储存已经有非常成熟的技术,但是空间热环境与地面热环境有着很大的差异,同时地面上低温储箱的绝热结构方案在许多方面,特别是在重量方面,无法满足空间应用的需求,因此必须发展适合空间条件和我国运载发射条件的低温推进剂在轨储存技术。低温推进剂在轨储存的技术困难主要在于：一方面，低温推进剂由于其沸点低，易受热蒸发，脱离冷源后难于长时间存储；另一方面，由于空间环境的强烈太阳辐射、微重力条件、在轨稳定性要求、运载火箭载重限制等原因，成熟的地面低温贮箱绝热技术方案无法满足空间应用需求。

研制空间长期在轨低温推进剂储存系统总体上需解决以下主要关键技术。

1）热防护技术

由于低温推进剂对外界进入系统热量的强烈敏感性，要实现低温推进剂的长期储存，推进剂储箱必须采取良好的热防护措施，以尽量减少外界进入储箱的热量，使得低温推进剂的蒸发损失降到最低甚至实现零蒸发损失。其热防护技术主要分为被动绝热技术和主动热转移技术两种。

（1）被动绝热技术。

空间在轨低温推进剂储箱绝热材料。由于极小的漏热也能引起低温推进剂的蒸发，因此推进剂储箱的绝热材料必须具有极高的热防护性能，其当量热导率要能达到 $5 \sim 10$ W/m·K 量级；同时绝热材料与结构必须轻质。而技术成熟的地面低温流体绝热储存系统采用内外金属夹层结构，中间设置多层绝热材料，因此整体重量大，无法适应空间在轨任务（主要是发射过程运载工具的负荷限制）。除此之外，储箱绝热材料还必须满足在地面阶段、发射阶段以及空间运行阶段都具备良好的绝热性能，单单满足任何一种环境状态的绝热材料都是无法胜任的。

绝热材料的选择还需要考虑影响其热防护性能的其他因素，如绝热材料布置形式、储箱液体填充率等，其目的是优化整个热防护系统，使得不仅可以达到预期的绝热效果，而且整个热防护系统的自重也能降到最低。地面低温流体绝热技术不能直接适用于空间，但有一定参考价值，需研究开发适应于空间的超级绝热材料与技术。

由于低温推进剂储箱在轨道空间会受到来自太阳和地球的热辐射，从而引起箱内的液体推进剂蒸发，因此要实现低温推进剂的长期储存，推进剂储箱外必须采用真空多层绝热方式（即超级绝热）。NASA 自 1965 以来经过长期实验研究和实践，最终形成了变密度多层绝热材料 MLI 技术。结果表明其绝热性能良好，尤其是在低于 $2 \sim 10$ Pa 的真空环境下比其他任何绝热材料的传热量都低 $1 \sim 3$ 个数量级。

采用泡沫和 VD–MLI 结合的复合隔热材料的外绝热式绝热系统位于储箱金属壁外侧，将泡沫直接喷涂于金属壁上，泡沫外侧缠绕密封防护层。泡沫经密封、加固后既能防止低温抽吸大量空气而降低绝热性能、破坏绝热层，同时还能因低温抽吸作用使泡沫孔内的气体被抽吸到泡沫界面形成真空而提高绝热性能。喷涂泡沫被称为低温绝热技术上的一项重大突破。此种绝热结构重量轻、易于制造、无需氦吹洗、使用简便、系统热导率低，但密封层易损伤，需注意防止低温抽吸的发生。美国在航天飞机外储箱上也采用这一绝热方式。中国的 CZ – 3、CZ – 3A 系列火箭的液氢、液氧低温储箱也采用这一绝热方式。

与低温推进剂储箱相连的支撑结构两端存在温差,之间必然发生漏热(若为液氢箱与液氧箱耦和系统,则两者之间的刚性连接机构热传导更严重)。低温推进剂储箱的支撑结构除了要满足基本的力学支撑作用外,还必须具有低热导率性能,以此防止外部热源通过支撑结构进入低温推进剂储箱。

低温推进剂储箱支撑结构的绝热性能,不仅与储箱支撑结构的材料选取有关,也与支撑结构的结构设计等因素有关,同时支撑结构必须重量小。研究既能起到可靠的支撑作用,同时还具备轻质、高效绝热等性能的储箱支撑结构也是非常重要的。

对于使用周期长的任务,液氢和液氧低温推进剂储存仅通过采用 MLI 技术是无法胜任的。实践证明 MLI 技术确实能有效减少来自太阳和地球的辐射,但是辐射热量仍然会随着时间的延长而从总量上较多地进入储罐内部。可展开的太阳防护罩(图 9 – 57)则可实现大规模低温系统免受太阳和地球辐射,从根源上最大程度地消除热源。研究表明,不论是单独使用太阳防护罩还是与 MLI 绝热层一起整合使用,都可以明显降低漏热。

图 9 – 57　低温推进剂太阳防护罩

(2) 被动轨道阻断支撑技术。

由于低温储箱需要支撑结构,其外壁不可避免地通过支撑结构与外界接触,支撑结构就成为了储箱漏热的一个方面。被动轨道阻断支撑技术(PODs 技术)源于 GP – B 任务。GP – B 任务是一个使用回转仪精确实验验证爱因斯坦广义相对论的空间测试任务,由于回转仪必须在 2K 左右的温度环境下工作 16.5 个月才能实现其目标,因此需要一个在空间飞行的超流氦杜瓦为它提供所需的低温环境。显然其热防护系统性能必须满足要求。洛克希德公司通过分析低温杜瓦漏热源,发现在当时使用的超流氦杜瓦中,支撑结构的热漏占到 67% ,MLI 绝热层漏热占 14% 。由此可见,研究隔热性能良好的支撑结构对整个低温储箱的热防护性能是至关重要的。测试结果表明,PODs 技术不仅能够有效减少储箱漏热,而且可以将支撑结构重量减少近一半。

（3）蒸气冷却屏技术。

蒸气冷却屏技术(VCS)是指将低温储箱排放的推进剂蒸气流经包围储箱的热交换器,降低储箱表面温度,进而降低储箱热漏率。排放的推进剂蒸气在冷却屏中被加热,热量随气体排放被转移出系统。VCS 一般分为独立的 VCS 系统和集成的VCS 系统。独立的 VCS 系统中液氢箱和液氧箱独立地将各自的推进剂蒸气通过冷却屏,使热量随气体单独排放。需要说明的是,若为液氢/液氧系统,排放气体可进入燃料电池,输出近千瓦的电功率,可用于制冷机或其他用途。由于液氢汽化温度远低于液氧的汽化温度,因此将经过液氢箱冷却屏的气态氢再通过液氧箱冷却屏后进行排放可显著提高系统效率,减少液氧的蒸发损失。

今后被动热防护技术的发展方向归结起来有:新型轻质高效绝热材料及合理结构形式、MLI 与宇宙微尘防护整合技术、新型太阳能遮挡技术与防护罩、存储箱支撑机构、过冷推进剂、更加完善的蒸气冷却屏技术以及针对金属或者复合压力容器的滚筒包装技术等。

（4）主动热转移技术。

虽然大力发展被动热防护技术可以大大降低低温推进剂的蒸发速率,但是只要有蒸发损失存在,空间储箱的有效能量载荷就会降低,同时对于火星探测以及其他宇宙空间探测等需要几年甚至几十年长使命周期的任务,只有被动热防护技术是无法成功执行的。NASA 的发射服务计划 LSP 曾经做过低温发射的调查,调查结果表明,采用被动热防护技术可以使得低温推进剂储存周期长达 8 个月,而采用主动制冷技术则可以达到无时间限制。因此 NASA 提出了主动制冷热转移的零蒸发损失技术(ZBO),其目的是实现低温推进剂的零蒸发存储,主要途径是研发适合空间应用的低温制冷机。

主动热转移技术的核心是低温制冷机。低温制冷机包括电源系统(太阳能电池板,电力器件,电池)、压缩机、制冷机冷头、热端换热器、冷端换热器、电子控制元件等。通常低温制冷机除电源系统和压缩机外的部分质量较小,在几千克数量级,压缩机视制冷机重量而定,GM 型的有阀型压缩机体积大、质量有上百千克,而斯特林型的无阀压缩机则体积小巧,重量在几千克到几十千克不等。电源部分对于空间应用一般考虑太阳能电池,若为液氢液氧系统,也可考虑燃料电池。

总体而言,主动热防护技术还应在以下方面发展:针对大规模低温推进剂储存系统的长寿命大制冷量空间低温制冷机技术,在 20K 提供 15W 制冷量,在 90K 提供 100W 制冷量;以及低温制冷机与被动式热防护结构的整合技术。

2）压力控制技术

（1）液体沉底排气技术。

液体沉底排气技术主要是为储箱提供一个加速度以使得气液分离从而方便储

箱排气以实现压力控制。微重力条件下决定储箱内液体和气体位置的因素是加速度方向和邦德数大小,其中邦德数定义为重力与毛细力之比,是储箱尺寸、加速度大小、液体表面张力和密度的函数。一般来说,如果邦德数大于1,储箱内液体将沉底,气体在上(相对加速度方向),由此可实现类似地面的排气。实际操作中为保险起见,要求邦德数大于10,更保守情况下达到100以上。

空间系统产生加速度的方法往往是发动机(推力器)定向点火,所以采用该技术必然消耗额外的推进剂,对大型空间低温系统,需要消耗的推进剂量不小。储存周期越长,消耗量越大。另外,对有些空间低温系统,并不容许发动机点火,所以加速沉底排气技术不是普遍适用技术,同时也是高成本技术。液体沉底技术适用于短周期的低温推进剂存储任务。

(2)液体混合消除热分层技术。

流体混合技术的主要目的是消除热分层,该技术通过泵把液体从储箱液池抽出,再用喷嘴或喷管注回储箱。注入液体带动储箱内流体运动,消除热液体层,部分蒸气得以凝结,以储箱压力最小为目标,当储箱内达到均匀和饱和状态时结束。格林研究中心(GRC)早期开展的低温流体混合技术研究采用轴向喷射泵来实现储箱底部低温流体与储箱侧壁及气液表面较高温度流体的混合。试验和仿真都证明低温流体混合技术能显著消除储箱内部的热分层并降低储箱内部的压力。但是该技术只能降低由于热分层产生的压力升高,不能移出系统热量,单独而言仅适用于短期系统的压力控制。与热力学排气技术或者与制冷热转移技术组合是流体混合技术最好的应用方式。GRC之后的研究基本都是关于二者结合的压力控制技术。

(3)热力学排气TVS技术。

热力学排气系统(TVS)本质上为开环制冷系统,由焦汤膨胀器、热交换器和控制阀元件组成。其工作原理为:利用液体获取装置,以低流率从储箱液池抽取液体,液体经过焦汤膨胀器等熵膨胀后成为温度和压力降低的两相流。该两相流流入与储箱内液池或储箱壁(热)连通的热交换器,温度较高的液池或储箱壁中的热量通过热交换器传递给两相流,使其全部成为蒸气并被排放出储存系统。与此同时,液池液体获得制冷效应,储箱压力降低。

(4)TVS和VCS组合技术。

经过TVS膨胀并热交换后排出的低温推进剂气体温度仍然很低,这时可以将其流经低温储罐外的蒸气冷屏通道以降低储箱外壁温或者MLI隔热层的温度,充分利用排出气体的冷量。研究表明,经过适当的设计,TVS和VCS技术结合,可使低温推进剂储箱热漏率降低51%。

3)热分层现象

低温推进剂空间储箱的热分层来自两部分。一是低温推进剂在发射前由地面装置充注完毕后,会经过较长的地面停放阶段以及发动机预冷阶段。由于地面停放阶段的外部自然对流以及飞行过程中的气动加热等原因,导致储箱内部近壁面区域的推进剂温度升高,密度减小,形成自然对流的热边界层。在浮升力的作用下,热流体沿壁面向上运动,从而在储箱内部形成热分层现象。二是进入空间轨道运行后,微重力(微加速度)下虽然浮力和对流显著减弱,但非均匀热源、热瞬态仍然能够产生严重的热分层,造成储箱内压力升高,在热平衡汽化的基础上需要额外的排气压力控制。

热分层现象不但直接影响液氧的蒸发和储箱内部压力升高,而且可能会引起输送泵体的气蚀问题。无论是地面发射阶段还是在轨长期储存阶段,热分层现象都应得到充分重视并采取综合措施予以消除。

4)针对使命周期的技术选择与优化

根据储液任务的不同,空间低温储存系统的使命周期从几小时、几天到几个月甚至几年。针对不同的使命周期,其对热防护系统提出的要求不同,所需要的相关热防护技术以及压力控制技术也不同。对数天的短期使命一般不需要排气,用良好的热防护和消除热分层混合就可以满足需求;对数月到一年的中期使命,不仅需要进行排气压力控制,而且应当在热防护和排气之间进行质量优化折中;对数年甚至数十年的长期使命,采用热防护技术和排气技术通常无法满足使命需求,采用能够从储存系统转移出热量的所谓零蒸发损失储存是最好的选择。

尤其是对数年甚至数十年的长期使命,对低温储存系统的性能可靠性提出了更苛刻的要求,传统的被动热防护技术根本不能满足要求,必须综合各项技术,优化出一套可以从系统移除漏热的零蒸发损失储存技术方案,这对每个涉及的技术、设备都是严峻的考验,需要长时间的研究、实验及论证。

归纳空间低温流体储存的主要技术特点和要求,包含空间微重力条件、长周期要求、低蒸发损失要求、亚临界低温流体特点、外层空间现成真空条件、太阳辐射温差变化剧烈、宇宙尘撞击、运载工具重量载荷限制等八个方面。低温流体由于沸点低,在空间储存容器的绝热和压力控制是两个关键的方面。但是空间在轨低温推进剂储存容器的设计必须考虑其他所有方面的要求。

低温推进剂储存容器空间在轨运行的主要技术困难来自于研发适合空间应用的高性能绝热材料和绝热结构形式、支撑结构形式、气液混合分界面的不确定性、推进剂热分层现象、储存使命周期长等。

研究进展可以得出以下结论:

(1)成熟的低温推进剂在轨长期储存技术都未在具体型号上获得应用,尚处于实验室分解研究阶段,该项技术是一项全新的技术。

(2)NASA星座计划将低温推进剂长期在轨储存技术推向研究前沿,联合发射同盟ULA于2009年提出了该技术的概念和实施方案。

(3)基于被动绝热技术的热防护技术是当前主要考虑的技术,储存任务在8个月以内的通过良好的被动绝热可实现。而1年以上的储存任务则必须通过主动

热转移 ZBO 技术完成,这项技术目前仍处于初级实验室研究阶段。

(4)被动绝热技术应从绝热材料及绝热结构、太阳能防护罩、绝热轻质高强度支撑结构以及蒸气冷却屏技术四个方面入手。理想情况为四项技术联合实施。

(5)空间用低温制冷机是 ZBO 技术的核心,在空间用低温制冷机领域研究广泛,已在大量航天任务获得应用。

(6)容器内压力控制技术是与热防护并列的两大技术之一,液体热沉技术因需提供转动加速度而应用可能性小,液体混合消除热分层、热力学排气 TVS 以及蒸气冷却屏技术应有机结合,在减小漏热和排气方面具有极大潜力。

9.2.4 通信技术

1. 概述

深空探测测控与通信系统是指对月球、火星和其他行星际探测时,地球与探测器之间的的跟踪通信系统。其难点是超远距离的测控通信,深空探测器升空后,它与地球之间的唯一联系就是深空测控与通信系统,再没有其他备份手段,所以深空测控与通信系统在深空探测中起着重要的、往往是支配性的作用,它承担将科学数据、遥测数据、工程数据传回地面,对探测器进行跟踪,并指挥它去完成重要任务。所以美国和苏联在 20 世纪 50 年代末深空探测活动的一开始,就把测控与通信提到极为重要的地位上。国外深空探测采用的通信设备及技术见表 9 - 8。

表 9 - 8 国外主要深空探测通信设备

型号	探测器	地面支持
"徘徊者"	跟踪、遥测和遥控信道采用 960.05MHz 载频,探测器发射功率为 3W;电视图像传送采用 959.52MHz 和 960.58MHz 两个载频,发射功率为 60W	美国利用加洲金石站中的两台 26m 天线做测控通信
"月球勘查者"	测控与通信系统采用 S 频段(2295MHz),探测器发射功率为 10W。装备两种天线:一台全向低增益天线用于接收遥控指令和必要时发送低分辨率的(200 线)电视图像;另一台高增益天线可发送 600 线的高清晰度全景电视	
"月球轨道器"	测控与通信系统采用 S 频段。装备两种天线:全向低增益天线和定向高增益天线(口径为 89.06cm),发射机功率分别为 0.5W 和 10W。全向天线和 0.5W 发射机用于传送月球环境参数、探测器运行性能和工程遥测参数,定向天线和 10W 发射机用于传送图像数据	

型号	探测器	地面支持
"阿波罗"工程	用S波段两个频点来完成此任务。上、下行载波相干,转发比为221:240。轨道器和地球站通信,采用S频段的两个载波:一个载波采用残余载波调制,用于传伪码测距、遥测、遥控、实时话音、实时医学遥测和多普勒测速;另一个载波采用模拟调频(FM)的抑制载波调制体制,主要用于传模拟电视、记录遥测和记录话音。而月球登陆器上有一个载波,PM调制和FM调制交替工作	深空网(DSN),该网在建设之初由加洲金石站、西班牙马德里、澳大利亚堪培拉、南非的约翰内斯堡四个站组成,每站配备一台26m天线。26m天线采用卡塞格伦馈电,工作于S频段。在飞船与地球距离低于18.5万km时,通过载人空间飞行网(MSFN)来提供支持。MSFN由一个任务控制中心(设在休斯敦)、13个地面跟踪站和5艘测量船组成,MSFN跟踪站主要配备的是9m口径天线,工作于S频段
"克莱门汀"	频段,高增益定向天线口径为1m,发射机输出功率为8W,返回数据率为$R_b = 128 \text{Kb/s}$	"克莱门汀"探月器24h连续工作,其中12h由"克莱门汀"运行控制中心负责操作,另外12h由美国深空网(DSN)运控中心负责操作
飞跃冥王星	5W X频段发射机和2m口径的高效益天线	
日本极月轨道器	0.8m口径的X频段的高增益天线,20W发射机,可传输120Mb/s的数据;测控采用S频段,装备了高增益定向天线和低增益全向天线	64m站进行跟踪测控与通信,平均每天有8h时间

2. 关键技术

地面深空站最大直径早已达到70m,频段已经覆盖 S/X/Ka,并努力向更高的频段发展,同时基本做到了全球覆盖。与此同时,正在开展天线组阵、光通信等技术的研究,不断提高通信范围和能力。革新无线电通信,着重点在于大幅提高数据传输速率,不断适应深空探测的远距离传输需要。为此,需要将载波频率提高到Ka波段,甚至更高的波段,直至采用光通信技术。光通信能够大幅提高数据传输速率,还能将测距精度提高一个数量级,达到厘米级。光通信更能适应深空探测的需要,是未来深空探测通信技术的重要发展方向。对于深空探测,地面将采用天线阵替代巨大的单个抛物面天线,因此必须深入研究天线组阵技术。

9.2.5 远程月球表面工作机器人技术

月球表面勘测机器包括月球表面漫游车、各类自主机器人和遥控机器人等。月球表面漫游车可根据航行距离分为近程、中程和远程三类,近程行驶距离约几百米,中程行驶距离为几千米,远程行驶距离为500km。月球表面机器人分为大力士机器人、全能机器人、小型灵巧机器人、智能运输机器人和智能挖掘机器人五类,分别负责月球基地的运营及建设等工作。

依照月球探测前哨站任务,需要研制中程月球表面漫游车与智能机器人相结合的月球表面机器人。研究月球表面勘测机器人远距离漫游技术,提出可行的高精度自主定位方案,月球表面远距离通信方案,月球表面勘测机器人自主再充电技术,月球表面勘测机器人灵巧机械臂技术,月球表面勘测机器人货物运输技术。在月球探测前哨站早期,月球表面工作机器人设计可完成月球表面大范围巡视考察;后期辅以载荷能力设计,以及机械臂定位、抓取等技术,机器人能够完成月球表面能源系统组装,并可以月球表面能源系统为中心,进行周边几千米范围内地形地貌的考察。完成多月球表面勘测机器人协调规划、协调控制方案。形成多月球表面机器人协同工作,完成月球表面复杂工作舱组装的能力。

9.2.6 月球表面工作设备维护技术

由于月球前哨站规模较为庞大,并且绝大多数设备相对集中于月球表面某一区域,所以月球前哨站不同于常规的航天器(一次发射,不能维护),月球前哨站设备可以采用月球表面更换和补给消耗物资的形式。月球表面工作设备维护技术主要包括以下方面的内容。

(1)设备的自我检测能力。月球表面设备通过自我检测运行情况,诊断自身"健康"状态。地面通过月球表面探测设备的自我诊断的结果,决策该月球表面设备的应用状态,例如将设备状态分为:状态良好;设备故障、降级使用;设备故障、必须更换等种类。通过自我诊断的结果,地面制定维护策略。

(2)设备的模块化设计,具备更换,或者替代能力。月球表面探测器需具备模块化设计的能力。如果某个模块失效,能有采用月球表面机器人或者航天员进行现场更换的能力。如果设备不能更换,则需要预留扩展接口,通过给该设备增加相同功能的模块,接管原有模块功能的能力。

(3)月球表面消耗器材的补给能力。对于特殊的器材,比如超低温制冷工质等消耗材料,月球表面前哨站设备需具备接受补给的能力。月球表面前哨站建设过程紧密联系载人登月工程,其补给接口,需考虑月球表面机器人自动补给和航天员现场补给等多种方式。

(4)月球表面机器人对月球前哨站系统运营与维护技术。对于月球前哨站建设过程中,需要将月球机器人作为运营的重要组成部分。月球机器人参与月球前哨站建设,需要机器人参与工程建设、设备维护维修。

(5)月球前哨站探测设备需要具备空间长期工作能力及空间值班能力。根据现在航天器设计和工作能力,航天器应具备十年以上,甚至更长时间的工作能力。美国先驱系列深空探测器实现了30年以上的飞行任务,美国哈勃空间望远镜实现了20多年的飞行。由于月球前哨站的规模较大,并且建设周期较长,所以月球前哨站必须具备在具备维修和维护条件下长期工作和值班的能力。

（6）月球表面维护维修物资规划储备技术。月球前哨站建设跨度周期大。按照现在电子设备的发展速度，每隔一定周期都有较大程度的进步。如果月球表面工作设备需要工作数十年，并且在全寿命过程中，有设备更换的需求，则需要提前进行设备物资储备，以防在若干年后随着电子设备技术进步，没有设备和器件能够维修十年以前的产品。护维修物资规划储备技术分为两个层次：月球表面储备和地球储备。月球表面储备维修设备物资的意义在于，一旦需要工作的设备出现故障，则可由月球表面机器人进行维修，应用方便，特别是月球表面前哨站运营不能缺少的重要设备。其缺点在于，如果全寿命周期内，该设备没有维护需求，月球表面储备将造成极大浪费。并且月球表面储备物资同样承受空间环境影响，存在故障风险。地面储备的成本较低，存储环境较好，但受到地月物流的影响，需要安排在发射任务中，补给困难，容易造成月球表面需要物资但地面送不上去的尴尬情况。

9.2.7 硬着陆技术

硬着陆探测能够实现许多在轨探测器和软着陆探测不能完成的任务。硬着陆在工程实施上相对较为简单，可以携带于在轨飞行器，待其到达预定轨道后再进行释放，所以硬着陆器可以作为在轨飞行器的一个有效载荷。硬着陆器由于属于短时间工作的探测器，在结构上相对较为简单，硬着陆着陆失败的风险小，成本较低，能够通过最小的代价获得较大的收益。

行星探测硬着陆器从动力方式分为有动力硬着陆和无动力硬着陆，从着陆方式可分为有制动硬着陆和无制动硬着陆。

行星探测硬着陆器从机动能力分为可进行轨道机动和轨道修正的行星探测器和不能进行轨道机动的行星探测器。

行星探测硬着陆器从结构上按传统的航天器分系统划分方式可以分为结构、能源、GNC、热控、动力、测控通信、有效载荷等分系统，有的探测器还携带有爆炸装置，以便在硬着陆后实施起爆，将行星表面以下的土壤或者岩石炸起一定的高度，以便利用轨道器的科学考察仪器对其进行科学探测。有的硬着陆器，结构非常简单，仅仅包括结构和爆炸装置，起到一个小型导弹的作用，通过击中星球表面，然后利用轨道器进行观测。

月球表面探测硬着陆器，在结构上属于非传统结构的航天器，主要表现在其对月球表面的穿透性。对结构而言，硬着陆器的强度非常高，能够以较高的速度对行星表面进行撞击。

进行月球表面探测硬着陆器研制，需突破硬着陆器总体设计技术、硬着陆器抗冲击技术与硬着陆器侵彻深度控制技术。

10.1 概述

实现机器人登月对探月具有重要的意义。很多月球表面工作仅仅依靠人力无法更精确、有效地完成,能将机器人运载到月球表面上并充分发挥其作用,对月求基地的建立有至关重要的作用。目前很多月球表面工作急需机器人的参与。

10.1.1 科学目标需求

月球表面机器人探测的科学需求主要有:

(1)认识月球。

通过月球表面机器人实现对月球南北极、海陆边界区中关键区域进行全面、细致的现场勘查,获得与月球形成、演变和当前状态密切相关的直接数据和关键样品,使我国对月球科学的研究迈入世界先进行列。

(2)开发月球。

通过月球表面机器人探测在月球独特环境下进行物理学、化学、生物学和原位资源利用等多学科科学试验,并建立月球综合科学观测平台,实现对月球环境资源、矿产资源的开发利用。

月球表面机器人探测的科学目标如表 10-1 所列。

10.1.2 工程目标需求

围绕科学目标,收集整理国内外文献报告中涉及的月球表面工程任务信息,如太阳能电站、月球水库及气库和南极永久阴影区环境生物学试验站等月球表面设

表 10-1   月球表面机器人探测潜在的科学目标

一级	二级	三级
认识月球	登月点精细形貌探测与地质调查	月球表面着陆区形貌与地质调查与研究
		月球土壤及其典型剖面的详细调查
		建立月球表面测绘控制网
	月球表面物质就位分析	月球土壤气体组分探测
	月球内部物理与结构探测	月球热流和电场探测
		月球内部结构磁成像探测
		月尘理化性质测量和月尘暴监测
开发月球	月球资源调查与就位利用技术研究	月球表面能源资源的勘察和利用
		月球表面矿产资源的勘查研究和利用
		月球表面特殊环境资源的评估和利用
		月球水冰的勘察和利用
	月基天文与空间物理观测	
	月球表面材料科学实验	月球环境新材料的研制
	月球环境的生物学研究	

据上述需求分析原则,重点研究如何进行机器人方案设计以提高工程建设的质量和效率,得到潜在的机器人探测工程目标,初步分析结果见表 10-2。

表 10-2   月球表面机器人探测潜在的工程目标

一级	二级
按工程项目分	在永久阴影区钻取冰水混合物样品
	钻取海陆边界特殊地质构造区域的岩芯
	建设月球表面太阳能电站
	建立特殊月球表面环境的生物学试验站
	建设月球表面水库
	建设月球表面气体库
	建设月球表面地下工程
	……
按工程任务分	搬运设备
	安装设备
	操纵设备
	……

载人登月工程的不同阶段对人机联合探测有着不同的要求:

在第一阶段,着陆器将登陆低纬度月海,探测的对象主要有深达数米的月球土壤、大小不一的月球表面岩石以及月球土壤下方的完整月岩,及其月球表面、近月

空间环境。

在第二阶段,着陆器将登陆中低纬度海陆边界区及南北两极,人机联合探测的对象主要有海陆边界区、南北两极的月球土壤岩石,富水土壤等,及其月球表面、近月空间环境。

在第三阶段,建立短期有人职守、长期自主运行的月球科考站,作为科学试验、月基天文观测以及人在地外天体长期生存能力的研究平台,开展连续和系统的科学考察及相关技术试验。

不同的着陆地点附近具有不同的可探测对象,对应于不同的探测任务,需采用不同的工程措施。因此,分析研究载人登月工程不同阶段及不同着陆地点的任务需求,以便牵引载人登月工程循序开展,具体见表 10 – 3。

表 10 – 3　各阶段的机器人探测任务

序号	探测阶段	探 测 任 务
1	首次载人登月	辅助航天员手动进行样品采集、封装和储存,在航天员控制下开展远距离巡视勘察、就位分析探测、载荷投放、维修维护、航天员服务支持等,验证人机联合探测技术
2	中低纬度载人登月	辅助航天员手动采集岩心样品,在航天员控制下开展远距离巡视勘察、就位分析探测、载荷投放、科学试验支持、维修维护等
3	南极载人登月	辅助航天员完成科学载荷安装、技术试验,远距离巡视勘察、就位分析探测、载荷投放、维修维护、航天员服务支持等
4	月球科考站	辅助航天员在月球表面对接组装舱段,完成其他探测和在轨服务任务

综合上述分析,月球表面机器人的任务可归纳为 7 大类,见表 10 – 4。

表 10 – 4　月球表面机器人任务分类

分类序号	任务分类	分类序号	任务分类
1	远距离巡视勘察	5	舱外维修维护
2	采样分析探测	6	航天员服务支持
3	载荷搬运投放	7	设备在轨组装
4	科学试验辅助		

10.2　各国登月机器人

当前月球、火星和小行星探测的主要形式仍然是无人月球车、火星车巡视探测。但美国、加拿大、德国和日本已经持续开展了新型月球表面探测机器人的概念研究、技术演示验证等工作;而国内还处于跟踪国外技术阶段,无明显的概念创新。

10.2.1 卡耐基-梅隆大学全天候月球表面机器人

美国卡耐基-梅隆大学在 1995 年(项目启动时间应该更早)对商用月球表面探测机器人进行了研究。该机器人对月球表面进行成像探测,并向地球传送图像等信息,要求至少在月球表面工作两年。因此,在方案研究时主要针对能源和成像系统进行了比较分析。图 10-1 是研究过程中形成的诸多概念中的两种,右图是最终选择的方案。

这种机器人采用核电技术进行热控和供电,核源为 Kr-85,热电转换器为 AMTEC(Alkali Metal Thermal to Electric Converter),可以提供 3000W 的电能,并供应热量。该机器人采用多达 12 个相机的多相机系统对月球表面全范围进行成像,双机器人协同作业,可以通过视觉系统相互定位等。

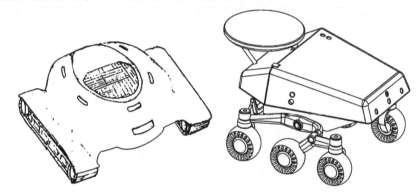

图 10-1 卡耐基-梅隆大学的全天候月球表面机器人两种概念

由于这种机器人的研究较早,功能局限于巡视成像探测,不具备机器人的操作性,严格意义上讲可将其归类为一般的月球车范围。但从技术和时间来看,六轮摇臂移动结构和核电技术可能已应用于后来的 NASA 的火星车索杰纳(Sojourner,1996 年)、MER(2004 年)、MSL(2011 年)上,对我国的月球表面机器人的发展思路具有一定的启示意义。

10.2.2 NASA 的 Robonaut 机器人

Robonaut 是一种仿人型机器人,如图 10-2 所示。该项目由 NASA 约翰逊空间中心的灵巧机器人试验室(Dextrous Robotics Laboratory)负责实施。Robonaut 系列机器人的核心理念是研制出能够协助航天员进行空间操作或者能够替代航天员进行出舱活动(EVA)的空间机器人。与传统的 NASA 传统的空间机器人相比,Robonaut 系列机器人主要区别在于它能进行更灵巧、更细致的操作活动,比如在轨维修、维护乃至进行空间试验等高难度活动。

Robonaut 项目启动于 1997 年。研制了 Robonaut-1(R1)原理样机,该样机能

图 10 - 2　NASA 研制的 Robonaut 机器人

够完成维护工作,也可以安装在移动轮式基座上进行远距离探测。2010 年 2 月,新一代 Robonaut － 2(R2)机器人研制成功,2011 年 2 月,由 STS － 133 运送至 ISS,成为美国研制的首个空间机器人。相比 R1,R2 具有更快的速度、更灵巧的机械系统,感应系统更灵敏;机械臂的移动速度达 2m/s,能够抓取 40lb(1lb ＝ 0.454kg)的载荷,每个手指的抓取能力达 5lb;全身约有 350 个敏感器,38 个计算机处理系统。

国际空间站是 R2 的首个工作场所,提供了微重力环境下人机交互工作的机会。一旦技术成熟,就可对 R2 进行功能升级和适应性改进,R2 就能完成真空环境下的任务或者极端辐射环境下的任务。R2 机器人还能提供远距离通信服务,从而为未来机器人实施探测月球、小天体、乃至更远深空的任务。2009 年底,约翰逊空间中心公布了一项 M 计划,如果该计划通过,R2 机器人将有可能成为首个登陆月球的机器人。

通过更改 R2 腿部结构可以适应不同环境的探测任务,如:①无腿式结构适用于微重力环境下空间站内部操作;②一条腿式结构可以适应空间站外部操作,从而起到限足器固定的作用;③还有一种半人马座结构(Centaru)可适应月球、火星的巡视探测需要(图 10 － 3);④两条腿式结构可以完全替代航天员进行行星探测(图 10 － 4)。

图 10 － 3　"半人马座"R2 结构

图 10 － 4　R2 机器人探索
月球表面构想图

Robonaut 与德国的 Justin 一样,是当今最先进的空间机器人,具有明显的双机械臂等拟人化、智能化特征,这种机器人的研究还在持续开展中,对我国月球表面机器人研究具有较高的参考价值。

10.2.3　卡耐基－梅隆大学可重构行星探测机器人

卡耐基－梅隆大学与 NASA Ames 研究中心的智能机器人团队一起,2006 年研制成功了 K9/K10 系列机器人(图 10 – 5),用于验证月球、火星探测的相关技术。

K9 是 K10 的原型机,长 1.05m,高 1.6m,宽 0.85m,质量约 65kg,移动速度接近 6cm/s,采用了 NASA JPL 的六轮摇臂移动和 5DOF 机械臂技术。作为新一代行星探测机器人,K10 主要用于人机交互技术演示验证,使用了大量的商用设备,有四个轮子,移动速度最高为 30cm/s。这种机器人采用了可重构的设计思想,所有设备高度模块化,硬件功能可快速重新配置和扩展,而软件具有良好的鲁棒性,可适应硬件的任何改变而产生很小的冲突等错误。

(a)　　　　　　　　　　　　(b)

图 10 – 5　卡耐基－梅隆大学的 K9(a)/K10(b)机器人

K9/K10 配置的探测设备可谓种类繁多。2002 年在 K9 上试验了如图 10 – 6(a) 所示美国科罗拉多州大学的彩色微距相机探测器 CHAMP。2005 年开始在 K9 上试验了如图 10 – 6(b) 所示美国加利福尼亚大学的电磁探测和气象学装置、图 10 – 6(c) 为 NASA 的火星尘暴测量装置 CMAD。图 10 – 7 所示在 K10 上试验火星次表层钻探取样装置 MUM,该取样装置可深入表层以下 5m,对矿物质进行探测并从地下采集样品。

2005 年,以 NASA Ames 研究中心为主导,包括约翰逊空间中心、海军研究实验室、卡耐基－梅隆大学等众多单位参与下,开展了基于三个航天员、两个机器人 (K10 机器人和 Robonaut 机器人)联合的"对等人机交互项目"研究和演示验证(图 10 – 8)。

(a) CHAMP　　　　　　(b) 电磁和气象学装置　　　　　(c) CMAD

图 10-6　K9 装置演示试验

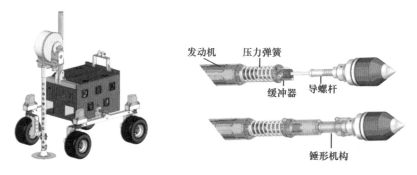

图 10-7　K10 钻探演示试验

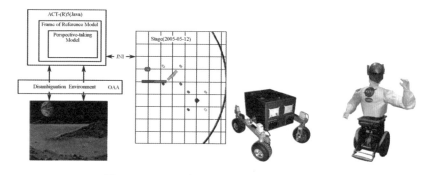

图 10-8　2005 年 NASA 人机交互概念演示

　　该项目中,人与机器人的关系不再是简单的人命令、机器人执行,而是允许机器人在必要和适当的情况下,向人提出问题,从而使得机器人能够从人那里获得有关任务的信息。这项交互技术的关键功能是允许人和机器人交流和协调他们的行动,提供交互支持,使得人和机器人能够快速响应并帮助对方以解决遇到的问题。实现这一功能的难点在于,需要让机器人自主执行任务,但又需要具备在必要时向人提问的能力,以及机器人如何像"人"一样理解人的指令。

　　K9/K10 机器人是以美国星座计划为背景的最新月球探测机器人研究项目,吸引了众多美国航天机构和大学参与,机器人本身与一般月球车无明显差别,但最大的特色是在可重构的基础上，综合大量的探测设备进行演示验证，以及人机交互技术演示验证，对我国开展有效载荷和人机交互技术研究有一定借鉴意义。

10.2.4 卡耐基-梅隆大学模块化腿式移动机器人

美国卡耐基-梅隆大学的国家机器人工程中心研究了一种具有相同运动、计算和传感组件的模块化腿式移动试验平台。该模块化平台具有可重构特征，经过快速简单的改进设计便能变异出适应不同任务需求的多种机器人，如图10-9为X-RHex机器人(a)和Canid机器人(b)。

X-RHex为六足机器人，机器人能适应复杂的地形环境，具有优越的越障能力，能弹跳64cm的距离，且体积小、重量轻，可由单人携带。Canid为四足机器人，其前后两对足具有与X-RHex机器人相同的运动、计算和传感组件，并在其前后两对足之间设置一条具有适应性的主动驱动脊柱，从而提高机器人对地形的适应性，并提高运动速度。

(a)　　　　　　　　　　　　　(b)

图10-9　X-RHex机器人(a)和Canid机器人(b)

虽然不具备操作等其他负载功能，但就技术成果来看，这种仿生机器人为我们提供了一种全新的机器人移动方式的概念，符合我国机动性要求更强的新型月球表面机器人的需求。

10.2.5 加拿大CSA的Artemis Junior机器人

近年来，美国NASA和加拿大CSA合作开展了月球水冰探测任务，该任务计划向月球极地区域发射探测机器人，进行月球表面内部的冰矿采样探测。CSA研制的探测机器人名为Artemis Junior，上面装配有一个NASA的名为RESOLVE的载荷，用于对月球表面进行钻探取样。RESOLVE包含一个次表层取样钻头(CSA研制)、加热炉和微型气体测量装置。机器人上装有中子探测器和近红外探测器，用于寻找富氢区域，以作为最佳的钻探点。RESOLVE还能验证采用氢变进程从风化层中制氧的技术。

2012 年 7 月,在夏威夷岛莫纳克亚山(死火山)进行了任务演示验证,如图 10 - 10 所示。莫纳克亚山的地形与月球的地形十分接近,机器人被投放在一个广阔的区域,由在加拿大蒙特利尔的远程操控中心进行遥操作,进行大范围的移动,并寻找了多个富氢区域进行钻探取样。

图 10 - 10　Artemis Junior 机器人验证试验

Artemis Junior 月球探测机器人是加拿大 CSA 参与美国探月计划的一个非常重要的项目。这种机器人具有宽大的车轮、先进的水冰钻探设备,非常具有科学应用的意义,值得我国借鉴。

10.2.6　德国探月机器人

德国 DLR 是 ESA 内主要的机器人研究机构,如著名的在轨演示试验 ROTEX 机器人,灵巧手、Justin 机器人均由 DLR 研制。DLR 针对 ESA 的登月计划,研究了一种被称为月球可重构载荷装置 MPE,概念图如图 10 - 11 所示。MPE 是一种小型机器人,总质量约为 14kg,可以折叠到 0.1m³ 的体积内,它可以自主导航,采集着陆器附近 100m 范围内不少于 5 处的月球土壤等样品并送交着陆器进行现场分析,总里程不小于 1.5km,样品质量不大于 2kg。

另外,德国 2013 年在不莱梅公布了一款由德国人工智能研究中心研发的新型探月机器人,如图 10 - 12 所示。该机器人可执行在月球寻找水源等任务,其 CREX 六足攀爬系统可适应多种地形,将在德国人工智能研究中心内的模拟月球场地进行测试。

德国机器人技术实力雄厚,其月球探测机器人的设计形式均较为新颖,对创新概念设计具有很好的参考作用。

10.2.7　美国变形 - 滚动探测机器人

NASA 以火星探测为背景,从 2008 年开始,开展了变拓扑结构的多面体翻滚机器人 TET 的研究,迄今已有三代样机产生(图 10 - 13)。第一代样机是四重四面

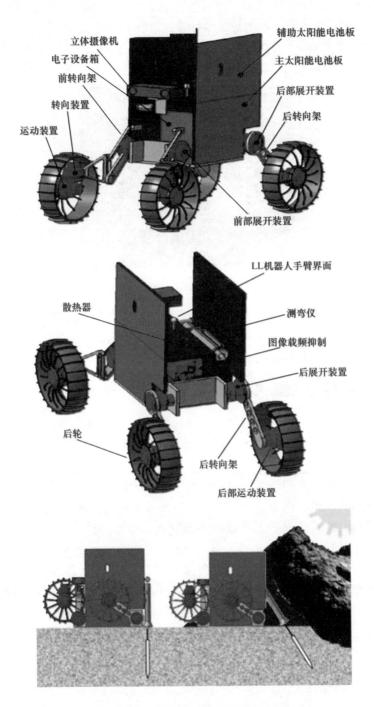

图 10 - 11　MPE 概念图及钻探示意图

图 10 - 12 德国新型探月机器人

体机构,实现了连续的翻滚运动,验证了四面体机器人翻滚运动的可能;第二和第三代都是 12 重四面体机器人。第二代的伸缩杆由嵌套式的方形铝管组成,内有滑轮机构,电机通过行星齿轮和蜗杆驱动该滑轮机构。但第二代样机的伸缩杆过重,以至于难于支撑其重量。第三代样机由嵌套式的螺杆组成,能执行复杂的变形,能爬上 40° 的斜坡,伸缩比可达 5.3:1,可进行远程遥控。

图 10 - 13 翻滚机器人

　　2012 年,美国北卡罗来纳州立大学公布了正在研制的一种可变形行星探测机器人 TRREx。该探测器效仿了犰狳(一种体表有骨质鳞甲的小动物,生活在南美洲和中美洲,在受到攻击时身体蜷缩成球状)。此外,还模仿了一种蜘蛛,在危险时刻将身体蜷缩后能够滚下山坡的生理特性。TRREx 的设计将超越 6 轮摇臂悬架式的传统结构,可以改变成球状,并在一定条件下可以滚下斜坡。其构型如图 10 -14所示。

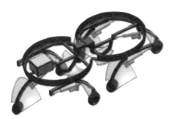

图 10 - 14 TRREx 的两种构型

TRREx 机器人有两种工作模式——巡视模式和滚动模式。

1）巡视模式

在传统的行星探测巡视器中,机械链接通常采用的是遥臂-转向架(Rocker Bogie)机构,该机构是属于一种被动悬挂机构。而 TRREx 是一种主动悬挂式机构,能够适应各种极端地形。此外,它还具有灵活的髋关节,如图 10-15 所示。

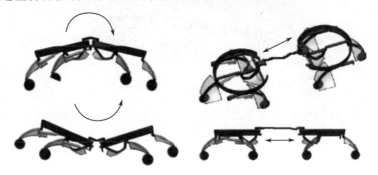

图 10-15　巡视模式下的 TRREx

2）滚动模式

TRREx 机器人能够进行变形,如图 10-16 所示,由巡视模式转化成滚动模式,从而能够适应复杂的地形地貌。滚动模式包括自由滚动、触发滚动以及控制滚动三种模式。

图 10-16　TRREx 机器人的变形过程

美国的可变结构机器人采用了仿生学的设计,完全颠覆了传统的行星探测机器人概念,一旦研究成功,将突破机器人基于仿生学的结构与机构设计、动力学与控制等重大关键技术,无论从概念和技术来看,对我国的月球表面机器人研究都具有非常大的启示和指导。目前,国内部分高校已经开展了 TET 的初步研究。

10.2.8　日本蠕动爬行机器人

2012 年,在意大利召开的第 63 届国际宇航联大会上,来自 JAXA 的日本科学家公布了一种新型蠕动爬行类机器人。该机器人是效仿钻地动物(如蚯蚓)的生物学特征而研制的一种可在月球表面爬行或在次表层土壤内钻取土壤样本的蠕动爬行类机器人,如图 10 - 17 所示。机器人身体内壁是由内外两层机构组成:外部被称为环状肌体,内部被称为纵状肌体。当环状肌体沿径向运动,该部分会变薄,轴向方向将会伸长。当纵状肌体沿轴向收缩,该部分会变厚变短。

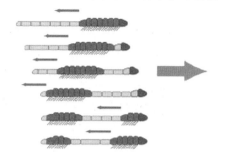

图 10 - 17   日本蠕动爬行类机器人

这种爬行机器人体积很小,并且能在不规则地面甚至在十分狭窄的管道内移动。爬行钻探机器人与位于月球表面的探测机器人进行配合,钻探机器人钻入次表层内部,月球表面上的机器人通过电缆为其提供电源和通信。

虽然日本的这种爬行类机器人由于体积小,爬行速度很小,效率也比较低,但也是钻探机器人的一种新形式。另外,主机器人 + 钻探机器人的联合探测模式,也对我国机器人探测方案有一定的启示。

10.2.9   日本月球机器人基地概念

2005 年,JAXA 公布了其远景规划"JAXA - 2025",其中包括 2025 年前实现载人登月的计划,最终在月球上建立月球基地。

日本的月球基地设想中,规划了功能各异的机器人,如图 10 - 18 所示,包括进行月球钻探取样的钻探机器人,协助或替代航天员完成工作的类人双臂机器人航天员,用于基地建设平整土地、设施安装、维护维修的挖掘及维护机器人编组,能够

图 10 - 18   日本月球机器人基地设想

在月夜进行工作的月夜工作机器人。近年来,日本已经实质性地开展了月球机器人的技术攻关工作,如图 10 - 19 所示,日本在 2009—2011 年期间研制的机器人和钻探设备在模拟月球场地中进行试验。

变斜坡部分

平坦部分

图 10 - 19　日本进行的月球探测模拟试验

　　日本是机器人王国,且通过国际合作,在探月和其他航天领域取得了重大成果,对机器人探月具有宏伟的规划。未来在机器人探测方面,日本必将走在技术前沿,有必要跟踪其研究情况,尽快掌握最新技术。

10.3　月球表面机器人关键技术

　　围绕月球表面环境的适应性和操作状态的精确感知、人机交互、移动速度、爬坡能力和精细操作等进行技术梳理。要求提出具有高效人机交互能力、较快移动速度和大坡度地形探测能力、满足多种应用载荷精细操作要求的机器人系统方案,进行月球表面模拟环境下的机器人移动、探测操作等仿真,验证方案设计的合理性和可行性。主要应发展以下几种技术:

　　(1) 组合 - 可扩展式机器人构型技术。在一个具有较强越障能力的机器人平台上,设置若干可方便更换末端有效载荷的机器人,设置若干可连接包括微型跳跃机器人、飞行机器人、蠕动机器人和雪橇式机器人在内的多种机器人的安装接口。

　　(2) 多传感器融合及遥操作技术。

　　(3) 高精度和高灵活性关节系统。

　　(4) 人工智能技术。

　　(5) 精细操作技术。

　　(6) 人 - 机通用的仪器工具设计技术。

　　(7) 危险环境探测技术。

10.3.1　机器人探测总体方案设计

　　由于月球表面环境的复杂性和任务需求的多样性,需要设计出能适应苛刻环

境、完成多项任务的月球表面机器人探测总体技术方案,其难点在于:

科学制定任务需求:由于探月工程总体目标的多样性,而单次探测活动携带的有效载荷和可探测的项目指标很有限,如何在国内外探月工程已取得成果的基础上,结合我国的具体需求及技术水平,为实现单次探测活动成果的最大化,并确保探月工程的可持续性,必须科学制定月球表面机器人探测各阶段、各着陆点的任务需求,以牵引探月工程稳步有效开展。

实现探测成果的最大化:在航天器质量及体积的约束下,采用新的设计方法和理念拓展探测功能并提高探测性能成为研究关键,如采用模块化技术、可重构技术等以提高系统方案配置的灵活性,从而拓展探测功能;再如采用长寿命设计、复活设计等技术以延长系统、子系统乃至单个零部件的工作寿命,从而延长探测时间,获得更多有效数据。

系统仿真演示验证:为考察方案的有效性和可行性,需要对其进行充分的仿真演示验证,其难点为在大系统接口约束、月球表面环境及系统内部诸多参数尚不明确时,如何识别并选取重要特征参数并合理简化系统模型。

10.3.2　人机交互技术

月球表面人机交互系统旨在更好利用月球表面机器人辅助航天员活动,需具有足够有效的手段进行人机沟通和交流。人机交互技术是实现人机联合探测的基础和保障,需要满足多层控制与自适应特点。首先,人机交互包括"从人到机"和"从机到人"两方面,具有双向性。其次,人机交换过程包括信号发生、采集识别、传输及表达等多个环节,并可涉及视觉、听觉和触觉等多种信号类型,具有复杂性和多样性。

月球表面机器人不是面向简单环境中的给定任务,而是面向与未建模、多目标的复杂环境的交互,强调智能和个性化的情感表达。在与复杂环境交互的过程中,机器人不仅要具有与人类类似的"看"、"听"、"说"能力,而且要具有一定的智能和情感能力,表现出一定的个性特点,同时还要能够从交互过程中进行学习。主要有:

(1)人机系统遥操作虚拟环境与人机交互界面设计。建立人机系统的主从遥操作体系框架,构建基于虚拟现实的人机系统遥操作环境,提供虚拟环境和操作者的人机交互界面。

(2)遥操作与自律协同安全策略研究。研究遥操作的应用场合与模式切换策略,解决月球表面航天员的遥操作与地面遥操作协同的问题,研究协同的任务分配和冲突处理。

(3)数据手套交互控制研究。研究数据手套与五指灵巧手的运动映射,研究数据手套的力反馈实现,实现五指灵巧手人机交互遥操作。

(4)高级人机交互技术。研究语音交互、Kinect交互等高级人机交互手段,丰富航天员与人机系统的交互方式。

10.3.3　月球表面多终端协同控制技术

机器人登月中特别是微型机器人探测,多采用集群探测方式,一次发射搭载大量微型机器人到月球表面进行工作。利用协同控制技术,可以实现多终端联合探测。

10.3.4　月球表面视觉导航技术

视觉导航和惯性导航模块集合,可实现月球表面机器人定姿定位、环境感知、障碍识别、路径规划和自主避障等功能,实现独立自主探测。

10.3.5　月球表面精确定位技术

对大范围月球表面机器人进行月球表面精确定位,以及对于后续人机联合探测中航天员位置进行月球表面精确定位,是实现探测安全、完成探测目标的基本保障。

10.3.6　多臂协调操作的规划与控制技术

月球表面机器人要能够同人协作或单独完成任务,多臂之间的协调控制非常重要,它是多臂之间及与人交互时的安全保障,也是多臂机器人完成运动任务的基础。机器人多臂协调控制是一个非常复杂的整体控制策略,包括臂的运动规划、主动避障、多臂避免干涉、多臂协调操作时的力控制策略以及双臂在不同任务形式下不同的控制策略之间的切换方式等内容。

多臂协调的控制结构比单臂复杂,在操作过程中多臂与操作目标三者之间必须保持一定的运动学约束和动力学约束,所以协调机器人系统运动学和动力学方程的维数及耦合程度将大为增加。

针对多臂在空间站舱外的作业,需研究空间作业任务与多臂机器人运动的关联关系,为空间站内外环境中多臂协同作业提供依据;研究空间环境下多目标任务的协调机理,提出适应性强的任务规划体系结构。

对于在同一工作空间中执行各自无关的作业任务的多臂机器人,避碰路径规划是它的主要研究问题。对于同一工作空间执行同一或多项作业任务的多臂机器人,闭链动力学的控制是其主要研究问题;对于此闭链系统,不适当的运动轨迹或内部控制力分配,都会导致操作任务的失败,严重时甚至还可能毁坏机器人或载荷。为合理规划闭链中各关节运动及力矩,保证操作任务的顺利完成和安全性,需引入闭链动力学系统的柔顺控制,通过柔顺控制的方法调节多臂间的运动和力分配不均的问题。

考虑到作业冲击、外部扰动等情况,多臂机器人在作业过程中可能需要根据当

前状态调整自身运动和参数,研究复杂作业任务的在线重规划方法,以及基于任务重规划的容错操作规划方案。

10.3.7 多元多维传感器信息融合及处理技术

多传感器信息融合是人类和其他生物系统中普遍存在的一种基本功能,人类本能地具有将人体的各种功能器官所探测的信息与先验知识进行综合的能力,以便对周围的环境和正在发生的事件做出估计。多传感器信息融合作为多源信息综合处理的一项新技术,它能将来自某一目标的多源信息加以智能化合成,产生比单一信息源更精确、更完全的估计和判决。

月球表面机器人将配置立体视觉、距离和接近传感器、多维力传感器、触觉传感器等,信息融合及处理中的传感数据在时间上不同步、在形式上粒度不同、数据具有不完整及虚假性等难点,因此需建立复杂环境感知信息的统一表达方法,研究基于机器人内部分布式多元感知信息的外部扰动推断模型;为实现多元多维信息的融合与配准,需研究复杂多元信息的特征不变量提取技术、定性与定量信息嵌套式递阶分层结构和处理机制。

针对月球表面环境对传感器系统的影响,研究环境对传感元件的作用机理,建立传感元件的性能衰退模型和传感器自适应补偿,为环境多元信息感知系统的高可靠性设计提供支撑。

立体视觉与手眼视觉融合、视觉与触觉融合是人机系统环境认知和精确作业中最常用的传感器融合技术,需开展专题的研究。

11 未来载人登月

11.1　载人登月人数分析

　　载人航天飞行的乘员人数往往直接决定了整个航天器的规模乃至整个工程的规模。航天员在月球表面活动需要身着出舱服,行动不如在地球上方便。考虑到航天员的安全,登陆月球表面的航天员一般应不少于 2 名,这样在出现摔倒或是服装出现故障时,2 名航天员可以实施互救。另外,随着自动化程度的提高和无人交会对接在无人飞行试验阶段即已掌握,在航天员着陆月球时,环月轨道飞行的绕月飞船可以不留航天员值守,同样可以完成登月舱与绕月飞船的交会对接,因此,2人参与登月飞行是完全可行的。

11.2　载人登月方案分析

11.2.1　载人登月飞行过程

　　载人登月的飞行过程如图 11 − 1 所示,大致可归纳为七步:发射至近地轨道、地球停泊轨道飞行段、地月转移段、环月轨道飞行段、着陆月球表面段、月球表面起飞段、月地返回段。

11.2.2　载人登月模式

　　载人登月体系由三部分组成:载人登月模式、飞行器系统组成及功能分解、对月球表面活动的定义。其中,处于设计顶层的载人登月模式,直接关乎载人登月的成败。

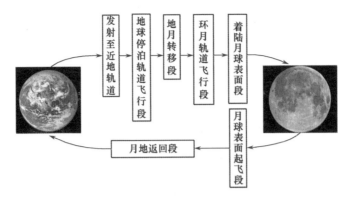

图 11-1 载人登月过程

登月模式可以分为如下四类：

直接登月（Direct Flight，DF）；

地球轨道交会（Earth Orbit Rendezvous，EOR）；

月球轨道交会（Lunar Orbit Rendezvous，LOR）；

双对接（EOR-LOR）。

直接登月，运载火箭仅发射一次，但需要运载火箭具有大约200t级的能力。

地球轨道交会模式，是将登月飞行器的各部分分段发射到地球停泊轨道，在该轨道进行组装（即交会对接）之后再登月，但飞行器的各部分都要分别经过地月转移过程，因此较难设计。

月球轨道交会模式，是将登月飞行器的各部分分段发射到月球停泊轨道，在该轨道进行组装，但该模式对系统的可靠性要求很高。

双对接模式，是地球轨道交会模式和月球轨道交会模式组合的模式，通过月球轨道交会分别设计载人飞船和登月器。

11.2.3 载人登月飞行模式

载人登月可以根据发射模式的不同有多种飞行模式。

1. 直接发射模式

美国"阿波罗"登月采用的就是直接进入奔月轨道运载系统的方案。飞船由指令舱、服务舱和登月舱三部分构成，由重型运载火箭将飞船一次性将30t级的登月飞船和15t级的登月舱送入奔月轨道，然后飞船与火箭分离，飞船飞行进入环月轨道，之后分离出登月舱实施登月。

2. 近地轨道对接模式

近地轨道对接模式，在对接次数的约束下，根据不同运载能力可分为多种模式。例如近地轨道3次对接组装模式，绕月飞船利用载人火箭单独发射，登月舱和3个推进飞行器分3次发射，在近地轨道共进行3次交会对接后开始奔月飞行。

3. 环月轨道直接对接模式

登月飞船和登月舱分别由火箭直接送入环月轨道,交会对接后航天员乘登月舱在月球表面着陆。

4. 近地+环月对接模式

对于近地+环月对接模式,受对接次数的限制,需要先将登月舱和推进飞行器A分别发射进入近地轨道进行对接,然后奔月进入环月轨道;之后,将登月飞船和推进飞行器B分别发射进入近地轨道进行对接,然后奔月进入环月轨道;最后,登月舱和登月飞船在环月轨道进行对接。

5. 不同飞行模式对比分析

不同的方案又有不同的优缺点,集中体现在对无人火箭和载人火箭的需求上。表11-1对发射方案进行了对比。

表11-1 不同发射模式对比

发射模式	对运载的需求	分析比较
直接发射	需要巨型载人运载火箭	不用在轨组装,一次发射即可将登月飞行器送入轨道,飞行模式简单,结构可靠性高; 登月任务周期短
近地轨道对接组装模式	需要货运火箭和小型载人火箭	发射模式的可扩展性较好。对于更大规模的载人登月任务,在登月飞船规模不变的前提下,只需通过调整推进飞行器的数量和对接次数即可适应新任务,不需再专门研制更大推力的无人火箭。 在轨组装、交会对接次数多,飞行模式复杂,可靠性较差
环月轨道直接对接模式	需要大型货运和载人火箭	对于更大规模的载人登月任务,需要研制更大规模的无人和载人火箭,可扩展性差
近地+环月轨道对接模式	需要近地轨道运载能力重型货运火箭和小型载人火箭	由于登月舱和登月飞船的规模不同而需要不同能力的无人火箭,技术难度和研制成本很大。 对于更大规模的载人登月任务,需要研制更大规模的无人和载人火箭,可扩展性差

综合考虑对运载火箭发射能力的要求、任务扩展性、对接的技术难度,为利用现有技术基础在不远的将来实现载人登月,并考虑后续任务的可扩展性,在轨组装发射是比较可行的方案。而且近地轨道对接方式对运载的能力要求最低,整体技术难度比其他组装模式较低。对于发射、对接两个环节的风险,美国星座计划在论证过程中做了深入分析。在分析中,以目前世界上唯一一个经飞行验证的自动对接系统俄罗斯的Kurs系统为例,分析了在一定火箭可靠性、发射概率等条件下基于多次对接模式登月任务的失败概率。

11.3　载人登月工程系统组成

载人登月系统包含载人登月飞行器系统、运载火箭系统、月球表面活动系统。下面提出载人登月飞行器系统、月球表面活动系统设想。

11.3.1　载人登月飞行器系统

根据不同的登月技术途径,登月飞行器需要由若干飞行器空间段组成一个完整的在轨飞行组合体,共同参与完成整个飞行任务。基于载人登月飞行的特点和运载能力,不管采用什么方式登月,载人登月飞行器都需要由登月舱、绕月飞船和推进飞行器这三类空间段组成。

1. 登月舱

用于实现航天员从环月轨道下降到月球表面,支持航天员在月球表面的工作和生活并为航天员提供通信支持,任务完成后从月球表面起飞进入环月轨道,并作为追踪飞行器,在环月轨道上与绕月飞船交会对接,将航天员和样品运到绕月飞船内。登月舱需完成以下功能:

(1)在下降段实现整个登月舱从环月轨道着陆到月球表面;

(2)完成月球表面起飞,进入环月轨道,以及作为追踪飞行器,在环月轨道上与绕月飞船交会对接;

(3)飞行期间协助宇航服为航天员提供必要的生命保障条件;

(4)支持月球上的探险活动和各项科学试验装置;

(5)航天员在月球表面活动期间,可为航天员提供通信支持;

(6)配合在近地轨道完成对接组装。

2. 绕月飞船

飞行期间为航天员提供必要的生活与工作条件,为有效载荷提供相应的条件;航天员登月期间,为登月舱和登月航天员提供通信支持;完成登月任务后,确保航天员安全返回地球轨道、再入地球大气层、返回地面;在飞行过程中一旦发生重大故障,能自主或人工控制返回地面,并保证航天员的生命安全。

绕月飞船需完成以下功能:

(1)搭乘2至3名航天员进行登月飞行;

(2)在整个飞行期间为航天员提供必要的生活与工作条件;

(3)确保在完成飞行任务后,航天员和月球样品安全返回地面;

(4)在飞行过程中,一旦发生重大故障,在其他系统的支持下和(或)航天员的参与下,能自主或人工控制返回地面,并保证航天员的生命安全。

3. 推进飞行器

提供登月舱和绕月飞船从近地轨道到环月轨道的动力,包括进入地月轨道、中途修正和月球轨道制动。推进飞行器可根据运载火箭大小设计成单级或多级。当设计成多级时,需要具有支持在轨组装能力。

推进飞行器需要完成以下任务:

(1)具备自主交会对接能力,在地面测控支持下,配合实现近地轨道的对接组装,形成完整的登月飞行器;

(2)提供登月飞行器从近地轨道向地月转移轨道的加速;

(3)提供登月飞行器从地月转移轨道向环月轨道的制动减速。

推进飞行器工作模式如下:

(1)登月舱和推进飞行器组合发射至近地轨道;

(2)推进飞行器帆板展开,自主飞行;

(3)推进飞行器进行变轨和轨道维持,并作为被动飞行器与绕月飞船对接;

(4)主机和游机共同进行地月转移加速;

(5)在地月转移轨道上,进行2~3次中途修正;

(6)达到近月点后,将登月飞行器送入环月轨道;

(7)工作完毕,推进飞行器抛掉。

11.3.2 登月飞行器最小不可分割模块

登月飞行器是一个多空间段组合体,如果运载火箭不能一次将其发射送入轨道,就需要分若干次发射,将各个舱段送入轨道对接组装形成。由于绕月飞船是航天员的座舱,为了确保载人安全,要求绕月飞船在整个飞行过程中一旦发生故障可以保证航天员安全返回地球,因此,需要将绕月飞船作为不可分割单元整体发射。

11.4 载人登月系统仿真技术

载人登月探测系统需要实现远距离的飞行,能正确到达环月轨道,实现月球表面下降、月球表面工作、起飞,并以接近第二宇宙速度再入地球大气层、准确返回地球,这将使载人登月系统更复杂、技术难度更大。因此在载人登月系统方案论证、可行性论证、关键技术攻关以及研制过程中需要进行充分分析与仿真验证,而且载人登月还采用一些前所未有的新技术、新的月球登陆与起飞飞行器、短时间的多次对接、大型复合体飞行器奔月飞行、在月球轨道的分离、月球着陆起飞以及第二宇宙速度再入地球大气层、准确返回地球等技术验证,除模拟试验外还需深入仿真验证。这些仿真验证对方针技术提出了新的要求,需要突破载人登月系统仿真技术,建立载人登月仿真系统为载人登月系统设计服务。

11.5 载人登月飞行器设计技术

对载人登月探测系统的运载、推进、自主导航与控制、月球着陆结构和机构、复杂热环境条件下的热控、返回再入等技术提出更高的要求,在原有飞船设计技术基础上,尚需突破新型飞船设计制造、载人登月着陆系统设计等一系列关键技术。

11.5.1　绕月飞船设计技术

由于载人登月飞行距离较远、任务周期较长、资源相对紧张,因此造成探测器设计难度很大,既要采用先进技术,又要保证任务可靠性,同时还需要在轻小型化和高集成度方面有所突破。月球探测器面临的复杂轨道的设计与实现、自主导航与控制、深空探测与通信,复杂热环境条件下的热控、能源综合利用等方面都有许多新的关键技术,是过去的地球卫星、甚至绕月探测器没有解决的关键技术。与传统航天器相比,月球探测器在地面验证方面有很多新的要求。

11.5.2　登月舱设计技术

载人登月舱是新型载人飞行器,需要有众多的关键技术解决。

(1) 着陆缓冲机构与结构技术。

由于月球表面没有大气层,只能通过制动发动机实现着陆前的减速,再通过软着陆装置实现月球表面软着陆。着陆缓冲机构是着陆安全的重要保证,需可靠吸收着陆冲击能量,并在一定的地形条件下保证着陆的安全性。缓冲方式的选择、缓冲材料的选取、缓冲系统各参数的选取与优化是必须解决的关键技术。

以桁架结构作为主承力结构的着陆器利用软着陆机构在高真空、大温变、地形未知的复杂月球表面环境下实现整个探测器的软着陆,且从上升段到实现月球表面的安全着陆,软着陆机构要完成压紧释放、空间展开锁定、缓冲以及再次锁定等一系列动作。因此,能否解决上述问题,保证登月舱桁架式主承力结构和软着陆机构正常工作,是影响目标成败的关键问题。

(2) 月球表面着陆制导、导航和控制技术。

软着陆导航与控制技术是实现载人登月的重要技术内容,登月舱要携带航天员和探测设备完好地运到月球表面预定区域,实现月球表面软着陆,都必须依赖导航与控制技术。软着陆导航与控制技术中将主要解决月球软着陆自主控制与有人控制技术、软着陆制导控制方法等重要内容。

相比于无人探月,由于载人登月过程的登月舱在软着陆过程中有航天员存在,对任务的可靠性、着陆过程的姿态、姿态角速度和着陆速度的要求更高,同时可以充分利用航天员进行侦查、观测和控制,另外,轨控发动机具有变推力和摇摆能力,这都对软着陆过程的制导、导航和控制策略提出新的要求。

在月球表面飞行段,在登月舱与绕月飞船分离后的任何时刻,当出现意外时,需要有专门的系统或策略,保证登月舱或登月舱上升级能与绕月飞船交会对接,使得航天员能安全地返回地球,这需要研究逃逸救生保障策略。

（3）月球表面发射起飞技术。

为了将航天员送回地球，载人登月工程中必需在恶劣的月球表面实现起飞，上升舱携带航天员和月球样品进入月球交会对接轨道。此起飞过程与地面的火箭发射具有较大差异，发射平台非常简易，并且其姿态具有一定的不确定性。因此上升舱需具有自适应的调整能力，准确进入交会轨道。上升舱的导航、制导和控制系统对非确定性发射平台的自适应技术和上升轨道的制导律设计等技术都将具有重大挑战。

11.5.3 推进飞行器设计技术

载人登月飞行器有多种方案可以选择：采用多级设计，在轨组装；也可采用单级设计。无论哪种方式都有多项关键技术需要突破。

（1）登月飞行器推进系统方案设计。

登月飞船的主推进系统有多种方案可供选择。如：美国"阿波罗"宇宙飞采用的是常温可储存的有毒推进剂，且登月飞船的主推进系统多采用挤压式发动机；而同一时期苏联的绕月飞船尽管也采用的是常温可储存的有毒推进剂，但绕月飞船的主推进系统多采用泵压式发动机。目前，美国正在进行的重返月球计划中，拟使用的牵牛星宇宙飞船的多个主动力系统中既有常温可储存推进剂，也有采用低温推进剂；而发动机方式也是既有泵压式又有挤压式。

载人登月飞行器中推进剂将占到整个飞行器系统总质量的70%以上，因此推进系统的性能对飞行器的方案和系统规模有很大影响。同时，推进系统的方案与载人登月的方案设计、载人登月飞行器的总体设计、拟采用的各种发动机的性能、推进剂供应系统的水平、相关技术的技术水平息息相关。因此推进系统方案应与总体要求共同进行不断论证、选择和优化。

（2）低温推进剂长期在轨存储技术。

载人登月由于所需的速度增量大，推进剂在飞行器中占有很大的比重。因此如果采用高性能的低温推进剂，能够大大降低飞行器的规模。此外，液氢、液氧的低温存储还可为航天员的生命保障提供支持。

（3）大推力、宽变化范围的变推力发动机技术。

变推力发动机具有可控无级变推力的优势，是载人登月舱下降发动机的重要方式。在美国的"阿波罗"工程中，登月舱选择了最大推力为44.5kN，最大可变范围为1∶10的变推力发动机（四氧化二氮/肼）。在重返月球计划中，也将采用最大推力为66.7kN的变推力发动机。

11.6 月球轨道交会对接技术

载人登月月球轨道交会对接技术仍是一项难度很大的关键技术。主要难点体现在:交会对接总体技术、交会对接测控技术、交会对接 GNC 技术。

月球轨道交会对接总体方案设计不仅涉及到交会对接任务的本身,还需要考虑大系统、飞行任务以及登月舱本身的各种约束。这其中涉及到飞行阶段的划分,各个阶段导引精度的指标分配,交会对接月球表面上升窗口设计,交会对接环月轨道设计,参与交会对接的飞行器在各阶段的轨道机动策略,故障模式下应急交会对接策略设计等。

月球轨道交会对接的测控面临很大的挑战,主要是需要在距离地球 38 万 km 的距离上同时提供对两个飞行器的精确轨道测量和预报。

月球轨道交会对接导航制导和控制所面临的困难主要是,月球轨道缺少类似 GPS 的绝对定轨手段,远程导引精度相对较低。

月球离地球距离较远等因素的存在,使得月球表面发射起飞具有起飞点的位置测量误差大、起飞平台姿态水平度差、起飞时间不确定性大、起飞前准备和发射过程中地面支持弱等特点,这些都要求对月球表面发射起飞技术进行深入的研究。

由于发射起飞过程需要大量的速度增量,要求登月舱上升级的质量尽可能的小,这就要求实现快速交会对接,快速交会需要研制长距离的相对测量敏感器。另外由于存在地面测控时延和精度不高,发射起飞后登月舱上升级的入轨精度也较差等特点,这对交会对接过程的导航、制导和控制都提出了新的要求。

11.7 接近第二宇宙速度的高速再入与热防护技术

返回舱将携带航天员和月球样品以约 11km/s 的速度再入地球大气层,超过返回式卫星和载人飞船的再入速度 3km/s 之多。为了实现一定的着陆精度,并且需要确保航天员可承受的加速度,需要返回舱具有精准的再入攻角和精巧的再入轨道。此外,在再入大气层的过程中将会产生大量的热量,因此要求返回舱具有良好的气动外形、气动稳定性和热防护能力。返回器气动外形设计、返回器防热与绝热设计以及再入轨道设计与控制技术将成为重大技术挑战。

11.7.1 返回舱气动布局设计

载人登月返回舱以第二地球宇宙速度从月球轨道返回地球,进入大气层的飞行环境更加恶劣,对登月返回舱的气动特性的要求更加高。返回舱气动外形的确定不仅是重要的总体设计工作,也是返回安全性的重要保障。

由于载人飞行对返回过载和落点精度等要求较高,以及返回初始速度的增加,要求返回舱的气动布局不仅满足稳定性要求,还要具有较高升阻比,以增大再入走廊、降低过载、提高落点精度。但升阻比的增加将降低减阻特性,过载的降低将导致防热结构设计重量增加。由此可见,返回舱气动布局设计是一个多学科、多目标的优化问题,具有相当的难度,需求进行关键技术攻关。

11.7.2　返回舱防热技术

防热结构是飞船返回舱的重要组成部分,其主要功能是对返回舱返回地球时的气动加热进行防护,与无人探月相比,除保证返回舱结构完整之外,对保证航天员的生命安全和返回舱内部温度提出了更高的要求。防热结构技术直接关系到载人登月任务的成败。

载人登月任务技术状态新,技术难度大,主要表现在:

(1) 载人登月任务的再入热环境更加恶劣。防热结构所承受的冲刷更加严重。

(2) 防热结构在奔月、月球轨道运行和返回过程中承受的空间环境更加恶劣。如带电粒子辐射、真空度和温度交变环境等均须进行评估。

(3) 载人登月任务对防热结构提出了更高的轻量化要求。

11.7.3　月地转移和高速再入控制技术

由于再入地球的速度很大,对再入前的制导和控制提出了很高的要求。另外与绕地轨道再入飞行器相比,月地返回再入大气层时初速接近第二宇宙速度,弹道走廊宽度明显变窄。而新的再入方式就需要重新设计返回的导航、制导和控制律,从控制系统方案的角度看,针对再入弹道特性进行设计,深入研究如何在不同返回弹道下获得再入过程的极高的可靠性也是极为重要的。

11.8　登月飞行器组合体关键技术

在近地轨道对接组装后的登月飞行器是个多重变拓扑结构的变参数系统,由于推进剂占整个系统的比重较大,推进剂燃烧后将影响整个组合体的质量特性;在地月轨道转移过程中,燃烧后的推进飞行器各子级将逐级分离;发动机的推力将宽范围变化,因此将带来一系列的复杂动力学和大范围的轨控及姿控耦合问题。

11.8.1　多重变拓扑结构的复杂动力学技术

登月飞行器组合体的整个登月飞行过程比较复杂,第一重拓扑结构变化是近地轨道上推进飞行器各子级逐级对接,最后与登月飞船的对接变化;第二重拓扑结构变化是地月轨道转移段推进飞行器各子级燃烧后逐步分离的过程;第三重拓扑结构变化是进入环月轨道后登月飞船与登月舱的分离过程;第四重拓扑结构变化是登月舱的下降与上升过程;第五重拓扑结构变化是登月舱上升级与登月飞船的对接过程;第六重拓扑结构变化是登月飞船的返回舱与其他舱段的分离及返回过程。在这些过程中存在大范围变参数的动力学问题,一方面是变拓扑结构所带来的质量、质心位置和转动惯量等的突变;另一方面是发动机燃烧带来的质量、质心位置和转动惯量的突变。

11.8.2 多重变拓扑结构变参数系统的轨控与姿控技术

由于登月飞行器动力学行为上表现出的突变和复杂性,使得控制系统的设计也变得困难,控制系统需要大范围的强适应能力,同时执行机构的设计也需要具有更强的鲁棒性。因此登月飞行器组合体的轨控与姿控系统不能由单独的一个飞行器来考虑设计,必须从整个组合体的角度去研究推进和控制系统的匹配问题。

11.8.3 高刚度锁紧和高可靠分离技术

推进飞行器交会对接后将以多级火箭飞行的模式工作,在地月轨道转移过程中,大推力的火箭发动机持续工作,各子级间的可靠连接及载荷传递都依靠交会对接机构完成。发动机工作结束后,还需要可靠分离。对于适合推进飞行器的交会对接机构而言,有两个关键问题。一是对接锁紧后的刚度和强度问题。火箭各子级之间的连接通常在级间段采用爆炸螺栓固连,其刚度是整个火箭系统中的最薄弱环节,是火箭刚度不易提高的重要部位。空间自主交会对接组装后如何保证连接锁紧后的刚度是需要重点考虑的问题。二是分离的可靠性问题。火箭的各子级级间段是靠爆炸螺栓炸断后进行分离解锁的。对于推进飞行器组合体如何进行可靠的分离,从对接机构的设计上如何考虑分离方法和可靠性问题,都需要进一步的研究。

361

11.8.4 复杂动力学与控制一体化仿真、优化设计与验证技术

整个登月飞行器组合体的质量规模在百吨级以上,这个过程动力学行为突变复杂,由此带来的轨控和姿控问题更加复杂,必须开展一体化的设计、仿真和验证。

11.9 月球表面活动技术

登月航天服是登月与月球表面活动不可缺少的生保系统。登月舱外服需要适应月球重力(地球重力的1/6)、灰尘、外热流等环境下使用要求,具有保护航天员免受微流星损害和紫外线辐射的功能;采用适合月球表面活动的轻型舱外航天服结构;可活动性、灵活性、工效性能要求更高,能满足航天员在月球表面科考和实验等任务要求;工作时间、使用寿命、安全可靠性、维修性要求更高。

此外,如果月球表面活动的范围较大,受舱外服自持能力和航天员的生理条件限制,配置月球车是必然选择。由于承载能力有限,月球车可能首先单独发射到月球表面上,这就要求其能够耐受月球表面昼夜温差,并具有自动归航等能力。

11.10　载人航天器轻小型化设计技术

载人登月的目标距离地球更远,对发射能量的需求很高,因此相对地球附近的航天器而言,对航天器的重量限制更多。为此,有效的解决途径是使载人航天器尽可能向小型化、低功耗和轻质量的方向发展。随着微电子、新型材料等基础技术的发展,直接探测和遥感探测设备也逐步向轻小型化、长寿命、高可靠、多功能方向发展,航天器功能在不断增加。与此同时,各相关领域的新技术发展也使得载人登月飞行器的小型化成为可能,包括自主完成导航控制、数据处理、故障判断的自主技术;以微机为核心的电源、遥控、数据处理、制导与控制的高集成微电子技术和微电子机械系统;通过应用先进激光通信技术,利用先进的微电子机械技术设计新型的微型传感器、传动机构、开关和其他装置,研制出小型、低成本、低能耗的空间用传感器和其他装置;以及航天器分系统模块化和多功能结构技术。大量应用新器件和新材料实现产品的小型化等,降低探测器的重量和功耗,有利于推动深空探测的持续发展。

11.11　高集成度综合电子一体化设计技术

随着航天器性能的不断提高和深空探测任务的多样化,航天器安装了大量电子设备。然而,设备量的增加不但增加系统成本、重量和体积,占用有限的平台空间,还带来一系列技术问题,各设备同时工作时出现电磁互扰,效能低下,操作复杂程度不断上升,在增加航天员负担的同时也降低了安全系数。高集成度综合电子一体化设计技术可以实时协调控制航天器电子设备的工作、合理分配射频资源、高效利用辐射孔径,向航天员提供高可信度的综合环境信息,对提高航天员的工作效率和安全性具有十分重要的意义。因此,航天器的电子设备必须采用高集成度综合电子一体化设计技术,进行综合一体化系统结构设计。通过把不同类型、不同用途的电子设备进行有机结合,实现仪器的通用化、小型化、轻型化和多功能化,一方面可以提高设备的性能和使用效率,另一方面也能有效降低航天器的重量。

12

月球基地

12.1 概述

　　根据月球探测发展趋势,各国在实施无人月球探测之后,必将开展载人月球探测和月球基地建设。作为月球探测的核心目标之一,月球基地是指在月球上进行长期生存运行的、为工程和科学任务提供保障的、具有可变更可维护和可扩展的月球探测基础设施。根据月球探测的发展趋势以及我国的经济和科技发展水平,本章尝试探讨构建无人月球基地的初步设想和总体思路,包括任务目标、核心功能与组成、实施步骤等核心要素,为未来月球基地任务提供一些参考。

12.1.1 月球基地任务目标

　　考虑月球基地的应用,建立无人月球基地的任务目标可包括以下几个方面:
　　(1) 就地资源利用试验。
　　月球蕴藏有丰富的矿产资源和能源,可为人类社会可持续发展提供资源储备。以月球基地为基础和起点,充分利用月球的特殊环境,试验验证在月球上的矿藏(如稀土元素、钛、氦 – 3、水冰等)搜寻与开采技术,各种新型材料和产品生产技术。
　　(2) 高新技术试验。
　　试验和验证月球表面工程构建、能源、月球表面移动、热控、通信导航、结构构形、生命保障、空间防护和维修等深空探测关键技术。
　　(3) 通信导航和对地观测中心。
　　作为地月系统航天活动的通信控制中心,建立月球全球导航系统,提供时空基准。在月球基地中设立观测设施,持续对地球的气候变化、生态演化、地质构造和环境变化等进行连续监测。

（4）科学研究平台。

建立南极科考站类型的月球实验室和观测平台,提供各种科研设施,进行生命科学、地球科学、天文学、材料科学和空间科学等试验研究,进行全方位、持续的天文观测,并监测可能构成威胁的近地小天体。

12.1.2　月球基地核心功能和组成

无人月球基地的功能包括基础功能和应用功能。

1. 基础功能

维持月球基地日常运行的基础功能,包括构建和维修、能源供给、物资运输与储备、通信与导航服务、数据管理、热控等。

2. 应用功能

（1）科学研究,包括使用实验室和观测室、可移动的研究设备和组件化、分系统、系统测试设施进行科学探测和试验活动;

（2）技术开发与试验,包括高新技术的研究,月球基地结构件的生产,系统集成,资源利用技术,输出产品集装,能量产生、输出和利用技术等;

（3）资源开发和利用,包括月球表面固体和稀有气体资源的开发利用,原材料和物资的实验室生产,如钛铁矿、稀土元素、氦 – 3 等的分离提取等。

无人月球基地由地月空间运输系统、中心系统、月球表面运输系统、月球轨道服务系统、能源系统、起飞和着陆系统、资源开发利用系统和科学研究平台等模块组成,见图 12 – 1。

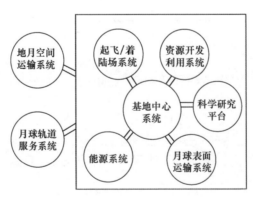

图 12 – 1　月球基地主要组成示意图

月球表面部分主要有基地中心系统、能源系统、月球表面运输系统、起飞/着陆场系统、资源开发利用系统和科学研究平台等模块,完成月球基地的控制、能源供给、物资运输/储藏、科学探测、资源利用等。

地月轨道部分主要有地月空间运输系统和月球轨道服务系统两个模块,完成月球基地与地球间的物资转运、通信、导航、定位、协同探测等。

12.1.3　月球基地建设的外部环境

月球基地的建设地点不仅取决于建基地的目的,而且还要考虑到有利于基地运行的各种因素。若是为了开发和利用月球资源,则应建在月球资源丰富的地区;若是为了科学研究,特别是天文观测,则应该建在月球的背面。经研究发现,在月球两极选址有诸多好处:有利于从月球表面上观测地球;由于地势比较宽阔平坦,还有利于月球飞船的起飞和降落;月球两极充足的阳光对基地的能源供应也非常有利。为此,许多科学家提出了在月球两极各建立一个太阳能发电厂,这样月球的一天中总有一个发电厂能获得太阳光,可以保证有一个发电厂始终在发电。另外,月球南北两极有一些区域处于在太阳的永久照射之下,例如月球南极的沙克莱顿环形山的边缘区域有 80% 的时间处于阳光的照射之下,在其附近 10km 的地方还有两个区域具备接近于 98% 的光照条件,并且此处的环形山内部存在许多永久性阴影区,那里可能储存着水冰。

1994 年,美国克莱门汀探测器对月球进行了十分全面的探测,美国 NASA 埃姆斯研究中心的科学家从探测器发回的图片中,发现 7 个地点比较适合于建月球基地,这 7 个地点都在南极,而且其中首选的两个是在沙克莱顿环形山附近。在这 7 个地点中,欧洲空间局对其中的 3 个也非常感兴趣。

除了南极,科学家在月球北极的皮里环形山北部也找到一个适合于建基地的地点。这里除了有阳光和水冰外,温度也比较合适。月球表面上虽然没有大气,昼夜温差大,但是皮里环形山北部由于地形特殊,常年受阳光照射,昼夜温差波动较小。因此,未来的月球基地很可能选址于月球的两极地区。

由于月球遥远的空间位置,从地球向月球发射探测器的代价很高,因此月球上的建造结构应设计成轻质结构,使宇航结构组件最小化。建造结构还必须实用,而且要模块化,以便在搭建月球基地结构设施时,最大限度地减少在月球上的工作量。同时还应考虑以下环境因素对结构的影响:

(1) 对于曝露在月球表面的结构,月球剧烈变化的温度与结构和材料疲劳的关系;

(2) 建筑结构对于相同成分组成的不同部分之间的温度差异的敏感性;

(3) 超低温的影响和结构破碎的可能性;

(4) 曝露在外的钢铁、合金及其他材料受无大气、真空环境下的诸多影响;

(5) 慎重考虑月球环境下的设计方案和建筑过程中的不确定安全因素;

(6) 月球环境对月球建筑结构可靠性的影响;

(7) 月球重力下的静载荷和动载荷;

(8) 月球结构的密封要求、硬度要求和支撑要求;

(9) 高速运动的小陨石对结构的破坏性。

12.1.4　月球基地建筑体系结构

月球基地有许多不同的划分方法,可以将其总结为以下几种形式:

(1) 按时间划分,可分为临时性基地、半永久性基地和永久性基地;

(2) 按活动性划分,可分为活动基地和固定基地;

(3) 按位置划分,可分为地上基地、半地下基地、地下基地和月球溶洞基地;

(4) 按建设规模划分,可分为小型基地(或称初级基地,能容纳 6~10 人,使用寿命 1 年左右)、中型基地(或称中级基地,能容纳 20~30 人,使用寿命 10 年)、大型基地(或称高级基地,能容纳 50~100 人,使用寿命 30 年)和超大型基地(或称月球移民区,能容纳 200~500 人,使用寿命 50 年以上);

(5) 按建筑材料划分,可以分为充气式基地和硬结构式基地;

(6) 按用途划分,还可以分为军用基地和民用基地。

美国最早在 20 世纪 70 年代就提出一种永久性月球基地的建设方案,不仅包括科学任务和结构方案,还包括运输方案,以使月球基地能持续地运转。月球基地设计采用模块化思想,由至少 6 个圆柱形的月球舱组成。月球舱是一种双层结构,中间由泥土填充,可与一种特殊的起重机组合在一起。图 12 - 2 给出了这种月球基地的构想方案。

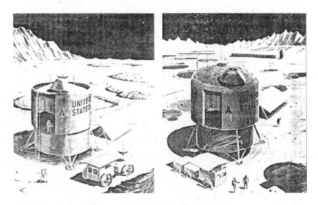

图 12 - 2　月球基地构想方案

目前,科学家们已经提出很多关于月球基地的建筑结构形式,包括充气式、金属框架式或刚性塑料预制构件式以及复合式。

在月球上就地取材是今后建立大型永久性月球基地建筑结构的发展方向,最近,美国的一些月球天文学家提出了月球上的特殊土石凝结体可以用来作为月球的建筑结构材料,这种材料的用途与地球上的玄武岩用途类似,一般称之为月球玄武岩。这种材料可以通过先融化月球上的特殊土质,然后让它慢慢冷却结晶的方式在月球上进行制造。它的整个铸造过程十分简便,真空中的烧融和铸造也会显著提高最终产品的质量。它的发现是人类在月球实施建筑问题上的一个新突破。表 12 - 1 给出了月球玄武岩的一些基本特性。

表 12 - 1　月球玄武岩的基本特性

性　能	单　位	数　值	性　能	单　位	数　值
拉伸强度极限	N/mm²	34.5	密度	g/cm³	3
压缩强度极限	N/mm²	53.8	温度膨胀系数	10⁻⁶/K	7.5 ~ 8.5
杨氏模量	kN/mm²	100			

由表 12 - 1 可见,月球玄武岩有很好的抗压性能,又有适中的抗拉性能,很容易被铸造成结构件在预制建筑中使用。值得强调的是,它的抗压强度极限和抗拉强度极限大约是混凝土的 10 倍。但它是一种易碎的材料,应该避免在接近于拉伸强度极限的拉力作用下使用。关于这种材料的疲劳和碎裂还需要进一步的探讨和研究。由于它本身所具有的适度的拉伸强度极限,不需要任何拉伸强化就可以把这种材料应用于月球的结构中。

这种材料最适用于那些主要承受压力的结构中,使用预应力构件可以提供更多样的形状和构件。由于月球玄武岩的高硬度性,所以它很耐磨,在月球环境中具有极大的优越性,它还是铺建月球火箭发射台和建造降落垫周围的碎片防护罩的理想材料。月球玄武岩的高硬度和易碎特性使得它很难切割、钻孔和机械加工。因此,在月球上这些工作是应该被避免的。由于这种材料的高熔点特性,它的生产过程将会消耗巨大的能量,能量耗费大约是 1296MJ/Mt。

月球上的公路对于人和货物的两地运输是很重要的,月球表面本身可作为"自然道路",但需要进行修筑提高运输等级。对从月球不同地方带回来的风化层的土壤样品分析表明:月球土壤的颗粒分布大部分成粉状,缺乏大量自然磨损所形成的砾石,无法构造一个能够承载重量的路基。为此,月球道路工程师建议采用混合材料来代替风化土层。月球表面粉尘状的风化表层是由于数以百万年的碎片轰击月球表面的磨损作用造成的,使用普通的粘接稠化方法,只能使表层更加稠化,同时会引起地下土壤松动。据最近研究显示,要使非粘合性的风化表层粘接,必须要让粉尘减少到 10% 。此外,表层还应该足够坚硬,能有效防止粉尘和车辙的产生。这样,路面只能由岩石或者压碎的石头组成。另外,如果它的耐久度是可以接受的,那么可以利用由美国泰勒教授等人提出的微波烧结技术。图 12 - 3 是美国航空航天局关于月球基地的想象图,其中包括路、桥、街灯和人行道。

由于月球引力较小,即使是小直径的电缆也能实现大跨度长距离的物体运送,以车轮为基础的运输方式并不是运送人和货物的唯一方式。早期杂志上曾讨论过在月球上使用轻量级电缆的运输方式。在这种情况下,就可以不用建造可永久使用的道路。图 12 - 4 描述了一幅月球基地上用两条电缆来代替路和桥的景像。

图 12 - 4 中的桅杆,可以在底部使用销或者球形接头连接顶部的电缆,桅杆可

图 12 - 3　美国航空航天局关于月球基地的想象图

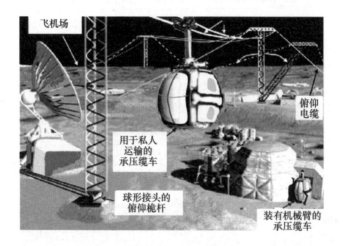

图 12 - 4　月球基地景象

以围绕底部连接转动。控制电动绞盘可以放在电缆的任意一端,从桅杆到桅杆吊车可以停在运输电缆的任意位置。

12.2　各国月球基地构想

作为月球探测的终极目标,各国在月球基地的建设方面都有自己的计划。

12.2.1　日本月球基地计划

日本宇航探索局(JAXA)正式宣布,计划于 2015 年将类人机器人送上月球表面,并在 2020 年之前建成人类历史上首个无人探测基地。这项被称作"拓荒"的计划将耗资 22 亿美元。月球基地位于南极附近,拥有居住区、能源生产厂以及天文台,将依靠太阳能供电系统维持运行,并为"未来的机器殖民者"提供工作、生活场所,更重要的是,它很有可能成为人类历史上首个月球定居点的雏形。

具备自我修复功能的多任务型智能机器人将在其中扮演关键角色,这些重达660lb 的大块头不仅装配了滚动式坦克履带、太阳能电池板、高清晰度照相机、地震仪等各种尖端科学仪器,而且拥有一双与人类极为相似的手臂,可用于采集月球表面的岩石样本,并通过火箭发回地球。在接受地面人员遥控的同时,它们亦可凭借特有的机器人智能自行决策,从而实现"月球特区"的高度自治。

据 JAXA 局长介绍,在计划初期投入运行的测量型机器人将成为创建无人月球基地的开路先锋。它们可以代替航天员在特殊的月球环境下工作,完成操作望远镜、探矿和采矿等各项任务。

日本对机器人的痴迷早已举世皆知,其智能型类人机器人的研发水平更是始终处于全球领先水平,JAXA 选择机器人作为月球拓荒者其实也在情理之中。早在 2002 年,日本宇宙科学研究所和东京大学便已成功地研制出了月球探测鼹鼠机器人。这是一个直径 10cm、长约 20cm 的圆筒,可如鼹鼠般垂直钻入地下 11m,采集并分析埋藏在月球深处的矿物质,为地表结构研究提供科学证据。特有的排砂装置可将挖出的砂石辗轧结实,再由掘进装置将活塞顶于砂石之上,从而推动机器人前进。

月球地面配套设备则可为"鼹鼠"们提供能量,并接收来自后者的探测数据。目前鼹鼠机器人正在进一步改良之中,预计不出三年便可具备月球探测能力。2005 年 10 月,日本欲利用隼鸟号探测器将小型机器人送上小行星"丝川",只可惜功亏一篑。

月球基地计划将促成一些至关重要的科研突破。可以预见,即使"拓荒"的计划到 2020 年仍停留在空想阶段,但仍足以让机器人技术取得巨大突破。

12.2.2 美国月球基地计划

2006 年 12 月,美国 NASA 对外公布了"重返月球"计划,其核心目标是 2024年在月球上建立永久性基地,月球南极有望成为选址地点。建成后的月球基地上将有探测车和生活区,能够实现电力供应,保证航天员在月球上长驻 180 天。以下是英国《新科学家》杂志不久前公布的未来美国月球基地的部分设计方案。

方案 1:由圆柱形登月舱构成的月球基地将随月球登陆器被送到月球表面,在无需补给的情况下可以保证 4 名航天员在月球上停留 180 天。NASA 设想,在把补给品送上月球并实现每年两次载人任务后,于 2030 年之前建成一个功能齐全的航天员居留地(图 12-5)。

方案 2:用纤维 B 等柔软材料制成的充气结构也可用来建设月球基地。这种超轻建筑物可能更方便发射升空,但是一旦它们被送到月球表面,组装起来可能更加费事,因为航天员必须给它们安装管道系统、设备和家具(图12-6)。

图12-5　月球基地　　　　　　　　　图12-6　充气结构

方案3:可模拟火星旅行任务的月球基地。由于火星距离地球更加遥远,因此其自给自足的能力比为月球设计的基地更强。根据这些要求设计的月球登陆器,可以携带一个航天员居留地并在着陆后进行充气(图12-7)。

能源供应、月尘防治和月球基地移动方案如下。

核反应堆供能:利用功率为40kW的核反应堆供能,足以供应30户居住在月球基地的家庭使用。为了防止航天员受到伤害,反应堆距基地有一段距离。其他设计方案要求把核反应堆埋在月球地下(图12-8)。

图12-7　可模拟火星旅行任务的月球基地　　　图12-8　核反应堆供能

加压月球车:为了探索月球表面,NASA希望设计一种加压月球车用以移动月球基地。利用它航天员可在数周时间内持续探索月球表面,期间无需返回大本营(图12-9)。

基地和月球车穿上"太空服":为了解决月球尘埃可能造成的健康问题,NASA考虑给月球基地和月球车穿上太空服,以避免尘埃进入基地和月球车内部。这两件是用于隔离尘埃的太空服,航天员从其进入室内或月球车内(图12-10)。

六腿机器人:月球车或推土机可能并不是唯一在月球表面移动的装置。一种被称作ATHLETE的巨型六腿机器人可以驮走小型月球基地,或与月球车携手,可以实施持续时间更长的月球表面探索任务(图12-11、图12-12)。

图 12 – 9　加压月球车

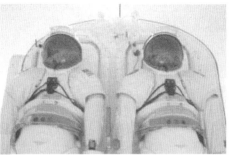

图 12 – 10　基地和月球车穿上"太空服"

图 12 – 11　六腿机器人(1)

图 12 – 12　六腿机器人(2)

12.2.3　中国开发月球基地的战略思想

尽管 1984 年联合国通过的《指导各国在月球和其他天体上活动的协定》中规定,月球及其自然资源是人类共同财产,任何国家、团体和个人不得据为己有。但是,美国和苏联凭借其在航天技术上的优势,率先进行了月球探测和开发,并根据上述条约,顺理成章地取得了开发和利用月球资源的合法性。当前,主要航天国家和组织也正加紧实施月球探测计划。作为联合国外空委员会的成员国,中国应加快月球探测和开发的步伐,建立永久性的月球基地,使中国更具有履行《月球条约》和分享月球资源的主动权。特别是在 13 亿人口的压力下,能源危机频频闪现,科技实力与发达国家比较起来也有一定差距,实施月球基地工程,不但能够解决中国资源相对缺乏的问题,还可以以此为契机,再次大幅度提升中国航天和国防科技实力。

月球基地建筑的材料应该立足于就地取材,月球中除了大量的玄武岩,还包含大量的铝和铁,通过冶炼获得的铝材或者钢材,可以作为主要的建筑材料。

基地建筑的壳体必须采用高强度金属材料,这样可以承受空间尘粒、宇宙射线的作用,还可承受内部大气压力。月球基地的月球舱应采用多体单元式,当任一舱体失效时,不会对整体构成威胁。在月球建筑设计中,重点应该是隔热、防辐射和密封技术。另外,建筑需要有良好的防护措施,以避免空间流星或陨石的撞击。在基地选址时,需要选在光照充足的极地,一是减少受陨石攻击的概率,二是有利于开采两极地区的水冰资源,三是能够获得更长的阳光照射时间。基地的能源由太阳能直接提供,采矿、照明、取暖利用太阳能转变的电能。

围绕月球基地建设,除了基地建筑结构以外,今后的研究重点还应包括地月运输工具、长期的封闭式受控生态系统、空间微电子机械系统、月球软着陆技术、高级自主的机器人、月球车技术、出舱活动系统等。

(1)地月运输工具,通过开发单级入轨可重复使用的运载火箭,使其能运送支持月球工作的人员,并使他们返回地球。

(2)封闭式受控生态系统(简称 CELSS),是指可以在宇宙空间站、月球开发基地等封闭载人空间设施内部建立的,能够在无需任何外界物质补充条件下,维持人员在月球上的长期生活,保证生存系统、生物代谢产物循环的正常运行。从理论上讲,运用现代工程学和生态科学的原理与技术,建立完全封闭式的生态生命支持系统是可能的。封闭式受控生态系统主要功能是减低物质给养补充等方面的输送成本,如在载人太空系统内部建立精密环境控制条件下的太空农业生产系统,通过构建生态循环型的植物栽培和其他食物生产系统,部分地实现自给自足式的食物生产以及水和氧气等物质资源的再生与循环利用,同时清除二氧化碳和回收处理卫生废物。该技术现已成为当前先进国家研究的重点。

(3)空间微电子机械系统,主要指开发电子和计算机工业的微型传感器、传动机构、开关和其他装置,它将对月球基地的控制系统、矿业开采等都有重要意义。

(4)月球软着陆技术,它能使探测器及建设月球基地所需的结构和设备在落向月球表面的过程中通过制动发动机进行减速,探测器到达月球表面的速度接近于零。

(5)高级自主的机器人,主要分为 5 类:第 1 类是大力士机器人,适合于在舱外工作,负责装卸、搬运和安装大型结构件等;第 2 类是全能机器人,既能完成舱外的体力任务,又能进行一些舱内的精细工作,它们需承担基地建设的大部分工作;第 3 类是小灵巧机器人,主要在舱内工作,负责完成精密仪器和设备的安装、操作和维护等各种精细操作;第 4 类是智能运输设备,它们具有机器人的功能,能够自动装卸和运输货物,完成月球表面上货物和设备的远距离运输任务;最后一类是智能开凿和挖掘设备,它与智能运输设备类似,主要负责月球基地建设中的平整土地、修筑道路和其他土石方工程。

(6)月球车技术,月球表面漫游车根据行驶距离的不同分为 3 种:近程、中程和远程。近程漫游车行驶距离只有几百米,工作时间在 6 ~ 8h 以内;中程漫游车行驶距离为几千米,工作时间也是 6 ~ 8h 以内;远程漫游车行驶半径达 500km,可以连续工作 10 天。

(7)出舱活动系统,主要由月球服、便携式生命保障系统和气闸舱组成。它能

支持航天员在月球加压舱外所进行的月球基地的建设和维修、野外的地质考察和标本收集、各种仪器设备的安装、调试和维修等各种月球表面活动。

中国建立月球基地的目标应该包括如下几项。

(1) 能源开发基地。进行月球探测和开发无疑是一项耗资庞大的科技计划,高额的投入必然要求高额回报,只有以此为基础,探索和开发月球计划才不会成为一项耗资惊人、但又毫无实际意义的科技冒险行动。氦 – 3 气体是进行核聚变反应发电的高效燃料,在月球土壤中的资源总共达到 10 ~ 50Mt。因此,开采月球土壤中的氦 – 3 资源和开发利用太阳能应该是我国月球能源开发的根本目的。完成这项任务,需要在月球上建造大型的氦 – 3 开发工厂,发展价格相对低廉的往返于地月间的运载工具,实现氦 – 3 的提取、加工和对地运输。

(2) 农业生产基地。在月球空间进行农业生产是未来太空生活最根本的保证之一,也是培育作物新品种、高产量的一大捷径。科学家已利用空间的自然辐射,特别是高能重粒子和微重力对植物细胞功能的协调作用,诱导植物细胞生理的生化变化和遗传变异,培育出了太空作物的新品种,并有效提高了产量。1987 年以来,我国曾先后将水稻、小麦、芦荟种子送入太空,种植后比在地面的发芽时间短、发芽率高、产茎数增加,成分发生明显变化。为了更好地利用月球空间的特有条件,加快我国农业的技术发展,当前应该重点研究以下课题:月球低重力环境下动植物生育障碍的调节与克服;高密度立体化植物栽培系统;高蛋白速生微型动物养殖系统;食用速生藻类人工培养系统;高效微生物培养与发酵系统;以及可以同时实现植物、动物、微生物等生物产品高效复合生产的生态工程技术。

(3) 空间制药基地。利用月球空间无菌、高真空、高净洁、低重力等得天独厚的条件,可以采用电泳法进行一些特效药物的提纯,大大提高药物的纯度与产量,这些新型特效药由太空源源不断运回地面,将使人类更加健康。

(4) 深空探测空间站。深空探测是在对月探测开发技术成熟的基础上,对行星际或更深空间探测的航天科技活动,是空间探测的长远战略。月球具有弱引力、高真空、富资源等优势,无疑是进行深空探测的最佳前沿阵地。在月球建设深空探测中转站,需要首先实现大型受控人造生态系统的研发,保证基地人员的给养、生存条件,运载工具的起飞、降落,空间设备的安装、维修等。

(5) 军事战略基地。建立月球战略攻防军事基地也应是月球基地建设的一项重要目的。多数的科技行动,都是具有军事色彩的。以建立月球基地为契机,可以大力加强军事实力,提升军事科研和装备水平,在月球基地上实现战略打击和防御任务。早在 1959 年 3 月,美国陆军研究发展局就提出了在月球建立军事基地的"水平线"计划,其主要包括:作为空间观测平台,提高和改进美军在空间的军事侦察和监视能力;作为通信中继站,改进美军在空间的通信能力;利用月球表面的低重力环境,建立月球发射基地;作为军事试验室,进行空间军事研究和试验;为美军的军事空间活动提供导航和应急救生保障。其最有价值的就是在月球建立战略导弹发射场,可以方便地打击地球上的任何目标,而且不易受到从地球发射的导弹的攻击。但是最后因为该计划技术难度太大,费用过高以及所承担的巨大政治风险而夭折。时过境迁,美国如今又提出了重返月球计划,凭借美国现有的技术水平和经济力量,再加上美国现在的国家全球战略,重新开始建立月球军事基地是完全有可能的。虽然中国现在建立月球军事基地的条件尚不成熟,但是对此必须要有足够的关注和重视,顺利实现现阶段的月球探测初期目标,加强相关技术的研发,为将来建立军事基地做好准备。

此外,根据中国现有的经济条件和科技实力,可以择机开展月球电站产业、月球建筑产业、机器人产业、太空食品业、太空环保产业以及月球旅游业等。空间工业化也应作为中国未来月球基地建设的重要活动,并贯穿于空间飞行和星际航行的全过程。

12.3　月球基地关键技术

月球基地的建设与运行,是一个长期的、循序渐进的过程,需要按阶段完成一定的目标,最终形成可长期稳定运行的基地系统,实现在月球上建立月球基地存在许多急需解决的关键技术。

12.3.1　月球基地概念方案

1. 地月空间运输系统

地月空间运输系统由运载火箭和地月运输飞行器组成,完成月球基地与地球间的物资运输任务。地月运输系统的设计主要取决于运载火箭的地月转移轨道运载能力和地月运输飞行器的有效载荷比。

为满足月球基地建设的需要,地月转移轨道运输能力应大于 $8 \sim 10t$,地月运输有效载荷比应大于 20%。应可在任意时间窗口发射,着陆区域覆盖全月球表面。

2. 月球基地中心系统

作为月球基地的功能中心,月球基地中心系统可由运行控制中心、服务舱、储藏舱、连接舱、热控系统、通信设施、防护设施、舱外工程测量设施、维护设施等组成,在地面系统支持下完成基地各系统运行的控制管理,完成数据的处理和管理,保持与地面的通信链路。

初步考虑,中心系统的数据处理能力 $\geqslant 1GB/s$,数据存储能力 $\geqslant 10TB$,温控范围为 $0 \sim 40℃$,基地内部通信数据率 $\geqslant 1000Mb/s$,可实现 1 至数天的基地自主运行。

3. 月球表面运输系统

月球表面运输系统主要由移动式装卸装置、运输车、机械臂、末端操作器等组成,在月球基地的建设阶段,完成设备的搬运工作;在月球基地的运行阶段,作为固

定月球基地中心站的补充和扩展,能够按照指令要求将科学仪器或货物运输到指定区域。移动范围应大于10m/次。

4. 月球轨道服务系统

月球轨道服务系统运行于月球轨道,能够为全月球的月球表面设施提供通信中继、导航和定位等服务,也可进行天地一体化协作探测。由于月球基地选址可能位于月球正面、极区和背面,可采用地面建立全球分布的测控台站(终端)、与位于地球轨道、或月球轨道、或月地系统的拉格朗日点等不同位置的数据中继卫星,来满足月球基地全月球表面的通信中继、导航定位服务。对地通信数据率分别优于100Mb/s,导航定位精度≤10m。

5. 能源系统

能源系统为月球基地提供电能的产生、输运、储备和管理,主要包括大型高效轻质太阳能发电阵、月球表面核电站、电源输运系统、电能控制系统等。月球表面能源系统的输出功率应达到100kW以上。

大型轻质太阳能发电阵可采用高效率的多结砷化镓太阳电池,在月昼期为基地提供工作及蓄电池充电所需能源。

月球表面核电站是由反应堆堆芯、控制系统、冷却系统及热电转换系统等部分组成,在月夜/月昼期间为基地提供所需能源。

电能管理系统包括电能传输模块、控制模块和储存模块,采用电缆、微波或者激光等方式完成近程、中远程的电能传输,采用锂离子等蓄电池方式完成电能储备,蓄电池储能能力≥500A·h,采用集中管理完成电能的分配和储存等管理。

6. 起飞和着陆系统

月球基地起飞和着陆系统主要为地月航天器提供起飞/着陆平台,为航天器提供起飞/着陆阶段的辅助。月球基地起飞和着陆系统主要由货物装卸、勤务保障、各种推进剂和特种气体供应和储存、导航信标、通信和交通运输保障等组成。

起飞着陆系统与基地中心站距离应在200m~1km之间。

7. 资源开发利用系统

资源开发利用系统主要由资源探测子系统、月球土壤挖掘子系统、氧气制取子系统、结构材料子系统、氦-3提取子系统、产品储存子系统等组成,可完成月球就地资源开发利用技术的研究、试验和验证;利用月球上的各种资源,包括月球表面各类固体矿产资源和气体资源,实现气体、原料和物资的生产,服务于月球基地的基本需求,月球表面资源开采深度≥2m,水生产率≥1%,氧气生产率≥0.1%。

8. 科学研究平台

科学研究平台是一个综合性研究平台,主要包括月球太空生物学和特殊材料研究模块、月球地质学和比较行星学研究模块、天文观测模块、对地监测模块和太阳活动监测模块,由固定式实验室和可移动的试验探测模块等服务设施构成,进行太空生物学、地质学、天文学、物理学、月球环境学和月球能源开发与利用等方面的科学研究,完成科学试验和对地观测,新材料、新技术的研究与实验室级验证,月球样品的就位分析和处理等活动。

12.3.2 月球基地实施步骤规划

月球基地的建设与运行,是一个长期的、循序渐进的过程,需要按阶段完成一定的目标,最终形成可长期稳定运行的基地系统。同时,在运行期间,还需地面提供间断的补给支持服务。

(1)勘察阶段。通过月球探测的环绕、着陆/巡视、采样返回等探测任务,对月球进行全面、详细的勘测,特别是对两极地区的永久阴影区和永久光照区进行探测,绘制精确的月球图,掌握月球有用资源分布,为月球基地选择最佳地点。完成月球基地总体方案设计和相应关键技术攻关;试验地月往返运输系统,包括将软着陆探测器送至月球上的任意位置。

(2)地面研制阶段。完成月球基地各组成模块的地面研制与试验,包括地月空间运输模块、月球表面移动模块、太阳能电池阵模块、电源管理模块、核电站模块、大型科学试验模块、资源利用模块、基础构建和辅助支持模块、月球轨道系统模块、月球表面起飞/着陆场模块。

(3)建设与试运行阶段。向月球发射运输基建设备,通过月球表面工程机器人进行月球基地的基础建设,完成月球表面功能模块的对接和组装,进行月球基地的试运行。

(4)开发利用阶段。通过建立月球资源利用实验室,进行科学观测和试验,开采利用月岩中氧、铝、铁、钛、硅等资源,制取生活用氧及月球基地所需的金属、玻璃等原材料,为有人驻守永久性月球基地建设奠定基础。

结　束　语

　　月球是地球唯一的天然卫星,自然成为人类进行空间探测活动的首选科学目标。对月球的探索有助于人类了解地月系统的起源。月球将是人类在地球外建立的第一个科学研究基地和开发与利用月球资源的生产基地,月球还将是未来航天飞行理想的中间站和人类进入太阳系空间的第一个定居点。

　　月球探测活动是人类进行太阳系空间探测的历史性开端。为了研究地球以及地球以外的世界,认识宇宙奥秘,满足科技需求,提升国家影响力和增强民族凝聚力,世界各国纷纷为月球探测做出了巨大的贡献,主要成果如下:

　　(1)获得了无价的月球样品、数据和经验,大大促进了人类对月球、地球和太阳系的认识,带动和催生了一系列基础科学与应用科学的创新和发展。

　　(2)美国和苏联等国正是通过月球探测,建立和完善了庞大的航天工业和技术体系。

　　(3)月球探测技术在军事和民用领域得到延伸和二次开发,形成了一大批高科技工业群体,通过对探测技术的消化、优化和二次开发,产生出显著的社会和经济效益。

　　(4)促进了美国科学技术乃至国民经济在世界的领先地位,以及美国在世界上能与苏联抗衡的超级大国和霸权地位。

　　(5)开创了人类航天活动的新领域,并为后续的深空探测奠定了坚实的技术基础。

　　尽管人类在探月的征途中取得了令人瞩目的成就,但月球的神秘面纱并未完全对人类掀开,仍有许许多多的未解之谜等待着我们去探索,去发现。以往的探月存在一些问题需要去改进,进一步对月球进行探测也需要完成更加艰苦、复杂的任务,需要我们去攻克更加关键的新技术,未来探月需要我们从下几个层面去改进:

　　(1)需要总结早期月球探测活动的经验和教训,在战略、技术与集成、探测效益等各方面总结过去的月球探测的经验和教训,深入研究和消化人类在探月活动方面所取得的科技成果。

　　(2)为使月球探测走向新的突破,需要在探测的技术、手段和方法上有所改进,酝酿新的月球探测任务。

　　(3)对深空探测战略进行更高层次的思考。虽然月球探测是人类深空探测的首选目标,但它不是最终目的。走向太空、开发与利用太空资源,乃至实现人类的太空移民才是人类的真正目标,随着早期月球探测活动在空间探测技术的重大突破,大大鼓舞与扩大了人类深空探测的雄心,各空间大国把探测的目光聚焦到太阳系其他行星、卫星、小行星、彗星上,为实现这些目标,需要对月球探测计划进行深层次的规划与改进。

附　录

第一轮探月活动					
1950 年代					
1	"先驱者"0号		1958 年 8 月 17 日 12 时 18 分 00 秒	美国空军	发射失败。 　预定探月任务类别:近月飞行。 　为了纪念国际地球物理年,美国的首次近月飞行任务预定由"先驱者"1号月球探测器来完成,但运载探测器的"雷神 – 艾布尔"运载火箭在飞行 77s 后发生剧烈爆炸,星箭俱毁。这颗探测器与而后的"先驱者"1、2 号探测器构造和任务相同。因未能入轨,所以没有正式定名,后人在记录中追加称其为"先驱者"0 号
2	"月球"1A号		1958 年 9 月 23 日 07 时 03 分 23 秒	苏联科学院与第 88 研究所第 1 特别设计局	发射失败。 　预定探月任务类别:硬着陆。 　苏联的首次探月探测器任务原计划将"月球"1 号探测器撞击到月球表面,完成人类有史以来第一次将人造物体置于地球以外的另一颗星体上的创举。探测器上装有固体钠,计划在撞击到月球表面的那一刻能够形成一股地球上人们可以观察到的钠雾。"月球"1 号与月前美国的"先驱者"1 号一样,运载探测器的东方 – Л运载火箭在未能入轨前便炸毁。在空中飞行 93s。因发射失败,没有正式定名,后人记录中使用"月球"1A 号这个代号

（续）

		1950 年代		
3	"先驱者"1号	1958年10月11日08时42分00秒	美国国家航空航天局	发射失败。预定探月任务类别:近月飞行。美国第二次尝试发射探月探测器,这也是美国政府新组建的国家航空航天局的第一个发射任务。原计划完成地月空间科学探测任务和近月飞行任务。用于发射探测器的"雷神－艾布尔"运载火箭再次失败,火箭的第二级"艾布尔"级因计算机程序输入错误提早熄灭发动机,把"先驱者"射入大椭圆近地轨道,43h后坠入地球大气层,燃烧消失
4	"月球"1B号	1958年10月11日21时41分58秒	苏联科学院与第88研究所第1特别设计局	发射失败。预定探月任务类别:硬着陆。苏联第二次尝试发射探月探测器,与它的孪生兄弟"月球"1A号的任务一样,预定完成月球上的硬着陆,并装带着固体钠。东方－Л运载火箭在飞行104s后在空中爆炸。因发射失败,没有正式定名,后人记录中改用"月球"1B号这个代号
5	"先驱者"2号	1958年11月8日07时30分00秒	美国国家航空航天局	发射失败。预定探月任务类别:近月飞行。美国第三次尝试发射探月探测器。"先驱者"2号探测器与1号探测器的构造基本一致。预定完成近月飞行任务。"雷神－艾布尔"运载火箭的第三级分离后未能点燃,"先驱者"进入大椭圆近地轨道,随即坠回地球大气层时烧毁
6	"月球"1C号	1958年12月4日18时18分	苏联科学院与第88研究所第1特别设计局	发射失败。预定探月任务类别:硬着陆。苏联第三次尝试发射探月探测器,装带着固体钠,预定完成月球上的硬着陆。东方－Л运载火箭芯级发动机在飞行245s后失控。因发射失败,没有正式定名,后人记录中改用月球1C号这个代号

（续）

		1950 年代			
7	"先驱者"3 号		1958 年 12 月 6 日 05 时 45 分 12 秒	美国陆军弹道导弹局与国家航空航天局	发射失败。 预定探月任务类别:近月飞行。 美国第四次尝试发射探月探测器。原计划将探测器划过月球表面进行近距离飞行任务后注入日心轨道,但因运载火箭的一级燃料在升空途中耗尽,"先驱者"未能达到地球系的逃逸速度,次日协调世界时 19 时 51 分在地球大气层中烧毁
8	"月球"1 号,绰号"梦想"		1959 年 1 月 2 日 16 时 41 分 21 秒	苏联科学院与第 88 研究所第 1 特别设计局	大部分成功。 预定探月任务类别:硬着陆。 实际完成任务类别:近月飞行。 "月球"1 号,绰号"梦想",苏联第四次尝试发射探月探测器,也是人类有史以来第一颗成功地探测到地外星体的探测器。探测器在从东方－Л运载火箭的第三级分离时它成为第一个逾越第二宇宙速度的人造物体。1 月 3 日,"月球"1 号在奔向月球的途中,释放了探测器上装备的部分钠粉,形成了在地球上可以观察到的一颗"人造钠彗星"。4 日,"月球"1 号近月飞过,因为计算错误未能撞击月球表面,反而进入日心轨道,成为太阳的第一颗人造行星
9	"先驱者"4 号		1959 年 3 月 4 日 05 时 11 分	美国陆军弹道导弹局与国家航空航天局	大部分成功。 预定探月任务类别:近月飞行。 实际完成任务类别:近月飞行。 美国第四次尝试发射探月探测器,目的是将"先驱者"4 号射向月球,在离月球表面三万余千米的上空近距离飞行,收集并传回科学数据,最后进入日心轨道,成为人造行星。但因为计算错误,"先驱者"以六万余千米的高度掠过月球上空,在近月飞行任务中没能利用上探测器上装备的光电传感器。成为第二颗人造行星

	1950 年代				
10	"月球"2A号		1959 年 6 月 18 日 08 时 08 分	苏联科学院与第 88 研究所第 1 特别设计局	发射失败。 预定探月任务类别：硬着陆。 原计划完成月球上的硬着陆，但东方-Л运载火箭在飞行153s后失控，探测器的发射失败，没有正式定名，后人记录中改用"月球"2A号这个代号
11	"月球"2号		1959 年 9 月 12 日 06 时 39 分 42 秒	苏联科学院与第 88 研究所第 1 特别设计局	成功。 预定探月任务类别：硬着陆。 实际完成任务类别：硬着陆。 苏联在第六次尝试完成自一年前"月球"1A号开始的月球硬着陆任务，终于得到了完全成功的结果。探测器上带着刻有苏联国徽和"苏联1959年9月"字样的小勋章。其中两枚为不锈钢制球体，装置在探测器中，另有装置在东方-Л火箭第二级上的多枚铝制五角形片体。14 日 22 时 02 分 24 秒，"月球"2号探测器在 0.0°E、31.8°N 的位置坠月，成为第一个登上地球外另一个星体的人造物体。半小时后，东方-Л火箭的第二级坠月
12	"先驱者"A号		（1959 年 9 月 24 日）	美国 NASA	未能发射。 预定探月任务类别：环绕月球。 原计划成为第一颗环绕月球的卫星。用来发射探测器的"宇宙神"C运载火箭在发射前进行静态测试时爆炸，探测器当时还没有被架置到火箭上，将推迟到同年的 11 月 26 日再次尝试发射。因发射失败，没有正式定名，后人记录中分别使用"先驱者"A号、"艾布尔"4号、"先驱者"P1号、"先驱者"W号等代号

(续)

1950 年代				
13	"月球"3 号		1959 年 10 月 4 日 00 时 43 分 40 秒	苏联科学院与第 88 研究所第 1 特别设计局	成功。 预定探月任务类别:近月飞行。 实际完成任务类别:近月飞行。 苏联科学院的"月球"计划在同年 9 月发射的"月球"2 号成功完成了"月球"硬着陆任务后,又发射了"月球"号系列探月探测器的第二型号的第一颗探测器"月球"3 号,一发射即成功。此次任务以近距离月球照相为目的,进行近月飞行任务。共传回 29 张月球远半球的黑白照片,让世人首次目睹月球彼面的面目
14	"先驱者"A 号		1959 年 11 月 26 日 07 时 26 分	美国国家航空航天局	发射失败。 预定探月任务类别:环绕月球。 原计划成为第一颗环绕月球的卫星。同年 9 月 24 日"宇宙神"C 运载火箭爆炸后,这次使用改进的"宇宙神"D 运载火箭发射。火箭飞行 45s 后,塑料制的载荷护罩布被撕裂。飞行 104s 后,火箭的第三级和"先驱者"探测器被强风迫使脱离火箭的第一、二级并坠地。因发射失败,没有正式定名,后人记录中分别使用"先驱者"A 号、"先驱者"B 号、"艾布尔"4 号、"先驱者"P3 号、"先驱者"X 号等代号
1960 年代				
15	"月球"4A 号		1960 年 4 月 15 日 15 时 06 分 44 秒	苏联科学院与第 88 研究所第 1 特别设计局	发射失败。 预定探月任务类别:近月飞行。 继苏联科学院"月球"计划"月球"号系列第一代硬着陆暨近月飞行的探月探测器,科罗廖夫主管的第 1 特别设计局又为了完成"月球"软着陆任务而研制出"月球"号系列的第二代探月探测器。"月球"4 号是"月球"号系列的第三个型号的第一颗探测器,作为苏联的第二代探月探测器的首飞任务,设计师们谨慎起见,决定用"月球"4 号首先测试第二代探测器的近月飞行能力。使用更高分

1960 年代					
					辨率的摄影设备来重复"月球"3 号的"月球"照相任务。东方－Л火箭的第二级过早熄灭,星箭到达约二万千米的高度后坠回地球,地控人员与探测器信号失去联络。探测器或坠入地球大气层,或进入大椭圆近地轨道。因发射失败,没有正式定名,后人记录中使用"月球"4A 号、"月球"1960A 号等代号
16	"月球"4B 号		1960 年 4 月 19 日 16 时 07 分 43 秒	🏳苏联科学院与第 88 研究所第 1 特别设计局	发射失败。 预定探月任务类别:近月飞行。 苏联再次尝试发射"月球"4 号来重复"月球"3 号的任务。在火箭点火时,东方－Л火箭的四个助推器出现不规则燃料喷放现象,随即纷纷脱离芯级,引爆火箭主体,星箭俱毁。因发射失败,没有正式定名,后人记录中使用"月球"4B 号、"月球"1960B 号等代号
17	"先驱者"B 号		1960 年 9 月 25 日 15 时 13 分	🇺🇸美国国家航空航天局	发射失败。 预定探月任务类别:环绕月球。 原计划成为第一颗环绕月球的卫星。用于发射的"宇宙神"D 运载火箭在启动第二级时出现异常,未能入轨,坠回地球大气层时星箭部分烧坏,在飞行 1020s 后失去信号,落入印度洋的某一不明位置。因发射失败,没有正式定名,后人记录中分别使用"先驱者"B 号、"先驱者"C 号、"艾布尔"5A 号、"先驱者 P30 号、"先驱者"Y 号等代号

（续）

1960 年代					

<table>
<tr><td>18</td><td>"先驱者"C号</td><td></td><td>1960 年 12 月 15 日 08 时 40 分</td><td>美国国家航空航天局</td><td>发射失败。
预定探月任务类别:环绕月球。
原计划成为第一颗环绕月球的卫星。用于发射的"宇宙神"D 运载火箭的第一级发动机在点火后出现故障,导致火箭在飞行 68s 后发生剧烈爆炸,星箭俱毁。因发射失败,没有正式定名,后人记录中分别使用"先驱者"C 号、"先驱者"D 号、"艾布尔"5B 号、"先驱者"P31 号、"先驱者"Z 号等代号</td></tr>
<tr><td>19</td><td>"徘徊者"1号</td><td></td><td>1961 年 8 月 23 日 19 时 12 分</td><td>美国国家航空航天局与喷气推进实验室</td><td>发射失败/部分成功。
预定探月任务类别: 地月空间探测。
美国的"徘徊者"系列探测器主要任务是获取月球的近距离图像。因当时美国的航天水平的限制,为了完成这些任务,设计师们采取了一个较低科技的办法,那便是将"徘徊者"探测器向月球表面发射,在撞击"月球"前的几分钟打开相机和仪器,高速拍摄一系列月球表面的近距离照片。"徘徊者"工程的第一阶段原计划由"徘徊者"1、2 号来完成。用来测试新研制的"擎天神 - 爱琴娜"B 运载火箭与"徘徊者"探测器的设备,次要任务是探测地月空间的粒子。预定从近地球停泊轨道转到一个 60×10^4 至 110×10^4 mile(1mile = 1609.344m)的高地轨道,但火箭的"爱琴娜"B 级未能完成第三次点火,星箭分离后"徘徊者"进入一个不稳定的近地轨道,于 8 月 30 日在地球大气层中烧毁</td></tr>
</table>

			1960 年代		
20	"徘徊者"2号		1961 年 11 月 18 日 08 时 09 分 00 秒	美国国家航空航天局与喷气推进实验室	发射失败/部分成功。 预定探月任务类别：地月空间探测。 此次任务主要用来测试新研制的"擎天神－爱琴娜"B 运载火箭与"徘徊者"探测器的设备，次要任务是探测地月空间的粒子。本预定从近地球停泊轨道转到一个 60×10^4 至 110×10^4 mile 的高地轨道，但火箭的"爱琴娜"B 级未能完成第三次点火，星箭分离后"徘徊者"2 号进入近地轨道，20 日在地球大气层中烧毁
21	"徘徊者"3号 月球硬着陆器		1962 年 1 月 26 日 20 时 30 分 00 秒	美国国家航空航天局与喷气推进实验室	发射失败/部分成功。 预定探月任务类别：硬着陆。 实际完成任务类别：近月飞行。 "徘徊者"3 号是美国"徘徊者"工程第二阶段的第一颗探测器。由"擎天神－爱琴娜"B 运载火箭发射升空，在撞击月球前的数分钟，打开相机和仪器并释放装载着月震仪的月球硬着陆器。在脱离地球停泊轨道时，火箭"爱琴娜"B 级的制导系统出现故障，导致"爱琴娜"B－"徘徊者"3 号合体的速率过高。地控工程师们尝试反方向燃烧为合体制动，结果制导系统把合体推向更高高度，使"徘徊者"3 号的天线指向错误，与地控失去联络。探测器以距离 36800km 的高度从月球上空掠过，未能释放月球硬着陆器，也没有传回任何有科学价值的信息。"徘徊者"3 号进入日心轨道，成为人造行星

（续）

				1960 年代
22	"徘徊者"4号		1962 年 4 月 23 日 20 时 50 分 00 秒	🇺🇸美国国家航空航天局与喷气推进实验室	部分成功。 预定探月任务类别:硬着陆。 实际完成任务类别:硬着陆。 "徘徊者"4 号是美国"徘徊者"计划第二阶段的第二颗探测器,构造和任务与失败的"徘徊者"3 号基本一致。成功发射后,"徘徊者"4 号主计算机出现故障,太阳能帆板未能张开,10h 后,"徘徊者"4 号关机,而后没有再传回任何有效信息。地控而后利用随同的月球硬着陆器跟踪探测器的位置。26 日 12 时 49 分 53 秒在约 229.3°E15.5°S 的位置坠月,使美国成为继苏联"月球"2 号任务后第二个完成月球硬着陆的国家。因为"徘徊者"4 号无电源而被迫关机,所以附载的月球硬着陆器也未能释放。虽然没有从这次任务中获得任何有效数据,但这标志着美国"徘徊者"计划的"擎天神–爱琴娜"B 运载火箭"徘徊者"计划合体硬件的首次过关
	月球硬着陆器				
23	"徘徊者"5号		1962 年 10 月 18 日 16 时 59 分 00 秒	🇺🇸美国国家航空航天局与喷气推进实验室	部分成功。 预定探月任务类别:硬着陆。 实际完成任务类别:近月飞行。 "徘徊者"5 号是美国"徘徊者"工程第二阶段的最后一颗探测器,构造和任务与"徘徊者"3、4 号基本一致。转入地月转移轨道后探测器上发生不明故障,导致探测器上的能源供给由太阳能帆板切换到电池供应,在转移轨道飞行 8h44min 后,电池耗尽,"徘徊者"5 号关机,而后没有再传回任何有效数据。地控依靠附载的月球硬着陆器跟踪探测器的飞行。21 日探测器从 724mile 的"月球"上空掠过,进入日心轨道,成为人造行星
	月球硬着陆器				

					1960 年代
24	"月球"4C 号 月球软着陆器			1963 年1 月 4 日	⬛苏联科学院与第 88 研究所第 1 特别设计局	发射失败。预定探月任务类别:软着陆。为了完成"月球"软着陆任务,科罗廖夫主管的第 1 特别设计局研制出"月球"号系列的第二代第三型号探月探测器,"月球"4A 号和 4B 号。1960 年两颗探测器均发射失败,随后设计出第四、第五型号,但没有得到批准。"月球"4C 号是新研制的第二代第六型号的第一颗探测器。预定释放一颗质量约 100kg 的月球软着陆器。考察月球表面环境、月理学,特别调查月球土壤质地、环形山和月石的危险及月球表面的辐射程度,为未来载人登月任务的可能性摸底。用于发射的"闪电"号运载火箭成功地将探测器注入近地轨道,但第四级始终未能脱离地球引力转入地月转移轨道。1 日后坠回地球大气层时烧毁。因探测器已发射入轨,官方改用卫星号系列近地轨道卫星的卫星 25 号代号,试图隐藏此次任务的真实目的
25	"月球"4D 号 月球软着陆器			1963 年2 月 3 日	⬛苏联科学院与第 88 研究所第 1 特别设计局	发射失败。预定探月任务类别:软着陆。这次任务与同年 1 月的月球 4C 号任务一致。"月球"4D 是苏联"月球"计划第二代第六型号的第二颗探测器。运载探测器的"闪电"号运载火箭第三级制导系统在飞行中出现故障,未能将载荷送入近地轨道。火箭及探测器坠入中途岛周边太平洋海域的一不明位置。因发射失败,没有正式定名,后人记录中使用"月球"4D 号、"月球"1963A 号等代号

（续）

			1960 年代		
26	"月球" 4 号 月球软着陆器		1963 年 4 月 2 日 08 时 04 分 00 秒	▄苏联科学院与第 88 研究所第 1 特别设计局	部分成功。 预定探月任务类别:软着陆。 实际完成任务类别:近月飞行。 苏联"月球"计划第二代第六型号的第三颗探测器。地月转移中途改正航路失败,以 8336.2km 的高度从月球上空掠过,成为高地轨道人造卫星
27	"徘徊者" 6 号		1964 年 1 月 30 日	▰美国国家航空航天局与喷气推进实验室	部分成功。 预定探月任务类别:硬着陆。 实际完成任务类别:硬着陆。 "徘徊者"6 号是美国"徘徊者"工程第三阶段的首发探测器,构造和任务与"徘徊者"7~9 号基本一致。预定在撞毁于宁静海附近前,传送回月球表面的近距离电视视频与图像,但摄像设备的电源在探测器与擎天神 – 爱琴娜火箭分离时电弧放电致使短路。2 月 2 日 09 时 24 分 32 秒,探测器在发射 65.5h 后坠毁于北纬 9.358°、东经 21.480°,宁静海东部边缘,未能传送回任何图像数据
28	"月球" 5A 号 月球软着陆器		1964 年 3 月 21 日 08 时 15 分	▄苏联科学院与第 88 研究所第 1 特别设计局	发射失败。 预定探月任务类别:软着陆。 苏联"月球"计划第二代第六型号的第四颗探测器。携带探测器的"闪电"号运载火箭第三级在地球大气层中烧毁。因发射失败,没有正式定名,后人记录中使用"月球"5A 号、"月球"1964A 号等代号
29	"月球" 5B 号 月球软着陆器		1964 年 4 月 20 日 08 时 08 分	▄苏联科学院与第 88 研究所第 1 特别设计局	发射失败。 预定探月任务类别:软着陆。 苏联"月球"计划第二代第六型号的第五颗探测器。点火 340s 后,携带探测器的"闪电"号运载火箭第三级电源短路,致使发动机突然停机,星箭坠回地球,在大气层中烧毁。因发射失败,没有正式定名,后人记录中使用"月球"5B 号、"月球"1964B 号等代号

		1960 年代			
30	"徘徊者"7号		1964年7月28日	美国国家航空航天局与喷气推进实验室	成功。 预定探月任务类别:硬着陆。 实际完成任务类别:硬着陆。 "徘徊者"7号是美国"徘徊者"工程第三阶段的第二颗探测器,构造和任务与"徘徊者"6号、8号、9号基本一致。31日13时25分48.82秒,飞行68.6h后撞毁在10.35°S、339.42°E,云海与知海之间。撞毁前的17min,首次成功传送回月球表面的近距离电视视频与图像4308张
31	"徘徊者"8号		1965年2月17日	美国国家航空航天局与喷气推进实验室	成功。 预定探月任务类别:硬着陆。 实际完成任务类别:硬着陆。 "徘徊者"8号是美国"徘徊者"工程第三阶段的第三颗探测器,构造和任务与"徘徊者"6号、7号、9号基本一致。20日09时57分36.756秒,飞行64.9h后撞毁在2.67°N、24.65°E宁静海中。最后23min内,成功传送回月球表面的近距离电视视频与图像7137张
32	"宇宙"60号 月球软着陆器		1965年3月12日	苏联科学院与第88研究所第1特别设计局	发射失败。 预定探月任务类别:软着陆。 苏联"月球"计划第二代第六型号的第六颗探测器。点火340s后,携带探测器的"闪电"号运载火箭第四级Л发动机因电源的变压器短路未能点火,星箭未能注入地月转移轨道。17日,第四级火箭与探测器坠回地球,在大气层中烧毁。因发射失败,当局没有正式定名为"月球"号系列探测器,记录中使用近地轨道的"宇宙"系列卫星"宇宙"60号来掩盖实际任务

（续）

		1960 年代		
33	"徘徊者"9 号		1965 年 3 月 21 日	美国 国家航空 航天局与 喷气推进 实验室	成功。 预定探月任务类别:硬着陆。 实际完成任务类别:硬着陆。 "徘徊者"9 号是美国"徘徊者"工程第三阶段的第四颗探测器,构造和任务与"徘徊者"6 号、7 号、8 号基本一致。24 日 14 时 08 分 19.994 秒,飞行 64.5h 后撞毁在 12.83°S、357.63°E 亚方索斯撞击坑中。最后 19min 内,成功传送回月球表面的近距离电视视频与图像 5814 张。最后一张图像达到了 3dm 的清晰度
34	"月球"5C 号 月球软着陆器		1965 年 4 月 10 日	苏联科学院与第 88 研究所第 1 特别设计局	发射失败。 预定探月任务类别:软着陆。 苏联"月球"计划第二代第六型号的第七颗探测器。火箭升空时,发射探测器的"闪电"号运载火箭第三级 8Д715K 液氧发动机的液氧输管突然降压,液氧在管中停流,致使发动机停机,星箭坠回地球,在大气层中烧毁。因发射失败,没有正式定名,后人记录中使用"月球"5C 号、"月球"1965A 号、"月球"E-68 号等代号
35	"月球"5 号 月球软着陆器		1965 年 5 月 9 日 07 时 55 分 00 秒	苏联科学院与第 88 研究所第 1 特别设计局	大部分成功。 预定探月任务类别:软着陆。 实际完成任务类别:硬着陆。 苏联"月球"计划第二代第六型号的第八颗探测器。10 日进行中途航向校正,制导系统出现故障,探测器围绕中轴自转,失去控制。12 日 19 时 10 分,反方向制动火箭未能成功点火,撞毁在 31°S、8°W 云海中

	**1960 年代**				
36	"月球" 6 号		1965 年 6 月 8 日 07 时 40 分	苏联 科学院与 第 88 研究 所第 1 特 别设计局	失败。 预定探月任务类别:软着陆。 苏联"月球"计划第二代第六型号 的第九颗探测器。9 日进行中途航向 校正时,制动火箭未能成功熄火,发 动机运行至燃料全部消耗,探测器进 入错误的运行轨道。11 日 17 时,探 测器以距离月球表面 159612.8km 的 高度飞过月球,成为人造行星
	月球 软着 陆器				
37	"探测 器"3 号	"探测器"3 号	1965 年 7 月 18 日 14 时 38 分	苏联 科学院与 第 88 研究 所第 1 特 别设计局	成功。 预定探月任务类别:近月飞行。 实际完成任务类别:近月飞行。 苏联探测器计划第三颗星体探测 器,探测器 3 号与执行近火星飞行任 务的"探测器"2 号造型一样。原计 划伴随"探测器"2 号进行近火星飞 行任务,但未能在 1964 年发射窗口 时限内发射升空,任务改作近月飞 行。20 日,在飞行 33h 后,以距离月 球表面 11570 ~ 9960km 的高度飞过 月球,拍摄覆盖月球彼面 1900km² 的 25 张黑白照片,而后成为人造行星
38	"月球" 7 号		1965 年 10 月 4 日 07 时 56 分	苏联 科学院与 第 88 研究 所第 1 特 别设计局	大部分成功。 预定探月任务类别:软着陆。 实际完成任务类别:硬着陆。 由于制动火箭的过早点火和过早 关机,7 日 22 时 08 分 24 秒,"月球"7 号坠毁在 9.8°N、47.8°W 风暴洋开 普勒撞击坑之西
	月球 软着 陆器				
39	"月球" 8 号		1965 年 12 月 3 日 10 时 46 分	苏联 科学院与 第 88 研究 所第 1 特 别设计局	大部分成功。 预定探月任务类别:软着陆。 实际完成任务类别:硬着陆。 制动火箭提早关机,探测器未能足 够减速,6 日 21 时 51 分 30 秒,"月 球"8 号坠毁在 9.6°N、63°18′W 风暴 洋开普勒撞击坑之西
	月球 软着 陆器				

（续）

		1960 年代			
40	"月球"9 号				成功。 预定探月任务类别:软着陆。 实际完成任务类别:软着陆。
	月球软着陆器		1966 年1 月 31 日11 时 41 分	苏联科学院与第 88 研究所第 1 特别设计局	经过 11 次失败后,"月球"9 号终于成功地于 1966 年 2 月 3 日 18 时 44 分 52 秒软着陆在北纬 7.08°、东经 295.63°风暴洋中。着陆后 15min 便拍下第一张照片,着陆器上的电池一直工作到 2 月 7 日,在月球表面总共运行 8h5min。这是在月球表面首次以人类可以承受的速度进行的软着陆
41	"宇宙"111 号		1966 年3 月 1 日 11时 03 分	苏联科学院与第 88 研究所第 1 特别设计局	发射失败。 预定探月任务类别:环绕月球。 "闪电"号运载火箭Ⅱ上级飞行时失去侧倾控制,探测器进入低地轨道,两天后,返回地球大气层
42	"月球"10 号		1966 年3 月 31 日10 时 46 分	苏联科学院与第 88 研究所第 1 特别设计局	成功。 预定探月任务类别:环绕月球。 实际完成任务类别:环绕月球。 "月球"10 号是由苏联发射的人类第一个环绕月球的飞行器,同时也是人类第一个环绕其他天体的飞行器。卫星装备包括磁力计、γ 射线频谱仪、离子收集器压电测量仪、红外探测器、低能 X 射线质子测量设备等装置,公转周期 2h59min

1960 年代				
43	"勘测者"1号		1966 年5 月 30 日	🇺🇸美国国家航空航天局	成功。 预定探月任务类别:软着陆。 实际完成任务类别:软着陆。 "勘测者"1 号是美国探测月球的"测量员计划"的第一艘登月航天器,航天器发射后直接进入月球撞击弹道,发动机在月球表面上高度 3.4m处关闭。航天器在这个高度上自由下落,于 1966 年 6 月 2 日登陆在月球表面的风暴洋,位置在 2.45° S、43.22°W。航天器在着陆后很短的时间就开始传送资料,直到 1966 年 7月 14 日。而在 1966 年 6 月 14 日的月球日落之前,"勘测者"1 号传送了超过 10000 幅的影像。启动相机从1966 年 7 月 7 日至 7 月 14 日,又传送回了另外约 10000 张的影像。工程上的查询一直持续到 1967 年的 1月 7 日
44	"探险者"33号		1966 年6 月 1 日	🇺🇸美国国家航空航天局	部分成功。 预定探月任务类别:环绕月球。 实际完成任务类别:近空探测。 探测器飞行速度过快,未能注入月球轨道,地控人员将其注入地球大椭圆轨道,开展近空探测工作
45	月球轨道器1号		1966 年8 月 10 日	🇺🇸美国国家航空航天局	成功。 预定探月任务类别:环绕月球。 实际完成任务类别:环绕月球。 美国的第一颗环绕月球的探测器,环绕月球环行四天 577 圈,期间拍摄229 张黑白照片,同年 12 月 29 日撞击月球表面于 6°21′N、160°43′E/6.35°N、160.72°E

附录

394

（续）

				1960 年代
46	"月球"11 号		1966 年8 月 24 日08 时 03 分	🇸🇺苏联	大部分成功。 预定探月任务类别：环绕月球。 实际完成任务类别：环绕月球。 苏联的第二颗环绕月球的探测器，8 月 27 日注入月球轨道，环绕月球飞行 277 圈，进行 γ 射线、X 射线等科学探测实验，星载摄像机头面向错误的外太空方向，未能拍摄有用途的月球图像，同年 10 月 1 日耗尽携带的电池能源，与地控失去联系
47	"勘测者"2号		1966 年9 月 20 日	🇺🇸美国国家航空航天局	大部分成功。 预定探月任务类别：软着陆。 实际完成任务类别：硬着陆。 "阿特拉斯 – 半人马"的发动机在航行途中校正航向时，一个微小的引擎未能点燃，使路径偏差至相距约 130km 的地点。在 9 月 22 日 9 : 35 UT 与航天器失去了联系，而航天器在 1966 年 9 月 23 日 3 : 18UT 撞击在月球表面的哥白尼坑
48	"月球"12 号		1966 年10 月 22 日08 时 42 分	🇸🇺苏联	成功。 预定探月任务类别：环绕月球。 实际完成任务类别：环绕月球。 公转周期 205min，"月球"12 号在月球赤道上空 133km × 1200km 的轨道上拍摄了月球的图像
49	月球轨道器 2 号		1966 年11 月 6 日	🇺🇸美国国家航空航天局	成功。 预定探月任务类别：环绕月球。 实际完成任务类别：环绕月球。 美国的第二颗环绕月球的探测器，环绕月球环行期间拍摄 817 张黑白照片，次年 10 月 11 日撞击月球表面于 3°00′N、119°06′E/3.0°N、119.1°E

		1960 年代			
50	"月球"13 号		1966 年 12 月 21 日 10 时 16 分	苏联	成功。 预定探月任务类别:软着陆。 实际完成任务类别:软着陆。 "月球"13 号是苏联第 3 个在月球上实现软着陆的探测器,发射升空后先停留在 223km×171km、倾角 51.8° 的低地球轨道,然后开始奔赴地月转移轨道,24 日降落在月球风暴洋 18.25N、60.03W 处。距离"月球"9 号着陆点约 400km。"月球"13 号里面分别装着一个辐射密度测量仪和一个机械式穿测器,启动后会将一根钛合金杆推入月球土壤。通过测量穿透速度和深度就可以分析月球土壤物理性质
51	月球轨道器 3 号		1967 年 2 月 5 日	美国国家航空航天局	
52	"勘测者"3 号		1967 年 4 月 17 日	美国国家航空航天局	成功。 预定探月任务类别:软着陆。 实际完成任务类别:软着陆。 "勘测者"3 号是"测量员计划"的第三艘登月航天器,登陆时,高反射的岩石迷惑了"勘测者"3 号的下降雷达,发动机未能按飞行计划设定的在 4.3m 的高度上关闭,导致航天器在表面弹跳了两次。第一次弹跳的高度达到 10m,第二次达到 3m,第三次的碰撞——从 3m 的高度但速度为 0,比当初计划的 4.6662m 为低且慢的速度。在 1967 年 4 月 20 日至 5 月 3 日之间,总共传送了 6315 张影像,其土壤结构取样器共执行了 7 次载重测试、4 次挖沟测试和 13 次的撞击测试,总共运作了 18h22min

（续）

1960 年代				
53	月球轨道器 4 号		1967 年 5 月 4 日	美国国家航空航天局	
54	"勘测者"4号		1967 年 7 月 14 日	美国国家航空航天局	成功。 预定探月任务类别:软着陆。 实际完成任务类别:软着陆。 "勘测者"4 号是美国探测月球的"测量员计划"的第四艘登月航天器。于 1967 年 7 月 17 日着陆,无线电信号在登陆前下降阶段的最后 2.5min 断掉,并且未曾再重新建立起通信联系
55	"探险者"35号		1967 年 7 月 19 日	美国国家航空航天局	
56	月球轨道器 5 号		1967 年 8 月 1 日	美国国家航空航天局	
57	"勘测者"5号		1967 年 9 月 8 日	美国国家航空航天局	成功。 预定探月任务类别:软着陆。 实际完成任务类别:软着陆。 "勘测者"5 号是美国探测月球的"测量员计划"的第五艘登月航天器。航天器在 1967 年 9 月 11 日 00:46:44 UT 登陆在宁静海,坐标位置为纬度 1.41° N,经度 23.18° E,共传送了 18,006 张电视图片。第一天提供了 83h 的高品质 α 散射表面分析仪资料。在第二个月球日,累积了 22h 的资料。在 1967 年 11 月 1 日第二个月球的夜晚来临关机之前,资料都持续在传送中

colspan="6" align="center"	**1960 年代**					
58	"探测器"4A号		1967 年 9 月 27 日 22 时 11 分 54 秒	▬苏联	
59	"勘测者"6号		1967 年 11 月 7 日	▬美国国家航空航天局	成功。 预定探月任务类别:软着陆。 实际完成任务类别:软着陆。 "勘测者"6 号是美国探测月球的"测量员计划"的第六艘登月航天器。航天器携带了电视摄影机,在登陆脚上安装了一个小磁棒,还有 α 散射仪和所需要的工程设备,于 1967 年 11 月 10 日登陆在中央湾。1967 年 11 月 17 日 10:32UT 重新点燃发动机 2.5s 后首度在月球上起飞,航天器飞离月球表面 4m,在向西方移动了 2.5m 之后,这艘航天器再一次成功地在月球软着陆,并依照原先的设计继续运作,共传送回 29914 张影像,观测了 43h 的 α 散射表面分析仪资料。在 1967 年 12 月 14 日恢复了联系后再没有获得有用的资料
60	"探测器"4B号		1967 年 11 月 22 日 19 时 07 分 59 秒	▬苏联	

（续）

1960 年代				
61	"勘测者"7号		1968 年 1 月 7 日	🇺🇸美国国家航空航天局	成功。 预定探月任务类别：软着陆。 实际完成任务类别：软着陆。 "勘测者"7 号是美国探测月球的"测量员计划"的第七艘也是最后一艘登月航天器。在1968 年 1 月 10 日登陆在第谷坑的外围环圈上，着陆后在日落后 80h 停止了运作，在 1968 年 2 月 12 日至 21 日再恢复工作。总共传送回 21091 张照片，提供航天器底下表面取样区域的立体视觉，以及显示沉积在航天器上的月球物质，"勘测者"7 号也是第一艘在入夜后侦测月球上因静电产生的悬浮月尘微弱反射光，电池于第一个夜晚受到损伤，其后的传输断断续续，最后的联系是在 1968 年 2 月 20 日
62	"月球"14A 号		1968 年 2 月 7 日	苏联	1968 年 2 月 7 日月球 14A 号由"闪电"号运载火箭 - M 发射，以非常高的距离环绕月球，作为载人登月计划的基础，由于上面级过早切断，数个月后重返大气层。任务失败
63	"探测器"4号		1968 年 3 月 2 日 18 时 29 分 23 秒	苏联	"探测器"4 号重 5140kg，于 1968 年 3 月 2 日由质子 K/D 型运载火箭发射。它航行至距地球 30 万千米的地方，考察了近地空间较远的区域，但返回舱并未分离，导致返回角度过大，最后自毁于非洲上空
64	"月球"14 号		1968 年 4 月 7 日 10 时 09 分 32 秒	苏联	"月球"14 号（Луна - 14）是苏联的第一个月球探测计划的第 26 颗无人月球探测器，是苏联月球计划的最后一颗第二代探测器，于 1968 年 4 月 7 日（UTC 时间 10：09：32）发射。主要用于探测月球引力场

1960 年代				
65	"探测器"5A号		1968年4月22日23时01分27秒	苏联	
66	"探测器"5B号		1968年7月14日	苏联	
67	"探测器"5号		1968年9月14日21时42分11秒	苏联	"探测器"5号由苏联制造,主要任务是为载人绕月飞行提供技术基础,1968年9月14日成功发射,飞掠月球并返回地球,是世界上第一个回收的月球探测器
68	"探测器"6号		1968年11月10日19时11分31秒	苏联	
69	"阿波罗"8号		1968年12月21日12时51分00秒	美国国家航空航天局	
70	"探测器"7A号		1969年1月20日04时14分36秒	苏联	
71	"月球"15A号		1969年2月19日	苏联	
72	7K–L1S Nr. 1		1969年2月21日	苏联	

（续）

			1960 年代		
73	"阿波罗"10号		1969 年 5 月 18 日 16 时 49 分 00 秒	美国国家航空航天局	
74	"月球"15B 号		1969 年 6 月 14 日 04 时 00 分	苏联	
75	7K – L1S Nr. 2		1969 年 7 月 3 日	苏联	
76	"月球"15 号		1969 年 7 月 13 日 03 时 54 分 41 秒	苏联	
77	"阿波罗"11号		1969 年 7 月 16 日 13 时 32 分 00 秒	美国国家航空航天局	"阿波罗"11 号是美国国家航空航天局的"阿波罗"计划中的第五次载人任务,是人类第一次登月任务,三位执行此任务的航天员分别为指令长阿姆斯特朗、指令舱驾驶员迈克尔·科林斯与登月舱驾驶员巴兹·奥尔德林。1969 年 7 月 20 日,阿姆斯特朗与奥尔德林成为了人类首次踏上月球的"先驱者"
78	"探测器"7号		1969 年 8 月 7 日 23 时 48 分 06 秒	苏联	
79	"宇宙"300 号		1969 年 9 月 23 日 14 时 07 分	苏联	1969 年 9 月 23 日,"宇宙"300 号被送入 208km×109km、倾角 51.5°的低地球轨道。但因探测器与火箭分离后没有得到足够的速度,从而进入了错误的地球轨道,也许是在 4 天后,坠落在大气层中,导致发射失败

				1960 年代
80	"宇宙"305 号		1969 年 10 月 22 日 14 时 09 分	▬苏联	1969 年 10 月 22 日,苏联发射了"宇宙"305 号,不幸的是探测器在尚未完成一周飞行时就开始下落
81	"阿波罗"12 号		1969 年 11 月 14 日 16 时 22 分 00 秒	▬美国国家航空航天局	"阿波罗"12 号（Apollo–12）是美国国家航空航天局的"阿波罗"计划中的第六次载人任务,是人类第二次载人登月任务

				1970 年代
82	"月球"16A 号		1970 年 2 月 6 日 04 时 16 分	▬苏联	"月球"16A 号（又称为 Cosmos 300、月球 1969A）是苏联的月球探测器,它由质子 K/D 型运载火箭于 1969 年 9 月 23 日发射,因为上节火箭故障,未能到达月球轨道
83	"阿波罗"13 号		1970 年 4 月 11 日 19 时 13 分 00 秒	▬美国国家航空航天局	"阿波罗"13 号是"阿波罗"计划中的第三次载人登月任务。发射后两天,服务舱的氧气罐发生的爆炸严重损坏了航天器,使其大量损失氧气和电力;三位航天员使用航天器的登月舱作为太空中的救生艇。指令舱系统并没有损坏,但是为了节省电力在返回地球大气层之前被关闭。三位航天员在太空中经历了缺少电力、正常温度以及饮用水的问题,但仍然成功返回了地球
84	"月球"16 号		1970 年 9 月 12 日 13 时 25 分	▬苏联	"月球"16 号是苏联的第一个月球探测计划的第 31 颗无人月球探测器,于 1970 年 9 月 12 日发射。它是人类第一个实现在月球上自动取样并送回地球的探测器。它在"阿波罗"11 号成功完成任务 1 年多以后用无人仪器将月球土壤带回地球,为在月球竞赛中落后的苏联挽回一些脸面

（续）

1970 年代				
85	"探测器"8号		1970 年 10 月 20 日 19 时 55 分 39 秒	苏联	"探测器"8 号重 5375kg，于 1970 年 10 月 20 日由质子 K/D 型运载火箭发射，成功飞掠月球并返回地球。携带有生命体、相机
86	"月球"17号		1970 年 11 月 10 日 14 时 44 分	苏联	"月球"17 号是苏联的第一个月球探测计划的第 32 颗无人月球探测器，于 1970 年 11 月 10 日发射。它最主要的任务就是将"月球车"1 号送上月球表面
	"月球车"1号				"月球"17 号携带的"月球车"1 号在雨海地区工作了 322 天。到 1971 年 10 月 4 日，月球车 1 号一共在月球进行了多次巡游，总行程 10540m。拍摄了 2 万多张照片，对 500 个地点进行了土壤物理测试，25 个地点进行了土壤化学分析。总考察面积接近 8m²
87	"阿波罗"14号		1971 年 1 月 31 日 21 时 03 分 02 秒	美国国家航空航天局	"阿波罗"14 号（Apollo – 14）是美国国家航空航天局实行的"阿波罗"计划中的第八次载人任务，是人类第三次成功登月的载人登月任务。于 1971 年 1 月 31 日发射，1971 年 2 月 9 日返回地球
88	7K – LOK		1971 年 6 月 27 日	苏联	1971 年 6 月 27 日莫斯科时间 2 时 15 分 7 秒，第三枚 N1 火箭在首次启用的 2 号发射台上发射。在点火 8 ~ 10s、高度为 250m 时，制导系统又出毛病，火箭开始绕纵轴旋转，造成 2、3 级间的连接支撑结构崩裂。不久，火箭上部的第 3 级和登月飞船倾倒。在它们倒下的同时，第 3 级的储箱爆炸，登月舱和月球轨道舱的储箱也相继爆炸，而火箭的第 1、2 级仍在飞行，几秒钟后因制导系统失灵，在离发射场 20km 处爆炸。这次发射失败后，设计局的工程技术人员对 N1 火箭的控制系统及制导系统进行了重新设计和重大改进

（续）

1970 年代				
89	"阿波罗"15号		1971年7月26日 13时34分00秒	美国国家航空航天局	"阿波罗"15号是"阿波罗"计划中的第九次载人任务,也是人类第四次成功登月的载人登月任务。"阿波罗"15号还是"阿波罗"计划中首次J任务——与前几次任务相比在"月球"上停留更久,科学研究的比例更大
90	"月球"18号		1971年9月2日 13时40分	苏联	"月球"18号是苏联的第一个月球探测计划的第33颗无人月球探测器,于1971年9月2日发射。发射后先进入地球轨道,1周后飞向月球。在月球表面运转54周后,在9月9日开始下降。然而在预定降落到月球表面的时间,探测器却与地面失去了联系
91	"月球"19号		1971年9月28日 10时00分	苏联	"月球"19号是苏联的第一个月球探测计划的第34颗无人月球探测器,于1971年9月28日发射,属于比"月球"10号探测器等先进的苏联月球轨道卫星。发射升空后,先在地球轨道做短期停留,9月29日和10月1日经过短暂调整后进入月球轨道。1972年10月20日左右停止工作
92	"月球"20号		1972年2月14日 03时27分	苏联	"月球"20号是苏联的第一个月球探测计划的第35颗无人月球探测器,于1972年2月14日发射,属于苏联的第三代无人月球探测器。是继"月球"16号之后第二个登上月球并将月球表面样品带回地球的无人探测器。"月球"20号于2月18日进入月球轨道,21日,经过变轨后的"月球"20号开始降落。降落后不久"月球"20号就开始采集月球表面样本。由于遇上了玄武岩,"月球"20号只采集到了55g的样本

附录

404

（续）

			1970 年代		
93	"阿波罗"16 号		1972 年 4 月 16 日 17 时 54 分 00 秒	美国国家航空航天局	"阿波罗"16 号是"阿波罗"计划中的第十次载人航天任务（1972 年 4 月 16 日），也是人类历史上第五次成功登月的任务。1972 年 4 月 27 日成功返回
94	7K - LOK		1972 年 11 月 23 日	苏联	"联盟"7K - LOK 2 号是苏联"联盟"号飞船其中的一个，之前有"联盟"7K - LOK 1 号飞船。于 1972 年 11 月 23 日由 N1 运载火箭发射，但到 40km 处，其中一台发动机遭遇纵向耦合振动，其他发动机程序性停机，导致 4 号发动机爆炸。任务失败
95	"阿波罗"17 号		1972 年 12 月 7 日 05 时 33 分 00 秒	美国国家航空航天局	"阿波罗"17 号是美国国家航空航天局的"阿波罗"计划中的第十一次载人任务，是人类第六次登月任务。"阿波罗"17 号是"阿波罗"计划中唯一的夜间发射的任务，也为"阿波罗"计划画上了句号
96	"月球"21 号		1973 年 1 月 8 日 06 时 55 分	苏联	"月球"21 号是苏联的第一个月球探测计划的第 36 颗无人月球探测器，于 1973 年 1 月 8 日发射，属于苏联的第三代无人月球探测器。将"月球车"2 号送上了月球表面
	"月球车"2 号				"月球车"2 号是苏联研制的无人月球车，高 1.35m，长 1.7m，宽 1.6m。主要任务与"月球车"1 号相同，也是收集月球表面照片，全车拥有 3 个摄像头。除摄像头外，"月球车"2 号还拥有激光测距、X 射线探测仪、磁场探测仪等装置。它以 8 个相互独立的电动车轮驱动，车体能源来自于太阳能电池，车上携带的钋 210 放射性元素用来在夜晚为车体供热，保证仪器不因低温而损坏。"月球车"2 号总共工作了 4 个月，拍摄了 86 张全景照片和 80000 张照片

（续）

				1970 年代	
97	"探险者"49号		1973 年 6 月 10 日	美国国家航空航天局	"探险者"49号,于1973年由美国国家航空航天局发射
98	"月球"22号		1974 年 5 月 29 日 08 时 56 分	苏联	"月球"22号是苏联的第一个月球探测计划的第 37 颗无人月球探测器,于 1974 年 5 月 29 日发射,是装载了卫星的第三代无人月球探测器,主要执行给月球拍照和探测月球磁场的任务,一共在月球轨道上工作了 521 天
99	"月球"23号		1974 年 10 月 28 日 14 时 30 分	苏联	"月球"23号是苏联的第一个月球探测计划的第 38 颗无人月球探测器,于 1974 年 11 月 28 日发射,属于苏联的第三代无人月球探测器。由于"月球"16号和"月球"20号只采集到月球表面下 0.3m 处的样本,该探测器被设计来采集月球表面深处的样本,但在着陆时出现了故障
100	"月球"24A号		1975 年 10 月 16 日	苏联	"月球"24A号（又称为月球 E-8-5M 412 号、"月球"1975A）是苏联的第一个月球探测计划的无人月球探测器。因为上节火箭故障,未能到达预定轨道
101	"月球"24号		1976 年 8 月 9 日 15 时 04 分	苏联	"月球"24号是苏联的第一个"月球"探测计划的第 40 颗无人"月球"探测器,于 1976 年 8 月 9 日发射,是"月球"计划中最后一个送回月球表面样本的探测器。与"月球"16号以及"月球"20号不同,"月球"24号获取的是月球表面下面 2m 的样本。"月球"24号从月球获得了 170g 的样本

附录

406

（续）

第二轮探月活动					
1980 年代					
102	"伽利略"号		1989 年 10 月 18 日 08 时 53 分 40 秒	美国 国家航空 航天局	"伽利略"号的首要任务是要对木星系统进行为期两年的研究,而事实上,"伽利略"号从 1995 年进入木星的轨道直到 2003 年坠毁,它一共工作了 8 年之久。它环绕木星公转,约两个月公转一周。在木星的不同位置上,得到其磁层的数据。此外它的轨道也是预留作近距观测卫星的,在 1997 年 12 月 7 日,它开始执行其额外任务,多次近距在木卫一和木卫二上越过,最近的一次是于 2001 年 12 月 15 日,距卫星表面仅 180km。 由于木卫二的冰层下可能存在生命,为避免未经消毒的航天器撞向木卫二,令地球的细菌污染其环境,控制人员最终选择把"伽利略"号撞向木星
1990 年代					
103	"飞天"		1990 年 1 月 24 日	日本 宇宙科学 研究所	日本的第一个月球探测器是 1990 年 1 月发射的"缪斯"A 科学卫星。这颗卫星进入太空后更名为"飞天"号,是日本第一次发射接近月球的科学卫星,也使日本成为继美国和苏联之后,世界上第 3 个进行月球探测的国家
	"羽衣"				1990 年 3 月 18 日,"飞天"号施放出 12.2kg 重的"羽衣"号子卫星,进入绕月飞行轨道进行月球观测。"飞天"号本身则在地月系统的大椭圆轨道上运行。1992 年 2 月 15 日,"飞天"号进入月球轨道,首次直接入轨失败,经由地球重力抛射才成功。1993 年 4 月 10 日撞向月球

1990 年代					
104	"克莱门汀"1号		1994 年 1 月 25 日	🇺🇸美国国防部与国家航空航天局	1994 年 1 月 25 日，"克莱门汀"号在美国加州范登堡空军基地第四（西）发射场用 Titan Ⅱ发射。在两次飞掠地球后，"克莱门汀"号在大约一个月后进入绕月球轨道。并在入轨后约两个月后开始以两阶段进行月球表面测绘。第一阶段包含一个周期 5h 的椭圆型极轨道；其近拱点在大约月球南纬 30°上空，高度约 400km，远拱点高度则约 8300km。每个轨道包含近拱点附近的 80min 测绘和远拱点附近 139min 的资料传输
105	"卡西尼"号		1997 年 10 月 15 日 08 时 43 分	🇺🇸美国国家航空航天局	1997 年 10 月 15 日从肯尼迪航天中心发射升空的"卡西尼 – 惠更斯"号飞船于 2004 年 07 月到达土星周围。这个项目由两部分组成："卡西尼"号轨道器会环绕土星及其卫星运行 4 年之久，而惠更斯号探测器则会深入土卫六浓雾包围的大气层并在其表面着陆
106	HGS – 1		1997 年 12 月 24 日	🇺🇸美国亚洲卫星通信有限公司	第二颗卫星："亚洲"3 号（原计划定点 105.5°E，未遂）。设计制造：波音卫星系统公司。卫星容量：28 个 C 波段转发器，16 个 Ku 波段转发器。设计寿命：10 年。发射时间：1997 年 12 月 24 日。发射失败，卫星转回休斯名下，命名为 HGS – 1。后续备注：1999 年，泛美收购 HGS – 1 卫星，并更名为"新天"22 号（NSS – 22），卫星被移到 62°W 服役。退役时间：2002 年 7 月 职业历程如下：158°W（1998）；62°W（1999—2002.7）

（续）

1990 年代					
107	"月球探勘者"		1998 年 1 月 6 日	🇺🇸美国国家航空航天局	1998 年 1 月 6 日，"月球勘探者"启程飞往月球。"月球勘探者"是美国在"阿波罗"登月计划结束 25 年后第一次向月球发射的探测器，除探测月球的地质结构、矿藏、磁场等以外，其主要使命是探测月球上是否存在水。"月球勘探者"飞行 40 万 km，于 1 月 12 日进入环绕月球的轨道。它呈圆柱状，高 1.2m，直径 1.4m，质量 295kg，带有 5 个探测装置，包括中子分光仪、γ 射线分光仪、α 粒子分光镜、磁力计和电子分光镜
2000 年代					
108	"智能"1 号		2003 年 9 月 28 日 23 时 14 分	欧洲空间局	2003 年 9 月 27 日由欧洲"阿丽亚娜"-5 型火箭搭载从法属圭亚那的库鲁航天发射中心升空。经过近 14 个月的飞行，探测器于 2004 年 11 月 15 日进入月球"大门"，即太空中月球引力作用大于地球引力作用的边界位置，此后探测器不断调整位置并逐渐进入预定月球观测轨道。2006 年 9 月 3 日，探测器将按计划撞击月球，以砸出月球尘埃供天文学家研究
109	"月女神"		2007 年 9 月 14 日 01 时 31 分 01 秒	● 日本宇宙航空研究开发机构	主卫星
	"翁"				子探测器，中继星
	"姬"				子探测器，其长基线干涉测量星

\multicolumn{5}{c}{2000 年代}				
110	"嫦娥"一号		2007 年 10 月 24 日 10 时 05 分 04.602 秒	中国国家航天局	"嫦娥"一号是我国的首颗绕月人造卫星。以中国古代神话人物嫦娥命名,于 2007 年 10 月 24 日 18 时 05 分(UTC+8 时)左右在西昌卫星发射中心升空。卫星的总重量为 2350kg 左右,尺寸为 2.0m×1.72m×2.20m,太阳能电池帆板展开长度 18m,预设寿命为 1 年。该卫星的主要探测目标是:获取月球表面的三维立体影像;分析月球表面有用元素的含量和物质类型的分布特点;探测月球土壤厚度和地球至月亮的空间环境。2009 年 3 月 1 日完成使命,撞向月球预定地点
111	"月船"1 号		2008 年 10 月 22 日 00 时 52 分 02 秒	印度印度空间研究组织	"月船"1 号(Chandrayaan - 1)于当地时间 2008 年 10 月 22 日上午由印度国产的极地卫星运载火箭 PSLV - C11 发射升空,发射地点位于距离印度南部城市钦奈 90km 的萨迪什达万航天中心。"月船"1 号将绕月飞行两年,对月球的地质结构和矿物资源进行调查
	月球撞击探测器				印度第一颗绕月飞行器"月船"1 号携带 11 台探月仪器。其中,一台名为月球撞击探测器的无人探测装置最为重要。月球撞击探测器质量为 29kg,它就像帽子一样装在"月船"1 号的顶部。在"月船"1 号进入绕月轨道后,月球撞击探测器将以 75m/s 的速度从飞船上弹出,向月球表面撞去。在接近月球的过程中探测器将会不断对月球进行拍摄,利用这些图像数据,科学家可以进一步了解月球表面的物质构成

（续）

2000 年代				
112	月球勘测轨道飞行器		2009 年 6 月 18 日 21 时 32 分 00 秒	美国国家航空航天局	月球勘测轨道飞行器（Lunar Reconnaissance Orbiter，LRO）是美国国家航空航天局（NASA）新太空探索计划的首个任务，该方案在 2004 年提出，旨在重返月球，并登陆火星以及向更远的太空进军
	月球陨坑观测和传感卫星				是 2009 年 6 月 18 日美国国家航空局（NASA）发射的一颗月球探测卫星。2009 年 11 月 13 日，NASA 宣布，月球陨坑观测和传感卫星在 2009 年 10 月 9 日撞击月球的过程中，产生部分尘埃，科学家经过分析获得数据，显示出水确切地存在于月球上
2010 年代				
113	"嫦娥"二号		2010 年 10 月 1 日 10 时 59 分 57.345 秒	中国国家航天局	"嫦娥"一号备份卫星，缩短在地月转移轨道上的飞行时间，获取更高分辨率的月球影像，寻找"嫦娥"三号软着陆点
114	重力回溯及内部结构实验室		2011 年 9 月 10 日 13 时 08 分 52.775 秒	美国国家航空航天局	该任务将精确探测并绘制月球的重力场图以判断月球内部构造。使用的两个小型探测器 GRAIL A（Ebb）和 GRAIL B（Flow），已于 2011 年 9 月 10 日以德尔塔－2 运载火箭最强力的型号 7920H－10 发射。两台探测器分别于 2011 年 12 月 31 日和 2012 年 1 月 1 日进入轨道。2012 年 12 月 13 日，NASA 表示，GRAIL 太空船两具小型探测器的"1 年任务"已完成。署方计划于美东时间 12 月 17 日促其撞毁于月球表面

参 考 文 献

[1] 邓连印,崔乃刚.月球探测发展历程及启示[J].哈尔滨工业大学学报(社会科学版),2008,(3):
    14-19.

[2] 庞之浩,马遥远.嫦娥奔月新篇中国探月工程全景报道[J].国际航空,2007,(12):32-34.

[3] 欧阳自远,李春来,邹永廖,等.绕月探测工程的初步科学成果[J].中国科学:地球科学,2010,40(3):
    261-280.

[4] 张永红,郭健,张继贤.月球探测50年[J].测绘通报,2007,(12):24-26.

[5] 维基百科.月球[EB/OL].(2011-10-30)[2011-11-1].http://zh.wikipedia.org/wiki/% E6% 9C%
    88% E7% 90% 83. htm.

[6] 欧阳自远.月球探测对推动科学技术发展的作用[J].航天器工程,2007,16(6):5-8.

[7] 维基百科.月球探测任务列表[EB/OL],(2011-9-24)[2011-11-1].http://zh. Wikipedia. org/wi-
    ki/% E6% 9C% 88% E7% 90% 83% E6% 8E% A2% E6% B5% 8B. htm.

[8] 刘兴隆.登月飞行器软着陆的制导与控制[D].哈尔滨:哈尔滨工业大学,2008.

[9] 韩鸿硕,陈杰.21世纪国外深空探测发展计划及进展[J].航天器工程,2008,17(3):1-22.

[10] 郑永春,邹永廖,付晓辉."月女神"探月计划及对我国月球与深空探测的思考[J].航天器工程,2011,
    (2):57-65.

[11] 叶培建,饶炜,孙泽洲,等."嫦娥"一号月球探测卫星技术特点分析[J].航天器工程,2008,17(1):
    7-11.

[12] 熊盛青,月球探测与研究进展[J].国土资源遥感,2009,(4):1-7.

[13] 王文睿,李斐,月球探测中若干问题的研究及进[J].地球物理学进展,2008,(6):1751-1756.

[14] 丁希仑,石旭尧,Alberto Rovetta,等.月球探测(车)机器人技术的发展与展望[J].机器人技术与应用,
    2008,(3):5-9.

[15] 管春磊,周鹏,强静.国外载人登月发展趋势分析[J].国际太空,2009,(4):22-28.

[16] 盛英华,张晓东,梁建军,等.载人登月飞行模式研究[J].宇航学报.2009,30(1):1-7.

[17] 韩鸿硕,蒋宇平.各国登月计划及载人登月的目的与可行性简析(上)[J].中国航天,2008(9):
    30-33.

[18] 蔡金曼,袁鑫,秦素萍.美俄日印探月回顾与展望[J].国防科技工业,2010,(1):74-76.

[19] 龙乐豪.我国载人登月技术途径探讨[J].前沿科学.2008,2(8):29-38.

[20] 郗晓宁,曾国强,任萱.月球探测器轨道设计[M].北京:国防工业出版社,2001:5-7.

[21] 温谷.意义深远的"阿波罗"载人登月工程——纪念首次载人登月40周年[J].国际太空,2009(8):
    27-30.

[22] 韩鸿硕,蒋宇平.各国登月计划及载人登月的目的与可行性简析(下)[J].中国航天,2008,(11):
    41-44.

[23] 韩鸿硕,李静.NASA的探测技术开发计划[J].中国航天,2009,(8):34-39.

[24] 张小平,丁丰年,马杰.我国载人登月重型运载火箭动力系统探讨.火箭推进 2009,35(2):1-6.

[25] 彭祺擘.基于空间站支持的载人登月方案研究[D].长沙:国防科学技术大学,2007.

[26] 世界航天运载器大全编委会.世界航天运载器大全[M].北京:宇航出版社,1996.

[27] 欧阳自远.中国探月工程的科学目标[J].中国科学院院刊,2006,(05):370-371.

[28] 汪桂华.日本深空探测与深空测控技术[J].电讯技术,2003,(3):1-5.

[29] 邹永廖,欧阳自远,李春来.月球探测与研究进展[J].空间科学学报,2000,20(10):932-104.

[30] 王一然,刘晓川,罗开元.国际深空探测技术发展现状及趋势[J].国际太空,2003,(2):12-16.

[31] 陈忠贵,张云彤,潘屺.世界各国月球探测发展概况及我国实施步骤探讨[J].航天器工程,2003,(6):74-81.

[32] 沈祖炜.阿波罗登月舱最终下降及着陆综述[J].航天返回与遥感,2008,29(1):11-14.

[33] 欧阳自远.月球探测推动科学的创新与发展[J].科学中国人,2007,(1):6-12.

[34] 何绍.探月之路[J].探月特刊,2007,(11):82-86.

[35] 欧阳自远.月球科学概论[M].北京:中国宇航出版社,2005.

[36] 欧阳自远.嫦娥工程月球手册[M].北京:宇航出版社,2006.

[37] 范嵬娜.国外载人登月飞行模式特点[J].国际太空.2011,(4):56-59.

[38] 邓雪梅.实现人类重返月球的星座计划[J].世界科学,2009,(8):7-8.

[39] 郑永春,邹永廖,付晓辉.LRO 和 LCROSS 探月计划科学探测的分析与启示[J].航天器工程,2011,20(4):117-129.

[40] 董李亮.揭秘俄罗斯的探月计划[J].中国航天,2007,(7):34-37.

[41] 鲁暘筱懿,平劲松.俄罗斯"月球-全球"探月任务简介[C].中国宇航学会深空探测技术专业委员会第九届学术年会论文集,1235-1237.

[42] 王占良.前苏联登月计划揭秘[J].国际太空,2006,(5):40-41.

[43] Sostaric R R. Powered descent trajectory guidance and some considerations for human lunar landing[C]//AAS 30th Annual AAS Guidance and Control Conference,Colorado:AAS,2007.

[44] Put Me Kzlrten, Lyndon B. Apollo experience report guidance and control systems Lunar module abort guidance system[R]. NASA TN D-7990, Washington, DC: National Aeronautics and Space Administration, 1975.

[45] Asif A. Siddiqi. Challenge to Apollo the Soviet Union and the Space Race, 1945—1974[M]. Washington, DC: National Aeronautics and Space Administration NASA History Division Office of Policy and Plans,2000:461-516.

[46] Allan Y Lee, Todd Ely,et al. Preliminary Design of the Guidance, Navigation, and Control System of The Altair Lunar Lander[C]. Toronto, Ontario Canada:AIAA Guidance, Navigation, and Control Conference,2010.

[47] Andrew Christensen, Howard Eller, Justin Reuter,et al. Science Design of the LCO and LCROSS[R]. Space 2006 19-21 September 2006, San Jose, California, AIAA 2006-7421.

[48] NASA's Exploration Systems Architecture Study[R]. NASA-TM-2005-214062, Washington, DC: National Aeronautics and Space Administration,2005.

[49] Zhang Y, Han Z Y, Li M, et al. Preliminary survivability analysis of manned spacecraft following orbital debris penetration[J]. Sci China Tech Sci, 2009, 52:1455-1458.

[50] Bate, Mueller and White. Fundamentals of Astrodynamics[J] pp. 322, Dover Publications, New York, 1971.

[51] Saturn V Launch Vehicle Flight Evaluation Report, AS-508, Apollo 13 Mission[R], NASA-TM-X-

64422, Saturn Flight Evaluation Working Group, NASA George C. Marshall Space Flight Center, Huntsville, AL, June 20, 1970.

[52] Marc M. Cohen. From Apollo LM to Altair:Design, Environments, Infrastructure, Missions, and Operations [R]. AIAA SPACE 2009 Conference&Exposition 14 – 17 September 2009, Pasadena, California. AIAA 2009 – 6404.

[53] Orloff R W. Apollo by the Numbers: A Statistical Reference [M], NASASP – 2000 – 4029, 2000.

[54] Sundararajan V. International Missions to the Moon: Space Exploration Goals, Programs and Economics[R]. San Jose, California:AIAA,2006.

[55] JARKANIHAMED. LunarMascons Revisited[J]. Lunar and Planetary Science XXXVIII, 2000: 1744.

[56] ZUBERM T, SMITH D E, LEMOINE F G, at e. l Theshape and internal structure of theMoon from the Clementinemission[J]. Science, 1994, (266): 1839 – 1843.

[57] MORRISON D. Lunar Engineering Models General and Site Specific Data, Lunar and Mars Exploration Program Report[R]. NASA, 1992.

[58] HEIKEN G,VANIMAN D, FRENCH B M. Lunar Sourcebook: A User's Guide to the Moon[M]. New York: CambridgeUniversity Press, 1991.

[59] TOSHIHIKOMISU, TATSUAKIHASHIMTO, KEIKENNI NOMIYA. Optical guidance for Autonomous landing of spacecraft[J]. IEEE Transaction on Aerospace and Electronic systes, 1999: 459 – 473.

[60] Logsdon, John M, moderator. Managing the Moon Program: Lessons Learned From Apollo [J]. Monographsin Aerospace History, No. 14, 1999.

[61] Miller J,Taylor L, Zeitlin C, et al. Lunar Soil as Shielding Against Space Radiation[J], Radiation Measurements, Vol. 44, No. 2. 263 – 267.

[62] Merchant D H, Gates R M, Murray J F. Prediction of Apollo Service Module Motion After Jettison[R],AAS/ AIAA Astrodynamics Conference, AIAA, Reston, VA, 1970.

[63] Anderson Molly, Curley Su, Stambaugh Imelda,et al. Altair Lander Life Support: Design Analysis Cycles 1, 2, and 3[R]. SAE 2009 – 2477, 39th International Conference on Environmental Systems, July 13 – 16, 2009, Savannah, GA, Warrendale, PA: Society of Automotive Engineers.

[64] Bonura M S, Nelson W G. Engineering Criteria for Spacecraft Cabin Atmosphere Selection[R], NASA CR – 891, Washington DC: NASA.

[65] Christiansen Eric L. Meteoroid/Debris Shielding[R]. NASA TP – 2003 – 210788, Houston: NASA Johnson Space Center.

[66] John L Goodman. Apollo 13 Guidance, Navigation, and Control Challenges[R]. AIAA SPACE 2009 Conference & Exposition 14 – 17 September 2009, Pasadena,California, AIAA 2009 – 6455.

[67] Hoffman Rudolf A, Pinsky Lawrence S, Osborne W Zack,et al. Vernon Visual Light Flash Observations on Skylab 4, in Johnston, Dietlein, Eds. Biomedical Results from Skylab[J]. NASA SP – 377. Washington DC: NASA, pp. 127 – 130.

[68] Christiansen Eric L, et al. Handbook for Designing MMOD Protection. NASA TM – 2009 – 214785, Houston TX:NASA Johnson Space Center.

[69] Christie Robert J, Plachta David W, Hasan Mohammad M. Transient Thermal Model and Analysis for the Lunar Surface and Regolith for Cryogenic Fluid Storage. NASA TM – 2008 – 215300, Cleveland OH: NASA Glenn Research Center.

参考文献

414

[70] Cohen Marc M. Testing the Celentano Curve: An Empirical Survey of Human Spacecraft Pressurized Volume, 2008 transactions of the Society of Automotive Engineers[J]. Journal of Aerospace, pp. 107 – 142, (SAE 2008 – 01 – 2027).

[71] Committee on the Evaluation of Radiation Shielding. Managing Space Radiation Risk in the New Era of Space Exploration[R]. Washington DC: National Research Council.

[72] Duke Michael B, Hoffman Stephen J, Snook Kelly. Lunar Surface Reference Missions: A Description of Human and Robotic Surface Activities[R]. NASA/TP – 2003 – 212053.

[73] Lewis James L Carroll Monty B, Morales Ray H, Le, Thang D. Androgynous, Reconfigurable Closed Loop Feedback Controlled Low Impact Docking System with Load Sensing Electromagnetic Capture Ring[R]. US Patent No. 6,354,540.

[74] English Robert A. et al. Apollo Experience Report – Protection Against Radiation[R]. NASA TN D – 7080.

[75] Mitrofanov I G. Lunar Exploration Neutron Detector Onboard LRO Mission[J]. Space Resources Roundtable VII, 2005.

[76] Gaier James R. The Effects of Lunar Dust on EVA Systems During the Apollo Missions[R]. NASA/TM – 2005 – 213610.

[77] Launius Roger D, Hunley J D, compilers. An Annotated Bibliography of the Apollo Program[J]. Monographs in Aerospace History, No. 2, 1994.

[78] Vondrak R, Keller J, Chin G, et al. Lunar Reconnaissance Orbiter(LRO): Observations for Lunar exporation and science[J]. Space Science Reviews, 2010, 150:7 – 22.

[79] Gibson, Edward G. Skylab 4 Crew Observations, in Johnston, Dietlein, Eds. Biomedical Results from Skylab [R]. NASA SP – 377. Washington DC: NASA, pp. 22 – 26.

[80] Hanford, Anthony J. Exploration Life Support Baseline Values and Assumptions Document [R]. NASA CR – 2006 – 213693, Houston TX: Johnson Space Center.

[81] Benjamin Bussey. SMART – 1: Europe at the Moon[J]. Lunar and Planetary Information Bulletin, Lunar and Planetary Institute, February 2005.

[82] Perminov V G. The Difficult Road to Mars: A Brief History of Mars Exploration in the Soviet Union[J]. Monographs in Aerospace History, No. 15, 1999.

[83] Heiken Grant H, Vaniman David T, French Bevan M. Lunar Sourcebook: A User's Guide to the Moon[M]. New York NY: Cambridge University Press.

[84] Johnston Richard S, Dietlein Lawrence F Eds. Biomedical Results from Skylab[R]. NASA SP – 377. Washington DC:NASA.

[85] Katzan Cynthia M, Edwards Jonathan L. Lunar Dust Transport and Potential Interactions with Power System Components[R]. NASA CR – 4404. Washington DC: NASA.

[86] Lovell Jim, Kluger Jeffrey. Apollo13: Lost Moon[M]. New York: Pocket Books. ISBN 06715 34645.

[87] Venkatesan Sundararajan. International Missions to the Moon: Space Exploration Goals, Programs and Economics[R]. Space 2006 9 – 21 September 2006, San Jose, California.

[88] FANG JIAN CHENG, NING XIAO LIN. Autonomous celestialnavigationmethod for lunar satellite[J]. Journal of Harbin Institute of Technology (New Series), 2003, 10(3): 308 – 310.

[89] BINDER A B. Lunar prospector: overview[J]. Science, 1998, (281): 1475 – 1476.

[90] ELPHIE R C, et al. Lunar Fe and Ti abundance: comparison of Lunar prospector and Clementine data[J]. Sci-

参
考
文
献

415

ence, 1998, (281): 1493 – 1500.

[91] Ogers R W F. Apollo Experience Report – LunarModule Landing Gear Subsystem[R]. NASATN D – 5850.

[92] Sibing He. China's Moon Project Change: Stratagem and Prospects[J]. Adv. Space Res. 2003, 31(11): 2353 – 2358.

[93] Foing B H. The Moon as a Platform For Astronomy and Space Science[J]. Adv. Space Res. 1996, 18(11): 17 – 23.

[94] Kato M, et al. The Japanese Lunar Orbiting Satellites Mission: Present Status and Science Goals[J]. Lunar and Planetary Science Conference ⅩⅩⅩⅦ, 2006.

[95] Goswami J N, et al. Chandrayaan – 1: Indian Mission to the Moon[J]. Lunar and Planetary Science Conference ⅩⅩⅩⅦ,2006.

参
考
文
献

416